热 血 丹 心

"学科技、用科技、促双增"获奖征文选编

农业部科技教育司
农业部人事劳动司　组编
农业部机关党委

中 国 农 业 出 版 社
北 京

前言

基层农技推广体系是实施科教兴农战略的重要载体，是推动农业科技进步的重要力量，是建设现代农业的重要依托。近年来，在党中央国务院的高度重视下，各地深入推进基层农技推广体系的机构、队伍、运行机制和设施条件等建设，基层农技推广体系焕发出新的活力；广大基层农技人员默默耕耘，无私奉献，深入基层，服务农民，推广了一大批农业新品种、新技术，为“两个千方百计、两个努力确保”提供了有力支撑。韩长赋部长指出，科技增粮成为近年来我国农业农村经济发展的最大亮点；2010年，我国农业科技进步贡献率和耕种收综合机械化率均达到52%以上，这与基层农技推广体系改革与建设取得积极进展密不可分，广大农技推广人员的贡献尤为突出。

当前，我国已进入加快改造传统农业、走中国特色农业现代化道路的关键时刻，面对保障国家粮食安全对科技创新的迫切要求，面对亿万农民对轻简化、集成化实用技术的旺盛需求，面对农业科技成果转化为现实生产力的迫切需要，必须进一步提升农业公共服务能力，加大农业技术推广工作的力度，加快推进农业科技进村、到社、入户。

这次“学科技、用科技、促双增”主题征文活动，共收到文章近5 000篇。这些来自基层一线的稿件，带着泥土的芬芳，浸润着基层农技人员对“三农”的深情厚爱，凸显了对基层农技推广改革与建设的期盼和对发展现代农业的憧憬。这些质朴的文章写身边的人、身边的事，写心得体会，感情真挚、人物鲜活、事迹感人，凝聚了广大农技人员的智慧、心血和汗水，展示了广大农技人员扎根基层、无私奉献、执著追求的集体精神品质。

本次征文活动和本书的编写得到了中国学术期刊电子杂志社、农民日报社以及各级农业部门的大力支持，根据图书出版要求，对部分文章的标题和内容进行了修改。特此致谢。

2011年12月

目录

前言

滑县农技推广的“五虎上将”

杨　丽

河南滑县连续18年保持全省粮食总产第一位、连续8年荣获“全国粮食生产先进县标兵”，粮食单产由2003年的412.9kg增加到2010年的498kg，增长20.6%，总产由97.7万t增加到131.2万t，增长34.3%，被誉为全国稳定发展粮食生产的一面红旗。这些骄人的成绩，离不开“五虎上将”的汗马功劳。

这里所说的“五虎上将”都来自于滑县农业技术推广中心农技站，他们个个身怀绝技，意气风发，骁勇善战，在滑县这片肥沃的土地上展现着自己的风采。

“及时雨”——魏凤梅

魏凤梅，高级农艺师，农技站站长，农民朋友都称她是“及时雨”。提起“及时雨”这个称号，人们都会想起2007年的春天，陈营村的村民正在为遏制小麦田里的橘黄色小飞虫而犯愁。刚巧，她下乡调查小麦抽穗期苗情路经此地，听了农民朋友的诉说，又现场查看了虫情，她告诉农民：这是小麦吸浆虫，一种毁灭性害虫，一旦发生虫害就可造成小麦20%～30%的减产，严重的甚至绝收。随即，她召集村民在村农民文化大院举办了防治小麦吸浆虫技术培训，对小麦吸浆虫的识别、发生规律、防治方法等内容进行了细致的讲解。第二天，她再次来到陈营村的麦田里，手把手指导农户如何配药、撒土。她的工作热情带动了周边其他农户积极地进行吸浆虫的防治。当年，陈营村的麦子获得了大丰收，平均每亩比上年增收20%，有的甚至达到30%。他们说：我们去年的小麦都减产了，但不知道怎么回事，这次多亏了魏老师，要不小麦今年又要减产了。魏老师真是我们的“及时雨”呀！村民们敲锣打鼓送锦旗表示感谢。

作为农技站站长，她统领全局，运筹帷幄。在粮食高产创建活动中，她积极组织引进小麦、玉米新品种和新技术，制定适宜滑县的《小麦高产集成配套生产技术》和《玉米800千克高产创建技术规程》，并建立高产攻关、品种展示等集中展示样板田，组织技术人员、科技示范户等对其进行现场观摩，充分展示先进科技的示范效果。通过参观，使广大农民学有榜样、干有标准，有力地推动了滑县粮食高产创建工作。在基层农技推广体系改革和建设示范县项目中，她作为项目主要负责人，积极组织制定项目实施方案、科技示范户遴选和管理办法、技术指导员管理和考核办法、专家组工作制度等一系列规章制度，使项目实施的各项工作有章可循，确保了项目各项工作的有序进行。在她的精心组织、积极带领下，滑县“专家组—试验示范基地—农技人员—科技示范户—辐射带动户”五级农技推广网络得到了完善，农技推广体系的公共服务能力得到提升，农民的科技素质和经济收入都大大提高，取得了良好的经济效益和社会效益。

“智多星”——孙彩霞

孙彩霞，高级农艺师，从事农业技术推广工作20多年，专业技能强，工作经验丰富，是滑县农技中心的业务骨干。工作中，她思维敏捷，高屋建瓴，拟订工作计划，制订技术方案，不仅周密详细，而且常常亮出新招，善于创新，被同事们尊称为“智多星”。

2010年12月16日，滑县留固镇小营村科技示范户收到了县农技推广中心专家送来的新年礼物——农事挂历。为了把农业技术推广到千家万户，滑县农技推广中心印制了5 000份农事挂历，分发给全县的农业科技示范户、种粮大户、科技带头人。全年每个月的农田管理技术要点在农事挂历上一目了然，十分方便。这一招，就是孙彩霞的创意。留固镇小营村农户张志广盛赞道：农事挂历既能查找日期，又是科技种地的“皇历”，孙老师想得真是周到，不愧是咱们的“智多星”！

在农业生产中，孙彩霞还经常根据生产实际提出合理的、科学的建议去指导农民。针对2010年麦播后出现的100多天无有效降雨的特殊情况，孙彩霞白天深入田间地头，查苗情、测墒情，晚上与专家组成员座谈、会商，最后制定出“以浇为主，措施前移，分类管理，科学应对”的春管原则，并提出了“浇水应掌握日平均气温不低于3℃，当天浇水当天下渗，遇到强降温停浇，已冬灌麦田适当推迟”的基本要点，确保了小麦春季苗情顺利升级转化，为夏粮丰收奠定了坚实基础。

“多面手”——黄利华

黄利华，看上去是个文文弱弱、秀秀气气的女孩子，工作起来却是不怕困难，不屈不挠，勇挑重担，每项工作都拿得起、放得下，同事们都说她是“多面手”。她凭着一股敢吃“螃蟹”的闯劲、敢啃“硬骨头”的倔劲，把自己锤炼成了既懂技术又善于提炼总结，既懂粮食作物又精通高效种植的“多面手”。

在全国基层农技推广体系改革与建设示范县项目建立示范基地的时候，她不论刮风下雨、炎炎烈日，下乡村、跑地头，选地点、搞培训，一次次地向农户讲解，一户户地现场指导。一天下来，往往累得腰酸背痛，有时渴的嘴都起了泡。功夫不负有心人，她组织建立了 10 个科技试验示范基地，每个基地都是高标准建设、科学化管理，吸引了其他市、县前来参观学习。尤其在高平镇西起寨村蔬菜示范基地建设中，她发挥自身的蔬菜种植专业优势，查资料，咨询专家，自费去参观学习，根据当地生产实际，提议在蔬菜大棚生产中首次应用肥、水一体化节水灌溉技术，既节省了人力、物力、财力，又提高了蔬菜品质。同时，成立农民田间学校定期进行技术培训，并召开现场观摩会，充分发挥示范基地的示范引领作用，受到了各级领导的嘉奖和全县蔬菜种植专业户的好评。

“才女”——杨丽

杨丽因擅长写作，被称为农技站的“才女”。她外表柔弱、优雅，名符其实的大家闺秀，但干起工作来思维敏捷、干净利落、风风火火。在实际工作中，她认真撰写工作方案、调查报告、技术意见、工作总结等材料，给领导的决策提供了重要参考，给农业生产提供了科学依据，也给滑县农业宣传工作做出了较大贡献。除了正常的技术和宣传材料的撰写，她还不断地总结积累生产实践经验，撰写科技论文及科普文章发表在各类农业技术期刊上。近年来，她每年撰写有关基层农技推广体系改革与建设示范县和粮食高产创建活动技术材料 20 多篇，宣传材料 10 多篇，编印作物栽培技术手册 2 本。其中，在国家、省、市级报刊上发表 10 多篇，农业科技网站上发表 30 多篇，大大加快了农业实用技术的推广和普及，也为提高滑县这一农业大县的知名度立下了汗马功劳。

“赛博士”——李强

李强工作踏实、勤奋、严谨、刻苦，善于钻研，业务能力强，同事们戏称他为“赛博士”。工作中，他主要负责试验安排布置、田间记载、结果分析等工作。为了做好每个试验，从试验安排到结束，他几乎天天泡在试验田里，不畏严寒酷暑，认真指导农户进行田间操作，详细记载每个时期的作物特性，细心地做好室内考种，然后根据记载数据，查资料，细分析，写报告。每年负责参与完成农业新品种、新技术试验示范 10 多项，均取得了显著成效，获得了大量的第一手资料，为农业新品种、新技术的推广提供了强有力的技术支撑。

滑县的“五虎上将”组成了一个富有朝气的团队。她们一心为民，赢得了农民朋友的拥戴；她们团结奋斗，赢得了滑县粮食连年增产的骄人战绩；她们满腔热情，赢得了农技推广战线同事们的广泛赞誉。她们把青春奉献在了基层，在田野里唱响了她们的青春之歌，这就是滑县“五虎上将”的风采，也是滑县全体“农技人”的风采！

（作者单位：河南滑县农业技术推广中心）

示范户——农业科技的“播种机”

朱业斌

“真的要感谢科技示范户老邹指导，我去年种的11亩*百合，今年收获了2万多斤，获纯利2.2万元，以后我也要像他一样帮助其他种植户。”江西万载县高城镇谷源村刘胜根逢人就夸“老邹”。

据了解，当前农业科技成果推广有两大难：一是农民分户经营，农技推广的对象散而多，而现有县、乡农技推广人员远远不足，一个推广员平均负担近1 500个农户、5 000亩耕地的推广任务；二是农民有了经营自主权，再靠行政命令的推广方法不灵了。如何解决这一问题？万载县结合乡镇基层农技推广服务体系改革，建立健全农技推广服务组织，搞好技术服务，通过“新型农民科技培训”、“阳光工程”等项目培训科技示范户，着力培育1 000户农业科技示范户，在农民身边培养一批“土专家”，使他们成为农业生产的“领头雁”，科技种子的“播种机”，带领农民致富。

(一)

刘胜根夸奖、感谢的“老邹”名叫邹保生，是万载县高城镇谷源村地地道道的农民。2008年一次偶然机会，他参加了县农业局举办的“阳光工程”培训班，由于他文化水平较高，勤奋钻研，刻苦学习，勇于试验，很快掌握了百合高产栽培技术。2009年，他试种1亩龙牙百合喜获丰收，盈利2 000多元，尝到了种百合的甜头。2010年，邹保生投资10多万元，种植40多亩龙牙百合，平均亩产达2 000kg以上，获利20多万元。2011年，他联合了10户农民，成立了万载县绿泉种植农民专业合作社，栽种百合400多亩、龙牙百合片繁育种100多亩，预计可获利70多万元，还带动了周边50多户栽种百合的农户致富，成为远近闻名的百合栽培技术“土专家”。百合栽种风险高、投入大，技术要求较强，许多农民对百合技术了解不多，一有技术问题就喜欢找他咨询。2011年7月，邹保生作为科技示范户代表在全县国家科技富民强县工作大会上做了典型发言。

(二)

横坑村科技示范户高彩胜是连续多年的科技示范户，从当初的对农业科技

---

* 亩为非法定计量单位，15亩等于1公顷——编者注。

知识一知半解，到今天对着周边群众也能滔滔不绝地说上几个小时。自从当上了科技示范户，在技术指导员手把手指导下，他家的柑橘、杨梅、翠冠梨、水稻等农作物的产量和质量一直在村子里名列前茅，让许多村民“眼红”。通过培训，他精通果树的修剪、施肥、病虫防治，水稻播种、打药样样在行，村子里比他技术水平高的人还真不多，被村民称为技术“一把手”。正因为他技术水平高，村里很多人都喜欢找他帮忙，高彩胜也乐此不疲地免费在村里当起了技术“钟点工”。他经常是刚从这家果园出来，又被拉进了那家的稻田，弄得妻子对他也很有怨言：喊你吃一顿午饭，都得找好几家，打上好几个电话，真不知你这“一把手”是怎么当的！2009 年，根据实际需求，他带领 120 多名村民成立了万载县甘脆种植农民合作社，花费 2 万多元，购买了 20 多台机动喷雾器和电动喷雾器，统一为村民的农作物病虫实行专业化统防统治，象征性地收些成本费，解决了农民一家一户许多解决不了的难题。2010 年至今，合作社为村民专业化统防统治全程承包防治面积达 1 万多亩，做到了指导服务到位，药剂防治及时，且全部使用高效低毒农药，防治效果好，提高了农产品质量。据县农业局调查，农户对合作社农作物病虫害专业化统防统治工作满意度达到 95%以上，实施农作物病虫害专业化统防统治，提高了粮食产量、促进了农业增效，平均亩产稻谷 485.2kg，比上年亩增 54.1kg，增产 15.6%，且比农民自主常规防治平均每亩减少 1～2 次用药，水稻病虫害统防统治每亩可节省农药成本 10.2 元，实现每亩增收节支 137.33 元。合作社因工作成绩突出，被江西省植保植检局评为“2010 年全省优秀病虫害防治组织”。

（三）

高城镇大坪村辛能生前些年在浙江打工，赚了一些钱，总想回家乡发展高效农业。2009 年，万载县农业局举办了“阳光工程”培训班，他被村委会推荐参加，从此走上了依靠农业科技发展农业之路，把学到的知识运用于生产实践，投资 80 多万元在大坪村建起了现代化温控大棚，在江西宜春市第一个种植了 30 多亩芦笋，投产后年收入达 30 万元以上。辛能生计划在 2012 年扩大温控大棚规模近 100 亩。他自己致富了总不忘村民的科技需求，村民在农业生产中一有技术难题，他总是乐意并免费实地指导。在他的带领下，大坪村建起了 10 多个香菇棚，户均增收 2 万多元。

可以说，科技示范户就像农业科技的“播种机”，在万载县这块沃土上撒播了农业新技术、新品种、新知识的“种子”，“种子”的生根发芽，给农民带来了丰收的果实！

（作者单位：江西万载县农业局）

一个农户的转变

许　斌

夏日的一个傍晚，我和同事老潘结束了一天的走村入户工作，骑着车走在回家的路上，忽然听到有人在大声喊着我俩的名字，寻声望去，原来是三道堰镇程家船村11社的钟才高。我们急忙停下车，老钟走上前来，热情地邀请我们去他家吃晚饭，我们自然是婉言谢绝，一番争执下来，最后，老钟松开了握住我们车把的手，诚恳地说道："既然如此，我也就不挽留二位老师了，反正今天是偶遇，改天大春水稻收完了，地里的大葱也卖完了，一定请二位老师到家吃顿便饭。说实话，这几年的收成一年比一年好，钱也多卖了些，都是你们的功劳哩！"我和老潘说道："心意领了，饭就不吃了。其实不全是这样，我们下来指导，但要取得成效，也离不开你们的支持啊！"

告别老钟后，我俩继续踏上回家的路。路上，想起钟才高等农户们这几年对我们基层农技推广工作态度的转变，我和老潘颇多感慨，这一切，还得从2005年说起。

从2005年起，成都市郫县成为农业部"基层农技推广体系运行机制研究项目"12个试点县之一，先后大刀阔斧地组织实施了科技进村入户工程、新型农民培训工程、大葱产业培训工程、农村能源建设工程、国家粮食丰产工程、水稻高产创建活动、种三产四项目等。利用示范项目建立科技示范基地，搭建农业技术推广平台，提高农民科技素质，促进当地农业发展。

与此同时，成都市在进行乡镇机构改革中，高度重视基层农技推广体系建设，撤销了原有的乡镇农技站，建立了公益性的农技站，人、财、物交由县一级农业行政主管部门管理，所需经费全额纳入县财政预算。

这些举措，说白了就是将农技推广工作由从上而下的只对上级负责的推广方式，变成了由下而上和由上而下相结合农户参与式的推广方式。以农民需求为中心，要求农技人员专心做本职工作，而且必须深入到农民家中去，按农民所需服务。我也就是在那一年，到了三道堰农技片站工作。

到了三道堰农技片站，我被分配到三道堰镇程家船村做包村农技推广工作，和钟才高的接触，也就是从那时开始的。

老钟是个本地典型的心直口快的农民，敦实的身材，宽阔的方脸，浓眉大眼，说话声如洪钟，一看就是个倔强的性格。做过蔬菜生意，开过小卖铺，当过多年的生产队长，在当地也算上个能人。记得刚到这个村时，就有人善意地提醒我："老钟这个人的头可不好剃啊，是个直性子，见不得虚的东西。"我回答道："既然现在农业部、市、县都下了这么大气力，真抓实干，我就有信心把他的头'剃'好！"

果然，在随后的走村入户中，和老钟一接触，一说到粮食丰产、高产创建活动、种三产四、需求服务等工作时，他就满脸不信任的神气，反而替我们算起账来，他说："你们这些老师，一个村要搞这么多项目，又要做好10户科技示范户的增产增收工作，按你们说的，单一项科技示范户工作全年累计入户时间就要不少于100天，说不定哪天乡政府又要抽调你们去抓计划生育、搞规划，你们哪有那么多精力和时间嘛！要知道，这个农业种植，稍一疏忽，一个环节出了问题，就前功尽弃哩！我觉得你们这回还是像以前那样，搞搞宣传，走走过程，只要对上交了差事就行了，我当了这么多年的生产队长，见得多了！"我笑着对他说："我们现在不会去做别的工作，我们的工资、津贴、补贴全部都是财政拨款，没有了后顾之忧，就是要专心做好农技服务哩！只要你们大力配合，今年的种植就会大变样。"老钟不再说什么，但脸上仍是半信半疑的神情。

当年我们所有的农技人员都全心全力扎根在农村，县里请来了四川农业大学、成都市农业科学院的专家对我们的项目实施全程指导，看到这些专家组的成员都在村上扎了根，连吃带住都在村里，每天起早贪黑地扎在田里，老钟等农户们不再说什么，但我分明能感觉到，农户们的态度一天天在转变，从过去见了我们只点点头、打个招呼，到一遇到问题就来请教，再到现在闲着没事时也要到我们在村里办公的地方坐坐，拉拉家常，聊着各种种植问题，而且一有什么事，只要对他们说一声，就会立马去做，我对我们的工作充满了信心。

当年的大春收获时，我们站的示范基地水稻获得了亩产847.43kg的产量，获得了成都市的第一名，翌年小麦也获得了亩产539.6kg的成绩，老钟等科技示范户的水稻亩产也突破了650kg，他们辐射带动（每人辐射带动辐射户20户）的农户水稻亩产也在600kg以上，这在当地还是从来没有过的事。而且在这一年多的过程中，我们也切实兑现了"一次呼叫，两小时到位，免费指导，全过程服务"的承诺。我们站不搞经营门市，专门推广农业技术，我们农技人员专心做着以农户需求为中心而开展的推广示范工作，农户们切实地感受到了这一系列变化，并得到了实惠，和我们的配合也越来越密切了。

老钟慢慢地和我们交上了朋友，而且变得无话不谈，我们这才发现，原来老钟是个很有追求、很好学的农民，他经常到我们站来，和我们聊肥料怎样施用更科学，怎样防治田里的病虫害效果更好，哪些品种更能高产等，而且一本本地借阅技术图书，积极参与我们举办的各种农民实用技术培训，还经常在生产中把技术和经验无偿地传授给前来讨教的农民。我们打趣地问他："老钟，你这么热心，是不是准备要当专家哦？"

果然老钟就成了专家，除了他家地里这几年粮食蔬菜稳步增产外，今年有个外地老板来到三道堰镇搞大葱种植，专门以每月 3 000 元的高薪把老钟聘请到了他那里当技术顾问。有时开培训会时，我们也会请老钟来给农户讲授蔬菜的实际生产经验和营销心得，老钟这个专家，当得算是名副其实了。

随着成都市基层农技推广体系运行机制的进一步发展，2010 年我们这里又成立了镇农业综合服务站，农技、畜牧、农机都集合在一条线上，更好地直接面对农村、服务农民。我们的工作效率更高了，老钟等农户的生产热情更大了。

夏日的傍晚余霞满天，凉风习习，让人格外惬意，走在路上，我和老潘聊着老钟们的转变，聊着我们的工作变化，心情分外轻松。

（作者单位：成都市郫县农村发展局三道堰农业综合服务站）

雪域高原上的夫妻农科站

唐灿喜

小中甸镇农科站位于云南香格里拉县城南部，面积1 054平方千米，地处高寒坝区，海拔3 207m，年平均气温5.8℃，年降水量849.8mm，无霜期120天，辖3个村民委员会，50个村民小组，1 754户农户，农业人口9 186人，劳动力4 963人，全镇耕地面积25 850.5亩，人均耕地2.81亩，适合种植青稞、马铃薯等农作物，民族以藏族为主。

几十年来，小中甸镇农科站拥有的农技员平均只有3位，来来去去，流动性很大，但从1989年到今天依然坚守这块“阵地”的只有一对夫妻农技员——夏志光和李月娥。

20多年来，这对夫妻勤勤恳恳、兢兢业业地工作在农业生产第一线上，与藏区人民结下了不解的情缘和深厚的友谊，为小中甸镇的农业生产做出了很大贡献。历届镇领导班子对农科站的工作给予了充分的肯定，每年年底镇里先进集体奖状一定有一张是属于农科站的。走进小中甸镇的村村寨寨，很少有不认识他们夫妻俩的，跟他俩走在村子里，满耳听到的是“喳托杓”（藏语为“请进来做客喝茶”的意思）的声音。

新技术的推广铺平了农民的增收之路

新技术让蔬菜大棚在海拔3 200m的小中甸高原安了家。1989年，夏志光和李月娥从迪庆藏族自治州农业中等专业学校毕业后被分配到小中甸镇农科站工作，当时小中甸的田野里看不到蔬菜，小中甸高原坝区由于历史原因，加之海拔高，气候恶劣以及人民群众独特的民族饮食习惯，蔬菜栽培一直处于较为落后的状态。多少年来，当地藏民以青稞、酥油茶为主食，没有吃蔬菜的习惯，因而就几乎没有种植蔬菜的了。夫妻俩从到小中甸镇农科站那一天起，就开始指导农户进行蔬菜种植，从播种到管理再到收获，甚至到怎么做菜、怎么吃，都一一进行指导。之后的几年，在农户的房前屋后开始出现了零星的蔬菜地，为延长蔬菜在高原上的种植时间，1991年，夫妻俩推广大棚蔬菜种植，如今当你走进小中甸镇的村村寨寨，到处可以看到种植蔬菜的农户和蔬菜大棚。

马铃薯种植方式的不断改进，提高了马铃薯产量，增加了农民收入。马铃薯是粮食、蔬菜、饲料兼用的作物，香格里拉县高原坝区在清末时期就开始种植。马铃薯在香格里拉县的经济、社会发展中有着举足轻重的地位，对于平均海拔 3 200m 的小中甸镇来说，更是如此，除自用外，一年全家食用的大米和经济收入 60%是靠种植马铃薯来完成的（马铃薯收获后，一部分留作自用，一部分销售，一部分拉到生产大米的乡镇进行兑换）。多年来，马铃薯的种植方式采用牛后沟种，自夫妻俩到小中甸镇农科站以后，就开始致力于改变传统的栽培方式和品种改良。在栽培方式上，推广大窝塘条栽、单垄条栽、地膜马铃薯双垄条栽。经过多年的努力，马铃薯产量在逐年增加，1989 年全镇马铃薯每亩平均亩产为 800kg，2010 年平均亩产达到 1 715.05kg，最高亩产达 3 413.5kg。

新品种引进和推广使农民看到了种田的希望

多年来，夫妻俩大力引进青稞、春油菜、马铃薯良种，不断提高作物品质和产量。

高原春油菜新品种的引进推广，使小中甸镇藏民改变了买油吃的局面。香格里拉县虽然已有 100 年种植油菜的历史，但在小中甸镇是从 20 世纪 70 年代才开始引进种植，种植的品种为兰花籽，产量低，出油率低，同时由于农田基础设施差、种植规模小、散户经营、产业化组织程度低等问题，产量一直停留在亩产 50kg 左右的水平。1990 年，夫妻俩大力引进新品种，从最初推广的“40”黄（高硫代葡萄糖苷、高芥酸）到现在花油系列、黔油系列（低芥酸、低硫代葡萄糖苷）等，无不是经过夫妻俩试种和推广，夫妻俩正是通过引进品质好、产量高的品种来不断提高油菜产量和品质，到 2010 年产量已提高到平均亩产 150kg 的水平。

我们曾给小中甸镇农户算过一笔账：根据历年来种植油菜的结果来看，在同等肥力田块上种植油菜要比种植小麦、青稞、马铃薯等粮食作物每亩净增 150～200 元。以近两年每亩平均收获油菜 150kg 计算，每千克菜子可出菜油 0.4kg，150kg 菜子可出菜油 60kg，油菜新品种推广种植，改变了小中甸镇藏民多年来买油吃的局面。以 2010 年菜油销售价格来计算（2010 年每千克菜油平均销售价格为 18 元），每亩收入可达 1 080 元，扣除每亩用种量 5 元（每亩用种量为 0.5kg），每亩用工 650 元，每亩纯收入可达 425 元。而同等肥力田块上种植青稞，每亩的毛收入为 600 元。

春青稞栽培技术的更新，提高了藏区青稞产量。青稞，为藏区主粮，约有 1 500 年的种植历史，是藏民族传统主食，青稞秸秆是高原牦牛和马的主要饲料。

自古以来，青稞在小中甸镇人民生产生活中占有极为重要的位置，青稞籽粒加工的“青稞糌粑”是藏族农民的主粮，是藏民生活中其他粮食不可替代的。青稞适宜在高海拔冷凉地区种植，特别是海拔 2 600m 以上地区，青稞是优势作物。藏民历来十分重视青稞生产，在适时播种、搞好中耕、除草等方面有丰富经验，但限于生产条件、文化基础等各种因素，青稞生产发展缓慢。过去，青稞种植管理十分粗放，整地多为一犁一耙，播种均为撒播，肥料用量少，发生病虫害不防治而求神拜佛。多年来，夫妻俩通过举办培训班、租用农户土地、办试验地等方式推广青稞生产各种科学技术以及病虫害防治技术等，使农民逐渐采用科学方法，有机肥用量增加，化学肥料在青稞生产上有了一定的用量，青稞生产得到较快发展，亩产由 20 世纪 80 年代的 130kg 以上提高到目前的 156kg。青稞生产的不断发展，为解决藏区农牧民温饱问题起到了重要作用。

马铃薯新品种引进推广，使农民对马铃薯新品种有了全新的认识。马铃薯在香格里拉县栽培记载为清末时期传入，海拔 2 800～3 300m 高寒地区春播，海拔 1 700～2 300m 河谷地区冬播；民国时期，马铃薯主产区为彝族地区，河谷地区和县城仅作为蔬菜；1960 年马铃薯种植面积 6 437 亩，1990 年种植面积达 2.72 万亩；2009 年种植面积 3.02 万亩，总产量 0.55 万 t；2010 年种植面积 3.23 万亩，总产量 0.65 万 t。马铃薯是薯类作物的主要种类组成之一，也是重要的粮经饲兼用作物。马铃薯在香格里拉县的经济、社会发展中有着举足轻重的地位，特别是在藏区农牧民的生产生活中扮演着重要的角色。

1998 年，夫妻俩引进马铃薯脱毒种薯威育 3 号在小中甸镇进行试种，第二年进行推广。2001 年推广应用中甸红、合作 88、大西洋等优良品种，2010 年共推广马铃薯良种 6 500 亩。

在生产中不断进行品种引进试验

多年来，每引进一个新的品种，夫妻俩都要进行试验，租用农户土地做试验地，对供试作物的整个生育期表现进行详细观察记载，适应了才进行推广。因为夫妻俩的认真劲儿，当地自治州、县农业部门的各项试验都与二人进行合作，如测土配方施肥、3414 试验、品比试验、品系试验等。

科技培训提高农民种田水平

小中甸镇属典型藏区，早婚及当地习俗致使农民文化水平相对偏低，大多数藏民不懂汉语，培训必须用藏语，夏志光藏语讲得不太好，因而科技培训这一块就由李月娥做。针对实际情况，李月娥对村干部和有种田积极性的农户进行培训，并通过手把手指导，以一带十方法使农民慢慢接受新技术，通过租用农户土地种试验地方法使农民能看得到，进而接受新品种、新技术。

20 年前的小中甸镇，农民不会用药用肥料。10 年前的小中甸镇，在田间还会出现农技人员背着喷雾器挨家挨户帮村民打农药的场景，农科站免费发放的肥料他们就偷偷倒掉，检查时就拿出袋子应付检查。经过多年来手把手指导，开培训会，办试验示范地，让农民懂得了运用科技种田的重要性。如今，在小中甸镇的农田里，看到的是农户自己背着喷雾器喷洒农药的场景了，看到田间有虫、作物长势有点不对，农民都会到农科站咨询。

（作者单位：云南香格里拉县农业和科学技术局）

用科技凝聚乡亲致富心

丁　芳

在山东五莲县户部乡，陈祥明是出了名的“能人”。正是这个憨厚朴实的农村汉子，在该乡率先发展起了大棚樱桃生产，不仅自己成了科技致富标兵，而且还带动全村发展樱桃种植，共同走上了富裕道路，使臧家槎河村成了远近闻名的科技致富示范村和户部乡樱桃主产地。陈祥明也多次被县、乡评为科技致富带头人，并当选县人大代表。提起陈祥明和他的樱桃，还真有说不完的故事。

“我先种给你们看”

陈祥明是五莲县农业广播电视学校果树专业毕业生。他学到了果树专业知识后心里便产生了一个念头：在自己的小山场上发展果树生产，利用科技发家致富。恰巧，他所在的户部乡党委为扶持农民致富，从外地引进了新品种推广樱桃种植。但在这山多地少的臧家槎河村乃至整个户部乡，农民思想保守，推广起来非常困难。

陈祥明充分利用自己在农广校学到的果树专业知识，与本乡果树技术人员共同分析论证种植樱桃的可行性和市场前景。当确定前景良好时，他积极动员乡亲们响应乡党委号召，发展樱桃产业。但乡亲们都持观望态度。他就自费带领两个年轻村民到烟台、寿光、诸城等地参观学习，看到了那里的果农种植大樱桃换来了大把大把的钞票，陈祥明的决心更加坚定了。他再次表态说：“这是我们脱贫致富的好路子！不信，我先种给你们看！”

他主动承包了5亩地种植大樱桃。刚开始的时候缺乏经验，他就把县农广校的老师、乡里的技术人员请到樱桃园里，问这问那，并买来了樱桃管理图书，边学习，边积累。2年后，他种植的大樱桃喜获丰收，刚刚成熟的大樱桃，连亲戚朋友还没来得及品尝，就被客户抢购一空，当年收入近万元。尝到了甜头的陈祥明并没有满足。他想：“如今的蔬菜都搞大棚反季节栽培，我的樱桃能不能也搬进大棚呢?”带着这个疑问，他又找老师求教，老师们的解答解除了他心头的疑虑。回家后，他不顾家里人的反对，投资5 000元建起了自己的樱桃大棚。然而，由于经验不足，大棚樱桃在开花后出现了严重的落果现象，这可把陈祥明急坏了，当时打电话不方便，他就马上骑车赶到乡林业站咨询，回来后又一头钻进大棚里。白天忙着管理樱桃，晚上就钻研樱桃管理方面的书籍，赶集的时候总要到乡林业站找技术员询问一番。在他的精心呵护下，最终控制住了落果现象。为更好地掌握大棚樱桃种植技术，他再次到威海、临朐、寿光等地学习，还找到王乐义，认真请教冬暖式大棚管理方面的知识。看着一天天长势喜人的樱桃，陈祥明脸上露出了笑容。妻子曾说他："照料那个大棚，比关心孩子还强10倍，它还能养你老不成!"对此，陈祥明总是憨憨地一笑，因为他明白：只有自己摸索出经验，才敢让乡亲们放心大胆地干，才能让更多的乡亲富起来。辛勤和汗水换来了丰硕的果实，陈祥明的2个樱桃大棚在乡亲们的观望中喜获丰收，当年就获纯利2万余元。

"我会的就是你们会的"

陈祥明种植樱桃获得成功之后，没有忘记是党的富民政策圆了他的致富梦，更没有忘记自己作为一名共产党员就有责任带领更多的乡亲走上致富之路。在陈祥明的带动和鼓励下，原来没种植樱桃的农户也开始种植了，原先持观望态度的乡亲们也开始建起了樱桃大棚，陈祥明也就成了乡亲们的义务技术员。建棚、覆膜、施肥、授粉、疏果等所有管理经验他都毫无保留地传授给了村民，从来不收取任何费用。同村的李配军看到陈祥明种植的樱桃果实成色好，就试探着向他讨教"秘诀"，陈祥明不光一五一十地向他传授经验，还亲自到他的园子里一棵树一棵树地看，帮他分析原因，研究对策。原来，李配军为了让樱桃树长得茂盛，施用了化肥，陈祥明告诉他，不仅不能用化肥，就是施用农家肥也要讲究时机和种类。在他的指导和帮助下，第二年李配军的樱桃颜色、个头、口味都发生了变化，成了外地客商的抢手货。

为了让乡亲们尝到种植樱桃的甜头，陈祥明自己没少吃苦头。每到樱桃管理的关键时候，村子里的几十个大棚，每天他都要跑一遍，不亲自看一看，他心里就觉得不踏实。由于过度操劳，一个月他就瘦了3kg。妻子心疼地说："你整天忙活，图个啥？自己的活不够你干的，替别人操什么心?"他说："庄户人赚钱不容易，投资搞大棚更不容易，在这节骨眼上，可不能让他们淋了冷水啊!"邻村郜彦生的2个大棚因为缺乏管理，果实成色差，根本不挣钱，眼看着建好的大棚就要拆，陈祥明看在眼里，急在心里，就主动和老郜商量，出2倍的承包费由自己管理2年，2年后有起色了，他又主动将樱桃大棚交还给了郜彦生，并指导郜彦生如何管理。在他的帮助下，现在郜彦生的2个大棚每年都收入1.5万元以上。

为帮乡亲们管理好樱桃而耽误了自家的农活，在陈祥明身上不止发生过一次。蚧壳虫的防治是樱桃管理的重要环节，但是只有掌握了其繁衍时间，适时打药才能有好的效果。刚开始的时候，为了不让乡亲们错过最佳打药期，陈祥明就一家一户地走，告诉乡亲们该用药了，并教给大家药物的配比和施用方法，而这时正值农忙，陈祥明自家的庄稼却因此耽搁了收获时间。有人说他傻，他总是笑一笑，也不多说什么，因为他觉得：作为党员，帮助乡亲们管理好樱桃是应该的。只要乡亲们富裕了，自己苦点累点算不了啥。

“要把我们的樱桃园变成城里人的度假园”

在陈祥明的帮助下，乡亲们熟练掌握了樱桃管理技术，臧家槎河村的樱桃也出了名。现在村里的樱桃种植专业户已达到 50 户，每年的收入也达到了 100 多万元，而陈祥明却并没有就此停止脚步，他的眼光又盯上了“樱桃旅游”。他建议樱桃专业户们搞开放式旅游，他说：“我们的樱桃园就是没有围墙的园林！要让游客觉得像到了自己家的樱桃园一样，累了可以坐下歇歇，渴了就伸手摘樱桃吃，多自在!”正如陈祥明所想的那样，城里人非常向往樱桃园的田园气息，慕名而来。每到收获的季节，每逢周末，青岛、日照、诸城等地的游客一批批地来樱桃园、樱桃棚采摘樱桃，陈祥明总是热情接待，专门拿出 2 个樱桃大棚接待游客。他认为：“自家的樱桃，游客吃好了就会引来更多的客户。游客玩得开心了，就能把这里的樱桃宣传出去，乡亲们的樱桃就不愁卖了。”

在他的带动下，臧家槎河村一带的“樱桃旅游”已初见规模，每到樱桃成熟的季节，饭店里的客人就满了，不光使果农富了起来，也带动了其他产业的发展。陈祥明还想搞“吃农家饭、睡农家炕、玩樱桃园”一条龙服务呢!

看着丰收的果实，拿着满把的钞票，乡亲们笑了，陈祥明也开心地笑了。他憨厚地边笑边说：“我要让樱桃红遍乡村的沟沟坎坎。”

（作者单位：山东五莲县农业广播电视学校）

新技术“测”出新希望

董淑芳

新疆裕民县位于塔额盆地西南边缘，是一个以农为主、农牧并举的边境县，气候干旱，夏季风沙大，冬季寒冷，自然环境恶劣，洪、旱、风、虫、雪等自然灾害频繁发生，给农牧业生产带来巨大的损失。但是，这里光照资源非常丰富，灌溉条件良好，适宜种植小麦、玉米、红花、打瓜等作物。全县耕地面积62万亩，是全国100个商品粮生产基地县之一，是新疆重要的粮油生产基地，农业在裕民县国民经济中占有极为重要的地位。

在这样一个农业大县里，土地就是农民致富的金窝窝。但是，长期以来，这里的农民各家各户的施肥习惯、种植模式各不相同，盲目施肥的观念一直难以改变。由于长期施肥结构失衡，投肥结构不平衡，造成全县土壤缺素和耕地质量日趋下降，农业生产成本提高，环境严重污染，威胁着农产品质量安全，直接影响农业生产和农民增收。有人提出疑问：“这样下去，如何让金窝窝里产出金蛋蛋?”

2009年5月，久旱逢时雨的裕民县农业技术推广站盼来了国家测土配方施肥补贴资金项目，好风凭借力，送我上青云！这个项目的实施成为裕民县实现从传统农业大县向现代农业强县跨越、实现粮食稳定增产和农民持续增收、农业走向良性循环轨道的动力源。

今天来看看裕民县农业技术推广站一班人如何以科学的态度、严谨的作风，为全县3.4余万父老乡亲提供“测、配、产、供、施”一条龙的服务；用忠诚为“三农”铸成如椽巨笔，在这片热土上写出了用农业新科技促进农业大发展的新诗篇！

不怕艰辛　造福农民

抱着要让土地生金的信念，这一班被农户称为“老推”（农业技术推广人员）的人，从此奔波在62万亩农田上，他们带着满腔的热忱，带着最新的农业技术向农民传授，田间地头、农家炕头上常有他们忙碌的身影。为达到春来碧草接蓝天、秋到金谷铺沃野的美好境地，“老推”们一手抓土样化验、给耕地“体检”，一手抓技术培训，用测土配方施肥技术知识给农民武装头脑。当年，初秋天气已经转凉，但正是取土样的黄金季节，“老推”们早出晚归，半个月共采集样品 1 500 个，覆盖全县 2 个乡 13 个村，代表面积 15.2 万亩。采样时，他们坚持采样点要有广泛的代表性和典型性，兼顾均匀性的原则。3 年来，他们共调查农户 7 625 户，取土样 5 147 个。

2010 年春节过后，经培训确立了 4 名专职化验员，在化验分析土样的关键时期，每个节假日他们都没有休息，每个人都是从上午 10 时干到晚上 23 时才下班。化验员都是女同志，但是为节约时间多做化验，他们中午都不回家做饭，做家务只有放在深夜，没时间照看孩子，就托付给亲戚邻居。在用油浴加热重铬酸钾氧化容量法测定有机质时，由于试剂刺激性和腐蚀性强，化验员们都是戴着防毒面具操作的，好几位同志的鞋和衣服都被药剂腐蚀了；还有一位同志在操作时眼睛被试剂灼伤了，然而他们无怨无悔仍坚守着自己的岗位。在调查施肥情况时，为了找到农户本人掌握施肥的第一手资料，他们尽量利用清晨和傍晚的时间走村入户，一次找不到去两次、三次……赶不上回家吃饭，他们就随口吃些东西充饥，好几位同志患上了严重的胃病。3 年来，他们共完成农户施肥情况调查表及土壤样品采集调查表各 5 147 份，没有人叫苦叫累。

2010 年春耕时，1 500 个土样测试的结果显示：全县有机肥、磷、钾肥施用严重不足，施肥比例不平衡，找准了农业产品质量上不去、产量不高的“瓶颈”，县农业局和农业技术推广站迅速制定出了玉米、小麦、打瓜、红花等主要农作物配方施肥方案。平衡施用氮、磷、钾营养元素肥料，提高有机肥施用量，选择性施用微量元素肥料。

几十年来形成的“施肥越多越好”、“粪大水勤、不用问人”等落后观念和做法已经根深蒂固。如何让这一份份凝聚了心血和智慧的化验单、配方卡，变成农户开启致富大门的金钥匙呢？广泛宣传培训测土配方施肥技术知识势在必行！

强化培训 推广示范

为做好测土配方施肥工作，裕民县农业技术推广站技术人员深入到各个乡村开展技术培训、技术咨询和农作物施肥技术指导，利用“科技之冬”、“科技大集”等活动，对全县乡镇农业技术人员、示范户、重点户进行培训。把测土配方施肥作为首推技术，作为培训骨干农户的重要内容。3 年来，他们举办技术员培训班 57 期，现场观摩会 12 期，培训技术员 545 人（次）；举办农民培训班 48 期，培训农民 9 017 人（次）；召开测土配方施肥农户交流会 8 期，培训农民 462 人（次）。编写了《裕民县测土配方施肥技术手册》，发放测土配方施肥资料 15 000 份，广播电视宣传 12 次；发放宣传画 4 000 张，悬挂宣传横幅 27 条，刷制墙体标语 28 条；制作示范村宣传牌 37 块。多种形式大力宣传普及测土配方施肥技术知识，让农民从心里感到测土配方施肥技术带来的好处。同时，实行专业技术人员包村、包户、包责任，受到了农民的欢迎。

说给农民听，不如做给农民看。裕民县农业技术推广站就把一块块试验田、一个个试验示范区当成无字的教科书、无声的宣传片，把测土配方施肥这种农业新技术给农田带来的新变化展示在无声处。为了精益求精地做好这项工作，如今已完成小麦、红花等“3414”试验 30 个，配方校正试验 30 个，示范片 6 个，示范村 13 个，示范面积达 1.4 万亩。用配方施肥与习惯施肥作物不同的长势、迥异的收成来说话，让农民群众亲眼目睹测土配方施肥的效果。

就在技术员一丝不苟地进行诸多试验时，农民的种田方式、施肥习惯也随之悄然改变。哈拉布拉乡霍依巴克村农户秦清金就是使用测土配方施肥技术的受益者，他是村里的种植大户，种植水平高，经验丰富，相信科技、爱学习、肯钻研。在 2009 年春季裕民县大力推广特色作物种植时，他大胆尝试引种了 50 亩的加工番茄，拉着技术人员给他做技术指导，从种植前给土地“体检”，取土样、化验、开配方卡、施肥，到种植时整地、播种、田间管理，到收获时技术人员不辞辛苦一直跟踪服务，那一年他种植的加工番茄试种成功，亩产达 8 400kg，亩纯收入达 2 400 元，共收入 12 万左右。他逢人就说：“这是我种地挣钱最多的一年，配方施肥就是好!”

新地乡前进村农户陈春林每年都种植小麦，在小麦灌浆后期时常出现倒伏，造成产量上不去。他来到农业技术推广站对技术人员说出了心里的苦闷，技术员通过调查发现，施肥不合理、重氮肥轻磷钾肥是造成小麦后期倒伏的原因，通过测土提供了施肥配方卡，建议提高磷钾肥用量，适当降低氮肥用量，他半信半疑地采纳了技术人员的建议。秋收的结果让他喜出望外：配方施肥的小麦茎壮叶黄、籽粒饱满，亩产达到 520kg，比往年足足提高了 40kg。这时技术员给他一语道破“天机”：按配方施用磷钾肥，减少了氮肥，增施了钾肥，促进了植株健壮生长，在合理密植的条件下是不会倒伏的。

展示成果　收获希望

测土配方施肥技术助农民增收、农业增效、农业部门形象提升的功效在这里得到了充分的体现。3 年来，裕民县共实施测土配方施肥面积 25.2 万亩。其中，配方施肥面积 10 万亩。经施肥调查和统计分析，测土配方施肥区与农民习惯施肥相比，肥料利用率提高 4.7 个百分点；测土配方施肥区小麦平均每亩增产 11.4kg，与农民习惯施肥相比亩增产 5.97%，亩增效 42.58 元；测土配方施肥区红花平均每亩增产 6.39kg，与农民习惯施肥相比亩增产 8.2%，亩增效 58.7 元；测土配方施肥区打瓜平均每亩增产 4.92kg，与农民习惯施肥相比亩增产 8.07%，亩增效 33.2 元。

裕民县还把测土配方施肥技术与农业科技入户工程相结合，在509个科技示范户中重点推广小麦、红花、打瓜测土配方施肥技术，取得了显著成效。示范户小麦每亩单产由3年前平均352kg的水平提高到394kg，特别是在2009年罕见的雪灾过后，裕民县农业局和农业技术推广站积极组织示范户抢施小麦分蘖肥，大灾之年小麦产量不减反增。示范户直夸这一次施肥施得恰到好处。经过反复比较，农户总算明白了不同作物施肥讲配方、按比例的道理。测土配方施肥技术的推广不仅自身效益显著，还改变了农民种植习惯，一是精量播种，红花每亩播种量由3kg减到1.8kg，玉米每亩播种量由3kg减到2.2kg，增加了有效株数，促进了穗大粒重，提高了产量；二是合理施用氮肥，特别是在小麦和玉米生长后期减少了氮肥施用量，提高作物抗逆性，减少倒伏，增加了产量。

在推行测土配方施肥技术的过程中，技术人员也得到了一次比较全面的专业知识学习更新机会，涌现出一大批土肥技术骨干，专业技术水平的提高，促进了裕民县农业科学技术的推广应用，也有效地提高了全县农民全面应用农业科学技术水平，农业走向良性循环的轨道。测土配方施肥技术在农业生产中的地位日益突出。

3年来，“老推”们通过测土配方施肥，给裕民县的农业增效、农民增收带来了变化。未来，他们还将为更多农户提供科学的指导和服务，继续开展田间试验、示范工作；建立规范的测土配方施肥数据库和县域耕地资源空间数据库，继续做好土壤肥力定位监测和测土配方施肥肥效监测工作，绘出裕民县农业大发展的更美景象！

（作者单位：新疆裕民县农业技术推广站）

我是农技员，我幸福

黄晚霞

作为一名普通农技服务员，我拥有这样一份珍贵的礼物，它不是金钱，却比金钱更重要；它不是珠宝，却比珠宝更贵重；它就是——农民真诚的爱，它是我们勤奋工作的动力之源。

爱，感动了农民，也感动着我自己；爱，幸福了农民，也幸福着我自己！

望着收割机在胡小芳家稻田里飞快地奔跑，金黄的稻谷装满了袋子，我站在田埂上，思考着秋播的规划。想着想着眼前就浮现出遍地的油菜花。天快黑了，我骑车走在回家的路上，手机短信铃声欢快响起，一段文字映入眼帘：

“小黄，过几天就是中秋节了，借此佳节之际，感谢你多年来对我家无私的帮助和指导！是你，让我树立了种田的信心，鼓起了我克服困难的勇气。我们会永远记着你！佳节来临，我没有礼物，只有送给你一个祝福：祝你生活的每一天都幸福快乐、开心永远。爱你的农民朋友胡小芳。”

看完短信，一股暖意涌上心头，多可爱的农民呀！思绪一下子拉回到7年前……

7年前，随着湖北咸宁市咸安区站所机构改革，虽说我是一名有着10多年工作经验的农业技术推广站的干部，也被买断工龄，聘用为一名农技服务中心公益性服务人员。记得当时，我就为自己立了一个奋斗目标：一年熟悉，两年上路，三年成骨干，一定要把工作干好，带领农民种田致富。几年下来，我果然没有让自己和农民朋友失望，顺利完成了各项工作目标，并与广大农民成为朋友。从2009年起，我服务的区域有2 300多户，近15 000亩耕地面积，分布在4个村、70多个村民小组，工作压力可想而知。我便全身心地投入技术指导服务之中。清晨，我迎着乡村的第一缕晨曦；傍晚，和农民一起巡视完最后一块田才回家。

2009年，花坪村2组有个农妇引起我的特别关注，她叫胡小芳，家有水田11亩，别人家的田管理得好好的，水稻长得绿油油的，她家的田缺乏管理，既缺水又缺肥，害虫又多，水稻长得高、矮不一，更不用说丰收了。我找了她4次，都见不到她人。一打听，才知道她有糖尿病，不能干重活，丈夫是个木匠，长年在外干活，很少回家，2个小孩在读初中，不在身边。一天晚饭后，我骑车来到她家。她正在做晚饭，小平房中弥漫着呛人的油烟味。见我到来，她很是意外。在和她的交谈中，知道她并不是不想把田种好，只是力不从心，管理和投入不到位，所以就懒得操心，顺其自然，成天出去打牌混日子。我和她聊了一晚上，帮她分析她家的情况。告诉她不要失去信心，生活应该有奋斗目标，只要把田种好，可以为她家解决很大的实际问题，并把她家水稻生长情况及补救措施讲给她听。直到她答应不再打牌，好好种田，并和她约定，今后我们一起来共同经营她家的10多亩田。

从她家出来，我满怀感慨：现在的农村留守妇女生活得很迷茫和无奈，我们应该给她们更多的关心和帮助，让她们在种田中感觉到温暖，她们才能更投入、更轻松、更愉快地进行农业生产。

第二天，我便带来了农药和化肥，花2天时间和她一起为她家的7亩多稻田补水、施药和追肥。从此，每天我都要到她家的田里查看，及时和她一起采取措施。半个月后，她家的水稻恢复到了正常的生长水平，当年就收获她家超历史水平的3 500kg稻谷。我们都很高兴，她也来了信心，表示明年一定干得更好。我此时感到无比的欣慰。

今年春天，我将她家10多亩水田全部改换成新品种，采用直播栽培技术，以减轻劳动强度，并作为我的技术服务数据采集点及时跟进指导。榜样的力量是无穷的，全组都掀起了向她学习的热潮。很快在全组中建立起了很好的劳动互助关系。平时，我将各类农业指导书籍借给她看，她也经常向我讨教问题，对种田信心满满。看到她家今年的大丰收，想到几个月来在田野上的忙碌奔波，我心潮澎湃。今天收到她的中秋节祝福短信，我想：一个农技员，拥有了真挚的爱心，还有何求？世界上还有什么礼物能比朴实的农民的心更珍贵呢？我终于明白：在我们平淡的生活中，总有一种情感让我们感动并铭刻心底，总有一种付出让我们乐于去做，总有一种精神支撑着我们的梦想，总有一种力量驱使我们追求精神所在。这一切，就源于一个“爱”字，爱是一切幸福的源泉。

（作者单位：湖北咸宁市咸安区贺胜桥镇农技服务中心）

我的“出诊式”农技服务

胡洪章

2011年4月8日上午9时许，我正准备到田间调查病虫，手机传来一阵急促的电话铃声：“喂，小胡吗？我是吴同虎，我种的3亩地黄瓜最近有点不对劲，麻烦你到我家田里来看一下，好吗?”“好的，我马上来。”挂了电话，我迅速骑上摩托车直奔黄甲村老吴的黄瓜地，这已是我今年第八次去这位示范户田里。接下来就是田间观察、查看用药记录、诊断、开处方、记录、药后跟踪……

像这样的服务，已成为我工作的家常便饭。刚开始时，我试着印了200张名片，发给种植大户和科技示范户。为的是农户有什么技术上的问题可以随时向我咨询。能当即解决的，我就耐心地进行指导，根据农户反映的田间症状给出解决方案。一段时间后，很多农户发现我这个电话很实用，一传十，十传百，后来知道我电话号码的人越来越多，我的电话也开始有些忙线了，电池不耐用了，我就把手机换成了电池耐用大块头的。

随着咨询电话越来越多，新的问题又出现了，一些农户蔬菜种植技术相当缺乏，对症状把握不准，多种病害并发的时候，电话里对症状描述不准确，我只好骑着摩托车跑到田间去查看，告诉农户现在田间有什么病害，帮助他们识别病害，并对农作物的田间管理提出综合意见。渐渐地，我的服务方式也由原来的电话咨询改为经常性田间“出诊”。每一次下到田间地头，都有一群老百姓跟着问这问那，争相把我往自家地里拉，我也开始忙不过来了。为了不让老百姓失望，我把农民反映比较多的问题搜集整理出来，然后把他们召集到一起，在田间地头办起了农民课堂，一边讲解一边回答他们的提问。

2011年5月13日，我早晨刚上班就一连接到几个电话，都是反映甜瓜苗出现萎蔫现象，我马上骑上摩托车跑到问题最严重的老张的地里。经查看，发现发病瓜蔓节部现浅黄绿色油渍状斑，病部分泌有赤褐色胶状物，有的病斑已经干枯凹陷，表面呈苍白色，易碎烂，其上生出黑色小粒点，病枝干缩折倒，萎蔫枯死而维管束不变色。我诊断甜瓜患了蔓枯病，伴有零星霜霉病和病毒病。我马上打电话给早上向我反映过同类问题的农民，把他们都叫到老张地里来，他们看了老张的瓜苗，都说自己的地里也是这个情况，我向他们详细讲解这几种病害的发病原因和症状、浸染循环、防治方法与注意事项，并给开出“药方”：用戊唑醇3 500倍液和甲霜灵锰锌800倍液及盐酸吗啉胍1 000倍液加氨基酸类叶面肥均匀喷雾。几天后，陆续有农民打来电话，说他们的甜瓜病害得到控制，对我表示感谢。这种田间现场培训的指导方式农民接受起来比较快，深受老百姓的欢迎。很多示范户经过我的培训学会了主要蔬菜病虫害的田间诊断技术，也带动了周边更多农户学习农业知识。经常性田间出诊让我积累了丰富的田间实践经验，使自己的业务水平得到提升。

其实，要想做好一名真正能常出诊、出好诊的农技员也不是一件容易的事，除了要有丰富的农业专业知识，还要有时刻为老百姓着想的责任心，才能深受农民欢迎。刚开始田间指导时，我也有些力不从心，农民所需要解决的问题是方方面面的，只要是农业上的事，你什么都得懂，包括农产品的市场信息等等，不懂怎么办？学啊！从群众中学、从前辈那里学、从书本中学。知识的积累不是一天两天的事，正所谓十年磨一剑。我就经常订阅《湖南农业》、《长江蔬菜》等科技期刊进行学习，只要有机会就积极参加各级农技培训班的学习，通过长期努力学习，现在我不但有了较强的理论知识，也学到了很多只有实践中才能学到的知识，更积累了丰富的田间指导经验。我很感谢农民朋友，是他们让我经验更丰富，让我的工作得心应手。

田间指导经常是一脚泥、一身汗，是一件很苦很累的事情，经常出入田间地头风吹、日晒、雨淋，吃不得苦是做不好这份工作的。有时候刚到家、换好衣服，农民又打来电话要求下田，晚上睡得正香时也常接到电话咨询问题。2011 年秋季的一天，连续的大暴雨，很多的农田被淹，而我的服务区域内又种植了很多怕涝的经济作物。为了使农民的经济损失降到最低，我冒着大暴雨查看水情，并及时通知农户开沟排水，做好灾后的防病抗灾工作。黄甲村 14 组的示范户何亮生在这次大雨中也有部分田块受灾，我实地观察后指导他及时开沟，并把污泥用加有强氯精药液冲洗，次日全田用杀菌剂防治一次病害，再增施速效叶面肥。由于采取措施及时，大部分作物病害得到了防控。后来，他高兴地告诉我说："今年收入较去年还多了 5 000 多元呢！"做一件好事不难，但要做好每一件事就必须要有很强的责任心，所以做这份工作要时刻为农民着想，要有想农民之所想、急农民之所急的责任心。自己既然是一名农技员，就应该懂得农民无小事，有时候一种病害的暴发可能影响到农民一年的收成。每当听到农民说："小胡，今年我栽的黄瓜 1 亩地又卖了万八块钱"这样的话时，就是我最开心的时候，那时候我就觉得自己的工作多么有意义。

（作者单位：湖南醴陵市白兔潭农业技术推广站）

一个老农技员的平凡一天

郭宏斌

今天是2011年1月20日，农历庚寅年腊月十七，星期四，大寒。天气：北风呼啸，大雪纷飞，寒气砭骨，干冷干冷，野外摄氏零下5度。日出时间7：13，日落时间17：45。

凌晨5点起床，洗漱完毕，5：30我头戴防风帽，身穿防雪服，脚穿防滑靴，肩挎工作包，手拿贺年画，怀里装着补贴款顶风冒雪走出了家门。在通往客运站的大街上，路灯闪烁，行人稀少。5：45来到车站，6点整乘上了武穴去余川方向的首班客车，此时天将破晓。在车上，口中啃着刚在候车大厅购买的东北大馍，眼望着窗外银装素裹的苍茫大地，一年来科技入户的工作情景一桩桩、一件件、一幕幕，历历在目，记忆犹新。

一年来，为了科技入户工作，不管刮风下雨，酷暑严冬，还是国庆长假、礼拜双休，我做到了及时入户到田，科学系统地指导示范户的农事活动，帮助他们解决农业生产中出现的各种疑难问题。

一年来，在农作物的重要生长环节和推广关键技术措施时，我以村为单位集中培训了8次，入户到田直接指导200余人（次），发送技术资料300余份，书写科技小黑板150余块（次），电话技术咨询上百次。

一年来，我主推主要农作物的优良品种10个，主推粮、油、棉高产栽培技术20余项。

一分耕耘，一分收获，用我辛勤汗水指导的示范户、辐射户，户户实现了水田"三熟三杂三高"、旱地油棉双套节本夺高产的目标。

7：15，我叩开了示范户郑美利家的大门，睡眼惺忪的他望着门外飘着的鹅毛大雪，瞧着全身上下落满雪花的我，惊讶、感激的话语脱口而出："瑞雪之日财神到，明年定是丰收年。"他加大嗓门："老婆、老婆快起床烧水沏茶，市农业局的郭专家大雪天给我们送年画和补贴款来啦！"他连忙搬来取暖器，再次由衷地打开了话匣子："郭师傅，辛苦了，你真是共产党的好干部，农民的'财神爷'。是你无偿地给我送来了高产、优质的双低油菜中双10号良种，是你入户指导我抗大旱、育壮苗、合理密植、平衡施肥，使我家3亩多油菜实现了秋发、冬发连春发，是你在油菜初花期，到田里指导我防治菌核病，使我家获得了亩产380斤油菜子的好收成，真是太谢谢你啦！""不用谢郑师傅，我还要谢谢你将油菜的高产栽培技术及时传授给了辐射户呢！"

8：30，我来到示范户陈清鹏的大院前，在厨房做早饭的女主人给我打开了院门，并将我领上2楼老陈的卧室，此时老陈与昨夜打工回家的幺儿子还在床上躺着呢。老陈连忙披上棉大衣，坐在床上与我攀谈了起来。

“老郭，好早呀!”

“不早，你还是我今天入户的第二家呢!”

“老郭，你今年手把手教我的晚稻无盘旱育抛秧技术真好，它不仅使我所育秧苗抵御了7月中旬日降水超200mm的强降雨，保住了25亩晚稻，获得超千斤的亩产，而且还减少了3 000多元的人工插秧费用，明年我不仅要搞，辐射户要搞，全垸所有晚稻都将采用这一高产节本的轻简化栽培技术”。

“讲得好！讲得好！你要说到做到，不放空炮。”

“一定！一定！”

风还在刮、雪还在下。

上午10点多，我向家住丘陵深处的示范户毛中胜家走去。该户是一个植棉大户，植棉35亩，今年由于采用无土棉苗移栽技术，从而规避了今年春夏季长期阴雨、低温、寡照的不良天气，确保了一栽全苗。采取及时扶苗洗苗、清沟降湿、护叶促根，速施肥、轻化调、综合防、增蕾、保花、稳桃等超常技术措施，终于战胜了武穴市7月中旬50年不遇的强降雨造成的渍涝灾害，实现丘陵棉区大灾之年亩产籽棉275kg的好收成。

一进毛中胜的家门，毛师傅紧紧握住我的双手，十分亲切地说道：“郭老师辛苦了，请上坐”。不一会，毛夫人十分热情地端来了一大杯滚烫的红糖茶：“郭师傅，请喝茶，暖暖身子。”

正午时分，我来到乡村小镇的面馆，狼吞虎咽地吃了一大碗热腾腾的麻辣牛肉面，顿感全身通透，额头浸出了汗珠，真是爽极了。

风小了，雪停了。

下午1：30，当我来到兰春兰大姐的家门口时，被眼前大人小孩热火朝天地调米糊、添米粉、做米粑、烧旺火、蒸年糕的热闹繁忙景象所陶醉，几乎忘记了我今天入户的目的。当兰大姐抬头见到我这位不请自来的客人，连声说道：“瑞雪降、贵客到，郭老弟快吃块年糕填填肚子，暖暖身子”。“不用客气，刚在小镇上吃过了。”

兰大姐今年58，与我同庚，仅大我2个月。她虽为中年女性，却是一位种田能手，今年种植的5亩中稻因为正确掌握和实施了倒算账、顺安排，避开高温抽穗的中稻适播技术，采用田平、草净、匀播、浅灌水的直播技术，重施底肥，速施分蘖肥，巧施穗肥，补施粒肥的测土配方施肥技术，化学除草、查虫打药、虫药对口、喷足水量、打正部位的综合植保技术，所以获得了亩产稻谷600kg的大丰收。因此，见到我总是谢声不断。

当我来到第10位示范户彭义成的家时，手机上显示的时间为16：10，因此我迅速将年画粘贴在他家大厅的醒目位置，办好200元补贴款的签收手续，正当老彭拉着我的手互道新春祝福、双脚将要跨出大门时，王老汉说出了与郑美利一字不差的两句话："瑞雪之日财神到，明年定是丰收年"。

傍晚，我乘上了回城的末班车，说真话，此时此刻年近花甲、在农业技术推广第一线摸爬滚打了36个春秋的我已感到累了、乏了、冷了、渴了、饿了。但想起今天农民朋友们对我的褒奖之语、感激之情，全身的寒意与疲劳就一扫而空，心中顿时升起了一股甜蜜的暖流。

晚上7点，班车回到了灯火辉煌、喧闹沸腾的市区。7：15，我手叩家门，两岁半大的孙女麻利地打开了家门，十分撒娇地抱住我的双腿，并大声嚷嚷："奶奶、奶奶，爷爷回来了！"夫人忙拿来了暖鞋，帮我摘掉防风帽，取下工作包，脱去防雪服，十分关心地说："老头子，冻坏了、累坏了吧？"我故意扯开嗓门高声说："老婆子，我今天虽然坐了80公里的车，走了10多公里雪有一尺深的路，在外工作了将近14个小时，但今天圆满地完成了任务，我一点也不感到冷和累，但请你赶快摆上饭菜，樽上二两'黄鹤楼'，我快前胸贴后背了。"

吃喝漱洗完毕，来到书房，按亮台灯，翻开日记本，已是晚上20：00。我轻松愉快地拿起心爱的"派克牌"自来水笔，文思如潮地将今天的所见、所闻、所说、所做、所思、所想、所感、所悟记录下来，市中心的报时大钟敲响10下，我才搁笔。

（作者单位：湖北武穴市农业局）

浪花里飞出渔农欢乐的歌

张贵铭

不临海、不靠湖的江西泰和县，近年来水产业异军突起。2010 年，全县水产养殖面积达到 7.1 万亩，总产量 2.38 万 t，实现产值 3.24 亿元，一跃成为全省渔业“明星县”、“十强县”。老百姓都说，这饱含着泰和县水产站站长、高级工程师邓玉梅的心血和汗水。

1984 年 7 月，邓玉梅从江西省畜牧水产学校淡水渔业专业毕业后，一直在泰和县水产技术指导站工作，2007 年被聘任为高级工程师。在她人生的道路上印记着一串串闪光的足迹：先后获全国“五一”劳动奖章、江西省劳动模范、江西省十大服务创业标兵、中华神内基金农技推广奖、农业部农牧渔业丰收奖等荣誉；2009 年被农业部评为“新中国成立 60 周年‘三农’模范人物”。

恪尽职守：甘当水产业的“引路人”

从走向工作岗位的第一天起，邓玉梅就暗暗下定决心，要成为农民群众的贴心朋友，成为现代农业技术的传播者和引路人，为泰和县水产业的发展尽一个科技工作者的责任。几十年来，她依托水产技术推广这个岗位平台，栉风沐雨，足迹遍及全县各个角落，用知识和汗水架起农民致富的“桥梁”，铺筑起农民奔小康的坚实路基，完成了一位普通学生向水产行业服务能手的转变。

泰和县水产站科班出身的专业技术干部少，参加工作以后，邓玉梅勇挑大梁，通过开展培训和试验示范，在全县大力推广普及种草养鱼、稻田养鱼、配合饲料养鱼等高新水产养殖技术，使传统的养鱼方式逐步向现代化转变，大大提升了渔农的经济效益。

草鱼出血病过去一直被人们视为草鱼的一大顽疾，发病死亡率高，发生面广，严重制约了水产品产量的提高。为了破解这一难题，2003 年邓玉梅引进了草鱼出血病疫苗注射防病技术和草鱼“老三病”疫苗注射技术进行试验。通过注射疫苗后，使养殖水域鱼类发病率降低了 40%，亩产量提高了 150～250kg，亩产值增加了 1 700～2 000 元，并能减少渔药的投入 30%以上，保护了渔业生态环境，提高了水产品质量。目前，该技术已推广到泰和县各乡镇，给渔农带来直接经济效益 2 049 万元。这项技术还引起农业部领导的重视，被列为全国渔业重点推广项目。

过去泰和县水产品以“四大家鱼”为主，品种结构比较单一，在市场上缺乏竞争力。为了改变这种状况，邓玉梅煞费苦心，通过多方捕捉信息，近年来先后从湖北、湖南、广东等地引进推广 10 多个名优鱼类新品种。到 2010 年，全县投放名、特、优鱼苗 2 000 万尾，特种水产品产量达 8 300t，占水产品总量的 33%。

与此同时，2002 年邓玉梅承担了吉安市水产站下达的《湘云鲫引进养殖示范》项目，项目实施 3 年，累计推广湘云鲫养殖面积 4 639.3 亩，产鲜鱼 468.9t，创产值 1 647.89 万元。2003 年江西省把鮰鱼产业列为全省水产工作的重点，邓玉梅负责主持全省斑点叉尾鮰鱼产业技术开发项目吉安项目区工作。她一边当好领导参谋，搞好产业规划，一边积极深入鮰鱼网箱养殖基地，不分节假日指导渔农搞好鮰鱼养殖。通过基地的示范引导，几年来，全县累计发展鮰鱼网箱养殖面积 4 万 m^2，提供加工原料 2 600t，提供出口货值 1 300 万美元，带动农户 136 户，户均增收 2 160 元，使吉安县成为全省鮰鱼产业化先进县。

心系渔农：老百姓家里的“座上宾”

为了充分利用本地资源，加快水面开发，扩大水面养殖规模，增加农民收入，邓玉梅通过调查了解到，泰和县城郊北门村有一大片低洼地，由于地处赣江边，易涝易旱，常年荒芜。2000 年，她在征得村里和上级有关部门的同意后，选择 3 户有代表性的农户，在低洼地上率先开挖出 80 余亩鱼塘进行水产养殖，当年亩获纯利 500 元。通过试点，农民眼见为实，开发热情高涨，到 2002 年，农民在低洼地上开挖鱼塘 1 230 亩，每亩年平均纯收入达到 1 307 元。为了进一步扩大池塘面积，形成规模优势，满足市场需求，2003 年邓玉梅在争取该村“两委”班子的支持下，将北门村列为无公害草鱼基地，亲自动员和指导农民开挖精养高产鱼塘，严格按标准化要求进行养殖。到 2006 年底，基地连片养鱼水面已扩大到 4 637 亩，种草 1 210 亩，渔民从中获利 250 多万元。

邓玉梅在水产技术推广上敢闯新路，在为渔农服务上有着一副热心肠，不管节假日，只要渔农在养殖过程中遇到什么难题，她有求必应。2004 年底，上田镇北门村王福彪 50 亩水面的鱼需注射“三病”疫苗，由于自己不会操作，打个电话把邓玉梅请来。当时正值寒冬，气温达摄氏零下 3℃，可邓玉梅在池塘边一蹲就是一整天，直到把打捞上来的 2 万尾鱼苗的疫苗注射完毕。

2010 年 6 月下旬，泰和县遭受百年一遇的特大洪涝灾害，造成不少鱼塘被洪水冲毁。邓玉梅带领全站同志在第一时间赶赴灾区，挨家挨户调查了解灾情，指导帮助渔农搞好鱼塘消毒灭菌，尽快恢复渔业生产。由于连续多日身体浸泡在水里，邓玉梅患上严重感冒，全身酸痛，高烧达40多度。站里的同志得知后劝她回去住院治疗，可邓玉梅硬是强忍病痛，不下火线，她说："现在灾民最需要我们，我们就要为灾民尽好一份责、多出一份力。"整个救灾期间，在邓玉梅的带领下，该站共为渔农发放科技资料5 000份，筹备消毒灭菌渔药9.5t，帮助渔农搞好鱼塘消毒防疫8 000亩，修复被洪水冲毁的鱼塘1.3万m^2，并通过向上级部门争取，由省渔业局通过招投标统一下拨了197.143万尾鱼苗。使大灾之年全县渔业不减产、渔农不减收。渔民们说："有邓玉梅这样的技术干部为我们做后盾，我们发展渔业生产的胆子更大了，信心更足了。"

邓玉梅通过走访发现，全县虽然养殖水面多，但大都是粗放经营，特别是一些大、中、小型水库的水面未得到科学利用，产量低、效益差，很多农民守着一块面积不小的水面，生活却在温饱线上挣扎。为了充分挖掘水面生产潜力，提高综合效益，使农民尽快脱贫致富，2004年春，她自告奋勇到距县城10千米以外的老虎山水库，指导、配合当地养鱼专业大户创办水面立体开发示范基地，摸索出了一套"水面养鸭、水中养鱼、岸边养猪、山坡种果、库下种粮、园区观光"的物种共生、物质循环、能量多层次利用的生态农业模式。经过几年的发展，基地拥有千亩水产场、万头猪场、万t饲料厂、百亩果园，已成为集生态农业、旅游观光、生活娱乐为一体的经营实体。在该基地的示范带动下，目前泰和县有1 800多人投身到农业生态立体开发当中，5万多亩水面、10多万亩荒山被抢"包"一空。

矢志不渝：倾情水产技术推广的"大舞台"

邓玉梅在水产技术推广岗位上一干就是20多个春秋，其间，与她同时进入农业部门的女同志，有的已提拔担任乡镇领导，有的已跳出"农门"，到条件较优越的部门工作，可邓玉梅从来不与别人攀比，更没有向组织提过这方面的要求。2003年，县委组织部招考科级妇女干部，凭着她的才华和其他条件，不少好心人劝她去比试比试，但邓玉梅看到全县水产技术干部紧缺的现状，认为工作需要就是自己的唯一选择，毅然安下心来搞自己的老本行。她常对身边的同志说："我舍不得这份奋斗了20多年的事业，舍不得这片广袤而又孕育着无限希望的水面，从事水产技术推广工作，才是真正属于我的舞台。"

（作者单位：江西泰和县农业局）

科　技　春

李　旭

一

你
似一缕春风
轻轻地抚摸着沉睡的大地
让她在一片柔和的音乐中
缓缓地睁开眼睛
——醒——来——

似乎在睁眼的那一刹那
阳光明媚，顿时精神抖擞
每一个土地的分子都积极活跃
肥沃的，变得更加滋润
营养不良的贫瘠
畅饮着属于自己的配方“奶粉”
散发着自己的勃勃生机与活力

二

你看吧
那漫山遍野的绿色
承载着多少科技人员的智慧
凝结了多少风里雨里的辛苦与汗水
每一粒种子
每一片叶子
每一个穗子
每一个株与株、行与行的间隔
都是他们长年累月、风霜雪雨

中年人看着书籍杂志
摸着电脑网络
做着自己的创业梦

冬去了，春又来
噼里啪啦的鞭炮声中
写下的是红艳艳的对联
科技致富暖人心
莺歌燕舞闹新春

（作者单位：山西武乡县良种推广服务中心）

走过34载技术推广路的“老兽医”

谢建根

在长三角的肥沃土地上，有这样一头“老黄牛”，默默扎根农村基层一线34载，一直从事基层畜牧兽医技术推广工作。

他，曾经是当地最年轻的乡镇畜牧兽医站站长；如今，他是当地年纪最大的乡镇畜牧兽医站站长。34年，岁月沧桑，不变的是他那颗带领群众致富的火热之心。

他，就是江苏靖江市斜桥镇畜牧兽医站党支部书记、站长、高级兽医师李启明。

扎根农村，做默默奉献的“老黄牛”

1976年9月，李启明17岁高中毕业时，有个进厂学技术的机会摆在他面前，这是当时人人都梦寐以求的机遇。农村穷苦出身的他有着自己的执著想法：农民生活困苦，主要还是缺少农业技术，导致传统农业生产效率低下，农民致富难。他决定还是在农村天地里干出一番事业来。不管父母的反对和亲朋好友的相劝，毅然报名参加了县中兽医培训班学习，后又拜老兽医朱仕庆学艺。参加工作不久，他便承担了斜桥镇丰宁、安宁2个村的动物防疫诊疗，几乎无节假日之分，也难分白昼到农户家出诊，向群众传授养殖新技术。

基层畜牧兽医可算得上脏、苦、累的工作，其环境条件差、报酬低。改革开放初期，从小一起长大、在长江边的儿时伙伴们有的下海经商，有的跑船舶运输，有的做水产生意……他们都短时间发了财，家人、亲戚朋友都好言相劝他：“当前商机多，改行做生意吧！”但李启明对兽医工作从无半句怨言。因为令他欣慰的是，当地许多养殖农户在他的指导下，脱贫致富了。这更坚定了他当初的选择，工作反比以前更加投入了。

李启明被组织任命为斜桥镇畜牧兽医站站长时只有29岁，成为当地最年轻的乡镇站长。他在主持站务管理和畜禽疑难杂症会诊的同时，还负责一个村的兽医诊疗。他经常起早摸黑地工作，生活没有规律，时常饥一顿、饱一顿，为此，患上较严重的胃病，但从没休息过一天。他常对同事说：“我们服务于基层，群众天天需要我们，要做到有求必应，我们就不能停下来。”事实上，从工作的那一天起，李启明就坚持每天必须到镇里的养殖大户家中走访，传授养殖技术，风雨无阻，连大年初一也是如此。如果按最少的每天走 10 千米计算，34 年下来就是 12.4 万多千米，他相当于绕地球赤道走了 3 圈还要多。

为适应畜牧生产快速发展的需要，他边干边学，先后参加了江苏农学院中兽医培训班、江苏省兽医专业自学考试，顺利取得大专文凭，获得了国家执业兽医师资格，其技术服务水平也产生了飞跃。

创新机制，做技术推广的“大蜜蜂”

李启明刚做斜桥镇畜牧兽医站站长时，该站由于体制制约，集体经济困难，办公条件简陋，职工思想散漫。上任不久，他便从站内制度管理入手，依靠科技增加效益，积极发展集体经济。

本地生猪由于品种老化，养殖效益低下，母猪产仔率低，饲料报酬率低，抑制了农户养殖积极性。只有养殖规模扩大了，兽医才有服务对象，集体经济才能发展。李启明多方筹资，引入梅山猪品种，创办首个良种母猪繁育场。他广泛利用座谈会，发放科普资料和技术明白纸，推介新品种的养殖技术，带领职工养殖梅山母猪。当时他要求：每个兽医家中必须饲养母猪 3 头以上，兽医服务的辖区内每年必须发展母猪 15 头以上，并将生猪发展指标纳入职工年度考核，实行奖惩制度。经过一年实践，在产仔率、生长速度及繁殖性能等方面，梅山猪种体现出独特优势。到 1996 年，梅山猪在全镇占有比例达到 85％以上，产仔率提高 40％以上。该站梅山种猪场从办场时的 30 头种猪，发展到了 250 头种猪，售出种猪近 9 000 头，梅山猪养殖辐射到周边市、县。站内经济状况得到了极大改善，先后将原来矮小的办公用房改造成有 20 间办公室的楼房和 18 间工业用厂房，固定资产达 120 万元，账面资金由原有的亏损变为盈余 100 多万元。

1998 年，全市乡镇行政区划调整，将原来的大觉乡并入斜桥镇，但原大觉乡兽医站经济困难，财务亏损，人心涣散。因为合并前两站经济情况和管理模式不同，合并后的畜牧兽医站职工情绪时起时落。李启明狠抓团队管理，强化组织观念，加强思想教育。同时，发展畜禽养殖生产，推广主导品种和主推技术，提高经济效益。经过 3 年的努力，还清了原大觉乡兽医站的经济债务，提高了职工的福利水平。

2008 年，全市兽医体制改革拉开序幕，一时单位内部人人自危，都担心自己被淘汰出局，严重影响了服务事业。基层服务工作一旦混乱，群众利益将受损失；重大畜禽疫病流行，其后果更不堪设想。于是，他组织职工学习，帮助他们复习，迎接竞岗考试。随着新一轮兽医体制改革的顺利完成，编内性质转变为事业，人员工资由市财政拨付，个别兽医服务工作却松劲了。为此，李启明又明确新的业务学习培训、牲畜家禽防疫、科技入户指导、党员创优争先等多项工作制度，惠农服务质量也纳入考核范围，绩效考核结果与个人经济收入有机结合起来。建立淘汰机制，规定连续3年年度考核不合格者，报上级主管部门批准，予以辞退。推行畜禽防疫工作旬报制度，将农户动物防疫进行电子表格处理，让错综复杂的管理变得简便直观，促使动物防疫工作做得真实、细致。这些管理经验已在全市逐步推广。

由于畜禽良种引进、人工授精推广、重大动物防控、生态健康养殖等业绩突出，全站畜牧兽医工作一直位于全市前列。斜桥镇连续4年成为江苏省生猪科技入户工程示范镇，累计培植科技示范户300多户。2011年顺利通过省级“争创群众满意窗口服务单位”验收。

服务群众，做带领农民致富的“领头羊”

“发展养殖业是致富农民的一条捷径，这样的捷径需要科技服务，我们这批畜牧兽医工作者必须无私奉献，才能带领群众致富，群众也才能把我们当做贴心人”，这是李启明感受最深的一句话，也是这句话的实践者。

地处长江边的斜桥镇黄普村是典型的农业大村，农村劳动力主要从事水稻和棉花种植，当地牧草资源丰富，但农户养殖积极性却不高。李启明看在眼里，急在心头，主动和村委会负责人联系，将养殖业与种植业的效益进行比较，提出“缩小棉花种植面积，适度发展畜禽养殖”的建议，同时培植能手带头进行畜禽养殖示范。黄普村8组农民章国荣赋闲在家，在李启明引导下，从事生猪养殖。该户养殖技术从无到精，养殖量从起初的2头母猪，发展到现在年出栏1 000头生猪的规模化猪场。“没有李站长的热心指导，就没有我如今的养殖规模，更没有我家富裕生活。”这是章国荣时常念叨的一句话。

20世纪90年代中期，李启明与全站人员通过品种改良、科技培训、入户指导、示范辐射等服务手段，使黄普村生猪存栏在4年时间内从800头发展到8 000头，能繁母猪从120头发展到1 100头，山羊发展到1 200头，牧草种植面积达到100亩，年畜牧业总产值近亿元。斜桥镇存栏生猪也达到了4.8万头，其中母猪养殖量已达到7 500头，苗猪年出栏达到12万头，畜牧业在全镇农业生产比重达到45%。

靖江市一直是有名的苗猪出栏基地，但生猪大多销往周边县、市，少有外省、直辖市的客商来购买。“成立生猪经纪人队伍，扩大本地苗猪销路，让群众获得更多收益”成为他为民服务的新方向。李启明身先士卒，大江南北都留下了这个热血男儿的身影。他走遍全国18个省、直辖市，南到广东的番禺市，北到辽宁的瓦房店市。每到一处外地苗猪市场，他主动发放名片，广交各地朋友；挂起宣传横幅标语，推介苗猪生产信息。

功夫不负有心人，全国各地的苗猪收购商纷至沓来。据统计，1997—2000

年，李启明组建的经纪人队伍接待了近 2 000 批次的外地客商，销售苗猪近 100 万头。市场需求量大了，价格也随之上涨，得到更多实惠的是广大养殖户。

为了知识学有所用，为了实现人生理想，为了农民脱贫致富，李启明默默倾注全部精力，得到了群众的信赖和领导的好评，多次被镇党委评为优秀共产党员、被上级主管部门评为先进工作者。面对荣誉，他没有陶醉，在平凡的岗位上默默奉献，争做群众满意的贴心人，走出了一条平凡兽医科技工作者的不平凡之路。

（作者单位：江苏靖江市畜牧兽医技术服务中心）

无怨无悔写春秋

屈国良

三月的辽东，春寒料峭。在辽宁凤城市大堡蒙古族乡三官村的蔬菜大棚里却是一派春意盎然的景象：青翠欲滴的黄瓜、粉红圆润的西红柿、光滑油亮的茄子……当地农民在感受收获喜悦的同时，心里都在感谢一个人，她就是凤城市蔬菜办公室高级农艺师唐伟。

心系“三农”，她是真心为农民服务的人

1996年8月，毕业于铁岭市农校的唐伟被分配到凤城市蔬菜办公室工作，从此与蔬菜技术推广工作结下了不解之缘。参加工作15年来，唐伟始终把服务“三农”作为工作的重心，经常深入到各乡镇、村组，走进农户的田间地头、温室大棚，帮助菜农做一些实实在在的事，用自己的实际行动诠释了一名女农业科技工作者的责任与忠诚。

2004年，在凤城市委组织部、市科协联合开展的“科技富民”活动中，唐伟负责帮扶草河区黄岭村。接到通知时，她还没有休完产假，但为了使包扶的菜农尽早走上致富路，她毅然把年幼的孩子托付给婆婆，自己深入到陈德重等菜农的大棚内手把手地进行指导。由于黄岭村的班车车次少，每一次下乡回家都要走20多分钟的泥泞山路到公路边坐汽车。当她拖着疲惫的身体回到自己家后，听婆婆讲到孩子不愿意喝奶粉，只是哭闹，看到孩子在香甜地吸吮自己的乳汁时，她哭了。但当黄岭村的菜农打来电话，咨询种植中遇到的新问题时，她又马上赶到大棚中答疑解惑。

为了方便农民及时了解新信息、新技术，她还精心为菜农制作印有“想您所想，急您所急，真心为您解决生产中的难题……”的联系卡。她每次下乡都做记录，以便更好指导菜农。她把十几个新品种无偿送到农民手中，让贺长清等农户做试验，如今“辽园多丽”番茄成为黄岭村的主栽品种。唐伟针对菜农在管理细节存在的问题进行多次授课。现在还有许多农民时常打电话向她咨询生产中的问题。通过她的指导，黄岭村村民年人均增收800多元。在此次“科技富民”活动中，黄岭村被市委组织部评为“先进集体”。为把黄岭村西红柿做大做强，唐伟还协助黄岭村完成“黄岭”牌西红柿的商标注册，全力打造品牌形象。回想起西红柿产业做大做强的历程，黄岭村妇女主任王娟深有感触地

说："我们村的荣誉有唐伟的一半功劳，她确实是真心为我们服务的人。"

任劳任怨，她是深受农民欢迎的人

在四台子农业科技示范园区，一提到唐伟的名字，菜农们纷纷竖起大拇指，称她是园区菜农心中最受欢迎的人。

自 2004 年 3 月园区开始动工建设以来，唐伟变成了这里的常客。她放弃节假日休息时间，顶着烈日奔波在施工一线，奔走在棚户的田间地头。从温室的规划设计到统计预算，从实地勘测定位到放线取平，从砌筑后墙到大棚头房的建造，从课堂培训到实地指导等方面进行全程跟踪服务。为了让没有经验的菜农及时掌握技术，唐伟逐个大棚逐户地进行指导。从选种、定植，到肥水管理、病虫害防治等逐项内容进行细致耐心的讲解，同时对软管滴灌、反光幕等先进技术进行手把手指导。棚菜管理的关键季节是寒冬，大棚外寒风凛冽，棚内温度高达 30℃以上，她进入棚后顾不了适应温差的变化，马上蹲下来和菜农一起解决各种疑难问题，一讲就是几个小时。身上的羽绒服这时显得特别厚重，汗水顺着脸颊往下淌。棚内农家肥的臭味及农药的熏呛丝毫没有影响她的工作。每一个棚内都留下她的足迹，每一个棚内都流下她的汗水，就这样一直坚持帮助菜农把温室管理工作走上规范的轨道上来。2009 年 7 月，郎玉娥等妇女搞黄瓜育种，由于不懂技术，唐伟放弃休息时间，顶着 30℃的高温，每天做公共汽车到基地，指导他们如何进行整枝、施肥和授粉。菜农兰淑波感动地说："园区发展的每一步都离不开唐伟的帮助，我们打心眼里感谢她，她是最受我们菜农欢迎的人。"

随叫随到，她是农民最贴心的人

唐伟把农民当做自己的朋友，农民在生产上有疑难杂症都喜欢请教她，而她不管工作多忙，都随叫随到，菜农亲切地称她为最贴心的人。

2009 年，凤城市白旗镇雕窝村、大兴镇佟家村等地先后建起高标准日光温室。从这些基地规划建设起，唐伟便把这里当成了自己的"家"，她从建棚到田间管理做到随叫随到。大兴镇佟家村基地放线的那一天正赶上大风雨雪天气，等定位测定仪测定方位结束时，唐伟满身湿漉漉的，脚上的鞋也被泥泞的黄土飞溅的不成样子。由于受风寒影响，唐伟感冒了，她晚上输完液，第二天又赶到白旗镇雕窝村为那里的 60 多位菜农讲了一堂生动的黄瓜栽培技术课。如今雕窝村的棚菜长势喜人，每栋温室平均收入达 1.5 万元。

2010 年 12 月 18 日，唐伟接到爱阳镇龙道村周长春打来辣椒病害的求助电话。第二天早上 7 点多钟，她便赶往龙道村，由于雪后路滑，汽车车轮在路上打起了转，司机不免有些担心，但这并没有让唐伟退缩。经过 3 个多小时的颠簸，中午才赶到龙道村。来到基地后，她不顾旅途的疲惫，马上钻进菜农的大棚内逐户指导病虫害防治。听了讲解，菜农郑敏紧皱的眉头舒展了："唐老师真是我们的贴心朋友，无论啥时候，只要打一个电话，她就能及时赶到，为我们指导，解决了我们生产中遇到的很多难题。"

情系农民，她是科技推广的领路人

唐伟心中始终将农民利益放在首位，她心系农业、情系农民，及时将最新的蔬菜种植技术、品种传授给农民，成为农业科技推广的领路人。

自从凤城市被确定为农技推广示范县后，唐伟作为科技指导员与刘忠等科技示范户结成对子。从此，她经常深入到科技示范户家中了解他们所需、所想，并将他们的联系方式存入到自己的手机中，随时和他们保持联系。在白旗镇吴家村基地内，唐伟根据该村的资源优势，引导示范户发展短梗五加产业。唐伟给关玉生等农户免费发放了苗木，及时到现场指导农民栽苗，并为每个示范户补助 150 元，用于购买鸡粪等生产资料，通过粪肥的施入，增加了短梗五加的产量。2010 年 8 月份的洪水使部分示范户的短梗五加不同程度遭受损失，洪水过后，唐伟不顾道路的泥泞，挨家挨户指导示范户及时将基地内的积水排出干净，同时将防涝自救措施资料发放到示范户手中，力争将洪涝灾害的损失降到最低。

唐伟充分发挥自身的科技优势，指导科技示范户解决施肥、防治病虫害等生产中的难题。为了保证短梗五加的无公害生产，她在示范户基地推广平茬技术、五加修剪技术、反季节生产实用技术等先进的栽培技术。经过不懈努力，使农民熟练掌握了科学栽培、病虫害防治等技术。唐伟大力推广喷施旱喷宝解决玉米用除草剂造成短梗五加飘移危害等先进生产技术，带动 260 户农户从事短梗五加产业发展，推广面积 4 000 亩，增加经济效益 2 000 万元。

参加工作 15 年，唐伟风里来、雨里去，凤城市的 21 个乡镇（区）到处都留下她辛勤的汗水和奔波的足迹。多年来，她授课 92 次，培训菜农 4 100 人（次），指导菜农 430 多次，引种"布利塔"茄子等 30 多个蔬菜品种。推广软管滴灌等先进技术 10 余项，提高了凤城市蔬菜产业科技含量，为菜农节省农药支出 5 000 万元，增加经济效益 9 000 万元。同时，为菜农发放联系卡 310 多张，赠送新品种 54 袋，接受咨询 480 多次，发放各类技术资料 7 000 余份。

唐伟靠着这种务实的工作作风和扎实的工作业绩，受到上级领导的好评和同志们的肯定，先后被评为辽宁省科技特派行动先进个人，丹东市科普之冬先进个人、百名优秀女性、三八红旗手，凤城市优秀共产党员、劳动模范。她还发表论文 10 余篇，科研成果获得奖项国家级 1 项、省级 2 项、市级 2 项。她

让农民认识科技的力量

靳 峰

一位普普通通的农家汉子，热衷于农业科技，在有限的土地上实现了小康梦。这个农家汉子就是河北吴桥县安陵镇蔡庄村村民蔡士学。

蔡士学今年47岁，生性好强。他觉得，即使是种地也要做到最好，他经常关注农业科技报刊上的各种名优品种。他利用“三种三收”的种植模式，获得了每亩纯收益5 000多元的成果。不仅自己致富，还希望能够带动周围农民一起种上优良品质的作物，经过3年的努力，他于2009年正式注册成立了“农民科技协会”，会员分布在全县5个乡镇，他免费向农民宣传农业科技知识、指导科学种植技术，希望农民人人都认识到科技的力量。

做地里刨“金”的探索者

青年时的蔡士学一直在外打工，有一手精湛的木工手艺。8年前，因为兄长去世，家中老母年迈，身体不好又缺人照顾，他便毅然回到家乡。他从小对种地没有多大兴趣，但是既然回家务农了，性子里的倔强劲使他决定要做就做到最好。多年在外闯荡的经历开阔了他的视野，他觉得依靠老模式的农业种植方式仅仅是能够做到地里刨“食”，而无法达到他想要的地里刨“金”——增加产量、增加收入，于是他开始关注各类农业科技报刊，寻找各种名、优、新、特品种。

有一年，他选择了“国新棉JK12”的棉花品种，结果当年棉花亩产高达280kg，蔡士学高兴坏了，把棉种送给周围的村民，让大家一起种植。村民受益后便以他为种植模范，经常是他种什么品种，村民就跟着种什么品种，他施什么肥，村民就施什么肥。但是，利用收回种子种植的棉花长势总是不如第一次种植的好，为了解决这个问题，他把自己家里的田地当成了试验田，千方百计地弄来各种品种的棉花进行试种，有时候一亩地里有多达8个品种的棉花，经过4年努力，终于筛选出了一种产量高、抗病性好的棉花品种，但却付出了许多的人力、物力的代价。

当好农业科技宣传兵

2007年，他种植的棉花出现了黄叶、死苗、小棉苗不长的现象，蔡士学急坏了，抱着试试看的心态给县农业局打了一个咨询电话。农业局农技人员当天下午就到了他的地里，经过一番观察，当即给出了结论，原来是棉花枯萎病和盲椿象等害虫的双重为害导致这种情况的发生。蔡士学按照农技人员给出的治疗方案和技术要求进行喷药治病除虫，结果不到10天的时间，棉苗就逐渐恢复了正常的长势。从那以后，他更加深刻地认识到科技对于种植的强大作用力，不再是独自摸索，有什么问题了马上就和农业局进行联系。正是因为他对农业科技的热爱和痴迷，被农业局选定为科技示范户，把一些新品种、新技术放到他的地里进行试验。在各种试验示范过程中，他严格按照品种的技术要求和品种的特性进行种植管理，不贪多、不偷懒，最后都实现了很好的效益，在他的地块里，有棉花试验田，有谷子试验田，有玉米示范田，简直就是“农业新品种展示示范田”。2008年，他从农业局引进了棉花、玉米、小麦品种和病虫害防治技术，并通过租赁土地的方法，把试验田扩大到40多亩，每亩产量几乎翻了一番。

尝到甜头的蔡士学并不满足于自己发家致富，他想的是让更多的村民来种植这些新品种、使用这些新技术。为了能够更好、更系统地宣传这些新品种、新技术，他经过多方努力，自掏经费把于2006年和5户农民自发组成的“蔡庄粮棉协会”在2009年正式注册成功“农民科技协会”，并迅速扩大规模，现在已拥有了600多名会员，会员遍布5个乡镇。每次县农业局刊发的农业快讯、科技明白纸、科教光盘等资料，他都会多存留几份，放在自己家里让大家多学习、多参考。赶上农业种植的关键时期，他总是把各种注意事项及时通知到每一个会员。对于每个会员，他都热心对待，对于上门询问技术的会员，他一定要讲解得让人明明白白的了才把人放走，赶上饭时了，他一定要把人留下吃了饭再走。通过新品种、新技术受益了的会员为了感谢他，送他的锦旗已经挂满了他的整个房间。蔡士学还有一个身份，那就是乡镇上的优秀电影放映员，和其他放映员不同，他每次播放电影之前，总是要先放一段农业科普知识，这个做法受到了广大农民的好评。

担当增收致富带头人

由于近年棉花价格低迷，导致棉农收入锐减。他和农业局合作，根据不同的季节，科学套种不同的农作物，探索了种三茬收三茬的“三种三收”的种植模式。

2009年3月中旬，他辟出了2.5亩地种植了“荷兰15”脱毒原种土豆，4月中旬套种了从石家庄农业科学院引进的“石彩糯1号”糯玉米。6月上旬土豆收获，亩产达7 500kg，被山东某公司以每千克1.6～2.4元的价格收购，土豆收入7 600元。6月底又套种了“德日2号”萝卜。到7月中旬糯玉米成熟，被吴桥县当地一家企业以每个0.5元的价格收购，糯玉米收入7 000元。到10月下旬，萝卜收获了13 000kg，以每千克0.32元的价格卖出，萝卜收入3 000元。三茬总收入17 600元，减去施肥、雇工等4 500元的费用，这2.5亩地纯收入13 000元，合每亩收入6 500元。这样的高收入，他自己也没有想到，乡亲们是惊叹不已、羡慕不已，纷纷表示第二年要跟随他进行“三种三收”。他的这种种植模式迅速刊登在了《沧州日报》、《河北农民报》等报刊上。县委、县政府还特别授予他全县唯一一个“种粮大户”的称号，奖金2 000元。

现在，蔡士学已经把他的“试验田”扩大到了100多亩，谈到今年的种植计划，他说不仅要继续保持“三种三收”的种植模式，还要在此基础上扩大试验一些其他品种，比如去年种植取得了很好收成的张杂谷8号、农大棉花8号、丰玉4号等。他表示，今后争取多和县农业局联系沟通，争取获得更多新项目、新品种、新技术，并发挥好粮棉协会会长的职责，让更多的农民种科技田、科技种田。

（作者单位：河北吴桥县农业局）

"三一"铺就推广路

陈隆添

在去江西宁都县石上镇现代农业示范基地的路上，我听石上镇农业技术推广综合站李站长说，老王家今年又丰收了，他家1.8亩太空白莲采收了750kg以上带壳糙莲，卖了6 000多元，种的10多亩早稻收了6 000 kg以上稻谷，卖了近15 000元，眼下30亩一季稻正在开镰收割，按已割田块单产测算，起码可收19 000kg稻谷，折价50 000元以上，剩余的14多亩晚稻和莲田套种稻，按目前的长势，应当可收稻谷7 500kg左右，收入保证在20 000元以上，粗略计算下来，今年能收入9万多元，扣除约20 000元的成本投入，今年光种地的纯收入就达7万多元。这对于一个普通的农家来说，怎能不说是丰收呢？当然，他家这样的丰收在这几年里来讲，很平常、不稀罕了。这个老王50岁左右，一米六左右，身板结实，皮肤黝黑；他，总是一天到晚忙个不停，浑身好像有一股使不完的劲、用不完的力；他，就是2005年以来一直被遴选为科技示范户，全县农业科技示范户中真实而又平凡的一员——宁都县石上镇湖岭村的王冬文。

提起王冬文，石上镇方圆十几里地的七乡八邻，7 800多农业户、近30 000农业人口中，起码有五六成的农户、半数的农民老表认识他，在他的老家——湖岭村更是家喻户晓。他在村民中扬名，靠的是这些年他在村里、在全镇实实在在做了一些农民兄弟特别想、特别盼、特别需要的事，具体说就是良种良法的试验示范推广带头人。

老王学科技、用科技、推广科技有三件法宝：一个"头衔"（科技示范户）、一块试验田、一间小屋（农资经销店），我们分别来说一说。

一个"头衔"：科技示范户实至名归

首先说说老王的头衔。说起老王这个科技示范户头衔，确实是名副其实，实至名归。这些年来，记得起、数得着的与他有关的，即由他引进、参与、使用的农业新技术至少有十几项，如水稻抛秧技术、平衡施肥技术、旱育"保姆"育秧技术、秸秆还田技术、病虫害绿色防控技术等。他不仅是一名农业科技的笃信者和忠实信徒，更是一名热心的支持者和参与者。近几年，他协助农业部门开展了大量的试验示范，如现代农业水稻新品种展示、测土配方施肥、不同栽插方式比较试验、粮食高产创建、超级稻示范推广、品种筛选试验、新品种丰产展示、新农药药效试验等。

一块试验田：3亩多地展示新成果

其次说说老王的试验田。他在昌厦一级公路边上有一块3亩多责任田，连续五六年，这块田都在用作品种对比试验，每年早、晚两季都要种上15～20个新品种，以观察和比较品种的综合表现和适应性。通过试验、示范，推广了五优308、II优航2号、五丰优T025、天优华占等一大批表现好、深受广大农户喜爱的水稻新品种。在新品种、新技术的应用和普及过程中，老王确实不仅是一名实验员和先行者，更重要的他还是一名义务宣传员和推广者，他从试验、实践中积累的第一手资料，使得他作为示范户的示范带头作用得到了充分发挥。说实话，他的示范效应、辐射带动效应是农业部门用嘴和用纸、用笔、用电脑等难以达到的。

一间小屋：五重作用充分发挥

再来说说老王的一间小屋。老王在镇和村里的集市上还开了一家小小农资店，以经营水稻种子为主，销售季节一到，他的店里经常是人气旺、生意兴隆，许多到过他店里的都觉得奇怪，看其他店里卖种子都得费一番口舌，而在他店里，他拿什么品种人家就买什么品种，他推什么品种农民就要什么品种。这说明，一是他了解品种的特征特性，二是大致知道买种子的人家里的田块情况。他推介的品种，绝大部分农民都比较满意。这完全得益于他多年来所从事的新品种对比和展示工作，也得益于他对村情的熟悉和了解。老王卖种子的名气可大哩，就连相邻的广昌县头陂镇的不少农民都慕名而来。问他们为什么？他们说：一是老王推广的品种好，二是老王的信誉好。弄得当地有些种子经销商很恼火，经常向上级经销商告状，举报说他跨区域销售和串货。可农民哪管那些事呢！他们只要实惠和优质的服务。

别看小屋面积不大，不过十几平方米，可作用却不可小视，里面墙壁上全是琳琅满目的实用技术挂图、品种宣传画、农作物病虫害识别及防治图谱等。看起来小屋起码有五重作用：其一是老王的生意场，每年3～6月，是种子经营的场所。其二是农民朋友的交流场所，一年四季，不管是赶集还是平时，只要在家没事，小店一律开门，只要门一开，四面八方的农民就自然而然聚集到了小店里，开始侃山聊天，农事是他们主聊和永恒的话题，诸如张三今年那块田的禾苗长得好啊，是什么品种呀？李四某块田用了什么品牌的肥料，作物长得那么好啊？王老五的水稻今年病虫害轻，用的什么药？这些问题在这里，你都有可能得到满意的答案。其三是信息收集和发布点，一是通过农民互相交流，他们可以直接了解到一些好品种、好做法；二是老王通过他们反馈来这么多的信息，对这些信息进行梳理加工，就可形成有代表性、针对性的信息，用以上报农业部门和指导农民的生产实践。其四是科技培训室，一是老王根据农时和季节，向农民讲解水稻品种的特征特性和田间的操作技术，病虫防治知识，引导农民科学种田；二是组织农民积极参加县、镇和村开展的有关技术培训。其五是科普小书屋，这里有许许多多的关于种子、农药、肥料及实用技术的资料，任由翻阅。

老王爱这行、干这行也并非人人理解，也曾招来过不少冷嘲热讽。记得刚引进抛秧技术时，人家看到他的田里好像随便乱丢、乱扔了一些东倒西歪的、稀稀拉拉的小禾苗，村民都嘲笑他是傻瓜："这哪是先进技术啊？这是懒汉行为"！"这样还能增产，鬼才相信！"面对一些人的猜疑，他就一句简短的回答："到时看看吧！"等到收割时，嘲笑他的那些人傻了眼。现如今，石上镇的抛秧比例居全县第一位，占 90％以上，湖岭村更是达到了 95％以上。两三年前，老王引进和推行机插秧时，看到田里 27cm 行距时，农民比喻："直行能过拖拉机。"这样能高产吗？人们又一次露出了猜疑、不信任的目光。到了收割时候，省里来的专家用测产结果告诉大家：老王又一次对了。随着劳动力的转移和土地流转越来越顺畅，这项技术也同样具有广阔的推广前景。王冬文对农业先进技术的所作所为，充分说明了一点：科学技术是第一生产力，事实胜于雄辩！

从王冬文这些年走过的历程来看，他是一个"三位一体"的农业主人。首先，他是一个地地道道的农民，但他又不同于普普通通的农民，他是一名渴求新品种、新技术，有现代农业意识的新型农民，称得上是名副其实的示范户；其次，他是一名编外农技员、农业科技的践行者，他学技术、用技术、推广技术，充当了一名农业科技人员的角色，承担了一个农技推广员的职责；再次，他是一名生意人，他利用自身的优势，开展农资经销，赚了些钱，但从另一角度来看，他又是农业科技的传播者和宣传员，加速了农业科技成果的转化，为农民朋友带来了可观的经济效益和社会效益。

归根结蒂，当今社会需要像王冬文这样有追求、有责任心、有信誉的集农、技、商于一体的现代新型农民，他能把三者协调、有机、充分地结合起来，成为国家科技成果向实际应用转化的桥梁和纽带。假如我们的时代、我们的社会、我们的现实生活中多一些像王冬文这样在农业科技大道上孜孜以求、奋勇向前的新型农民，我们的农业现代化进程就会大大加快！

（作者单位：江西宁都县农粮局种子管理站）

我们喜欢机插秧

胡方保

安徽太湖县徐桥镇桥东村叶氏祠堂，昔日曾是专为敲钟祭祖的地方，2011年4月13日，太湖县农广校、农机校的技术人员却要在这里办起培训班，63位农民早早地聚在这里。

事情还得从一年前说起。徐桥镇是太湖县的粮棉主产区，农机综合水平已达57%，尤其是水稻生产过程中机耕、机收普及率已达90%以上，然而，水稻育插机械化一直未能推广，农民对这项新技术还心存疑虑，没有谁愿意做吃螃蟹的第一人。水稻生产过程中“三弯腰”现象一直未能根本解决。

如何能有效地推广水稻育插机械化技术呢？纸上谈兵不行。必须要有农户自愿来示范，以真实可见的效果和效益说话，推广才有说服力，才能使这项技术走进农民心坎里。徐桥镇农机站的农技人员进村入户，斟酌挑选，以桥东村牌楼组农民叶中华作为示范户。因为他年纪较轻，乐于接受新生事物，并且他也是第一年才开始承包50亩农田种植中晚稻，适宜做示范户，况且他以前外出务工从未从事过农业生产，从某种意义上说更有说服力。当然，他也有他的担心。农技员对机插秧技术心里有底，愿意为他承担风险，给他吃了定心丸，解决了他的后顾之忧，他欣然接受了农机站对示范户的选择。

接下来就是选秧田，培床土，备秧盘，农技员章珺扑下身子，扎在牌楼村的农田里。要备齐5 000kg床土，还需要未培肥过筛细土1 250kg盖籽土。秧田要选择地势平坦、排灌方便、临近大田的熟田。撒播稻种、覆盖籽土，农技员都是用竹筛很精细地筛种筛土，保证均匀，这样的秧苗才不会影响将来栽插的质量。秧龄17天更需要细心呵护，向对待襁褓中的婴儿一样，几乎每天都要去查看秧情。最重要的育秧环节有许许多多细致的工作是用笔墨所不能尽述的，其间的辛苦可以用“泥满面、土满身，皮晒黑、手吹裂，腿跑酸、嘴说干”来概括。

终于等到了栽插的日子，农技员采用示范现场会的形式，邀请了各相关业务部门人员、种粮大户到现场观摩。2010年6月16日正式开机示范，许多抱着看新鲜事的农民自发来到现场，居然有100多人，气氛很是热烈。农机站调来2台插秧机，精选了2名操作人员，叶中华自己也高兴地上了操作台随机练习操作。50亩中稻不到一天就顺利栽插完成，效果比预期的要好。现场会后，笔者用一首小诗来描述当时的“盛况”：

田头彩旗飘，今日栽秧苗。
老农相告曰：机械真个好。
匀齐快便省，不用“三弯腰”。
服务老百姓，热情逐浪高。

秧栽插下去了，但农技员的心仍放不下，不待颗粒归仓，就不能谈效果；得不到农民的众口好评，就做不到下一步全面普及推广。我们盼着风调雨顺，粮食丰收。但天哪能尽随人意，6 月 23 日秧栽插下去才一周，狂风大雨，叶中华打电话说出了他的担忧，机插秧每棵只有两根秧苗，那么单薄，这样恶劣的天气是否会倒伏、缺棵？农技员也很着急，毕竟出现那种情况会影响农民的收成，也影响农机站的推广效果。到了 24 日，风雨稍停，农技员立即到田里查看，令人欣慰的是，秧苗棵棵挺直。反倒是邻近农户人工栽插的出现了不少倒伏、缺棵的情况。因为机插秧行、列均匀，过风好，虽单薄但受风雨的影响并不大。

在焦急和期盼中等待，像十年寒窗学子等待放榜一样，终于等到了收获季节。紧张的忙碌之后，叶中华和农技员算了一笔细账：50 亩水稻人工栽插，每人每天 0.85 亩，需要 60 个工作日，应付工资 4 200 元。育秧、采秧、送秧计 13 个工作日，应付工资 910 元。机插秧：租用插秧机费用，50 亩×50 元/亩=2 500 元；育秧 5 个工作日，采秧、送秧 6 个工作日，应付工资 770 元。机插秧增产每亩 21.5kg，增收：50 亩×21.5kg /亩×2.06 元/ kg=2 214.5 元。稻种机插秧 50 亩需多用种 10kg，费用 600 元。累计增收 3 454.5 元。

事实证明，机插秧技术增产、增收，是农民所需要的生产技术。农民们亲眼所见增产、增收的事实，2011 年春季很多农户找到农机站，表示希望能用机插秧，仅桥东村及周边村约 5 200 亩。农民有需求，农机站有责任，示范推广就是要让新技术走进千家万户，服务农村和农民，促进增产增收。真个是：

昔日祠堂敲钟磬，今朝忽闻讲课声。
不教诗云和子曰，专授育插与机耕。
老农不举黄烟袋，少妇忘织毛衣针。
适用技术学习好，万顷农田主力军。

正如农民叶树楼在培训后对农技员说：“谢谢你们的示范推广，让我们喜欢上了机插秧。”这一句朴实的话语正是对“学科技、用科技、促双增”最中肯的评价，也是对广大农技推广人员的最高褒奖。

（作者单位：安徽太湖县徐桥镇农机站）

与病魔抗争　与时间赛跑

张立军

在中国社会出版社出版的《魏新田农业技术文集》中，时任河南南阳市委常务副书记李天岑为该书作序，其中有这样一段话：看到这本文集的出版发行，我真不敢相信，一个曾被医院判了死刑，两度心肌梗塞，还患有高血压、高脂血、高血糖的重病号，在事业心的驱使下竟奇迹般地活了下来，并在短时间内完成了40余万字的著作，实在令人钦佩！

魏新田，河南镇平县农技中心农业技术推广研究员。1966年初中肄业，1968年被县农林水服务站聘为病虫测报员，1972年转为临时工，1985年自学取得中专学历，1995年取得河南农大本科文凭；1987年破格晋升为农艺师，1994年破格晋升为高级农艺师。2009年获国家农业技术推广研究员资格。曾荣获河南省农技推广先进工作者、省科普先进工作者、全国自学成才优秀人物、中华科技英才等荣誉。先后获市以上科技成果41项，出版专著6部约250万字，在市以上农业学术期刊发表文章218篇60余万字。

更可贵的是魏新田每年有2/3的时间吃住在农村，哪里农作物出现问题，哪里需要农业技术，哪里就有他的身影，全县3 245个自然村，村村都留下了他的足迹。粗略统计，魏新田30多年来累计推广普及各种农业新技术、新成果达100余项。

一提到他的名字，熟悉他的人都能说出他指导农民学科技、用科技，推广农业技术的二三事。

把农业新成果传递给农民

据粗略统计，每年国家、省、市获得的科研成果千余项，但有80%的成果“沉睡”在科研单位，很难转化为现实生产力。魏新田深知科技人员研究科技成果之艰辛，体会到任何科研成果没有一条疏通科研单位和农民之间的纽带，即使应用价值再高，也只是白纸一张，毫无一丝作用。为了把科技成果尽快转化为生产力，他便与县电视台合作，创办了《农业与科技》栏目，每周2期，他白天深入农村，了解农业生产中存在的实际问题，晚上撰写稿件，再深入农村进行实地操作，把每一个细节，每个一环节，一点不漏地教给农民，并制作成专题片，在电视台定期播放。几年来，先后推广了麦田、菜田化学除草，反季节蔬菜栽培，配方施肥，各种作物模式化栽培，病虫害防治等数百项实用技术，该栏目现已成为镇平县电视台金牌栏目，农民每天必看。

把植保新技术传授给农民

前几年棉铃虫发生严重，盲蝽象由过去的次要害虫上升为主要害虫，防治困难，可以说达到了棉农谈虫色变的地步。棉铃虫、盲蝽象真是那么可怕吗？魏新田就是不信这个邪，他多次深入到棉铃虫、盲蝽象严重发生棉区，了解棉农治虫习惯和手段。为了弄清“两虫”的活动规律，他在棉田一住就是个把月，白天吃方便面喝矿泉水，晚上摊开一张竹席睡在田头，在关键时期甚至彻夜观察，经过一个多月的努力，终于摸清了棉铃虫、盲蝽象的为害活动规律，提出了夜间露水下来后至翌日日出前为防治棉铃虫的最佳时期；雨后放晴的第二天早上日出前为防治盲蝽象的有利时机。为了验证这两项防治技术，他不顾身体，深入到离县城 10 多千米的彭营、安子营乡指导农民防治。安子营乡刁坡村村民深有感触地说：“今年棉田 1 代棉铃虫发生，我们连喷了 4 遍药，棉铃虫照样为害不误，在魏专家的指导下，一遍药即解决了问题。”张林乡朱张营村的棉农说：“盲蝽象白天分散在棉叶下面，稍一触动就会逃之夭夭，根本没办法防治，雨过天晴，棉梢嫩叶上就会布满孔洞，拿它根本没有办法。魏老师教我们的方法神极啦！一治一个妙。”

镇平县历年花生种植面积达 20 万亩之多，已成为丘陵贫困地区的支柱产业。近年来，由于蛴螬的严重发生，花生产量急剧下降，尤以夏花生最重，有 2/3 的种植面积已达放弃收获的地步，全县种植面积一度下降到 8 万余亩。魏新田看到这种情况，心里十分焦急，他多次到蛴螬发生严重区，从麦播起每 10 天挖方一次，调查蛴螬发育活动情况，一年四季从没间断过。有人曾做过粗略统计，他一年下来挖土多达 2 000 余方。经过一年多的观察研究，他终于弄明白了蛴螬的生活规律，提出了蛴螬防治的“三步曲”，即 6 月上旬至 7 月上旬傍晚在花生叶上喷药治成虫，每 10 天一遍，连喷三遍，减少田间落卵量；花生下针期雨前撒施 10%辛硫磷颗粒剂或 25%奎硫磷颗粒剂防治低龄幼虫；麦播整地时全民行动进行土壤药剂处理。

长期以来，农民们在蛴螬防治上多靠化学农药，结果造成农药残留，污染了环境，影响了人类身心健康。他在观察研究蛴螬生活规律时发现，食虫虻是蛴螬的天敌，便进行了一系列的饲养观察，弄清其生物学特性并提出了合理的保护利用措施，当田间每亩有食虫虻幼虫达 500 头时不用施药，即可控制蛴螬为害。其研究报告在美国的《生物防治》上发表后，引起轰动，相继转载。

把农业新技术展示给农民

麦收后60%年份由于土壤墒情不足，秋作物播种后很难保证一播全苗，有的年份无法播种，甚至向后推迟月余，造成严重减产。魏新田从一本杂志上看到一篇日本用流体播种技术保证一播全苗，他随即与日本某大学联系，索取有关流体播种技术，从中吸取其精华，结合我国实际，与有关部门合作，完成了流体胶状悬浮液的配方，种子催芽技术，不同作物种子的落下量，并研制成功了我国第一台三行流体播种机，先后在8种作物上应用，累计应用面积达18万多亩，在干旱年份保证了适期播种，并达到了一播全苗，比常规播种可增产30%以上。就为研制流体播种机，魏新田曾十改样机，耗尽了8年的积蓄。目前，该项技术已在全国5个省2个市推广。

1999年，为了使农业新技术让农民能看得见、跟着干，农业部要求在各县建立农业科技示范场，魏新田所在单位承担了这项任务。魏新田主动请缨，担当此任。到了示范场，他一住就是3年多。3年来，他引进示范了小麦新品种3个，芝麻新品种2个，红薯新品种4个，蔬菜新品种7个。实施了种植养殖立体高效农业发展模式，实施的李园隔行施药技术有效地保护了天敌昆虫，还实施了天敌昆虫诱剂及招引技术、红薯1万kg超高产栽培技术、芝麻亩产150kg栽培技术、棉花亩产400kg籽棉栽培技术。通过一系列新技术展示及每年的2～3次现场观摩会，让农民对农业新技术看得见、摸得着，使镇平县的芝麻、红薯、棉花产量产生了大的飞跃。

每年麦收后，农民为了方便夏播，不计后果，大量焚烧麦茬麦秸，造成土壤失墒、结构破坏、环境污染等，政府为了禁烧，每年麦收后派出大量干部深入农村田间地头进行监督，浪费了大量的人力、物力、财力。魏新田为了能从根本上解决秸秆焚烧问题，自2007年麦收后，他就到贾宋镇李普吾村驻村，开展麦茬麦草免烧玉米“傻瓜”高产栽培技术研究，采用“十改”技术，即免烧、免旋、宽窄行种植、叶龄施肥等技术，在亩投入费用减少的基础上，平均亩产达到700kg左右。通过试验、示范、展示，该技术在全县基本上得到了普及，遏制了秸秆焚烧，该技术已在全市开始推广。

把疾病的痛苦深埋心底

2002年10月22日，魏新田在农业科技示范场临时借用的电工房内撰写《杨营一号春薯亩产1万千克栽培技术研究》报告，一直到深夜2点多，突然头一阵眩晕，心区放射性剧痛，坐卧不安，一直坚持到天亮才到医院。医生检查后大吃一惊：“心肌梗塞啦！你还不知道，马上住院。”他躺在病床上一连输了7天液，到第8天满一个疗程，医生让他休息一天。老魏连这一天时间也不忘推广普及农业科学技术，他接到杨营镇政府电话，让他去为机关和村干部培训果树栽培及管理技术，他二话没说，便乘班车去了杨营；第二天老庄镇政府召开果树种植现场会，邀请老魏去传授技术，他背着家人和医生，一去就是2天；王岗乡又要求老魏去指导布朗李冬季修剪，为了满足各地要求，他不顾医生劝阻，办了出院手续。出院后，他先后深入农村举办了10多场小麦化除技术培训，7场果树冬季修剪，3场大棚蔬菜冬季管理。

11月28日夜，魏新田再度心肌梗塞休克过去而被送进医院，经过4个多小时的抢救，才把他从死神手里夺了回来。当时，两根心血管因血压高不能融栓，一直堵着，不得不转到郑州治疗。在郑州治疗的8个月内，稍能活动他便往图书馆和新华书店跑，他查阅了大量资料，整理了30余万字的笔记，撰写了40余万字的《药用植物病虫防治》一书，由河南科技出版社出版发行。在他养病期间，还将过去的研究成果整理出来在全国各农业期刊上发表，并结集由中国社会出版社出版了40多万字的《魏新田农业技术文集》。

魏新田体弱多病，曾三度心肌梗塞，领导照顾他，让他在家休息，可他一天也闲不住，整天不是在协会就是在推广中心接待前来咨询的农民，每天平均接待农民8人，最多一天达32人，还接受电话咨询10～20个。尤其是他的防治花生蛴螬、棉铃虫、盲蝽象、棉花黄萎病、花生茎基腐及红薯亩产1万kg、棉花亩产450kg、芝麻亩产150kg的超高产栽培技术，通过媒体传播后引起了轰动，他不但在本县23个乡镇400多个村开展技术培训，外地也纷纷来电邀请他去传授技术，魏新田有求必应。自2005年冬至今，他带着经常服用的药物，先后到河北、新疆、湖北等地进行技术培训60余次。其间，他曾中暑2次，3次感冒，3次肠胃炎，可老魏从没有因病中断过一次培训。当邀请方劝老魏休息时，他总是那句口头禅："只要我活着一天，就要一刻不停地推广普及农业科学技术。"

把信息通过网络传播给农民

今年3月，中国生物农药网的老总们来函邀请他组建镇平县分站，他听说是利用网络，沟通全球，把最先进的技术、最好的产品引进来，能更好地服务农民，他不顾自己年近花甲及多病的身体，从别人手中买来二手电脑，又学起了电脑。如今，魏新田发表论文也会在网上投稿，他撰写的100余万字的书稿也能插表插画进行编辑呢！

农民科技服务协会创建后，像以前那样靠骑着自行车各村跑，仍不能满足广大农民的需要，怎样才能更广泛地普及农业新技术？更好地服务农民？魏新田偶然听一位朋友提起联通公司与省农业厅组建"中原农业信息网"，他灵机一动，便找到县联通公司负责人，愿与联通公司合作组建中原农业信息站镇平农民科技服务协会分站。在拿到协议书的当天起，即通过联通公司的信息平台，每天定时向全县农民发送天气预报，国家有关农业政策法规，最新的农业新技术，当前农业生产应注意的问题等，每年固定服务 20 000 多农户，发送普及各种农业技术 5 000 余条，对镇平县的农业生产起到了十分积极的作用。

（作者单位：河南镇平县农技中心）

接力，最后一公里

刘成平

有一种职责与农业割裂不断
有一种追求与农村息息相关
有一种情感与农民紧紧相连

作为一名基层农业技术推广员
乡野间，你披着晨露晚星，为农户送去惠农政策
阡陌中，你冒着严寒酷暑，为农民传授致富技术
日复一日，年复一年

作为一名基层农业技术推广员
一顶草帽，一件雨衣，一双胶鞋，是你常备的行囊
你的身影活跃在基层的村村落落
你的脚步踏遍了乡村的山山水水

是你，接过科技接力棒，铺就了农技推广最后一公里
从此，强农惠农政策在基层全面落实
循环农业、现代农业理念在基层牢牢扎根
科技成果在基层快速转化
农业发展方式在基层不断转变

从此，搁荒田不断缩减
冬闲田充分利用
高产田全面开花

从此，粮食单产次次刷新
农业结构不断优化
农民收入节节攀升

如今，亿万农民笑容灿烂

科技兴农盛况空前

然而，你清醒地认识到农技推广道路荆棘漫长
农技推广，时不我待，只争朝夕
现今，科技大会战的号角已经吹响
为了不辱使命
为了农业增效、农民增收
你一次次接过科技接力棒
在希望的田野上默默无闻地传承

（作者单位：湖北武汉市江夏区农业局）

农民致富的“金钥匙”

徐应全

“今年的早熟苹果看来又抓住时机啦，昨天刚一开秤收购价就达 2.6 元/kg，今年虽然天旱，但我们在县农技人员的指导下，在苹果生产中推广了配方施肥、间伐等新技术，产量仍不少。”2011 年 7 月 26 日，山西临猗县苹果科技示范户王三来望着自己家的一片果园，激动地说。这是该县启动基层农技推广体系改革与建设示范县所出现的喜人景象。

作为山西农业大县，近年来，临猗县不断加大农业技术的推广普及力度，大力提升科技在农业生产中的含量，实现了农业增效、农民增收、农村稳定。群众亲切地说，农业技术是他们致富的“金钥匙”。

完善队伍建网络

临猗县在农业技术推广工作中，十分重视农技队伍建设。县里成立了农业技术推广运行机制创新工作领导小组，组长由县长担任，县财政、人事、农业、各乡镇政府等部门主要负责人为成员，具体负责组织协调等工作；同时，成立了以县农业委员会主任为组长、各技术推广机构主要负责人、各乡镇政府分管领导为成员的工作技术小组，具体负责技术方案的制定、实施。结合县情，制订和完善了《临猗县农业技术推广体系运行机制实施方案》，明确了工作目的、方法、步骤和内容。在各乡镇，该县科学核定编制，加强了基层站所的工作，全县共核定乡镇农业技术推广站 14 个，核定人员 21 人。

与此同时，他们抓住基层农技推广体系改革与建设示范县的机遇，按照省有关要求，在大学生村干部中通过考试，择优选聘了 50 名热爱农业技术的大学生村官担任了技术指导员，进一步充实了基层农技推广力量。他们还从完善制度入手，规范健全了内部管理机制，建立完善了各项规章制度，制定了以服务对象为重点的考核考评机制。围绕主导产业，全县建立了 10 个示范基地、选聘了 100 名技术员、确定了 1 000 个科技示范户，树立了 10 000 名科技带头人。

该县还通过加大与科研院校的合作力度，与农民专业合作组织合作推广农业技术，建立了以政府农业技术推广机构为主体的多元合作的基层农业技术推广体系。目前，全县 375 个行政村都建立了村级农业技术员队伍，初步形成了县、乡、村三级农业技术服务网络。

创新机制抓推广

近年来，临猗县把农业技术推广作为农业和农村工作的重点来抓，形成了一个相对稳定、基本完整的农业技术推广网络。他们在工作中创新、在创新中提高，先后组织实施了双创增粮、优质棉花高产创建、配方施肥、优质水果示范园建设等一批重点工程，使农技推广工作不断迈上新台阶。

2010年，县技术指导员在入户指导时发现，玉米丝黑穗病发生严重，他们立即组织专人深入田间调查，经过对各种防治用药的筛选试验，找出了玉米丝黑穗病防治的最佳用药，即用敌克松进行播前土壤处理，用金海与杀虫剂混合拌种，玉米出苗后再用金海与杀虫剂混合喷施，能够取得较好的防治效果。找到有效的防治方法后，他们借助开通的短信平台，立即向农民发送手机短信1万余条。同时，在报纸、电视台开辟专栏，向农民宣传玉米丝黑穗病防治技术，使全县玉米丝黑穗病得到有效控制。

他们不断改进和创新农业技术推广方式方法。在科技入户工作中，他们认真搞好技术宣传和技术培训，努力将农民所需的先进农业科学技术送到农民手中，达到农业增效、农民增收的效果。2010年，他们组织全县的农业技术人员，通过举办培训班，进行了测土配方施肥技术、小麦和玉米标准化生产技术、病虫害综合防治技术培训，共举办培训班800余场（次），培训农民30余万人（次），印发各类技术明白纸50余万份。他们还通过科技示范户，以试验示范的形式加快农业新技术的推广应用步伐。工作中，遵循做给农民看、带领农民干的原则，先在示范户进行示范，然后推广到周围群众中去。在小麦蚜虫防治上，他们首先在示范户的试验田内进行高效、低毒杀虫剂吡虫啉试验，然后在示范村内进行应用，最后在全县大面积推广。这种方法形象直观，效果明显，群众看得见、摸得着，深受农民朋友的欢迎。仅小麦蚜虫防治一项，每年即为农民挽回经济损失2 500余万元。

田间笑语欢歌多

通过广泛开展技术培训，不断引进、试验、示范、推广农作物新品种、新技术、新成果，临猗县在农业生产中实现了农业生产由高产向高产、优质、高效转化，创亮了品牌，创强了效益。全县优质小麦播种面积占小麦总播种面积的98%以上，高效果业占全县果业生产的97%以上。2010年，全县农民人均纯收入达到5 680元。

农业技术工作的推广给临猗县农业带来了新的变化。首先是农技人员本身的变化。面对多元化的种植格局，要想适应新形势下的农技推广工作，广大农业科技人员必须通过实践锻炼和继续教育，才能提高业务素质，提高服务水平。目前，全县有80%以上的农业科技人员达到本、专科以上学历水平。有34人被评为高级农艺师。其次，农业实用技术的普及推广，使广大农民科技水平显著提高。现在，每个农民都能掌握1～2个主推技术或劳务技能，市场竞争意识明显增强，基本能按照市场规律调整结构，按照标准化要求从事生产。同时，农业技术推广工作的实施，使农民的思想也发生了新的变化，过去固有的“金窝银窝，不如自己的穷窝”的思想禁锢被打破，外出务工人数和收入明显增多。2010年，外出务工农民达到10余万人，劳务收入占到农业人均纯收入的70%左右。第三是农业实用技术的推广，使该县的优势产业渐成规模，品牌农业快速发展，种植结构进一步优化，经济效益大幅增长，农业形象全面提升。该县的“万保牌”、“万腾牌”苹果，“比蜜甜牌”冬枣等农产品已进入湖北武汉市的大型超市，该县东张镇的祁兵舰去年30亩冬枣卖了90万元，亩均收入3万元。

如今，漫步在临猗广袤的田野，到处是一片郁郁葱葱的景象，到处是劳动的欢歌笑语。农业技术推广，恰如一条传送带，承载着科技人员的希望，对接着农民的渴望。广大农民群众在科技的海洋中汲取着营养，在肥沃的土地上收获着希望。在农业增效、农民增收的道路上，农业技术犹如一把金钥匙、一个聚宝盆，使农业技术推广工作在希望的田野上展现出无限魅力。

（作者单位：山西临猗县农业委员会）

科学种粮的领头雁

戚士章

安徽寿县保义镇后楼村一片坦荡如砥的圩区，紧临波光粼粼的生态之湖——瓦埠湖，水源条件得天独厚，是适宜种稻、种麦发展粮食生产的好地方。令人难以置信的是，一直到2007年，这里还是一片低洼冷浸田，杂草丛生，水灾频繁，单季稻亩产不足400kg，往往投入与产出不成正比，绝大部分农田被农民抛荒，这片大圩田也成了保义镇在农事安排上的烦心事。如今，这里每逢金秋十月，放眼望去，一片片金色的稻田与银色的湖光交相辉映，隆隆的农机声与农民的笑语声衬托出一派繁忙景象，金灿灿的稻谷正装车调往外地；这里，带活了周边群众，成为人们津津乐道的一方快乐田园。

后楼村几年的巨变，始终与一个人的名字紧紧相连，他就是保义镇农业科技示范基地负责人、天缘民心农业科技有限公司董事长、2010年荣获安徽省种粮大户称号的顾军。

顾军，现年43岁，高中文化，是正阳关镇建设村土生土长的农民，憨厚朴实，与田地打交道10余年。由于他能吃苦耐劳，又勤奋好学，在建设村早就过上了殷实的小康生活。在左邻右舍的心目中，顾军是一个头脑活、人缘好、任劳任怨、诚实守信的好邻居。顾军满怀深情地说："农委的领导和农技推广中心的各位老师的鼓励和支持，使我走到了今天，没有他们的关心和哺育，我只是一个仅知道播种和收割的庄稼汉。我的心愿，是想用农技老师教给我的科技知识，通过科学种粮闯出一番事业，干出一点名堂。"

舍弃家乡小康生活，承包异地抛荒田再创业

人生的价值在于不断追求更大的成绩。2007年，顾军面临着艰难的选择，最终他还是放弃了安逸的小康生活，走上了承包后楼村圩田的道路。在当时，很多人都不能理解，因为圩田紧临瓦埠湖，十年有九年涝灾，不能保收，对于他的投入与产出，旁观者并不看好。为了下定决心承包后楼村1 900余亩的圩田，他主动找到县农业技术推广中心，说明自己的想法。他的思路是，通过天缘民心农业科技有限公司在1 900余亩圩田繁殖小麦良种，示范种植粳糯稻，提高粮食生产的附加值，化解圩田种粮的自然风险。他的这一想法得到县农业技术推广中心的大力支持，专门安排高级农艺师李金宝作为帮扶专家，为他提

供技术支撑。

2009年，寿县实施科技示范县项目，他的生产基地被列为十大科技示范基地之一，重点示范稻茬麦及直播稻生产技术。他本人虽然农业技术水平不高，但他是一个头脑灵活、勤奋好学的人，他交友广泛，不耻下问。他从网上看到，粳糯稻在市场上供不应求，于是他通过县农业技术推广中心联系到优质、高产稻种，同时为以后的销路做准备。几经努力，与怀远一家企业签订购销合同。这样，有了土地、品种和销路，顾军开始为自己的金色梦想描绘宏伟蓝图。

顾军在介绍3年承包经历时说：2007年承包了1 915亩地，选择的水稻品种是皖稻68，属粳糯类，平均单产比一般杂交稻的产量要高，一般情况下亩产能达到550kg，在圩田比杂交稻亩产要高50kg左右，而且米质优、价格高、销路好，加工企业争相收购。而在季节性的差异上也有其优点，由于比一般杂交稻都要迟收，需要人力帮忙时，赶上农闲空档，有农工可用。由于是粳糯稻，在田间管理上要下非常大的工夫，特别是在水稻病虫草害防治方面。顾军在介绍这一点时也非常激动，说粳糯稻在中后期的田间管理主要是病虫害防治。2008年水稻的稻纵卷叶螟暴发，湖区尤为严重，一般药剂根本无法达到防治效果，县农业技术推广中心安排多名植保专家到田间地头进行调查，通过对症下药，达到了出人意料的防治效果。从此，他和农技部门建立了密切的关系。顾军在谈到科学种田经验时说："科技确确实实是最大的生产力。"由于天时、地利、人和，他在2008年承包合同生效的第一年里，就取得了巨大的成功，1 900余亩土地收获了105万kg粳糯稻，被怀远一家企业全部收购，实现产值200余万元，取得丰厚的回报。

2008年的巨大成功，更坚定了顾军异地承包土地种粮的想法。2009年春季，他又和舒城县柏林乡签订了2 730亩承包合同，2010年和刘岗镇政府签订了2 050亩承包合同，使他的总承包面积达到6 695亩。周边群众看到他的成功纷纷仿效，要求加入到他的购销订单中去。据不完全统计，在他的示范带动下，保义镇2010年栽培的粳糯稻达1万多亩，全部通过订单销往外地。

2010年夏秋两季，雨水偏多造成了局部内涝，对产量虽有一定影响，但平均亩产仍达580kg。粳糯稻收割期间，顾军带领一班人，起早贪黑地忙着，虽然有些累，但他却甜在心里。由于粳糯稻行情看好，收购企业直接将车开到田里收购，每千克2.8元，1 900亩粳糯稻喜获丰收，总产110万kg，创产值308万元；繁殖的3 700余亩皖麦54，亩产450kg，总产170万kg，被定为当年秋种政府招标品种，以每千克3.26元中标，产值近554万元。在刘岗镇种植的2 050亩玉米，虽遇高温热害，亩产仍达480kg，总产98万kg，产值201万元。2010年，他承包的6 695亩粮田，总产值1 270余万元，获纯利77万元。顾军科技种粮的成功范例，得到县农委领导和县农业技术推广中心专家的充分肯定，2010年他当选为安徽省种粮大户，多次在全县粮食生产座谈会上交流经验，成为远近闻名、带动一方的种粮能手。

集成应用农业科技，开辟现代农业发展之路

2010年秋种，顾军创办的天缘民心农业科技有限公司与安徽皖农种业、皖垦种业合作，在他承包和组织当地群众订单种植的4 000余亩农田中，繁殖皖麦54和连麦2号，在全省小麦良种招标激烈竞争中，分别以每千克3.42元和3.45元的价格中标200余万kg，每千克单价平均高出商品麦1.5元，仅此一项，净增收入300余万元，当地群众每亩净增收入600余元。

2011年水稻生长季节，赶上了难得的风调雨顺年景，加上他组建的病虫害防治专业队，按照县农业技术推广中心的用药配方准时对稻田防治，并帮助当地群众防治，他承包的和周边群众的圩田，无虫、无病，一片丰收景象。帮扶专家李金宝陪他调查产量，预测今年水稻单产不会低于600kg，是他承包几年来收成最好的一年。他不无感慨地说，是科技帮他走上种粮致富之路。

近几年，县农业技术推广中心在他承包的农田建立的示范基地发挥了巨大的示范带动作用，从品种选择、科学播种、配方施肥、化学除草、病虫害统防统治等农业技术的全方位集成应用，都成为群众学习的样板，开创了当地科学种粮的新局面。今年秋种，他又主动承担省农业科学院作物研究所大麦新品种百亩攻关示范任务，谋划为圩区种植结构调整探索一条新路。

谈到今后的设想，顾军充满了自信，他的目标是成为周边群众的“龙头”，通过科学种粮，降低成本，提高产量，减少污染，既能够带富一方群众共同致富，又能为发展现代农业开辟一条新路子。辛勤的耕耘，换来丰厚的回报。展望明天，顾军相信，会在绿色的田园里圆他金色的梦想！

（作者单位：安徽寿县农业技术推广中心）

依靠“四大”增粮增收

刘有发

江西会昌县晓龙乡是一个典型的山区小乡，全乡拥有 9 600 亩耕地。2010 年，全乡水稻播种面积 15 380 亩，每亩平均单产 405kg，总产量达 6 229t，单产水平比全县平均水平高出 21.4kg，名列会昌县水稻单产水平的前茅。尽管这里是山区小乡，但优越的生态条件使它在全县的水稻生产上大有名气，创造了小乡镇大增产的奇迹。奇迹的创造得益于农业技术在全乡的普及推广和应用。

大政策助推大出路

2004 年以前，晓龙乡的水稻生产曾一度处于徘徊不前的境地。正当大家苦苦思索的时候，国家开始实施了强农惠农政策，使农民的种粮积极性出现了前所未有的高涨。水稻种植面积下滑的局面迅速得到了扭转，“单改双”的面积年年扩大。也就是从这一年起，晓龙乡的水稻生产进入了重振期。到 2011 年，双季水稻的种植比重已达到 80%。

随着国家强农惠农政策力度的加大，晓龙乡在发展粮食生产上的思路更加明晰。要提高水稻的综合生产能力，必须在稳定水稻种植面积的基础上，把提高水稻单产水平作为主攻方向，走依靠科技进步提高单产和效益之路。此后，一大批农业增产新技术的应用和推广，成了晓龙乡水稻连年增产的助推器。

2011 年早稻收获的季节，笔者来到上坑小组刘荣贵的责任田里，忙于收割早稻的刘荣贵激动地说：“今年种了 6.5 亩的早稻，从收割的情况来看，今年又是个丰收年，比上年亩增 20kg 没有问题，看来选用超级稻品种是选对了，是科技助我增了粮。”像刘荣贵这样通过选用新品种，应用新技术大幅度增加粮食单产的农户有很多，刘荣贵的一番话，道出了全乡水稻增产的秘诀。水稻增产的背后，是一项项农业新技术推广起的支撑作用。据初步统计，全乡优良品种的应用率在 95%以上，水稻高产、高效综合栽培技术已获得大面积推广，推广应用率在 80%以上。2011 年早稻全乡共推广主导品种 5 个，其中超级稻淦鑫 203、五丰优 T025 占到 60%以上，超级稻比普通杂交稻平均每亩增产 54.2kg；全乡以水稻“五大”技术作为主推技术，其中水稻抛秧面积达 3 780 亩，占早稻面积 51%；测土配方施肥面积 6 560 亩，占早稻面积 87%；

病虫害综合防控面积 6 790 亩，占早稻面积 90%。此外，无公害优质稻栽培技术、水稻防早衰技术也全面铺开，“多用一斤种，增收百斤粮”技术也已在农业生产中付诸实践。良种良法的配套推广，是晓龙乡今年早稻增产的主要因素。

大项目催生大培训

近年来，晓龙乡重点围绕国家、省、市、县农业部门推广的项目，选择适合本乡农业生产的农业增产项目。2008 年，测土配方施肥项目开始实施，实现了农户由盲目施肥到科学施肥；2009 年，水稻高产创建项目开始实施，综合集成了各项栽培技术，集合各方力量，集中人力、物力，形成了齐抓共管的局面；2010 年，水稻病虫害统防统治项目推广实施，变农户分散用药防治为由专业队承包防治；2011 年，早稻开始实施水稻防早衰工程项目，免费向农户提供“喷施宝”，增产效果十分明显。特别是 2011 年实施“粮食稳定增产行动”计划，更是为良种良法的推广注入了新的动力。项目的实施，不仅带来了农民种田意识的改变，更多的是农业增产技术的集成推广。

几年来，晓龙乡以农业技术推广大项目为载体，组织开展了技术大培训。把农民请进技术学校，请进田间课堂，开展了形式多样的技术培训。乡里培训各村的技术骨干、科技示范户，村里培训种粮大户、青壮劳力，一般农户采取边做边学的办法进行培训。并且为每位农户建立培训档案，跟踪培训效果，记录示范推广项目。如今，农户对“高产创建”、“配方施肥”、“统防统治”等技术，不但不陌生，而且还争着在自家的田里搞起了示范。为使培训经常化、制度化，乡里制定了新型农民科技培训计划，每村挑选 40 名骨干学员，实施定时、定点、定项目全面培训。培训不达标、不合格的，不能离开培训班，要一直到学懂、会用、能操作为止。高兰村学员刘锦圣说：“像这样的培训很管用，课堂上听得懂，现场示范又看得明白，回去以后自己就会操作了。”

培训是抓手，应用是目的。许多通过培训的农民，不仅科技意识有了提高，而且动手操作起来也很熟练，由门外汉变成了种田能手。晓龙村乌天尾小组的郑华生，在自家的田里应用测土配方肥后，感慨地说：“施用测土配方肥，不但禾苗长得壮，病虫害也少，省肥、省心就更不用说了，估计亩增产 20kg 的稻谷是没有问题哩!”通过他的带动，现在郑华生所在的乌天尾小组家家都在施用测土配方肥，郑华生本人也成了配方肥的定点代理人。

大推广聚焦大示范

多年来，晓龙乡在农技推广方面，始终遵循先引进、后示范、再推广的原则。良种良法的大面积推广，宣传、培训是前提，抓好试验示范才是关键。通过以点带面的示范，辐射带动周边的农户，从而在全乡普及应用。2011 年，已有 6 个重点示范项目在全乡布点展示，其中水稻双季高产创建示范是全部示范项目的核心。该示范点已成了全乡农业示范的焦点，引起了农户的广泛关注。从早稻收割的情况来看，示范点平均亩产达 453.5kg，比非高产创建区高 43.5kg，亩增收 105 元。

现在，晓龙乡推广的新技术都是在示范的带动下得到普及的。尽管技术普及率还未达到 100%，但集中连片推广的村、组还是不少。像抛秧专业组、配方肥专业村、统防统治专业队、优质稻生产专业合作社，都在逐步建立起来，成了全乡示范的榜样。晓龙村的刘自源是乡农技站联系的示范户，在他的责任田里，种植的是淦鑫 203、淦鑫 688 这样的超级稻品种，双季都应用抛秧技术，购买了配方肥，什么薄露灌溉、病虫综防，他一样也不落下。用他自己的话来说："我应用的农业技术是先进的，水稻哪有不增产的道理！"

大普及创新大服务

针对当前农业生产的现状，晓龙乡在做好示范推广的同时，做实做好了服务这篇大文章，为全面普及推广农业技术提供了保障。

首先是以农技站为中心，组建了科技入户网络，大力实施好"科技入户工程"。做到乡有农技专家，村有农技员，组有示范户，并完善了一套绩效考核机制，充分调动农技人员的积极性，帮助他们解决好工作中遇到的实际问题，让他们能够全身心地投入到农技推广第一线中去，既当宣传员，又当指导员和示范员。

其次是以示范户为重点，辐射带动周边农户。结对联系示范户是晓龙乡农技推广的主要形式。为示范户提供全程服务，指导示范户落实好技术的每一个环节，确保示范一项成功一项，技术到位率达到 100%。对于一般农户，主要靠示范户来传、帮、带。农技人员主要是在关键季节、关键农时深入到农户家中，抓好技术指导，基本做到了指导到户、到人、到田。服务形式多种多样，有的是面对面地培训，有的是手把手地指导，有的是采用电话、短信等形式进行咨询。每年发放的技术资料都在 500 份以上。目前，全乡在册的科技示范户有 56 户。

再次是以田间课堂为平台，创建农技员与农户互动互学的指导方式。每当农事繁忙的季节，田间处处留下了农技人员忙碌的身影，能为农民水稻增产服务，他们也觉得无怨无悔。"听到农户说'我会了'，就是对我最好的回报，听到农户说'增产了'，就是对我最好的奖励。"这是晓龙乡全体农技人员为农民服务的共同心声。

（作者单位：江西会昌县晓龙乡农技站）

开启农业春天的大门

邹明辉

从激荡梦境的风中
传来轻轻的开门声
这是一个温馨的声音
在用期待告诉我们
一个农业崭新的日子
它已来临

这是谁的东方
谁的日出谁的星辰
我们在岁月中等得太久了
农业春天的大门
我们急于打开你
因为你给农业的春天带来了福音

我们是农技推广工作者
我们肩负着“学用科技”的责任
当我们迈开走进“示范县”的脚步
伴着“粮油高创”的强音
播撒农业“双增”的希望种子
我们的向往正色彩如锦

当一批批扶持“三农”的物质
当一笔笔各项直补资金
当我们把科技送到农民心里
当我们挥汗走千家进万邻
在乡亲们的每块责任田上
种植着理想播撒希望浓郁的绿阴

届时展示我们的风采
炕头地头我们培训着农民

田间留下我们一串串坚实的脚步
同时也接受着风吹也接受着雨淋
于是有了桑麻挺秀稻谷飘香
收获的犁尖释放着丰收的年轮

我们用智慧启动这世纪之门
也用劳动热情和科技证明我们的决心
是的
我们要把这热腾腾的汗水连同我们的责任
洒向那广袤的田野
为农业“双增”奉献着青春

我们用信念打开农业春天的大门
我们把一路花香送给乡亲们
要为农业腾飞安插上一双双羽翼
也为农业“双增”铺垫出花团锦纶
让胚芽诉说着繁枝
也让增高的谷仓诉说着坚韧

农业的春天像一张巨大的琴瑟
让我们拨动那铿锵动人的强音
既然门已开启
那么我们已拥有明天最亮丽的光阴
那么等待我们的是
“学用科技”在肥沃的土壤中调配亮色缤纷

孩子们说这是真实的童话
老人们说这是天籁之音
可我们说这是一幅幅未来的蓝图
希望的金黄已写满大地的胸襟
我们要用“科技”来充实“双增”的笑靥
因为农业的春天已开启了大门

让我们用更高的声调向世界咏颂
中国——二十一世纪的明暾

（作者单位：吉林磐石市农业技术推广总站）

农民田间学校的实践与探索

吴海亚

2009年11月10日，我有幸参加了农业部科技教育司主办的“农技推广方法师资培训班”。2010年12月，在湖北省农业厅科教处、湖北省农业厅科教发展中心、武穴市农业局以及大屋雷村“两委”的全力支持下，我在大屋雷村开办了第一期农民田间学校。

一、农民田间学校基本情况

大屋雷村现有人口1 376人，耕地面积1 264亩，以油—稻模式种植为主。经农户自愿报名，精心挑选31名学员，于2010年12月22日举行油菜班开学典礼。班主任由我担任，辅导员由陈容剑和翟中兵担任，班长雷勉法。

办学之前，我们对学员进行了结构式访谈，需求式调研，互动式交流，最后对调研结果进行汇总分析，了解了该村农民的文化水平、接受能力、学习意愿、种植水平、技术需求，找到培训间距，科学制定、安排教学内容，并与农民学员共同讨论确定。

二、开班后的几点做法

1. 建立试验示范基地，提高学员的感性认识。为了办好农民田间学校，我们在大屋雷村建立了50亩的试验示范基地，以种植油菜—水稻模式为主，引进了华中农业大学、中油所、省农业科学院等科研单位的实验在此落户。我们做给学员看、带着学员干、引着学员想、开导学员讲。让学员在基地上学技术，在实践中掌握技术，大大地提高了学员的感性认识。

2. 组织农民开展学习日活动，开发学员动手、动脑能力。在农业生产关键季节，1～2周组织一次农民学习，先在教室里讲讲当前农事，然后让学员自己提问，之后带着问题到基地去看、去做。辅导员对学员手把手地教，面对面地探讨，启发学员在实践中去发现问题、思考问题、讨论问题、解决问题。以此提高他们的动手、动脑能力。

3. 实地采集制作标本，增强学员对事物的认知能力。上课前，班主任与辅导员带着学员到田间各自采集病虫杂草，然后带到教室制作成标本。上课时，先让学员各自写出病虫杂草的名字、特点和防治方法，然后分组讨论。讨论之后，再由各组选派一名学员上台交流讲解，最后由老师点评讲解。这样，充分调动了学员的学习积极性，增强了他们对事物的认知能力。

三、开班后的收获

1. 参与式培训，学员学习积极性得以提高。过去的传统培训方式是专家灌输式讲、农户被动式听，专家所讲的内容不一定符合农户的需求意愿，往往导致农户学习的积极性不高。而农民田间学校则采取将 31 名学员分成 5 个小组，在培训实践中，让他们积极提出各自的想法、观点，通过小组讨论，再将讨论结果与所有学员共同分享。促使学员主动参与其中，养成动脑、动手的良好习惯。

2. 启发式思考，学员各项素质得以提高。在每次实践中，班主任、辅导员将学员分组带到农民田间学校实践基地，启发学员在实践中去发现问题、分析问题、寻找问题的根源。这样，各位学员能深刻地掌握各种病虫草害的防治措施、施肥方法以及高产栽培技术，学员素质得以提高。

3. 互动式交流，师生知识得以共同提高。在为期一周的培训中，组织学员到田间实践 2 次，采集了油菜田中十几种杂草，在课堂上大家将知道的、不知道的杂草相互交流，共同寻求防除办法。如一种小地黄的杂草极难防除，辅导员也被难倒，通过大家讨论，一位学员提出了该草用“油盛”草药可以彻底防除的方法。以这种互动式的交流，师生的知识得到了共同提高。

4. 需求式调研，田间学校教学质量得以提高。在开班之初，我们对 31 名学员做了一次需求调研，了解农民所需。之后，针对学员的需求进行备课，老师讲课有的放矢，学员也根据需求来学习，大大地提高了田间学校教学质量。

5. 分组讨论，学员的自信心得以增强。在培训中，每个小组选拔一名组长，带动大家学习、探讨问题。在课堂中，我们让出更多的时间给学员自己思考问题、提出问题，在小组内进行讨论，然后每个小组推荐一名学员上台讲解他们讨论的结果。这样，每位学员都有展示自己的机会，通过多次的锻炼，培养了他们的讲解、传授技术的能力，极大地增强了学员的自信心。

四、存在的问题

1. 开班培训时间集中，不利于学员全面掌握农业技术。由于多种原因，这次学习时间集中，先后有 14 名老师、专家进行讲课与实践指导，涉及的农业技术内容太多，导致学员囫囵吞枣，学习内容消化不良，降低了培训质量。

2. 没有专用教室，难以满足教学活动的开展。农民田间学校在武穴市还是一个刚刚举办的学校，多是以村支部活动室为教室，而村支部活动室里各项规章制度、牌匾均在其中，不可能完全满足农民田间学校的教学工作需要，如学习成果展示，各种标本制作展示等均受到场地限制。

3. 学员需求的知识面广，师资队伍素质有待提高。通过田间学校的开班实践，我们发现学员中素质参差不齐，所需技术也不同。有的需求种植业的，有的需求养殖业的、有的需求加工业的，而农业局的师资队伍仅限种植业这一领域，其他领域难以满足农民的需求。

4. 经费不足，教学器材不全，影响办学质量。农民田间学校的开办需要诸多器材，如标本采集制作器材、田间实践器材、课堂演示器材。由于经费的问题，制约了办学质量。同时，学校的规模要扩大，办学经费要增加，农民要补贴，教师需补助，如果没有专项资金扶持，“巧妇也难为无米之炊”。

五、几点建议

1. 农民田间学校培训时间要以农时来安排课程，不宜流于形式，集中长训。

2. 全方位招聘农业方面专家为辅导员，如水产、畜牧、种植等方面的专家。不宜只局限于种植业这一块，同时加强对辅导员队伍素质的培养。

3. 加大宣传，引起领导高度重视，以项目专项资金的形式对农民田间学校的发展予以扶持。

4. 建立交流学习平台，让学员带动更多的农民学习掌握农业技术。

（作者单位：湖北武穴市大法寺农技站）

扎根边疆四十载　奉献“三农”一辈子

何昆萍

勐海县是云南边陲的一个边疆民族县，是一个美丽而神奇的地方，这里的寨子紧紧相连，这里的人民勤劳朴实，孔雀在这里飞舞，大象在这里徜徉，金鹿在这里欢唱，这里是人间的天堂，是人与动物和谐相处的地方，谁来了都会安居在这里不愿离开。我们的老所长王传慰就是从宣威县来到这里的一位农业科技工作者，他热爱边疆、扎根边疆、服务边疆 40 余年，真真切切把这里当做了自己的家乡。

改变原始的生产方式　解决坝区的缺粮问题

带着美丽的憧憬，带着青春的抱负，1962 年刚满 20 岁的他背着简单的行囊离开曲靖农牧学校，来到勐海县农科所。这里是美丽的王国，但这里的人们仍沿袭着刀耕火种的原始农业生产方式，过着食不果腹的生活。他带着所学的专业知识，用双脚丈量大地，走遍了勐海县的村村寨寨，传播着农业科学知识，使当地原始的农业生产方式向现代农业生产方式转变。

1964 年 3 月，他打起背包下了决心到勐遮区曼根乡吃住在基层，和农民同吃、同住、同劳动。当时傣族人食用的糯稻总是夹杂着饭稻，品质不好，品种混杂严重，须提纯。他依据饭稻比重的原理，应用胶泥对水加大比重，进行泥水选种，混杂的种子倒在泥水里搅拌后二扬谷漂在上层，饭谷沉到底层，糯谷悬浮在中层，糯谷就明显被分离出来，一年就基本提纯了糯稻种子。群众认可并接受了这个小伙子，亲切地称他为“鸦官毫”（傣语“谷神”）。

走到生产第一线，调查研究、分析总结生产中存在的问题，推广农业新技术是推广工作中的基本方法。王传慰首先从总结群众的增产经验入手，对土壤肥力、耕作方式、栽培措施等方面做调查研究，从群众中获得第一手宝贵的增产经验和感性知识。接着在总结增产经验的同时，找到一些影响水稻产量的重要因素，如水利条件差、推迟栽种节令、土壤缺肥和品种混杂等因素，最后针对田块等级、产量等级的问题，采取领导、技术人员、人民群众三结合；试验、示范、推广三结合；点、片、面三结合的 3 个三结合的方法，采取重烤田，增施磷、钾肥，浅灌溉的措施，防止一等田的倒伏问题，采取增施有机肥、提早栽种节令、重视浇秧的措施，提高三等田产量。1966 年通过样板对照，一等田每亩平均单产 280kg，比对照 200kg 增产 40%；二等田单产 319kg，比对照增产 33%；三等田单产 252kg，比对照增产 44%。

1970—1980 年，他针对勐海县高温多湿、雨量充沛、四季温和、杂草繁多、草害严重的问题，特别是针对山区耕地很大程度由于草害丢荒，耕地固定不了，粮食单产偏低，造成毁林开荒的问题，通过广大农民群众和科技人员的努力，在化学药剂除草方面做了大量的试验、示范和推广工作，总结出很多宝贵的行之有效的经验。通过推广使用化学药剂除草，不但除草彻底、及时、省力、效果好、见效快，而且水旱稻都能增产。通过各种生产技术措施的推广运用，在 20 世纪 80 年代基本解决了勐海县坝区的缺粮问题。

理顺品种确定当家粮　查清土壤开出配方肥

种瓜得瓜、种豆得豆，搞农业生产离不开种子和肥料。王传慰用了近 30 年的时间，带领着一个基层农业科技工作团队，在勐海县引进试种了 391 个品种，直到 1983 年开始理顺品种，淘汰粳稻，压缩老品种，确定当家粮，随后加快良种推广速度，实现了良种的更新换代。1985 年，勐海县水稻平均单产达到 250kg，粮食生产上了一个新台阶，同年，滇陇 201 优质软米打入昆明市场，有了较高的知名度；1990 年引进了滇屯 502，补充了勐海县的香软米。1991 年勐海县水稻平均单产达到 300kg，2002 年达到 350kg，使勐海县水稻品种矮秆代替了高秆，饭稻代替了糯稻，高产品种代替了低产品种，高产、优质品种代替了低产、劣质品种，从而使勐海县水稻生产实现高产、优质、高效。

1979—1981 年，作为技术把关人之一，王传慰带领队员完成了 11 个区的野外作业，查清勐海县基本的地形、地貌以及一般的地质结构，主要的植被分布和利用现状，分析当地土壤的土类、土种、基本性质和养分含量，明确改良利用措施，通过普查，勐海县水稻田土壤缺磷偏酸，是水稻增产的障碍因素之一。通过在勐遮区 4 个乡 5 个村 722.7 亩缺磷土壤施钙、镁、磷肥试验，水稻平均单产 287kg，比对照田增产 92kg，增产 47.3%。随后，又在山区旱稻推广使用，增产更显著，现在山区和坝区的农民种田都离不开磷肥。

依靠政策助推农业技术　重视宣传提升农民水平

发展农业一靠政策，二靠科学，三靠投入。勐海县 1981 年建立了农业综合试验示范区，作为技术主持人之一，他承担勐遮乡综合示范区技术指导。综合示范区是把农业科技成果综合应用于生产，把科技成果转化为生产力，推进科技进步，达到出产量、出人才、出成果的目的，综合示范区推广了先进适用的科学技术措施，规格化条栽、平衡施肥等配套措施。在各级行政部门的有力配合下，各项增产技术措施得力，落实得好。示范区连续18年增产，获得了较好的社会效益和经济效益。18年来，共办综合示范区204万亩，净增稻谷4 173.5万kg，示范区带动了全县水稻增产，总产量由1980年的7 890万kg提高到1997年的13 355万kg，提高1.7倍，提前3年完成“九五”粮食生产计划。

在长期的基层工作中，王传慰一直重视宣传普及科学技术知识，把科学技术传授给广大农民群众，提高农民的科学技术水平，把各项技术措施落实到千家万户。据不完全统计，他给乡村干部、农技人员和农民群众讲课或现场操作培训710多场（次），接受培训人数4.1万多人（次），为普及科学技术做了大量的工作。他推广的规格化条栽、配方施肥、培育壮秧、病虫害综合防治等技术，在整个生产中显示出了明显的经济效益、社会效益和生态效益。

在41年的农业科技推广工作中，他从农业技术员到农科所所长、高级农艺师，他的足迹遍及勐海县的傣族、哈尼族、布朗族、拉祜族村寨，他对勐海县的良种选育、育秧、施肥、水稻栽培、化学除草、化学肥料、病虫害综合防治等数十种实用技术的推广普及做出了重大贡献。他完成了各种课题总结材料近百篇，汇编在他的《边陲耕耘录》中，点点滴滴记录着勐海县农业发展的进程，也为自己的人生书写了一份满意的答卷。他在春天播种了希望，在秋天收获了金灿灿的果实。

（作者单位：云南勐海县水产技术推广站）

执著追求农业应用技术软件开发

蒿文勇

曹修运1982年参加工作，历任山东阳谷县高庙王乡技术员、技术站长，县农业局土肥站副站长、站长，现任阳谷县植保站站长，高级农艺师。20多年来，曹修运怀着强烈的责任心和对事业的执著追求，勤奋工作，默默奉献，为促进全县农业增效、农民增收和农技推广事业的发展，付出了艰辛的努力，做出了不平凡的贡献。尤其是在农业信息技术开发应用方面，由他自行开发设计的"农业有害生物抗药性监测数据库"软件，于今年被全国农业技术推广服务中心指定为农药抗性监测专用软件，在全国植保系统推广应用。

阳谷县缘何成为棉虫抗性监测点

1990年前后，国家实施棉虫的抗性研究与治理，在山东、河南、河北等棉花生产区建立县级监测点，阳谷县列入其中。由于经费紧张，有一些监测点县相继减少人力、物力，或停止了对棉虫抗性监测的试验与研究。受其影响，阳谷县也有些同志思想不稳，相继离开了该项工作，有的同志提出终止对该项目的实施。曹修运深刻认识到，县级监测点作为国家最基层的棉虫抗性监测单位，在提供第一手原始资料等方面发挥着重要作用，保持数据的连续性才更有价值。在抉择的关键时刻，他以一个农业技术人员特有的责任心和事业心，果断作出"资金再紧张，条件再困难，也要把项目继续搞下去"的决定。在晚上田间诱棉铃虫蛾期间，他与同志们一起在黑光灯下经常熬个通宵，带回的棉铃虫成虫在室内再经过产卵、孵化，像照顾小孩一样那么细致。抗性监测对龄期要求极为严格，过大过小都不能真实反映棉铃虫的抗药性，只要一批幼虫龄期一到，无论黑天白夜必须按时做完试验，不按点吃饭是常有的事。由于阳谷县的抗药性工作做得认真扎实，农业部要求阳谷县同时采用微量毛细管点滴法和浸叶接虫法两种方法进行测定，这项测定工作在全国也只有四五个县（市）能够完成。阳谷县的抗药性监测工作，无论在全省或是全国都是出色的。

一个软件开发缘何引起国家重视

20世纪90年代，计算机技术已在农业上开始逐步应用，给繁琐的试验数据统计分析带来了极大方便。从1991年开始，曹修运利用当时仅有的PC-1500A袖珍计算机，开始尝试编写计算机程序，以便对承担的大量试验进行数据统计分析。熟悉计算机编程的人都知道，计算机程序的内部代码都是用英文来编的，这对于一个当时没有英语基础的他来说，困难可想而知。几年来，他不知熬过了多少不眠之夜，凭着一股韧劲，开发出了一个个计算机农业应用技术软件。

2000年，曹修运自行开发设计的“农业有害生物抗药性监测数据库”软件，是一个集统计分析、数据查询、图形处理、网络传递数据等数据库管理系统，符合信息处理标准化、规范化的时代要求，与南京农业大学、西南农业大学、国际水稻研究所开发使用的同类型软件相比，具有功能多、操作方便等优点，被全国农业技术推广服务中心指定为农药抗性监测专用软件，并作为全国各地向国家上报抗性监测数据资料的专用软件。曹修运先后应邀在山东省植保抗性监测（2001年，青岛）、全国抗性监测培训班（2002年，南京）、全国抗性监测风险评估工作会议（2003年，南昌）三次大型会议上作为典型发言，交流了该项成果。

除此之外，他还开发设计了“多元肥料统计分析”、“除草剂试验原始数据处理分析”、“二次回归正交（通用）旋转组合设计统计分析”、“山东省农药施用情况调查统计软件”、“植保年报统计软件”、“农业病虫模式电报软件”。这些软件均被广泛应用于省、市、县的土肥、植保等工作，大大提高了工作效率。如在植保专业统计年报中计算“农作物病虫害实际损失和防治挽回损失”，原来需要四五天的工作量，现在只要把基本数据输入到程序中，瞬间就可以完成有关计算，使我们能及时享受到信息社会带来的便利，该软件现在已在山东省植保系统广泛应用。

工作之余，他潜心撰写理论文章，先后在学术刊物上发表了《夏棉高产高效栽培措施数学模型研究》、《吨粮田氮磷化肥动筹模式研究》、《山东阳谷小麦根病的发生与防治》、《玉米粗缩病的发生与防治》、《阳谷县农田害鼠的发生规律及综合防治对策》等学术论文。

（作者单位：山东阳谷县农业局）

打工致富不忘本　返乡创业道路宽

刘会标

刘克泉，现年47岁，原在北京中国新兴集团公司打工，每年的收入也不少，全家人还在北京买了房，长期生活在北京。2008年，他因事返回阔别多年的家乡——湖北大冶市刘仁八镇大庄村，当他看到大家的生活较以前有了很大的改善，心里感到很高兴。但是，相比之下，与他所到过的一些北方农村相比，还是有很大差距，他心里又不免有些伤感。北方许多农村农业早就实现机械化了，而自己的父老乡亲仍是扶犁打耙、肩挑背驮，许多青壮年纷纷外出打工，一些田地因缺少劳动力耕种而闲置。

刘克泉是个细心人，他利用回家的这几天详细地向村党支部书记了解家乡的情况。

回到北京后，他就开始着手返乡创业的事。早些年，他在北京结识了一些养猪的朋友，他们养殖优良猪种长白三元猪获得了较好的收益。他想，如果我承包一片山场，建一些标准化猪舍，种一些优良品种的果树，走"林—果—猪"的规模化发展道路应该很有前途。他辞掉了北京待遇丰厚的工作，毅然回到家乡。在村"两委"的协助下，他通过土地流转租赁了几十亩荒山，种上了果树，建起了办公楼和"150"模式标准化养殖猪舍，创办了刘仁八镇第一个种植养殖专业合作社——大冶市刘仁八镇龙泉种植养殖专业合作社。

合作社办起来了，但他对养殖、种植技术还很生疏，为此他四处拜师学艺。他到大冶市畜牧局找专家指导、培训，市畜牧局组织的培训学习他一次也没缺席。他还经常到大冶市灵乡、罗桥等地养殖小区去学习生猪养殖知识，从母猪高床养殖技术中的配种、妊娠期的管理、哺乳期的喂料和防疫、常见病的防治，到饲料的选择与配比，猪舍夏季降温、冬季保暖等等，他都一一询问，并如实做了记录。3年多来，他记载养殖技术的笔记本足足记了10多本，勤奋好学让他成为当地有名的"土专家"。

通过学习，他不断总结养殖经验，结合当地气候和猪的生长特性，利用当地丰富的资源自制自配饲料。这些优质、纯天然、无公害饲料使生猪从出生到出栏不到5个月，比一般的出栏时间缩短了近1个月，节省饲料50～60kg，仅饲料一项每头猪节省成本190多元。而且，吃这种饲料生长的猪肉质好、出肉率高，产品在市场上深受市民的喜爱，产品供不应求。同镇的刘文武、岩山一带的养殖户闻讯，纷纷前来询问养殖的方法和窍门。一时间，许多原本在外地打工的青年纷纷返乡养猪，大庄村也一下子增加了三四个养殖场。

养猪是个技术活，也是一件辛苦活。每天早晨六点多钟他就起床准备饲料，接着给猪喂食，清洗猪舍。一到母猪生产时，他更是忙得不可开交，要给母猪接生、打针等，还要特别注意防止母猪压到新生的小猪。要想小猪长得好，全靠母猪奶水足。刘克泉多年来摸索了一套母猪管理的窍门，那就是做好母猪产前、产后保健工作，合理调配母猪的饲料。俗话说："母壮儿肥。"有了健康的母猪，也就是有了基础，仔猪的饲养管理会很轻松。

2010年夏季，天气特别燥热，刘克泉因事出差几天，回来时发现因为没有及时做好猪舍的降温工作，许多猪中暑了，这次中暑全场共死了7头猪。刘克泉心疼极了，他下定决心要修建全自动化的标准猪舍。在大冶市畜牧局工程师的指导下，他亲自丈量土地，亲自带领工作人员按标准化图纸施工。3个月时间，总建筑面积2 500m^2的7栋标准化"150"模式猪舍修建起来了。新猪舍增加了通风、降温、保暖和自动饮水设施，还修建了沼气池，彻底解决了猪粪对环境的污染，还为周边30余户村民提供了做饭、照明的能源，沼渣沼液还是很好的有机肥料，用它施肥结出的水果全都成了市场上的抢手货。新猪舍的建成，实现了标准化、自动化、无害化，达到了大冶市市级标准化规模养殖场的标准，现养殖场年出栏生猪1 400头，产品远销武汉、黄石等城市。

提起创办养殖场的经历，刘克泉说："我的祖辈是农民，我自己过去也是农民，当初我创办养殖场初衷是希望能借'三农'的优惠政策，凭借多年在外打工的一点积蓄，在家乡做一点实事。通过自己的身体力行，让周边的父老乡亲了解只有靠学科技、用科技，才能实现增产、增收，才能实现发家致富。广阔农村，大有可为。相信一些年轻人比我更有闯劲，一定会有更多的青年扎根农村，在这片希望的田野上实现自己的人生梦想，致富之路会越走越宽。"

（作者单位：湖北大冶市刘仁八镇畜牧兽医服务中心）

长江边上的弄潮人

易　玲

在美丽的长江之滨，有这样一位活跃在水产行业的弄潮人，他学科技、创新路、促发展、乐奉献，既是一名远近闻名的养鱼能手，又是一名长期服务基层的优秀农技推广员，他就是湖北团风县团风镇水产技术指导员周德安。

学习科技创新路　勇立潮头敢为先

2001年，在外打工多年的周德安回乡创办了一个私营渔场，一开始由于不懂水产养殖技术，连续3年他亏损了将近10万元，失败使他懂得了要想水中捞金，必须掌握过硬的养鱼技术。他买来一大堆水产养殖书籍认真钻研，向水产专家、有经验的养殖户虚心学习请教，在平时的养殖过程中慢慢摸索、实践、积累。

功夫不负有心人。几年下来，他通过学习新技术、引进新品种、应用新模式，从一个养鱼的门外汉变成了养鱼能手。2004年，当其他养殖户还只是放养着“四大家鱼”的时候，他大胆引进了优质鲫、大口鲶、黄颡鱼、鳜鱼等特色品种发展特色水产养殖。2006年，他养殖的70亩鱼池平均单产达到1 000kg以上，总产值40万元，获纯利15万元。2007年，他及时捕捉到市场上野鸭俏销的信息，投资养殖野鸭1.5万余只，并在鱼池边建设“150”标准化猪舍2栋，在全县开创了鱼猪、鱼鸭混养的立体生态养殖先河，当年实现产值180万元，利润50万元。2008年，他在一口7亩鱼池里养殖罗非鱼，实现纯利4万余元，利润比别人同样大的鱼池高出1倍，带动养殖罗非鱼500亩。2009年至今，他又办起了休闲垂钓中心，用几口鱼池专养青鱼、鳊鱼、罗非鱼等供游人垂钓，一年下来，仅垂钓一项就获纯利20余万元。

好风凭借力，送我上青云。在水产养殖生产上，周德安创造了许多引以为骄傲的“第一”：他是全县第一个使用增氧机等渔业设备的养殖户，第一个使用全价颗粒饲料养鱼，第一个在全县实现鱼池单产1 000kg以上，第一个创新发展鱼猪、鱼鸭、鱼虾等混养的立体生态养殖模式……转眼间，他已成为团风县水产行业的弄潮人，连续6年荣获团风县创业标兵称号。

扎根基层乐奉献　服务“三农”终不悔

2006 年，团风县进行基层农技推广体系改革，通过考试考核，周德安被团风县水产局聘为以钱养事水产公益服务人员；2009 年至今，他又被遴选为团风县基层农技推广体系改革与建设示范县水产养殖业的技术指导员，担负着团风镇水产养殖户技术指导服务的任务。团风镇是团风县的水产养殖大镇，养殖水面 2.2 万亩，占全县总水面的 26%。作为团风镇水产技术指导员的周德安，服务任务自然要比其他乡镇的技术人员重得多，可他这么多年来，从未后悔当一名技术推广人员。在基层服务期间，他不辞辛劳，跑遍了团风镇各个村落，哪村有多少水面，有多少渔民，有多少示范户他都了然于胸，全镇大大小小的水池边、水塘边都留下了他的踪影。

尽职尽责乐奉献，排忧解难见真情。2010 年 7 月，团风县水产业因特大暴雨受灾严重，为了摸清团风镇水产养殖户的受灾情况，他起早贪黑、走村串户统计渔民灾情，并及时准确向县水产局报告，为灾后水产贴息贷款发放提供了第一手资料，确保了急需贷款、恢复生产的养殖户及时拿到贷款。2011 年年初，水产品市场行情不好，团风镇有许多养殖户存塘鱼滞销。他急渔民之所急，到处为养殖户联系销路。2011 年 4 月份以来，团风县遭受了 60 年一遇的冬春连旱，全县 68%的养殖水面干涸见底，灌溉全县 4 个乡镇农业生产的长河断流，周德安自己的 100 多亩鱼池无水源可加，但他不等、不靠，自己打了 4 口水井，通过抽取井水灌溉鱼池，他的 100 多亩鱼池受干旱影响较小。由于资金投入少、抗旱效果明显，他带动和帮助周边养殖户采取打井取水的方法抗旱自救，共打井 36 口，有效地缓解了长河沿线 1 000 多亩鱼池旱情，得到了省、市、县各级领导的高度评价。

2011 年 3 月 20 日下了一整天的大雨，团风镇独鼻咀村渔业科技示范户童国涛家的 35 亩精养鱼池晚上 12 点出现全池浮头，因突然停电，池中的增氧机顿时无法派上用场。鱼池里尚有 7 500kg 准备上市的鲜鱼，如果不能及时增氧，将会蒙受巨大损失。童国涛心急如焚，急忙打电话向周德安求救。周德安接到电话后，立刻到处联系发电设备，当他把发电机送到童国涛鱼池边，帮忙安装调试直至增氧机正常启动时已是凌晨 3 点。三月的夜晚，乍暖还寒，一旁的童国涛望着早已淋成了落汤鸡的周德安不胜感激地说：“今晚要不是你，我这一池鱼可就全丢了啊!”“我是你的技术指导员，这都是我应该做的。”看着增氧机喷出满池的水花，又冷又累的周德安露出了欣慰的笑容。回家后他仅仅休息了两三个小时，第二天清晨又与县水产局技术人员一起到总路咀村开展水产养殖技术培训。

像这样深更半夜为养殖户奔波排忧解难的事情不胜枚举，不论何时，只要养殖户有需要，周德安都会第一时间赶到。作为一名水产养殖户，他学科技、用科技，敢拼敢闯；作为一名技术推广员，他扎根基层，乐于奉献，无怨无悔。如今，团风县的水产养殖户有什么养鱼、卖鱼的难事，都会想到他。莎士比亚曾说：仅仅一个人独善其身，那实在是一种浪费。上天生下我们，是要把我们当做火炬，不是照亮自己，而是普照世界。周德安就像火炬，在引领团风县水产养殖发展的同时，在服务“三农”的热潮中，用自己所学的养殖技术和积累的养殖经验为广大水产养殖户服务，为促进全县渔民增收、渔业增效默默地发挥着光和热！

（作者单位：湖北团风县水产局）

播撒科技富农民

来明德

在安徽阜阳市颍东区口孜镇，只要一提起农技人员武熵，没有不翘大拇指的：他一心扑在农技推广上，培育了一批新型农民，带动了一方百姓致富，不愧是技术指导员的模范。

2001 年 7 月，武熵作为颍东区科技特派员从畜牧局选派到口孜镇曹庄村担任党支部书记，2009 年被区农委选聘为技术指导员。几年来，他扎根基层，埋头苦干，带领群众大力推广农业科技，发展农村经济，增加农民收入，创办口孜曹庄瓜菜专业合作社，发展无公害瓜菜种植。围绕科技培训、品牌创建、基地发展做了大量工作，在农技推广工作中做出了突出贡献，受到广大基层干部群众的广泛赞誉。

围绕农民需求　搞好科技推广

农民群众想的是致富，缺的是技术。武熵发挥自身特长，在曹庄村率先创办了农民科普协会，通过协会向农民宣传科普知识，开展农技培训，传播农业技术。他自筹资金购买了近 1 000 册农业科技书籍和农业科技光盘，免费借给群众。利用协会免费开展测土配方施肥和农技咨询服务。筹建了农民科技培训室和农家书屋，添置了投影仪、笔记本电脑等培训设施。自费购置了土壤肥料速测仪、瓜菜速测仪等农产品农药残留检测仪等设备，为科普工作和农技培训创造了条件。2011 年，他又在曹庄村里的水泥路上安装了 60 台频振式太阳能杀虫灯，为 3 000 多亩蔬菜实现了无公害杀虫。

身为技术指导员的武熵，为搞好种植业结构调整，从家中拿出 1 万元，动员村支部成员每人出资 1 万元，以集资入股的方式，租地 50 亩做试验田，专门种植无公害瓜菜。利用原有的 20 多亩温室大棚，免费为群众提供育苗服务。试种西瓜新品种，推广示范无籽西瓜套种小麦新技术。繁育了 50 多亩小麦良种，在全村连片种植 1 000 亩小麦高产攻关示范田。在他的带领下，全村每年新增瓜菜种植面积 400 多亩，每亩增收 1 000 多元。搞无公害瓜菜生产，技术要求严，每个生产环节都要制定严格的操作规程。为保证技术要点落到实处，结合农时，他每年举办的农民培训班、专题讲座、现场观摩不少于 15 场(次)，接受培训的农民达 3 000 多人，发放无公害瓜菜种植宣传技术材料 1.3

万多份，做到户户都有明白人，家家都有明白纸。在科技培训过程中，培养了30多名瓜菜嫁接能手和20多个种植大户。他亲自组织40多名骨干会员到周边市、县种植基地参观学习。通过学习培训和参观考察，广大农民掌握了无公害生产技术，提高了科技水平，改变了传统粗放的生产经营模式，取得了很大的经济效益和社会效益。武南村民组吴金鹏、武兆钦在西瓜育苗培训中学到无土育苗技术后，主动到阜阳市颍河大市场购回育苗盘和育苗基质，在早熟瓜菜的育苗中做无土育苗试验，试验结果：无土育苗出苗齐、小苗壮，栽到大田特别旺；早开花、早结果，很少发生病虫害。他们的早熟菜瓜比别人早上市5天左右，每亩多收入1 500多元。周围群众看到了无土育苗的好处，纷纷效仿。广大农民在培训中学会了使用生物农药和生物肥料，减少了环境污染，提高了瓜菜品质，保证了农产品进超市检测合格，也保证了“颍河”瓜菜的品牌质量。

现在的曹庄村已是阜阳市远近闻名的无公害瓜菜种植专业村，4条水泥路纵横交错通达每一个自然村。到了瓜果成熟的季节，村里水泥路上总是停满了各地客商来此收购瓜果的货车。

围绕市场需求　抓好品牌创建

为使当地瓜菜产品占领高端消费市场，武燏带领农民创办瓜菜专业合作社，制定了无公害瓜菜生产技术操作规程并成功申报注册了“颍河”牌无公害瓜菜商标。通过技术应用，提高了种植业科技含量，培育出自己的瓜菜品牌。无公害瓜菜栽培技术的推广，促进了“颍河”牌瓜菜生产上规模、上档次，带动广大农民致富。

近期，他又申报注册了“颍河”瓜菜加工类品牌商标，围绕当地农民生产的芥菜、萝卜、豆角等进行深加工。目前，蔬菜加工厂正在筹建，首次试产的“颍河”牌芥菜丝已上市试销。

曹庄村在武燏的带领下，大力发展无公害瓜菜生产，取得了较大的经济效益和社会效益。目前，“颍河”牌无公害瓜菜基地面积已发展到3 600多亩，每亩平均纯收入5 000多元。瓜菜生产基地先后被命名为安徽省“西瓜种植省级专业示范村（基地）”、阜阳市“优秀农村科普示范基地”、阜阳市“安全优质农产品标准化生产基地”、颍东区“蔬菜生产先进基地”等。曹庄瓜菜专业合作社也多次受到省、市、区表彰，并被评为阜阳市“农超对接”示范单位。

围绕生产发展　搞好农技服务

瓜菜生产，农民群众愁的是销路，盼的是服务。为了更好地为农户提供产销服务，武燏牵头成立了口孜镇曹庄瓜菜产销协会。通过协会把千家万户的小生产与千变万化的大市场连接起来，开展“农超对接”和产、供、销一条龙服务，带领农民“抱团”闯市场，走“协会＋科技＋农户”的发展之路。

围绕“颍河”品牌创建，产前进行技术培训，依据市场需求，选择优良品种，联系订单生产；产中开展技术指导，按照标准化要求操作；产后帮助销售产品。他积极与阜阳华联、阜阳商厦、阜阳万家福等大型超市联系，成功实现“农超对接”，产品直接进入超市销售。为做好品牌推介，他带领曹庄村种植大户多次参加市、区举办的名优农产品推介会、展销会，在市政府门前宣传栏内设置固定广告牌，宣传推介口孜曹庄无公害瓜菜基地。

在搞好产、供、销服务的同时，协会还培育了许多种植大户、瓜菜嫁接技术能手等，其中新武庄种植大户武连德每年种植瓜菜 20 多亩，年收入 8 万多元，2005 年武连德也被评为安徽省农民创业带头人。在协会的引导和带动下，曹庄村瓜菜种植面积每年都在逐步扩大。

为了掌握先进的现代农业技术，更好地服务当地群众，武燏多次到省无籽西瓜研究所拜师求教，与省无籽西瓜研究所建立长期技术合作关系，并自费参加中国农业大学测土配方施肥培训班学习。他不仅牵头成立了曹庄村农技推广服务协会，开展农技咨询服务，还成立了曹庄村植保服务队，为群众开展农作物病虫害综合防治服务。

围绕求新求变　搞好科技示范

几年来，曹庄村引进了 10 个瓜菜新品种（西瓜 4 个、甜瓜 2 个、早熟菜瓜 2 个、蔬菜 2 个），推广应用 2 项新技术（生物农药和生物肥料安全使用技术、西瓜嫁接移植技术）。这些新品种品质好、产量高、市场潜力大。新技术的推广应用，改变了传统的生产管理模式，减少了病虫害的发生，提高了经济效益。

现在，他正积极申报绿色食品认证，动员群众开展土地流转，利用科技服务引导群众走规模化种植、产业化发展之路。

十年风霜雪雨，十载春华秋实。武燏在农村基层从事农技推广工作，曾 4 次荣获省农业厅和区科委科技进步奖，多次被评为市、区科技工作先进个人以及阜阳市优秀农村科普带头人，曾被安徽省委组织部评为优秀选派干部。他创办的曹庄瓜菜协会连续两次被评为农民专业合作组织“省级示范单位”、阜阳市“优秀农村专业技术协会”。2010 年 12 月，经省科技厅推荐，他被中国科学技术协会授予“‘三农’科技服务金桥奖”。

武燏怀着服务农民、献身农业的热情，默默奉献在科普第一线，促进了当地特色经济的发展。现在的武燏，已经看不出曾是机关干部，他和村子里其他的村民没有什么区别。作为一名选派到基层的科技干部，他没有选择做一只“候鸟”，而是在这片土地上一干就是10年，为农业增效、农民增收做出了自己应有的贡献。十里八村的乡亲都叫他“活着的沈浩”。

（作者单位：安徽阜阳市颍东区口孜镇农业综合服务站）

孙玉良的“小麦高产经”

高　正

2011年6月19日，正是三夏大忙时节，河北吴桥县沟店铺乡蒋控村的麦田边机声隆隆、人头攒动，有收麦子的、有过称的、有测量的，还有扛着摄像机的在拍摄，这里有什么大事呢？原来是全国农业技术推广服务中心、河北省农业厅、河北省科技厅、国家半干旱农业工程技术研究中心、中国农业科学院、石家庄农业科学院的领导和专家正在对孙玉良的小麦进行实收测产。测产结束，中国农业科学院作物研究所专家、农业部小麦专家指导组成员赵广才宣布：咱们刚才测的这块微喷的地，我们收割了0.8亩，代表的是8亩地的产量水平，根据国家规定的13点的水分标准，扣除之后，这块地的亩产是704.98kg！这么高？对，这个产量已经是目前河北省小麦单产的最高水平，破纪录了！

孙玉良，河北吴桥县蒋控村党支部书记，1986年退役，自1988年开始在村任职。在当地，他是个名人，用土话讲就是这个人特别“钻计”（头脑灵活，爱钻研），是当地网通公司维修人员、电工，种地更是行家里手。他爱钻研，种地讲科学，还爱把自己的经验传授给别人。他种的小麦亩产超过700kg，是一般小麦产量的1.5倍（2011年全县小麦平均亩产460kg），因小麦创了高产，他的名字更加声名远播。

学科技有“探索经”

2010年，国家半干旱农业工程技术研究中心要在吴桥县搞小麦玉米微喷滴灌一体化高产、高效技术生产示范区，县农业局首先想到了他。经实地考察，选定了包括他家的8亩小麦在内的13户74亩地建设了示范区。由于是第一次在当地搞，铺设滴灌管道的机械都是边操作边调试，加上在村里务农的都是妇女和老人，孙玉良就成了“技师”加免费的劳动力，经过3天的努力，终于把所有的滴灌管道全部铺设完毕，完成了示范区的初步工作。

浇封冻水的时候，他把提供的所有设备都进行安装，不合适的地方就向专家请教，然后自己动手改造，还多次和国家半干旱农业工程技术研究中心的领导进行沟通和交流，提出了实际生产中的建设性意见。针对普通水泵压力小、喷灌效果差、工作效率低的问题，他垫资4 000多元买了2套大功率水泵，解决了喷灌压力小的问题。他还给全部农户排好顺序，通知每户浇水的时间和用水量。小麦生长的季节，他每隔几天都要到示范区里转两圈，看看各家小麦的长势，是不是需要浇水，有没有病虫害需要防治，及时提醒农户进行浇灌和防治。

在小麦的田间管理上，他严格按照小麦“四统一”栽培技术规程，做好秸秆还田和旋耕；品种选择了由示范县项目补贴的小麦品种，用种量 21kg；播种时按照技术人员讲解的播深、播量，跟随播种机实时查看，保证了播种的质量和基本苗数。小麦的春季管理，他都是按照小麦、玉米微喷滴灌水肥一体化操作规程浇水和随水喷肥；病虫害防治按照小麦一喷综防的技术要求用药，没有发生病虫害。他示范的新技术比普通麦田管理每亩节约用水 $40m^3$ 以上，省肥 10kg，并且麦苗整齐，长相非常好。

为传播先进种植技术和经验，让农户以最直观方式感受科学种田的成果，农业局多次在示范区召开观摩会，每次他都毫无保留地把生产管理中的关键措施传授给大家。6 月 19 日，小麦专家组进行实收测产，他积极联系收割机，组织人员协助专家测产，并向到会的专家介绍小麦生产情况。测产结果也非常令人振奋。

讲科技有“传播经”

在生产过程的每一个环节，技术人员讲课都是他负责召集，听课他也是最认真的一个，因为他还肩负着一个重要的使命——农业技术传播。农民的文化水平普遍不高，村里务农的又多是妇女和老人，虽然专家和技术人员每次的讲课和指导都尽量做到深入浅出，但还是有人理解不了，或者讲的时候明白了，到实际操作的时候又忘了，这时候他就成了老师，对农户进行实地操作指导，手把手一遍一遍地教。村里的广播喇叭也是他教学的工具，把每次技术人员的讲课内容进行广播，把技术要领传授给没听课的农户，他还把农业局编发的每一期《农业快讯》进行广播，把技术和信息传递到需要信息的人手中。

用科技有“高产经”

实实在在的收成折服了四里八乡的农民，纷纷向他请教高产的诀窍，他告诉大家：“小麦要想产量高，就要靠科学，科学种田才能收成好。一是选好地块，根据地力确定产量目标；二是选用最适合的品种；三是整地质量要好，精细整地、做好秸秆还田和保证旋耕质量；四是把好播种质量关；五是科学水肥运筹，底肥要测土配方施肥，保证充足的水肥供应。”

由于采用了科学的管理措施，良种良法配套，2011 年虽然经历了严重的冬春连旱，但孙玉良的小麦田仍然获得了大丰收。农户对他更加信赖，作物管理时找他的人更多了，他成了农户与技术员之间的一座桥梁。用他自己的话说："既然做了科技示范户，就要比别人强，不强，那还叫啥示范户？"

（作者单位：河北吴桥县农业局）

服务“三农”未了情

余俊红

葛振华，这个名字在江西铅山县汪二镇无人不知、无人不晓，这并不是因为他有什么惊人的壮举，而是他为乡亲们服务的时间太久了，大家对他太熟悉了，都亲切地叫他“老葛”，他就是汪二镇农业技术推广综合服务站站长。

葛振华自 1982 年参加工作以来，一直从事基层农技推广工作。农技推广工作对专业技术要求很高，也是直接和农民打交道的，并没有什么惊奇之处，也体现不出突出的业绩，而且繁杂、枯燥、乏味。但如果没有良好的政治觉悟、过硬的业务本领和勤勉的敬业精神，是很难做好这项工作的。用老葛自己的话说就是：“农技推广工作就是一些琐碎、没完没了的事，一年到头总有做不完的事，还必须得随叫随到，哪家的秧苗烂了，哪家的稻子害病了，你都得去。”汪二镇是拥有 4 万余亩农田的产粮大镇，粮食生产是该镇的重要产业之一。为抓好高产优质水稻的推广，他总是第一时间进农民庭院，第一时间到田间地头，能现场指导解答的就现场指导解答，不能现场指导解答的就自己回家挑灯夜读、查阅资料，并把查阅的解决方法及时传达给农民，直到解决问题为止。老葛有事没事就爱蹲在田里，仔细研究水稻的生长期和预防病虫害的办法，一到炎热的盛夏，就是老葛最忙的时候，因为夏季是水稻病虫害高发季节。老葛在田里摸爬滚打，一干就是 30 个年头。30 年，10 000 多个日日夜夜，他并没有因工作的单一、平淡而退缩，也没有因业务的繁琐杂乱而懈怠，而是像一头老黄牛一样默默无闻地辛勤耕耘着，从他的身上体现了“孺子牛”精神，也折射出了基层农技员无私奉献的高贵品质。

说葛振华是铅山农业工作者的好榜样无可厚非。这还得从他家里边一件事开始说起。2006 年 5 月的一天，老葛的儿子突然感觉身体不适，妻子要他陪儿子去医院做检查，当他正准备去医院时，有一位农户打来电话说，稻田病虫害严重要他去看看。他二话没说骑上自行车直奔农田。就这样陪儿子去医院做检查的事一拖再拖，可儿子的病情一天天加重，眼见一个活蹦乱跳的人只能卧床度日。妻子再也忍不住了，再三劝说下，老葛才带儿子去杭州一家医院做了检查，检查结果是儿子得了肾衰竭，必须马上住院治疗，而治疗最好的办法是换肾，否则将危及生命。经过严格的检查和配对，妻子的肾完全符合条件。2007 年 7 月，手术在杭州成功完成，压在老葛心中的一块大石头终于落地了。在照顾儿子期间，当得知汪二镇正在实施“3414”田间对比试验时，他的心又

“悬”了起来。一个是妻子，一个是儿子，两个人都躺在病床上，都离不开他，可是站里的工作更让他放心不下。作为站长，站里工作经验最丰富的老农技员，他怎么能在这试验的关键时刻不在呢？妻子看他有点心不在焉，知道他又在惦记站里的工作，就劝他说：“回去吧，反正我和儿子现在也没什么大碍了。”听了妻子的话，看看虚弱的妻子，再看看面容苍白的儿子，这个硬汉终于忍不住流下了眼泪，他知道自己亏欠他娘俩的太多了。就这样在儿子手术期间仅仅陪护了 3 天，就把妻儿托付给亲戚，踏上回家的路，又重新投入到工作中。他爱自己的孩子，但更热爱自己的事业。也许在常人眼里，葛振华不算是好父亲，甚至有点傻，但他在妻子和儿子的眼里，老葛不但是一个好农技员，更是一个好丈夫、好父亲。

2008 年初春，正当人们沉浸在辞旧迎新的喜悦中，一场罕见的冰冻灾害打破了春的祥和。灾情就是命令！老葛心急火燎地赶到了田间地头、农户家中，及时做好灾情的统计工作。望着一个个倒塌的蔬菜大棚，一棵棵被大雪压弯了的果树，他心如刀割，这对于靠天吃饭的农民来说意味着一年的辛勤劳作将付诸东流。得想办法将农民的损失降到最低。一回到站里，他就钻进办公室，大量地查找资料，再结合自己 20 多年的工作经验，花了 2 天时间，编写了蔬菜、油菜、果树防寒抗冻及灾后恢复生产技术措施，并印成了小册子。他顶着严寒，带领农技人员走村串户，将技术资料及时送到农民手中，手把手、面对面地为乡亲们提供抗寒防冻技术指导。直到大年三十那天，他才勉强休息了一天，和家人吃了一顿团圆饭。这个春节，老葛过得并不踏实，心里总是牵挂着受灾的农民，在正月初一他就忙开了。哪里有灾情，哪里就有他的身影，只要求助的电话一来，他总是急匆匆地赶到农户家里，耐心细致地为农户讲授果树、蔬菜防寒防冻的方法。整个正月，老葛放弃了休息日，全力以赴，带头奋战在抗冻救灾生产自救的第一线，最大限度地减少了农民的损失。

2009 年，铅山县被列为江西省基层农技推广体系改革与建设示范县，全县按照“整合资源、综合建站、统一协调、分块运作、财政保障、双重管理、以县为主”的要求进行改革与建设。汪二镇也将原来的农业综合服务站和动物防疫检疫站合并，建立了汪二镇农业技术推广综合服务站。身为站长，葛振华深知自己的使命和肩上的重担，想方设法创新服务方式。他在站里专门设立了农民信箱、农户通讯录，经常通过打电话、发短信等方式及时向农民朋友发送政策信息。

目前，汪二镇实现了优良品种覆盖率达 98%以上，先进适用技术应用率高达 100%，进一步提升了汪二镇科技兴农水平。

一分付出，一分收获。葛振华几十年默默耕耘和奉献，赢得了各方认可，曾荣获江西省农牧渔业技术改进奖，江西省农业系统抗寒救灾先进个人。

（作者单位：江西铅山县农业局）

“菜篮子”也能赚“真金”

薛家凤　丁　强　李洪义　刘婧婧

俗话讲：“地里刨食容易，土里刨‘金’难”。河北黄骅市地碱、水咸，人均耕地少，种植分散，且靠天吃饭，传统种植产量低、收入少，种粮农民的收入一直徘徊不前。以小麦套玉米模式为例，一年一亩地纯收入600～800元。如何来提高农业种植收益，让广大农户的钱袋子鼓起来？不妨看看身边的致富实例，或许对您有所启发。

实例一：周年生产，反季节销售的官庄镇设施蔬菜模式

市场前景：随着百万人口城市建设步伐加快，城乡人民生活水平的提高，人们对安全、优质蔬菜的需求量越来越大，绝大多数农民不再为自己吃菜而去种菜，而是到市场和超市购买，新鲜、稀缺反季节蔬菜的消费者逐渐增多，这为官庄镇设施蔬菜产业发展提供了新机遇。黄骅市现有人口43.8万人，按每人日均消费0.75kg瓜菜算，年消费量约12万t。据统计，本地蔬菜供给量只占全市消费量的24.3%，外地蔬菜却占到了75.7%，这说明本市蔬菜自产量远远不能满足本地需求，设施蔬菜产业还有一定的发展空间。

效益分析：“一亩园，十亩田。”就黄骅市目前的生产水平，正常年份小麦和玉米合计每亩纯收入600～800元，而春秋大棚、日光温室的每亩生产效益是粮食种植的8～20倍。以一个3口之家的农业家庭为例，2个劳动力完全可以经营2个种植面积为1亩的日光温室或4亩春秋大棚，精细管理的年纯收入可达4万元左右，相当于种50亩左右的粮食收入，或2个劳动力打一年工的收入。

发展优势：一是有增温保温设施，生产不受季节限制，错季种植反季节销售，蔬菜价格较高，收益好。错季瓜菜如冬前脆瓜每千克20～30元，樱桃西红柿每千克8～12元，早春草莓每千克20～24元，甜瓜每千克12～16元。一个茬口亩纯收入都在2万元以上。二是大棚菜受外界环境影响小，病虫害较露地菜轻，用药少，质量更安全。受毒奶粉、瘦肉精等食品安全事件的影响，人们消费安全观念进一步增强，消费者乐于购买相对安全的大棚蔬菜。三是一年可进行两茬或多茬种植，土地利用率高，复种指数大，当年投入，当年见效，

投入产出比是种粮的 8～20 倍，比较效益明显。

实例二：一年种植，多年受益的旧城镇露地绿芦笋模式

绿芦笋属多年生植物，投入少，比较效益高，管理简单，一年种、多年收，营养价值高，深受消费者欢迎。旧城镇示范基地于 2005 年试种成功，且种植范围逐年增加，到 2010 年全市采笋面积达 3 500 亩，产品供不应求，收购价每千克 9～11 元，亩均效益 4 000 元以上，已成为农民增收致富的新途径。

种植优势：一是绿芦笋抗旱、耐寒、适应性强，比较适合黄骅市沙壤土、轻壤土地块种植，与小麦、玉米等传统作物相比，种植芦笋效益高、风险小。二是种植、管理简单，劳动强度小，老人、妇女均可轻松掌握管理技术。三是投入少，比较效益高。第一年种苗、肥料总投入 600 元左右，一年后每亩产量可达 500～750kg，每亩平均收益 4 000 元以上，是种植玉米等传统作物效益的 5～8 倍。四是一次种植可连续采收 10～15 年，省工、省力，病虫害轻，年成本投入仅 400 元左右。五是不愁卖。种植基地已成立绿堤芦笋专业合作社，并注册了商标，认证了绿色食品，开展了品牌化销售。现有社员 150 余人，合作社统一收购产品，并可提供优质种苗及种植管理技术指导。

发展前景：绿芦笋营养价值高，具有抗癌保健功效，主要进口国日本、韩国、美国、欧洲等国家和地区需求量大。随着国内消费观念的改变和消费水平的不断提高，上海、广州、北京等大城市需求量也不断增加，产品供不应求，国内外市场销路长期看好。目前，由于国内种植面积小，不能满足市场需要，因此，现在正是发展绿芦笋的最佳时机。

实例三：不挑地力，不用淡水的常郭镇苦咸水食用菌栽培模式

效益分析：苦咸水食用菌技术自 2001 年攻克并获得河北省科技进步奖以来，经过几年的发展壮大，常郭镇食用菌栽培开始朝着规模化经营、标准化生产、品牌化销售的思路发展。食用菌栽培产业是继种植业、养殖业之后的第三大农业产业。在黄骅市栽培 1 亩食用菌的产值为 2.5 万～3 万元，每亩纯收入 2 万元左右。这样的效益是粮食的 20～25 倍，比较效益特别显著。

市场前景：食用菌自古被称为“山珍”，现在被誉为“保健食品”、“功能食品”，以丰富的营养价值和药用价值，备受消费者青睐，已经成为老百姓餐桌上的新宠，市场潜力巨大。食用菌具有抗癌保健功效，主要进口国日本、韩国、美国、欧洲等国家和地区需求量大。随着国内消费观念的改变和消费水平

的不断提高，上海、广州、北京等大城市需求量也不断增加，产品供不应求，国内外市场销路长期看好。

发展优势：食用菌栽培不受环境、气候、地力等因素影响，尤其是攻克了苦咸水栽培食用菌新技术以后，在盐碱地上也可以发展苦咸水食用菌栽培，不争水源、不争耕地、不争农时、不争劳力，是一项投资小、见效快、收益高的朝阳产业。黄骅市发展食用菌具有以下四个方面优势：一是变废为宝，使地下浅层苦咸水得到充分有效的开发和利用，使传统上废弃的作物秸秆、籽皮、穗轴得到二次利用和增值。二是变资源优势为产业发展优势。①土地资源丰富。发展食用菌无须占用好耕地，这样可以进一步开发利用黄骅市50多万亩的闲置荒碱地。②食盐资源丰富且价格低廉，可降低加工盐渍菇成本200～300元。三是变季节生产为周年生产。使冬闲变冬忙，使冬季农业成为农民增收的黄金季节。四是有明显的区位优势。黄骅市距天津100千米、距北京200千米，北京、天津是食用菌消费的大市场。黄骅大港距天津港仅100千米，非常有利于出口。307、205国道及朔黄电气化铁路、沧黄地方铁路贯穿境内，发展食用菌生产、运输、销售，市场竞争优势明显。因此，在黄骅市发展食用菌产业既可以节约资源，实现资源利用效益最大化，又能减少农业污染，促进田园、家园清洁，是适宜旱碱地发展的好产业。

（作者单位：河北黄骅市农业局）

创新体制　强化功能
努力开创农技推广工作新局面

孙红竹

黑龙江绥化市北林区是基层农技推广体系改革与建设示范县。北林区是绥化市唯一市辖区，辖21个乡镇（办）、139个行政村，耕地面积309万亩，人口86.1万人，其中农业人口57.3万人，常年粮食总产量12.5亿kg以上。三大主栽作物播种面积，水稻100万亩左右、大豆60万亩左右、玉米100万亩左右，主要经济作物马铃薯播种面积50万亩。绿色食品水稻、大豆和马铃薯基地被农业部绿色食品发展中心、省政府和中国消费者协会评为最佳推介基地，是国家产粮大县之一，北林区粮食单产水平位居全省前列。

多年来，北林区深入实施科技兴农战略，高度重视农技推广体系建设工作。2003年，全区针对2000年乡镇机构改革后形成的“块管”模式所带来的问题进行了有益探索，构建了“区农业技术推广中心＋区域站＋乡镇推广组＋村级服务站＋网员户”的推广服务体系；2007年，全区又紧紧抓住全省第一批农技推广体系改革试点区建设的有利机遇，本着早改革、早启动、早见效的思想，在国家和省、市领导及相关部门的精心指导和大力支持下，科学谋划，大胆实践，全面完成了试点改革任务，建立了全新的农技推广服务体制和机制，开创了农技推广事业新局面。农技指导员依托农业科技试验示范基地开展试验、示范和推广工作，利用村级农技服务站和田间学校开展技术咨询、培训工作，农业技术指导员与科技示范户建立起面对面的沟通关系，农技指导员抓科技示范户、科技示范户带动普通农户的逐级入户机制已初步形成，上门服务、定向服务、按需服务，使农业科技成果转化渠道顺畅、转化进程加速，推动了现代农业的大发展、快发展。

高度重视，精心组织，狠抓专项推进

农技推广体系改革试点工作探索性强、涉及面广，北林区将其上升为党委和政府行为，缜密研究，专题部署，确保改革的科学性和稳定性。

1. 强化领导，落实工作责任。

省发［2007］40号文件下发后，北林区迅速召开政府常务会、常委扩大会议进行专题研究，成立了由区长任组长，农业副区长任副组长，农委、组织、人事等相关部门一把手为成员的农技推广体系改革领导小组，下设办公室，实行主要领导抓责任落实，任务到人，合力推进。

2. 开展调研，科学制订实施方案。

经过多次调研、考察和座谈，制定出台了《北林区农业技术推广体系改革实施方案》，本着坚持专业对口、精干高效、人随编走、“三权”在上、机构派出、垂直管理的原则，确立了明确职能、理顺体制、优化布局、调整人员、创新机制和推广模式的改革思路，确保建立起一个以北林区农技推广中心为主导、专业区域站为纽带、乡镇农业技术推广组为辐射、村级服务站和民营涉农合作组织为基础、专业大户为补充，农业科研、教育等单位和涉农企业广泛参与，分工协作、服务到位、充满活力的多元化基层农业技术推广体系。

3. 加大投入，提供资金保障。

北林区在区级财政十分紧张的情况下，不仅全额承担在编农技推广人员工资和业务经费，项目资金区政府一分不占，而且积极筹措资金优先保障新技术推广和农技项目实施，特别是设立了农技推广专项发展基金，用于表彰奖励工作业绩突出的一线人员，充分激发和调动了广大农技推广人员工作的积极性和创造性。

理顺体制，强化管理，确保体系高效运行

推进农技推广体系改革关键是要解决管理体制不顺、推广效率不高的问题，为此，北林区着眼于强化农技推广公益性职能，合理配置资源，着力提升农技推广体系运行质量和效率。

1. 坚持因事设岗，科学核定编制。

在接收外口农业专业技术人员归队、严控非专业人员进入的基础上，参照农业部事业单位“三定”原则，确定全区推广人员 251 名，并针对植保、栽培、土肥、蔬菜、农业信息等不同专业，平衡配置专业技术岗位，根据技术人员专业特长进行分工，细化、量化工作目标和任务，推行全员聘任制，做到了按岗选人、定岗定责。

2. 合理设置机构，建立新型服务网络。

采取塔式布局，构建了“区农业技术推广中心＋区域站＋乡镇推广组＋村级服务站＋网员户”的推广服务框架。具体就是：以区农业技术推广中心为龙头，建立水稻、大豆、玉米、杂粮、经济作物 5 个专业区域站，16 个乡镇推广组，32 个村级服务站，下联 2 960 名网员户。区农业技术推广中心负责全区农业技术推广体系的管理工作，并承担推广计划的制订和实施以及监测、检测、检疫、信息发布等职责；专业区域站属于推广中心派出机构，本着就近就便、择优竞聘原则，每站设 5～7 名专业人员，开展专门作物研究，并负责区域内农业技术试验、示范、推广及网员户管理等项工作；乡镇农业技术推广组

归北林区农业技术推广中心和专业区域站双重领导，人员由推广中心派出，每组 2～7 人，专门从事基层农技推广工作；村级服务站由农民技术员领办，由区农业技术推广中心部门负责指导，重点开展物化服务和技术示范、传播、引导、带动等项工作；网员户主要由种植大户、科技能人、中介组织、经纪人组成，由区农业技术推广中心遴选入网，作为四级推广网络的有益补充和延伸触角，承担农技推广、试验示范和信息反馈职能，进而形成了纵向到底、横向到边、专群结合、互补互动的农技推广新体系。

3. 加强技术培训，提高整体素质。

积极采取“请进来、走出去和政府买单”的方式，大力开展专家集训、定期轮训、分类专训、院校代训、考察外训等培训活动，培训乡村干部及农民。目前，已有 163 位农民通过考试获得了农业部、人力资源和社会保障部签发的职业技能证书，有 169 位农民网员户取得了农民技术员资格，全区农技推广队伍的专业化水平不断提高，农技推广的实效性和先进性得到了极大提升。特别是随着农民技术员培养力度的不断加大，涌现出了一大批科技能人和乡土人才，通过他们的现身说法，示范带动更多农民走上了科学种田之路，提高了先进实用农业技术的普及率和到位率，起到了事半功倍的效果。除此之外，由区政府出资，先后选派乡镇主要领导和主管农业领导到东北农业大学、省农业科学院、山东寿光、吉林榆树等地进行了系统培训和实践技能培训。在全区已形成懂农业、重农业的领导管理群体，技术过硬、有效服务的技术推广群体，勇于实践、付诸实施的典型农民群体。2009 年，农业部、财政部、国土资源部在北林区先后成功召开了全国的大型会议，这与上述三个“群体”发挥的作用是分不开的。回良玉副总理在视察了北林区农技推广员建设的科技试验示范基地、高产创建片和展示园区后，给予了充分肯定。

4. 创新管理机制，严格业绩考评。

为了鼓励和鞭策农技推广人员爱岗敬业、履职尽责，北林区将农技推广人员深入生产一线、进村入户到田等工作实绩作为主要考核内容，建立了完善的农业技术推广工作绩效考核体系和管理办法，由农委、推广中心、乡镇、农民代表共同对农技推广员进行综合考评。

活化手段，优化服务，加速科技成果转化

提高农技推广工作质量和效率，创新体制机制是基础，活化推广手段是保障。在具体工作实践中，北林区从走近农民、提高服务针对性出发，重点推行了 6 种推广服务模式。

1. 农技指导员包村联户服务模式。

坚持走科技入户路线，每个农技人员联系 1 个村、10 个农民网员户，推

行“家教”、“回访”式入户服务，从而保证了科技人员直接到户、科技成果直接到田、技术要领直接到人，真正将网员户培养成为农业新技术推广应用的“二传手”和“不走的技术员”，有效解决了农技推广“最后一公里”和技术扩散“最后一道坎”的问题。

2. 科研与推广合作共建服务模式。

坚持走科技合作共建之路，先后与东北农业大学、省农业科学院和吉林农业科学院等科研院校结成对子，设立了专家大院和专家科技园区。通过开展专家与农民共建一片示范田等活动，使省内高端行业专家走进农村，更加贴近基层，直接为农民零距离服务。近3年来，聘请省级专家达100余人（次），接受咨询、指导、培训达35万人（次）；在科技园区展示新技术100项、新品种近400个，接受农民参观、观摩18万人（次），显著加快了科研成果转化速度。

3. 科技示范园区带动服务模式。

围绕基础性技术普及、集成性技术推广、突破性技术试验和公共性技术服务，北林区整合农业项目投资近3亿元，实施了国家现代农业水田示范区、红旗旱田节水灌溉、太平川土地整理、兴福大豆基地建设、百万亩玉米高产攻关等重大农业开发项目，高标准配套建立了各类农业科技示范园区10个、民营生产研究组织7个和测土配肥站3个，服务范围和示范、引导、带动面积达到63万亩，实现了农技推广方式由传统说教式向高效示范引导式转变，极大地促进了农民生产观念的更新和先进生产技术的推广。科技示范园区的建设还起到了展示北林、昭示北林的强大推动作用，2010年先后接待了南非、德国、日本及农业部、中国科学院、湖北、浙江等地的考察团来农业科技园区参观考察。无论是中外专家，还是各级领导，对北林区依托农民和农业合作组织建设的基地、园区都赞不绝口，甚至对农民能够建设出如此高端的示范样板田都难以置信，南非农科院院长及省部级领导称赞“中国农民真伟大。”

4. 信息进村入户服务模式。

为保证农技信息传播及时、方便、高效，北林区与电信、联通移动、电视台合作，开通了农技“110”咨询服务热线，建立了“08998125”短信服务平台，设立了“农技之窗”专栏，使广大农民在每一个关键生产环节都可以收到农技部门免费送来的技术信息，大幅度提高了农技信息覆盖面和服务效率，真正实现了农技服务“零距离”和“全覆盖”。

5. “农技＋农民专业合作经济组织＋农民”服务模式。

积极采取“民办公助”的方式，鼓励引导专业大户、龙头企业、科技能人创办农民专业合作经济组织，推荐安排相关专业技术人员入社担任技术顾问，为合作组织和广大农民提供技术指导和培训服务。目前，在全区124家种植业农民专业合作组织中，农技人员参与率达到92%。3年来，共开展入社培训和农民普及培训438场（次），培训农民46万人（次），推广先进技术60余项，应用面积达2 400多万亩，有力地推动了农业发展方式的转变，初步形成了农机与农艺相结合、良种与良法相配套、规模化与标准化相兼备、创品牌与拓市场相促进的现代农业生产格局。

6. 联席交流模式。

近几年来，北林区多次组织农民代表、农业科技合作社及肥料厂家召开联席交流会，建立与农民、农民合作组织及企业的联席交流制度，上联市场、下引农民，及时了解农业生产情况和农民需求情况，为推广指导农业技术掌握了大量的、可用价值高的信息资料；组织乡镇区域站站长、农技站站长、示范户、推广中心技术指导员召开联席会，及时交流生产信息，尤其是在关键性生产季节或有突发情况时，召开联席交流会议，各区域站、乡镇农技站站长汇报本乡镇的农业生产情况，交流经验、分析解决问题，与示范户沟通信息，安排部署重点工作。联席会议为研究全区农业生产情况、制订农业发展规划提供了可靠信息。

科技结硕果，农业谱新篇。通过实施农业技术推广体系改革，使北林区农技推广事业增添了新活力，实现了技术推广与生产主体的有效对接和双向互动，科技进步对农业生产的贡献率上升到54%，为全区加快发展现代农业提供了有力的科技支撑和智力支持。

（作者单位：黑龙江绥化市北林区农业技术推广中心）

恩施山区双低油菜免耕稀植栽培技术

李有程

冬油菜是湖北鹤峰县主要油料作物，是食用油的主要来源，也是农民的一项重要经济来源，在农业生产上具有举足轻重的地位。由于受自然条件和传统生产方式的影响，油菜产量不高，全县每亩平均单产在90kg左右徘徊。为了大幅度提高油菜产量，湖北恩施土家族苗族自治州山区农技人员近几年来探索出双低油菜免耕稀植栽培技术，即在前茬作物收获后，不耕田、不整地，通过化学除草，直接移栽油菜苗，就可获得高产的一项轻型简便的油菜高产栽培技术。这一技术的主要特点是稀植、免耕，充分发挥杂交油菜的单株生长势强、分蘖多、产量高的巨大增产潜力，实现劳动工序简单化、劳动强度轻型化。2009—2011年，鹤峰县建立3万亩示范片，示范结果表明，应用油菜免耕稀植栽培技术平均每亩收获油菜子186kg，比常规栽培亩产94kg增产97.8%，每亩增产92kg，合计每亩增加收入368元（市场价每千克4元计价），农民累计增加收入1 000万元以上。

根据示范结果，我们总结出“选用优良品种、早播促秋发、培育壮苗、控制适宜群体、科学管理、适时收获”的高产栽培技术要点。

1. 选用优良品种。

选择高纯度、品种优、抗性强、生育期中晚熟、分蘖多的品种。根据近几年的示范，在鹤峰县种植中油杂12、华油杂12、绵油12等品种，分蘖能力强、抗倒伏性好、产量高。

2. 早播促秋发，培育大苗、壮苗。

（1）苗床选择。选用土质好、排灌方便、地势平坦的地块育苗，每亩大田准备30m^{2}的苗床。

（2）苗床施肥及播种。

①施肥。每亩施腐熟有机肥3 000kg、复合肥30kg、硼砂1kg。

②播种时期。低山（海拔800m以下）8月15—25日播种，二高山（海拔800～1 200m）8月20—30日播种。分厢定量播种，稀播匀播、浅盖籽粒，最好用稻草或其他杂草或秸秆物覆盖保墒并浇透水。种植4～5天后，油菜出土及时揭去覆盖物。

3. 苗床管理。

（1）间苗。出苗后多次间苗，3叶1心时定苗，保持苗与苗之间距离为10cm左右，以叶不搭叶为宜。去小留大、去弱留强、去病留强，同时剔除杂株。

（2）追肥。3 叶 1 心时，每亩用尿素 3.3kg 对稀粪水或沼液浇施。

（3）搞好病虫防治。对条跳甲、蚜虫和菜青虫，每亩可用 20 毫升甲氰菊酯或 15 毫升百事达加敌敌畏 50 毫升对水 25kg 喷雾。病害主要有病毒病、茎腐病等，每亩用多菌灵 30g 加水 50kg 喷雾。

4. 适时移栽，控制密度。

（1）大田准备。免耕，使大田省去耕田、耙田、碎土等劳动环节，但田间除草、水田开沟、分厢依然十分重要。前茬作物玉米、水稻、烟叶等收获后，田间如有杂草，必须抢时间喷施除草剂，一般用灭生性除草剂（草甘膦、百草枯等），同时水田搞好分厢开沟、沟沟相通，确保移栽后田间无积水。

（2）施足移栽肥。每亩除施农家肥 1 000kg 或饼肥 100kg 以外，大田施肥每亩施 45%含量复合肥 30kg、硼砂 1kg。施肥方法：旱地除草后，在玉米或烟叶垄中间开 18cm 宽、9cm 深施肥沟，把所需施肥料均匀撒在沟内，然后清沟土、盖肥、培垄。

（3）移栽密度。移栽密度要依据海拔高度和土壤肥力条件确定，一般中等肥力田块，低山每亩 2 000 株，二高山以 2 500 株为宜。肥力低的田块适当多栽，肥沃田块适当少栽。

（4）带土移栽。起苗时，如果苗床土壤湿度不够，可在起苗前一天浇水，让苗床土壤充分湿润，使小苗根部附着较多泥土，带土移栽油菜苗，转青成活快。

大田移栽深度以下不露根茎、上不盖心叶为宜，若遇天旱地干，栽后须浇定根水以保证成活率，同时在大田边栽培预备苗，以防缺株补苗。

5. 大田管理技术。

（1）早追苗肥促早发。移栽 25 天以内，每亩追尿素 15kg。

（2）中耕除草。结合第一次追肥，除草、培土、壅蔸，其目的是铲除杂草，保护根茎，预防次年倒伏。

（3）看苗施冬前肥。第一次追肥 30 天后，根据苗情长势而定量追肥，苗长势旺盛的每亩追尿素 8kg。苗长势弱的每亩追尿素 12.5kg，本次追肥一定要重弱苗、轻旺苗、促平衡。

（4）防治病虫害。开春后，抽薹现蕾初期，一是防蚜虫，二是防菌核病。初花期后 7 天第一次防菌核病，10 天后再防一次，喷药部位重点在植株中下部叶片。

（5）叶面喷肥。油菜薹高 3cm 时，喷 0.2%的硼砂水溶液，初花期和盛花期各喷一次 0.3%的磷酸二氢钾水溶液，以提高结实率。

6. 适时收获。

终花后 30 天左右，当全株 2/3 的角果呈黄绿色、主花序全部角果转现枇杷色、种皮呈黄色为适宜收获期。

（作者单位：湖北鹤峰县种子管理局）

发展带头人　致富领头雁

王晓亮

“一花独放不是春，百花齐放春满园”。每当人们对李改山的所作所为竖起大拇指时，他总是这样说。作为农村经济发展带头人，李改山时刻把河北任县北甘寨村经济发展和社员冷暖放在心里，带领群众，白手起家，艰苦创业，不断拓宽思路，创新方法，硬是闯出了一条经济腾飞、社会进步、百姓生活富裕的新路子。近年来，北甘寨村农民收入稳定增加，生活蒸蒸日上。而这一切，无不凝聚着李改山的心血和汗水。

以五件实事绘蓝图

2006 年 4 月，李改山当选为北甘寨村村委会主任；2008 年，发起成立了任县甘寨蔬菜专业合作社。上任之初，北甘寨村交通不便，封闭保守，经济落后，群众致富无门。用当地百姓的话说，哪个村的姑娘也不愿嫁到北甘寨村。李改山受命于危难之际，面临的首要任务就是确立一个符合本地实际、百姓易接受、见效快的致富门路，带领全村群众发展经济，尽快改变贫穷落后面貌，真正让群众钱袋子鼓起来、腰杆挺起来、生活富起来。他深知：群众选自己是对自己最大的信任，每一票都寄托着北甘寨村民摆脱落后、发家致富的殷切期望。如何才能挑起这副重担？他食不甘味、夜不能寐，不顾家人和亲戚朋友的强烈反对，毅然痛下决心：要带领群众闯出一条致富路，决不辜负父老乡亲的重托和厚望。为此，他郑重承诺：在任期间，要为百姓办五件实事，一是忘我地学科技、用科技，把先进的农业科学技术作为农业调结构、增效益的动力源；二是摘掉北甘寨村小额贷款“非信用村”的帽子，千方百计为群众协调贷款，为发展经济注入活力；三是对村内所有街道全部硬化，彻底改变群众“晴天一身土、雨天一身泥”的交通状况；四是村内主要街道安装路灯，确保夜间亮起来，最大限度方便群众出行；五是积极宣传、推介北甘寨村，进一步扩大北甘寨村影响力和知名度，彻底结束北甘寨村“被遗忘的角落”的历史。

以蔬菜种植求发展

说了算，定了干。随后，李改山围绕既定任务目标，做了大量耐心细致的工作。北甘寨村是典型的农业大村，村民人均耕地 2 亩。长期以来，百姓一直从事小麦、玉米等粮食种植，产业结构单一、效益低下。为调结构、增效益，李改山先后只身近到南和、永年，远赴山东寿光、青州等蔬菜生产先进县（市）进行实地考察，切实感受到蔬菜生产投资少、见效快、效益高，特别适合北甘寨村实际，具有广阔的发展空间。

为切实调动群众种植积极性，他一方面组织本村群众到蔬菜生产先进县（市）参观考察，洗心、换脑，认真地为百姓算好经济账；另一方面率先垂范，自己先建起蔬菜大棚，大胆引进新品种，采用新技术，当年大棚蔬菜喜获丰收，蔬菜亩效益达 1.2 万元，以实际行动消除了群众种菜销售难、风险大等种种顾虑。账算清了、道理讲明了、效益看到了，群众认准了蔬菜种植这条路，纷纷筹资建大棚，有的甚至要规模化发展，一时间北甘寨村掀起了一股种菜热潮。针对部分群众发展之初资金不足的问题，李改山看在眼里、急在心里，多次拜访有关领导，积极为群众协调贷款，破解了蔬菜生产资金瓶颈，为北甘寨村经济发展注入了一针强心剂。短时间内，北甘寨村引进、推广荷兰百利西红柿、紫光大圆茄和早春土豆等蔬菜新品种 15 个，发展蔬菜 500 多亩，蔬菜亩均效益万元以上。

针对蔬菜生产中遇到的管理和技术难题，李改山多次与邯郸农大、邢台农校等大中专院校接洽，常年聘请河北农大蔡德存、邢台农校连进华教授为北甘寨村蔬菜生产顾问，随叫随到，农民足不出户就可以学到种菜真经。同时，进一步加强同山东寿光、青州等蔬菜生产先进县（市）的沟通、联系，定期开展业务往来，寿光、青州蔬菜专家每月到北甘寨村指导蔬菜生产，让菜农吃了定心丸。2008 年春，北甘寨村一棚区发现 2 株西红柿晚疫病，李改山当即与县蔬菜站站长联系，第一时间邀请到连进华教授把脉、支招，疫情短时间得到有效控制，为百姓降低了损失。

李改山始终把群众冷暖放在心里，想群众之所想，急群众之所急。2008 年金融危机爆发后，蔬菜市场萎靡，效益明显下滑，群众对蔬菜生产效益一度产生怀疑，有的甚至出现动摇、退却。面对苦心经营的蔬菜生产大好形势出现逆转，李改山坐不住了，他带着疑问，自费北上北京，南下郑州、武汉、长沙、广州等地考察，耐心向群众解释，蔬菜效益下滑不是蔬菜产业本身的缘故，而是受金融危机影响，是大趋势，但也是暂时的，随着金融危机的过去，蔬菜产业将会迎来又一个春天。同时，李改山对蔬菜生产模式进行了有益探索，走出了一条以统一购种、统一育苗、统一购农资、统一技术管理、统一销售为主要内容的“村委会＋合作社”蔬菜生产新路子，先后成立了任县甘寨无公害蔬菜协会、任县甘寨蔬菜专业合作社，产品注册了“甘寨绿”牌商标，这一做法得到了县委、县政府的一致认可，并在全县推广。

以诚实守信树形象

作为一名基层党员干部，李改山始终牢记党的宗旨，不辱使命，认真践行每一项诺言。一是交通状况明显改善。千方百计筹资80多万元，对村内街道全部进行硬化，硬化面积2万m^2，村容村貌焕然一新。二是贷款难题得到有效解决。由于历史上的贷款不良记录，北甘寨村一度被扣上了“非信用村”的帽子，村民贷款难成为经济发展面临的首要问题。为摘掉这一帽子，李改山多次与有关部门协商，硬是靠着一颗诚心、一股韧劲打动了有关领导，摘掉了“非信用村”的帽子。特别是协调县农行，为北甘寨村每户办理了“惠农卡”，凭此卡每户可办理贷款0.3万～3万元，为经济发展提供了强有力的资金保障。三是北甘寨村知名度不断提升。北甘寨村蔬菜生产“五统一”的经验和做法先是在全县推广，随后，《邢台日报》、河北电视台等新闻媒体陆续对北甘寨村节水灌溉、测土配方施肥等蔬菜生产先进做法进行了报道。名不见经传的北甘寨村由当年的穷乡僻壤一跃成为远近闻名的文明村、小康村。

富裕不是最终目的，三个文明齐步走才是他的人生目标。上任以来，李改山致力于让群众学习科学技术，掌握致富本领，让议发展、谋发展成为广大群众的自觉行动。他积极鼓励村民搞多种经营，养殖专业户、蔬菜种植户、外出务工户日渐增多。村里文明行为多了，寻衅滋事的少了；结伴健身的多了，聚众搓麻的少了；忙人多了，闲人少了，人际关系更趋和谐。农业大发展不仅活跃了地方经济，也切实增加了农民收入。

知不足而奋进是他的追求，行不止塑品德是他的目标。下一步，李改山计划用3～5年时间，将北甘寨村蔬菜生产发展到2 000亩，打造任县最大的蔬菜生产基地，为家乡发展再创新成绩、再做新贡献。

（作者单位：河北邢台市任县农业局）

甘肃永靖县马铃薯产业发展刍议

何举忠

永靖县位于甘肃中部，黄河上游，是国家扶贫开发重点县，是全国第二批生态农业示范县，也是全国农技推广体系改革与建设示范县。全县总耕地面积54.4万亩，其中山旱地44.4万亩，占总耕地面积的80%，旱作农业是全县农业的主战场。全县把马铃薯产业作为主要的主导产业来培育，已成为山区农民粮食增产、经济增收的重要途径。

一、基本情况

1. 产业发展势头良好。

马铃薯是永靖县三大粮食作物之一，全县马铃薯常年种植面积稳定在22万亩左右，占总耕地面积的40.7%，主栽品种陇薯3号。近年来，通过提高认识、引进良种、建设基地、调整结构、开拓市场，积极引导群众大力发展马铃薯产业。主要在良种繁育体系建设、规模化种植以及开拓销售市场和技术服务体系建设上做了大量的工作，在大力推广地膜覆盖、整薯播种、垄沟种植、配方施肥、病虫害防治等技术的同时，在新品种引进、试验示范、筛选推广上做了有益尝试，逐步实现了马铃薯由特色产业向优势产业的转变，为山区农业增效、群众致富开创了一条新路。

2. 脱毒种薯基地建设不断扩大。

强化马铃薯脱毒种薯基地建设是实现马铃薯产业化经营的基础，是做大做强马铃薯产业的首要条件。2005年，在县委、县政府的支持下，永靖县金大地农业科技公司建成了脱毒种薯扩繁实验室124.5m^2、组织培养室150m^2、原原种防虫网棚30亩，拥有各种仪器设备26台（套），年可生产脱毒苗500多万株、原原种（微型薯）650万粒、原种9万kg的生产基地。全县建成脱毒种薯原种繁殖基地530亩，年生产原种3.3万kg，一级种繁殖基地1 500亩，年生产一级种450万kg，二级种薯繁育田1.5万亩，通过群众自留和兑换，2011年全县脱毒种薯的普及率达到100%。

3. 马铃薯栽培科技含量不断提高。

近几年，为了打破马铃薯生产低水平徘徊的局面，在总结推广马铃薯综合增产技术的基础上，致力于马铃薯新型栽培技术的开发研究，大力推广脱毒种薯、配方施肥技术、沟垄种植技术、病虫害防治技术及抗旱保水剂应用技术等，严格按照脱毒马铃薯生产标准进行管理，重视种薯质量、种薯消毒、播种、施肥、病虫害防治、种薯田化控技术以及分级贮藏。为了优化品种结构，近几年引进推广了陇薯 3 号、青薯 9 号、民薯 2 号、庄薯 3 号等 4 个抗旱品种，新大坪、K116、早大白等 3 个适合川水地区的品种，使早、中、晚熟，抗干旱、耐瘠薄、宜川水地区等多个品种互相搭配，达到优势互补、全面提升的效果。

4. 马铃薯产业链条正在延伸壮大。

近年来，永靖县每年拿出 100 万元用于马铃薯脱毒良种补贴，大力推广马铃薯脱毒品种和沟垄种植技术，积极开拓马铃薯加工销售市场。2006 年，永靖县扶持建成了年产马铃薯精制淀粉 4 万 t 的永靖县盛鑫淀粉厂，年加工马铃薯 25 万 t。该生产线建成投产，为带动全县马铃薯产业化发展，促进农业增效、农民增收发挥了重要作用。2007 年以来，先后成立的永靖县万佛脱毒马铃薯繁育专业合作社、金丰马铃薯农民专业合作社、明学薯百农民专业合作社是专门从事脱毒马铃薯繁殖和马铃薯营销的农民专业合作组织，现有社员 792 人，年营销量 15 万 t 以上。农民专业合作组织的成立激发了群众的生产积极性，有力地推动了马铃薯产业的快速发展。

二、存在的问题

尽管马铃薯产业化发展有了很大提高，但与农业产业化经营的要求相比，仍有相当大的差距，存在着诸多问题和不足，主要表现在以下 4 个方面。

1. 种植和管理技术相对落后。

在种植模式上，主要以农户一家一户分散种植经营为主，规模小，种植水平不高，病虫为害现象时有发生。品种退化快，换种周期短，贮藏技术落后，窖藏病害逐年加重。机械化程度不高，群众劳动强度大，影响了劳动力的投入，从而影响了马铃薯产业的规模发展。

2. 马铃薯生产和市场矛盾突出。

马铃薯脱毒种薯没有一个统一的质量标准，虽然省农牧厅制定了不同级别马铃薯种薯的包装、标签要求，但疏于管理，种薯市场比较混乱。一方面，好种薯卖不上相应的好价格，直接影响种薯繁育户的积极性；另一方面，需要脱毒种薯的农户花了钱却买不到相应级别的种薯（主要是种薯级别无法判断，三级也可冒充二级、一级），影响了当年产量。

3. 产业化程度依然较低。

马铃薯产业开发的主要环节是种植生产—加工转化—市场销售，但永靖县马铃薯产品的初加工和精深加工严重滞后，产品附加值低，使马铃薯资源优势得不到充分发挥。马铃薯加工企业与农民之间的利益联结机制不完善，没有建立适应市场经济的经营机制，企业与农民没有形成利益共同体，企业吃不饱、效益上不去的现象也时有发生，制约了产业化发展进程。

4. 社会化服务体系建设滞后。

马铃薯虽然是大田作物，但其田间管理非常重要，在播种、发棵、壅土、收获等不同时期需要很强的技术。这样，就需要农业服务机构来指导生产和管理。但全县农业社会化服务体系不健全，县级农业服务机构技术服务水平比较高，开展技物相结合的综合服务，既能给群众提供优良的农资投入品，也能为农民提供技术咨询与指导，但由于缺乏经费，技术人员下不去。乡、村两级服务机构专业技术人员较少。农民专业合作组织（协会）由于资金少、人才缺等原因，工作开展不理想。

三、今后马铃薯产业发展措施

1. 增加政策性投入，强化扶持力度。

近几年，中央财政、省财政都将马铃薯种薯补贴纳入良种补贴范围，安排一定数量的资金扶持脱毒种薯的推广应用、种薯贮藏设施的建设。但由于资金少、覆盖面窄，还起不到“四两拨千斤”的作用。因此，各级政府特别是中央和省政府应进一步加大资金扶持力度，一方面扩大脱毒种薯的推广应用，另一方面改善马铃薯种植基地的基础设施建设。地方政府应采取两条腿走路的办法，积极开展对外招商引资工作，鼓励和吸引社会资金的投入，参与马铃薯产业开发。

2. 扩大脱毒种薯繁育基地建设，实现脱毒种薯全覆盖。

在现有脱毒种薯繁育实验室、组培室及种属繁殖基地的基础上，采取政府投资或自筹资金的办法，大幅度提高脱毒苗生产能力，年增扩繁脱毒苗 200 万株，努力达到年扩繁脱毒苗 700 万株，原原种生产能力达到 1 000 万粒以上。结合本县实际，充分利用好中央、省财政的马铃薯种薯补贴资金，扩大原种、一级种薯的扩繁能力，鼓励和指导群众积极购买脱毒种薯。农业技术和种子管理部门应加强合作，在强化技术指导的同时，加强种薯质量的监管，保证质量符合有关要求。

3. 推广先进实用技术，提高产值和效益。

马铃薯产业的发展，应用脱毒种薯是基础，推广应用先进技术是动力。大面积推广脱毒种薯特别是级别高的一级种薯和原种作为商品薯生产大田用种，重点推广应用地膜覆盖、整薯播种、垄沟种植、配方施肥、病虫害综合防治、抗旱播种等技术，大幅度提高单产。大力推广机播、机收等机械技术，提高生产效率。

4. 延伸马铃薯产业链条，增强产业化程度。

在现有基础上，再引导成立3～5个农民专业合作组织，提高马铃薯脱毒种薯及商品薯的营销能力；建设马铃薯加工企业2～3个，年处理原材料达10万t，提高马铃薯产品附加值。抓好市场体系建设，按照一体化经营的要求，放开政策，吸引企业、个人参与农产品市场建设，大力支持农民个体或合伙创办马铃薯营销公司，逐渐形成以企业、集体、个体为主，社会各界积极参与、政府搞好服务的流通格局。促进马铃薯产业化经营达到较高水准，基地生产能力大幅增强，机械化程度提高，龙头企业建设初具规模，带动作用明显增强，中介组织和农户进入市场的渠道更加畅通。鼓励企业开展马铃薯订单生产、合同生产，使农户放心搞生产。

5. 健全社会化服务体系，全面提升服务能力。

社会化服务体系是马铃薯产业化经营的重要保障，也是实现马铃薯成为永靖县农村经济主要支柱产业的关键。要下大力气健全公益性的乡、村特别是乡镇农业技术推广机构，落实人员、配备设备、落实经费，发挥技术人员的聪明才干，深入一线指导生产，解决农民在生产中遇到的实际问题。大力发展马铃薯专业合作组织（协会），充分发挥他们的中介作用，强化建设马铃薯产业化经营主体的自我服务能力。指导成立马铃薯病虫害机防队，配备病虫害防治机具及防护器械，实现马铃薯病虫害的统防统治及重大疫情的应急扑灭。

随着马铃薯产业向纵深层次发展，脱毒种薯应用、科学种植、马铃薯加工销售将成为实现马铃薯产业跨越式发展关联度极强的环节。永靖县马铃薯产业的发展，必须要在这些环节上有新的突破，才能促进永靖县马铃薯产业的腾飞。

（作者单位：甘肃永靖县农业局）

在麦田里实现育种梦想

姚　远

徐士清，清清秀秀，朴素淡定，一个看起来很平凡的女子，你想不到她的身体里蕴藏着怎样的能量。正是这个显得有些平凡和羸弱的女子，以自己不懈的努力和才华，在江苏灌南这片古老的土地上创造了非凡的奇迹。2010 年年底，经过灌南县农业科学研究所所长兼作物栽培站副站长、高级农艺师徐士清 10 多年的努力，灌南县选育出第一个小麦新品种“连麦 5 号”（灌 99－8），该品种顺利通过省品种审定委员会审定，品质特优，填补了江苏连云港市优质麦的空白，预期效益达到 5 000 万元以上。目前，该品种已获得国家植物新品种保护。

“连麦 5 号”是她生命中最强的音符

灌南县是有名的鱼米之乡，悠悠灌河水流经这里，孕育了一代又一代灌南儿女。许多人都知道徐士清今天的辉煌成绩，但很少有人知道她辉煌之前的寂寞，成功背后的付出。人们很难想象，育成这一新品种，耗费了她 10 余年的青春。徐士清是土生土长的灌南人，当年从农校毕业后凭着对家乡土地的热爱，她毅然回到家乡投身农业事业。1992 年底，徐士清被调到县农业科学研究所后，便开始了小麦新品种的选育与研究。1999 年，县农科所开始小麦品种杂交选育工作，在经历了数十年的新老交替，徐士清的小麦新品种选育与研究始终没有半途而废，并延续至今。

小麦新品种的选育，就是通过选择不同父本与母本进行杂交，选育出品质更为优秀的后代。其间，要做大量的杂交组合试验，从播种、施肥、灌溉到收获，再从筛选到比较、分析……而这其中的绝大部分组合后代中是选不出任何材料的，从概率的角度来说，又是从不可能中选可能。

就是这样一个在别人看来吃力不讨好的工作，徐士清坚持了 12 年。2006 年，任农科所副所长并主持工作以后，徐士清更是以身作则，每项农事都是亲自动手。不论严寒酷暑，刮风下雨，她起早贪黑地往返于试验田间。她心中想的只有她的试验，只有她的小麦。每天的工作时间何止 8 个小时？就连“五一”、“十一”她也没有休息过。因为“五一”正是小麦的扬花期，适宜做杂交；“十一”又得整理麦种准备栽种；收麦的时候，上百个品种还得分开收割，不能有一点马虎……她的亲力亲为给同事们树立了很好的榜样，大家凝心聚力，把这项工作一直坚持做下来。

功夫不负有心人，徐士清终于成功选育出灌南县第一个小麦新品种——连麦5号。她感慨地说：“有些杂交专家一辈子都没能实现选育出新品种的梦想，相对而言，我们真的是很幸运。”

执著与坚韧是她知难而上敢于担当的品格

在徐士清的办公桌上，放着两支分别装着“烟农19”和“连麦5号”的种子瓶，“烟农19”是灌南县近年来引进并大面积种植的小麦品种，仔细观察后确实能看出品质的优劣之差。“连麦5号”比“烟农19”颗粒要饱满，色泽要光亮，徐士清还补充道：“磨成面粉后，‘连麦5号’的品质更好，更有劲道。”看着品质更优的“连麦5号”，徐士清喜上眉梢。可是，成功背后的辛酸与付出，又有谁知道？

据了解，县农科所承担着全县小麦、水稻等品种的比较试验和确立全县推广主导品种的重任。但由于没有项目，所以缺乏经费来源。那么，用于试验的经费从哪儿来？这是摆在眼前的第一个困难。徐士清主持农科所工作后，她积极向县科技局申报试验经费并获得了3万元的支持，这才缓解了经费难的窘况。做品种选育工作的人都知道，付出与收获并不一定成正比，所以时间一长，难免有人会泼冷水。想要坚持下去，还需要领导的重视和下属的共同努力。徐士清总是用她的执著和坚韧，感染着身边的每一个人。其实，她的身体状况并不好，别人劝她对自己好一点，而她却说，农村出来的人没有那么娇贵。

据了解，由县一级农业单位选育出粮食新品种，这不仅在连云港市是第一次，在全国也不多见。面对“连麦5号”培育成功，徐士清说：“这个成绩并不是我一个人的，而是属于全体农科所的职工。”

农民的期盼是她继续携梦前行的动力

20多年来，为了大地的丰收，为了农民的丰足，徐士清一直默默耕耘、播种着。她耕耘的是钟情的沃土，播种的是执著的追求，收获的是人生的价值。

2008年，徐士清被连云港市农业局聘任为市12316农业热线专家；2009年被连云港市人才工作领导小组确定为市第四期“521”工程第二层次培养对象，市级学术技术带头人……面对荣誉，徐士清始终保持清醒的头脑。她给自己的定位是：做一个比农民还要专业的农民。

徐士清介绍说，从今年开始，“连麦 5 号”就将进行大面积推广了。先期预计推广 10 万亩，每亩可增产 5%以上，效益将达 5 000 万元以上。徐士清表示，自己注定要跟小麦种子、跟麦田打一辈子交道了。

近年来，徐士清先后引进农作物新品种 50 余个，通过试验、示范与推广，为灌南县水稻、小麦、玉米、油菜等主导品种的确立和推广做出了重要贡献。徐士清说：“如今，我只是觉得，我们的努力没有白费，麦田里有苦也有乐。”面对农民的期盼、领导的嘱托，朴实的徐士清说：“会担起责任与团队继续前行。”

（作者单位：江苏灌南县农业委员会）

农民称他“庄稼保姆”

李修峰

安徽六安市裕安区农技中心研究员刘礼明自1986年从安徽农业大学农学系毕业后，始终坚守在农技推广第一线，在田间地头传技术、忙指导，20多年的工作经历造就了他过硬的业务能力。如今在裕安农村，提起农技专家刘礼明，农民亲切地称他为“庄稼保姆”。

帮助农民筛选良种，贵在恒心

刘礼明大学毕业后被分配在原六安县徐集区农技站，主要配合原行署农业局抓稻、麦丰产片工作，1988年调入原六安县农业科学研究所，一干就是23年。刚到农科所时，他并不适应，后来逐渐从作物新品种选育试验中找到了乐趣。1998年被提拔为农科所所长，在他的带领下，主要农作物新品种试验示范得到稳步发展壮大。目前，在“人员少、土地紧、资金缺”的困难条件下，仍然承担国家、省作物品种区域试验量较大的品种展示工作。20多年来，他先后从安徽、江苏、浙江、湖南、湖北、四川、山东等地引进水稻、小麦、油菜、玉米等农作物品种3 000余份，其中杂交水稻新组合1 500份，优质小麦100份，甘蓝型杂交油菜新组合500份，杂交玉米新组合200份。他主持了国家、省、市、区的作物新品种区域试验及其配套栽培技术示范研究100余项（次），其中国家级水稻新品种展示10项（次），省级中籼（粳）稻区（生）试验60项（次），省级油菜新品种区域（生）试验20项（次），市、区级水稻、小麦、油菜、玉米配套栽培技术20项（次）。在岗、弯、畈、山区开展主要作物新品种布点示范30项（次）、100点（次），其中杂交稻15项（次）、30点（次）。通过试验示范，筛选出适合裕安区及周边地区种植的主要作物新品种近900份，其中杂交稻400份，优质小麦20份，油菜100份，玉米80份。每年春节刚过，他接听电话最多是农民咨询购买种子的事，因为大多数种子经过他亲手种过，掌握品种的特征特性。“这几年，就是刘所长给咱选稻种，我承包土地心里踏实”。分路口镇付氏词村种粮大户付前中赞许说。

引导农民节本增效，贵在用心

2000年裕安撤市设区后，区农技中心技术人员偏少，刘礼明在用心抓好新品种试验示范的同时，还积极参与新成果、新技术培训推广应用工作。2001年，他被提拔为区农技中心副主任，分管中心农技业务工作，身上的担子重了，但他引导农民节本增效更用心了。

为改变几千年农民“面朝黄土背朝天”的种植习惯，2000年他带领大家在城南镇梅花村开展百亩软盘抛秧示范，用心选好育秧苗床，严把催芽播种关，强化苗床管理，经过20多天的艰苦努力，育秧获得了成功，秋后经测产对比每亩节本增效150余元，同时又开展了“旱抛成功”药剂抛秧、无盘中苗抛秧示范，相继获得了成功并总结了成功经验。2001年，他荣获农业部水稻抛秧技术示范推广先进工作者称号。随后，软盘抛秧技术推广面积逐年上升。

“庄稼一枝花，全靠肥当家”。长期以来，农民兄弟盲目施肥，不仅增加了成本，而且污染了环境。2007年以来，裕安区实施了测土配方施肥项目，涉及“测土、配方、配肥、供肥、施肥”指导5个环节11项工作。他担任首席技术专家，主持了水稻、小麦“3414”肥效及校正试验100项（次），涉及田间试验小区2 500个，记载试验数据1万个，整理各类单项总结共120份，建立了裕安区水稻、小麦施肥指标体系。经试验示范，提高了肥料利用率3～5个百分点，平均每亩节本增效35元。2010年10月，他主编了《裕安区耕地地力评价》一书，为引导农民科学配方施肥提供了依据。

培训农民增产良法，贵在热心

刘礼明参加工作以来，积极把增产良法传授给农民，热心抓好培训，共承担培训300余场近5万人，其中村级130场（次）近4.5万人，印发各类技术手册、明白纸20余万份，培训内容主要涉及水稻旱育（抛秧）、秋播技术、测土配方施肥、病虫草害综合防治技术。20多年来，刘礼明每年有半年多时间会在田边，哪里发生过水稻稻瘟病，哪里发生过土壤缺素症，他比谁都清楚。他编印的农技资料简单明了，通俗易懂，村里用广播一播，不识字的农民都能听明白。农民每次看到他下乡来，都会高兴地迎上前去，争着向他请教。

“裕安有刘所长，是我们农民的福分啊!”谈起刘礼明，分路口镇江堰村种粮大户黄文甫感激之情溢于言表。2009年7月5日，刘礼明正在狮子岗乡村夏先发家抓水稻3414肥效试验时，突然接到黄文甫的电话，称其承包的100多亩水稻秧苗发黄萎缩，他当即赶赴现场，指导该农户采取喷药防治稻蓟马、科学肥水管理等技术措施。之后，他又多次放弃休息时间，深入田间察看苗情。在他的悉心指导下，黄文甫家的水稻恢复正常生长，使原本想放弃管理的黄文甫又看到了丰收的希望。近几年来，像这样热心指导、现场培训江家店、徐集、分路口、罗集、丁集等乡镇种粮大户10万亩（次），经指导平均每亩增值150元。

高产攻关喜结硕果，贵在专心

作为裕安区农技拔尖人才的刘礼明，不但热心向农民传授增产良法，而且还带头专心开展粮油作物高产技术攻关。裕安区 2007 年实施国家优质小麦科技攻关项目，2008 年实施国家水稻产业提升行动项目，2009 年实施国家优质油菜高产创建项目，他一直担任项目首席技术专家，制订项目技术方案，培训项目区农民，还分别承担了单王乡宁沟村 500 亩高产攻关技术指导，苏埠镇南楼村 60 亩超级稻生产技术指导，青山乡 300 亩优质油菜攻关技术指导，从播期到播量、配方施肥、病虫害防治等全程跟踪，分别实现了小麦高产攻关平均亩产 440.3kg，亩增值 170 元；水稻产业提升平均亩产 656.9kg，亩增值 200 元；油菜高产创建平均亩产 215kg，亩增值 180 元。

20 多年来，他专心科技攻关，在省级及国家级刊物上发表科技论文 20 余篇。先后获得省（部）级科技进步奖 5 项、市级科技进步奖 9 项。2009 年，他被晋升为农技推广研究员，是裕安区农业系统唯一一位获得者。

爱岗敬业无怨无悔，贵在忠心

刘礼明生长在一个贫困山区的农村家庭，兄弟姐妹多，且母亲长年体弱多病，家境可想而知。生活磨炼了他吃苦耐劳的意志，坚定了他热爱“三农”的决心。

他爱岗敬业，无私奉献，很少休节假日，“五一”假期正赶上试验小区水稻播种，“十一”假期正赶上收获，就是这样一年又一年重复着。2011 年春天，正值小麦试验追肥关键时期，他因胆结石发作做了手术，没等伤口痊愈，又及时投入到小区肥料称量、送肥下乡工作。在他默默奉献和带动下，项目实施受到了省、市专家高度好评。

爱岗甘于清贫。1996 年，他的妻子下岗在家，母亲长年治病需要钱，孩子今后上中学、上大学怎么办？当时，就有好几家民营企业想聘用他，不少好心人也劝他抓住机会，但他没有丝毫动摇。

“我是农民的儿子，为农业增效、农民增收奉献自己的一份心、一份力，这既是我内心心底农民情结的回归，也是为农服务的职责。”这位服务“三农”事业 20 余年的“庄稼保姆”，就是凭着对党和人民的这片赤诚忠心，生动地诠释了一位共产党人为农服务的情怀。

（作者单位：安徽六安市裕安区农业委员会）

技术指导员的一天

魏坦雄

7月上旬的一天，和往日一样，早上5点左右我就醒了，想到今天要去示范户家中送《病虫预报》，还要到他们田里现场指导，虽困意犹存，但我仍强打精神起床了。

5点40分钟左右，我骑上摩托车出发了。我所负责的示范村距单位住处有4～5千米的距离，是个农业大村，有15个村民小组，小组之间较分散，南北跨度最远达7～8千米。该村的科技示范户有12个，分布在不同的村民小组里。

第一站去下程贞垸村民小组的示范户程良觉家，该示范户承包耕地近40亩，家里又养了10多头猪，程良觉还是业余的农产品经纪人。昨天，他打电话让我抽时间到他家的一季晚稻田里帮他看看病虫。到了他家，却没看到他本人，原来他已趁早去地里忙活去了。我急忙去他家的稻田，他看到我，忙停下手中的活，亲热地说："小魏，你这么早就来了啊!"我接过话头说："老程，我们的服务可是有叫必到的哦!"说着话，我就下田查看稻田的病虫发生情况，现场教他怎么识别病虫以及不同病虫的防治和用药方法。看完稻田后，我又去他家的棉花地里瞧了瞧，针对目前的长势长相提出了"多追肥、勤整枝、控疯长、防病虫"的对策。接过《病虫预报》，老程高兴地说："你这可真是'及时雨'啊!"

在他家忙活了一个多小时。因为时间紧，我便匆匆告别老程，转头去了团山河垸村民小组朱松弟家。示范户朱松弟通过土地流转承包了29亩田，也算得上一个种田大户，不但如此，他还是个对新事物特别感兴趣、又敢于带头尝试应用的人。今年，他家的晚稻都采用了无盘旱育秧，准备全部抛栽。前几年，他也试用过该技术，只是面积不大，因为秧龄和抛栽密度不好控制的问题，仍处于尝试和摸索阶段。今年，在我的鼓励和支持下，他才决定再试用一次该技术。6月底，在指导他播完种后，我就答应他7月份过来看看苗情。摩托车跑起来很快，一会儿我就到了他家在村路边上的旱育秧苗床。远远望去，一片浓绿，走近一看，长势喜人。我给他打了个电话，让他抽时间到旱育秧苗床这边来一趟。这时，他正在家里吃早饭。趁他还没来，我先把旱育秧的秧苗素质查看了一下，又查了查虫情、草情。忙完这一切，已吃过早饭的朱松弟才赶过来。我便叮嘱他把秧田的蓟马和飞虱防治好，避免南方水稻黑条矮缩病在秧田里传播。针对他准备抛栽要求秧苗矮壮的实际，又让他再喷一次多效唑，控制苗高、增加秧龄弹性。对秧田里出现的杂草，我告诉他该拔的要拔，不好拔的就喷有针对性的除草剂，不要出现草荒苗瘦现象。讲完这些旱育秧技术要领，我又和他一起去了一季晚稻田和棉花地里转了转，并针对当前水稻、棉花病虫防治和田间管理提出了一些切合实际的技术措施。

接下来，我去的是堪称专业种粮大户朱火祥家。该示范户这几年承包了别人的抛荒田达 210 多亩，除了 20 多亩种的是甘蔗外，其余全部是粮食。因为早和他有约在先，病虫防治的关键时期要帮他把各处承包的稻田看一看、查一查，所以我不敢马虎。先到了他家里，刚好碰到他从外面回来，便同他一起去田里。此时，已是烈日当空。他承包的田块很分散，这一块、那一块，在路上的时间也耽搁了不少。我和他边查看稻田边聊，针对当前中稻田管理要领和病虫防治特点一一详细讲解。因为我在该村驻点已有四五年时间了，一路上，碰到了不少熟悉的农户，应他们的邀请，还顺便去他们的田里查了查病虫。

这样走走停停，一上午很快就过去了，该到吃午饭的时间了。虽然示范户盛情邀请，让我去他家里吃饭，但考虑到影响，我仍坚持辞别回了单位。吃过午饭，休息片刻，我又匆匆出门去另外几个示范户家里。

三伏天，正午的太阳白花花的晃眼，路上行人稀少。到了陈姜胡垸村民小组示范户陈宗喜家，他正在午休。陈宗喜家承包了 18 亩田。由于做事认真负责，人缘关系好，他当上了村民小组组长。他这个垸区位条件好，前几年镇里的水稻高产创建核心示范区主要安排在这里。每年我常去垸里安排试验示范，和垸里的农民都很熟。与老陈聊了聊当前的农事管理，又提醒他注意病虫防治，还送给他《病虫预报》材料。因为他有事要出门，我便离开了他家。在该垸的田边地头，碰到了一些农民，与他们一起到各家田里转了转，看了看苗情和病虫发生情况，也讲了讲当前的田间管理和病虫防治要点。

离开陈姜胡垸，在村部门口，碰到了示范户邢凤来。他是个热心为村民办事的人，以前在垸里当小组长的时候我们也在他垸上的田里办过双季稻超高产攻关示范。不少新技术都是他率先带着本垸的农民示范应用的。和他见了面，聊了聊农事，他说正想找我去他垸上的田里看看。原来，他们那边的中稻粳糯田里出现了不明原因的红叶现象。听他这么一说，我便赶紧跟着他去了发病田。到了那块田，我下田仔细查看了叶片发病症状和田间分布，并让老邢找来了农户，详细询问了他的管理情况。初步判断，排除了侵染性病害和药害的可能，结合以前在其他粳糯田中发现的同类现象分析，我推断该现象是缺钾所致，便提醒农户：粳糯这个品种需钾量较大，需重施钾肥，出现这一红叶现象可通过排水露泥，追施钾肥，结合叶面喷肥逐步缓解。处理完这一问题，临走之前，我叮嘱老邢要按照《病虫预报》提醒垸里的农户加强田间管理和病虫防治。

忙完这一切，已近黄昏了。临回单位之前，我顺道去了下刘城垸村民小组示范户刘毛贵家，他们垸上的300多亩田可是我们今年双季稻高产创建的核心示范区，病虫防治不能大意。在这之前，已经在他们垸里组织了3次技术培训。白天农民忙，不好聚齐，每次都是吃过晚饭后在农户家中进行培训。到了老刘家，他不在家，我便转道去了垸面前的田畈上。原来是他垸上辐射户的稻田里发生了病情，请他去看呢。他刚从田里起来，看到我来了，就请我再去看一看，确诊一下。这户农民的田里部分秧苗叶鞘发黄，有些老叶也枯了，户主开始以为是发病，自作主张在农资店买了防病药，可打了药也不见效，这才请老刘帮着瞧瞧是怎么回事。我和老刘剥开发黄的叶鞘，把深藏里面的二化螟低龄幼虫摊给农民看，告诉他这是二化螟造成的枯鞘，又把二化螟的为害规律和防治适期讲给他听，叮嘱他要用专治螟虫的农药防治。

不知不觉，已经快到傍晚7点了。和老刘交代完高产管理和病虫防治的事，我才离开农户的家。今天才到了6个示范户家，明天还要接着跑余下的6个示范户了。

只要农民有需要，我就会随叫随到。农民有农闲，我们技术员却不能轻闲。可以说，这一天也是我们所有技术指导员长年累月进村入户、服务农民的一个缩影。

（作者单位：湖北武穴市花桥农技站）

冀北山地谷子高产栽培技术

姚志娟　寇春会

谷子是我国北方主要的杂粮之一。谷子性喜温暖，适应性强，耐干旱、耐贫瘠、耐酸碱。小米的营养价值很高，富含蛋白质、脂肪及维生素，具有防治消化不良、防止泛胃酸、呕吐、滋阴养血的功效，可以使产妇虚寒的体质得到调养，帮助她们恢复体力。小米是北方人最喜爱的主食之一。笔者于2009—2011年在河北宽城满族自治县实验并推广种植，每年种植2.25万亩，通过选用良种、种子处理、精细整地、适时播种、田间管理、科学施肥、病虫害综合防治以及适时收获等技术应用，平均亩产375kg，最高亩产可达750kg的水平，实现了增产、增收的目的，取得了较高的经济效益。

一、选　　种

可选择张杂谷3号、张杂谷5号、张杂谷6号等系列品种，播前进行种子处理，对谷种进行风筛选、盐水选，清除秕粒、草籽、杂物等，将种子阴干，然后用药剂处理，以防止地下害虫及白发病。

二、选地与整地

种植谷子要求选择土质疏松、地势相对平坦、土层深厚的沙壤土，排水良好、土壤有机质含量较高的地块，忌谷子重茬，应合理轮作，前茬作物以豆类、薯类、玉米为好。地块选好后，可通过秋耕蓄墒（即秋收后深翻）、压地提墒（春天返浆前压地）、耙耱保墒（早春表层解冻后耙耱）等措施进行精细整地。结合整地，亩施优质农家肥不少于3t、磷酸二铵15kg。

三、适时播种

1. 播期。

河北北部地区可在4月下旬至5月上旬播种，依据墒情、天气情况可适当调整播期，积温较低地区可早播，积温较高地区可晚播。但最好当气温稳定通过7℃时开始播种，播后覆土均匀一致，播后如遇雨形成硬盖时，用磙子压或其他农具破除硬盖，以利苗全苗壮。

2. 播种方法。

一般播深为2.5～3.5cm，行距35cm左右，播后及时镇压。对底墒较好、表墒较差的地块，推掉干土，把种子播在湿土上；对土壤墒情较差地块，在播前1～2天把有机肥闷湿，施入土壤中，借墒播种。幼芽拱土时如出现干旱，压一遍磙子，提墒，确保全苗。总之，要千方百计做到一次播种保全苗。

3. 播种量。

每亩播种量0.5～0.75kg。

四、合理施肥

要使谷子获得高产，播前应多施基肥，播种时施入适量种肥，生长的关键期还要进行一次足量追肥。

1. 基肥。

以农家肥为主，亩施优质农家肥3t左右，并与过磷酸钙混合做底肥，结合翻地或起垄时施入土中。

2. 种肥。

一般亩施磷酸二铵10kg、氮肥5kg做种肥，可促谷苗早生快发，满足谷子生育期对养分的需要。

3. 追肥。

在谷子苗拔节后、抽穗前进行追肥，距苗眼6cm左右，用锄头或镐开10cm深的沟，每亩均匀撒施氮肥35kg左右，然后埋土，深施提高利用率。

五、加强田间管理

加强田间管理是夺取高产的关键措施，主要是确定合理的田间密度，确保苗齐、苗壮，使群体有较高的生物产量。

1. 压苗。

早压苗，促进根系发育，在幼苗2～5片叶时，用木头磙子压青苗1～2次，以利壮根。

2. 留苗。

早间苗、定苗，即谷苗长到3～5片叶子时，每亩用谷子专用间苗剂100毫升加一支助壮素，对2次喷雾器水，均匀喷到谷苗和杂草上，该项技术可起到三个效果：一是杀死杂苗、自交苗，杂交苗正常生长；二是除草，间苗剂可杀死禾本科杂草；三是降低株高，防止倒伏。“谷间寸，如上粪”，当苗高3cm时开始间苗，即拿上手就间苗，幼苗5～6cm时进行定苗，株距要求30cm左右。一般可根据地势和土壤肥力进行合理留苗，原则是平地、肥力高的地块，密度大些，亩留苗株数为1.25万株；坡地、肥力低的地块，密度小些，亩留苗株数为0.8万~1万株。

3. 中耕。

早中耕、多中耕，不但增加产量，还可提高米质，间苗后及时中耕，以利于除草和松土，促进根系发育，促进植株健壮。在整个生育期间，根据杂草和地面僵硬程度可进行3次左右中耕，在抽穗前最好耥地，防止后期倒伏。

4. 合理灌水。

谷子是比较耐旱作物，一般不用灌水，但在拔节孕穗和灌浆期，如遇干旱，有灌水条件地块及时浇水，并追施孕穗肥，促大穗、争粒数，增加结实率和千粒重。

六、病虫害防治

科学及时地防治病虫害是夺取高产稳产的必要措施，危害谷子的主要病虫害有粟灰螟、粟凹胫跳甲、黏虫等虫害以及白发病、黑穗病、谷瘟病、锈病等病害。应采取预防为主、综合防治的原则进行科学防治。

1. 防治地下害虫。

按种子重量2.5%应用种衣剂包衣，防治金针虫、蝼蛄、地老虎、蛴螬等地下害虫，防止缺苗断垄。

2. 防治粟灰螟、粟凹胫跳甲、黏虫。

防治粟灰螟应在幼虫驻茎前（即定苗后、拔节期）连喷2次药。防治黏虫要在幼虫3龄前喷药，药剂可选用4.5%高效氯氰菊酯乳油、20%氰戊菊酯乳油2 000~2 500倍液、1.8%阿维菌素乳油3 000倍液田间喷雾，亩用药液量25~30kg。

3. 防治白发病、黑穗病。

用甲霜灵与50%克菌丹，按1∶1的配比混用，以种子重量0.5%的药量拌种，种衣剂可与甲霜灵、克菌丹混合同时包衣、拌种，但须随拌随播，一般不能过夜。

4. 防治谷瘟病、锈病。

在谷子抽穗期，用甲基托布津600倍液喷雾，亩用药液量35~40kg。

七、适时收获

一般在蜡熟末期或完熟初期收获。收早了影响粒重，收晚了鸟吃、风吹造成损失，从而影响产量。

（作者单位：河北宽城满族自治县农牧局）

嘉禾献瑞田园香

杨正翔

泰和县位于江西吉泰盆地中部，因“地产嘉禾，和气所生”而得名，是我国第一部水稻专著《禾谱》诞生地，也是新中国成立后首批国家商品粮生产基地县之一。近年来，泰和县在抓好中央强农惠农政策落实的同时，以实施全国基层农技推广体系改革与建设示范县项目建设为契机，从健全农技推广服务网络入手，着力转变农业发展方式，积极引导农民走科技兴粮之路，通过普及先进农业科学技术，促进了粮食稳定增产。如今，禾献瑞、人富足；仓廪实，礼成节；山川秀美，吉泰祥和。泰和，名至实归。

从普通杂交稻到超级稻，为粮食丰收播种“希望”

新中国成立以来，随着农业科技的不断进步，泰和县水稻种植经历了高秆—矮秆—普通杂交稻三次大的变革。进入21世纪，超级稻又相继问世。为了充分发挥水稻良种对粮食增产的作用，县农技部门通过实地试验、示范，精心筛选出适合本地种植的丰源优299、陵两优268、金优458、五丰优T025等一批超级稻良种。为了扩大种植规模，2009年以来，由县农业专家挂片包乡，在冠朝、禾市、沙村、灌溪、马市等产粮大镇分别建立了千亩超级稻生产示范基地，培育示范户100户，通过以点带面，截至2011年全县超级稻种植面积达15万亩。据专家实地测产，超级稻平均亩产达607kg，比普通杂交稻亩增产90.1kg，增幅达15%。

从习惯施肥到配方施肥，为粮食丰收夯实“根基”

“肥料是个宝，看你施得巧不巧”。谈及施肥方面的话题，泰和农民深有感触。过去由于受传统观念的影响，农民施肥随意性大，往往重氮肥、轻磷肥、丢钾肥，尽管肥料投资较大，但由于禾苗体内营养失调，造成“八分苗，六分收”。为了改变农民传统的施肥方法，达到“增产、经济、环保”的目的，近年来，泰和县在完成监测土壤养分状况、开展田间肥效试验等工作的基础上，加大配方施肥技术进村、入户、到田力度，在全县80%以上的行政村分别建立了“定地、定时、定作物、定化肥量”的科学施肥示范片，每个示范片有包片指导专家，有科技示范户，有示范对比田，有醒目标示牌。为了全面普及测土配方施肥技术，农技部门采取适合农村、贴近农民、喜闻乐见的形式，在村民集中活动场所和肥料经销网点抓好测土配方信息、施肥指导方案和科普标语“三上墙”，并建立“一图一卡”，即村有配方施肥分布图、户有配方施肥建议卡，方便农民掌握科学施肥知识，因作物“按方”购肥施肥。在关键农事季节，组织农技人员深入田间巡回进行现场指导服务，加强田间实践操作技能和管理技术培训，提高农民科学施肥水平，实现测土配方施肥技术推广全覆盖。截至目前，全县水稻测土配方施肥面积达 120 万亩，占水稻总播种面积的 97.8%，其中早稻配方施肥面积 58 万亩，经专家实地测产，平均每亩增产 20.8kg，实现增收节支 50.3 元，仅此一项，2011 年上半年全县农民增收 2 917万元。

从手抛秧到机插秧，为粮食丰收提供“支撑”

早、晚稻栽插时节，在泰和广袤的田野里，一台台插秧机来回运转，随着“隆隆”的机器声，一行一行排列有序的禾苗映入眼帘，绘就成一幅幅绿色的田园美景。

泰和是个农业大县，耕地面积多，水稻种植一直稳定在 120 万亩左右。近年来，随着打工潮的出现，农村大部分青壮年劳力外出务工，老人、妇女成为家中种田的“主力军”，由于劳力单薄，过去在水稻栽插时节，靠手工操作，少则十来天，多则半个月，不仅花工多，而且由于栽插时间长，缩短了禾苗在大田的营养生产期，给产量造成了一定的影响。为了有效破解这一难题，保障粮食持续增产，泰和县以贯彻落实国家农机购置补贴政策为契机，大力开展“推进机插秧，创建高产县”活动，积极引导农民推广应用水稻插秧机械，并依托农机专业合作社在螺溪、马市、禾市等乡镇建立了 3 个工厂化育插秧示范基地，由农业专家开展对接服务。通过示范引领，目前全县插秧机拥有量达 500 多台，完成水稻机插秧面积 16 万亩。由于机插秧工效高，不仅缓解了季节紧、劳力不足的矛盾，而且因机插秧苗落泥深浅适中、通风透光好，禾苗栽插后返青快、分蘖早、结实饱满，比手抛秧每亩增产 45kg。

从面上服务到示范引导，为粮食丰收增添“动力”

为了提高粮食生产水平，2010 年以来，泰和县在基层农技推广体系改革中，着力创新农技服务机制，从过去一般性的面上服务转变到示范引导上来。一方面，建立健全“县级专家—乡镇农技指导员—村级科技示范户—辐射带动千家万户”的科技入户运行机制，每个基层农技人员根据自身的岗位职责，抓好一个粮食生产重点村、联系10个种粮科技示范户，按农事季节，采取集中培训、分户指导、观摩交流等形式指导示范户推广应用水稻新品种、新技术；另一方面，整合人力、财力资源，在冠朝、禾市、苏溪等乡镇建立了3个粮食高产创建万亩示范片，实行统一整地播种、统一肥水管理、统一病虫防治、统一技术培训、统一机械收获的“五统一”技术路线，大力开展技术集成创高产攻关以及新品种、新技术试验与展示。通过示范带动，全县水稻主导品种、主推技术入户率和到位率达到95%以上。2010年，泰和县尽管遭遇了百年一遇的洪涝灾害，但粮食仍然获得丰收，总产量达5.16亿kg，连续7年创新高，农民从种粮中人均增收384.7元。

（作者单位：江西泰和县农业局）

建立绿色防控体系
提高农作物病虫总体防控能力

李红信　侯建芳

农作物病虫草害防控是农业生产中的重要环节，同时也是生态环境及农产品质量安全的重要保证。近年来，随着农业科技的进步和生产的发展，植保机械等基础设施建设进一步得到完善，病虫害防控技术手段不断更新，整体病虫害防控能力大大增强。但受多方面因素的制约，目前病虫害防治工作仍然存在着植保防控体系不十分健全、农民绿色防控意识差、施药技术落后、农药滥用导致污染严重、病虫草害发生程度严重回升等许多问题。因此，我们要转变思路，更新观念，树立绿色防控理念，建立绿色防控体系，大力倡导生态调控、生物防控等绿色防控技术措施，本着经济、高效、污染少的原则，多措并举，因地制宜地开展科学防控，最大限度地保证农业生产及农产品安全。笔者根据多年来的实践经验，结合河南宝丰县实际，提出有利于农业可持续发展的农作物绿色防控对策。

一、当前宝丰县农作物病虫草害防控工作现状及存在的主要问题

1. 病虫监测和防控体系不健全。

目前，病虫监测预警、机械设备、施药技术、施药队伍等病虫害监测预警系统和防控体系建设还不十分完善，病虫总体防控能力低下已经不能适应抗灾减灾工作需要。另外，由于农民对病虫害防控的作用认识不够、绿色防控理念意识差等原因，导致绿色防控工作受到了一定的局限。加上近年来气候条件和农业耕作方式变化，极端灾害性天气发生几率增加，导致病虫害发生更加严重。如近年来黏虫的爆发、检疫性病害全蚀病的普遍发生也是监测体系滞后的表现。

2. 农药使用不合理，滥用农药现象严重。

农民防治病虫害仍以化学农药为主，操作粗放，大多数农民不知道病虫草害的最佳防治适期，往往错过了最佳施药时期。为了达到防治目的，农民往往盲目用药，甚至乱用国家明文禁止的农药，成倍加大药量，随意增加防治次数，不仅增加了成本，造成了农作物减产，甚至导致了药害的发生，也给环境

和产品造成了污染。

3. 生物农药使用率低。

目前，提倡推广毒性小、污染少的生物农药和植物源农药，但由于生物农药存在品种少、见效慢等问题，农民不愿采用，推广应用几率低。

4. 绿色防控技术应用面积小。

利用频振式杀虫灯或害虫黄板、性诱剂诱杀等对有害生物生长、发育、繁殖等的干扰和诱集是防治植物病虫害的好方法。但这类防治措施操作起来比较麻烦，防治效果不太明显，目前还没有广泛应用。

5. 天敌的保护利用缺乏综合研究和开发。

利用生物或其代谢产物控制有害生物种群的发生、繁殖或减轻其危害的方法，具有不污染环境、对人和其他生物安全、防治作用比较持久、易于同其他植物保护措施协调配合并能节约能源等优点，是植物病虫害和杂草综合治理中的一项重要措施，但目前缺乏对天敌保护利用的综合研究和开发。如部分群众在防治蚜虫时，没有错过天敌七星瓢虫的发生盛期，往往造成七星瓢虫大量死亡，导致蚜虫害虫的大发生。

6. 施药技术落后，污染严重。

目前，工农-16 型手动喷雾器的使用仍占一定的数量，大型机械没有得到很好的普及和发挥，导致统防统治进展缓慢。宝丰县 2005 年工农-16 型手动喷雾器 7.7 万台，为小麦统防面积 20 万亩；2010 年，工农-16 型手动喷雾施药机械为 6.8 万台，统防面积为 23 万亩，增长速度极慢，且“跑、冒、滴、漏”问题十分严重，大量农药残留在作物、土壤、水体里，污染十分严重。

7. 农民绿色防控意识差，措施单一，统防统治面积小。

一是用药品种单一，长期在蔬菜上使用氰戊菊酯、敌敌畏；果树上使用水胺硫磷、氧化乐果；玉米上使用氰戊菊酯，使有害生物产生抗药性，降低了防治效果。二是施药方式单一。据统计，35%的农户很少采用深翻、拌种、灌根、撒毒土等方法控制病虫害，而是在病虫草害盛发期大量施药，人为增加了施药次数和施用量。如宝丰县的一些蔬菜种植户，每年用药次数最低为 8 次，最高为 32 次，平均为 16.5 次；果树种植户最低施药 4 次，最高达 12 次，平均为 8.5 次。三是统防统治面积小，多数农民绿色防控意识差，不愿听从安排进行统一防治，而是根据主观意念进行单防单治，是造成防控效果差的主要原因。

二、防控对策

现代农业植保要把人、农作物和病虫作为整体系统来考虑，采取生态治理、农业防治、生物控制、物理诱杀等综合防治措施，要确保农业的可持续发展，应打破以前单一化学农药防治的局面，认真贯彻“预防为主，综合防治”的植保方针，牢固树立公共植保、绿色植保理念，在完善农作物病虫害防控体系和加强农作物病虫草害预测预报的基础上，因地制宜地采用生态防控、生物防控和高效低毒化学农药防控等防控措施进行综合防控。充分利用植保合作社的优势，适时地开展农作物病虫草害的统防统治，达到污染少、效果好的目的，从而推动绿色防控工作顺利开展。

1. 完善病虫监测预警系统，加强预测预报。

在完善预测预报设施以及提高测报人员的业务素质的基础上，建立省、市、县三级重点区域网络病虫监测站，形成三级植保服务体系，同时实行行政管理，达到提高中长期预测预报的时效性、准确性的目的。

2. 以防为主，防控结合。

植物保护应从经济、高效、环保的角度出发，打破过去单一生态控制或单一药剂防治的防治方法，采取以防为主、防控结合的措施，因地制宜地采取生态防控打基础、播期药剂拌种和土壤处理控源头、防治适期控病虫害的综合防控对策，这是当前防治病虫害最实际的方法。

①选用良种、药剂拌种。选用抗病品种是防治病虫害中经济、有效的安全措施，特别是对一些目前用其他手段难以防治的土传病害和大区域流行的气传病害，它能充分发挥作物自身对有害生物的调控作用来控制病虫害的发生和发展，同时减少农药对农产品及环境的污染，对无公害农产品生产具有重要意义，因此，种植抗病品种是一条较为理想的途径。在此基础上，采取高效、低毒药剂或生物药剂如适乐时、吡虫啉、白僵菌进行拌种和土壤处理来控制地下害虫和一些土传病的发生与发展，不但效果达到 85%以上，而且减少了用药次数，降低了污染。

②合理轮作，正确间作套种。通过这些措施，可以造成病虫害的年生活史或侵染循环系统中某一段时间的食料或寄主缺乏，从而显著减少害虫的发生量，达到降低虫害发生的目的。

③调整播期。适当晚播或早播可以使作物易受损害期与病虫的发生期错开，从而减轻甚至避免危害。如近年来一些农民由于推迟了玉米、小麦垄套种的播期，错过了传毒媒介蚜虫的发生高峰期，减轻了玉米病毒病发生的危害。

④深耕细耙。整地时，进行深翻、细耙可以机械损伤蛴螬、金针虫等地下害虫，掩盖了菌秆，杀死菌源。

⑤精量播种。适当地控制播量，不但使作物群体健壮、整齐、通风透光能力强，而且可以提高作物对病虫害的抵抗能力，抑制某些病害的发生。

3. 化学防治减量优化。

化学防治是病虫综合防治中一个重要手段，化学防治见效快、防效高，在病虫害爆发时是有效的防治措施，为农业丰收做出了贡献。据统计，宝丰县每年挽回粮食损失量占总产量的25%，因此，化学防治在农业生产中占有十分重要的地位。但是，它也有许多缺点，长期使用，农药残留量严重超标，并且病虫抗性会直接影响农产品。因此，要进一步优化化学防治方法，抓住适期科学合理施用化学农药，将化学农药用量降到最低限度进行防控，确保农产品中农药残留不超标。

①对症用药，减量优化。田间发生的病虫草害种类多种多样，每一种类对不同药剂的反应都不尽相同，即使是同一种类的不同种群之间也有很大的差别，选择农药时，要按照防治对象的生理机制和为害特点以及农作物的品种、生育时期等，经综合评价选择出适宜的高效、低毒农药品种，并按要求用量正确施药，优化农药结构、减少农药投入、提高农药使用效率。例如，防治麦田杂草，一定要弄清麦田的主要杂草种类，然后再选择适合的药剂。

②抓住病虫发生关键时期施药。施药前，一定要认真开展病虫调查，掌握防治时期，在最佳防治时期施药。施药过早，药效与病虫防治期不吻合，起不到控制为害的作用；施药晚了效果差，不仅起不到控制作用，而且造成农药浪费。因此，喷药应把握好“火候”，选择病虫草害的薄弱环节或对农药的敏感期用药，不仅用药少，而且效果好，危害小。

4. 大力开展以生物防治为主的防治技术。

生物防治是利用生物或其代谢产物来控制有害动物、植物种群或减轻为害程度的方法。它是无公害农产品生产中重要的防治手段，可以取代部分化学农药的应用，减少化学农药的用量，不污染农产品和环境，有利于保持生态平衡，具有污染少、用量少、抗性小、持久抵制病虫害的优点。但还存在一定的局限性，主要表现在品种少、作用慢，作物发病时一般没有治疗作用，天敌的作用选择性强、作用范围窄等方面。因此，要根据实际情况，一是放宽指标，放宽防治技术；二是利用生物制剂积极开展生物防治；三是根据实际情况选用高效、低毒的农药，抓住适期进行有效防控；四是科学进行物理防治，物理防治具有简单易行、保护天敌、保持生态平衡、无公害等优点，是无公害农产品生产中不可忽视的防治方法。

①利用天敌来控制病害。主要是利用七星瓢虫、草蛉、赤眼蜂等防治病虫害。这种防治措施的优点是成本小、污染少，但有一定的局限性，主要表现在作用缓慢，绝对防效低，因此，防治时应在保护天敌的基础上错过发生盛期，选用高效、低毒农药科学地进行化学防控。

②利用生物微生物农药防治害虫。主要是指用真菌、细菌、线虫等制成各种制剂来防治病虫害。如用白僵菌防治地下害虫、玉米螟，阿维菌素防治螨类，井冈霉素防治水稻纹枯病等。

③利用物理防控技术防控病虫害。利用害虫的趋性，用频振式杀虫灯、黑

光灯、高压汞灯等诱杀害虫成虫，放置黄板诱杀蚜虫、斑潜蝇等，避蚜防病毒病，利用防虫网阻隔害虫。

5. 利用植保合作社的优势，大力开展统防统治。

统防统治就是在统一测报的基础上，统一时间、统一药剂、统一技术、统一督查，提高植保技术的到位率。要推行统防统治必须做到组织到位、信息到位、技术到位、物资供应到位、督促检查到位，达到“三个提高、三个减少和三个安全”，即防治水平提高、防治效果提高、防治效益提高，用工减少、用药减少、污染减少，保证人畜安全、农作物安全、农产品质量安全。

由于传统的农业防治方法不仅难以控制病虫害，而且很容易造成农药污染生态环境和危害食品安全，因此，要改变传统的施药方式，大力发展以企业、农科教技术经济实体、植保合作社、科技示范户为依托的多元化植保服务体系，积极探索统防统治模式，推行区域化统一防控，最大限度地减少因病虫危害造成的损失。在此基础上，要建立病虫害防控样板田，尤其在病虫害发生的关键时期，组织农民现场观摩，展示统防统治效果，提高农民防控意识，引导农民大面积开展病虫害统防统治，最大限度地减少农药对环境造成的危害，从而促进统防统治工作的快速发展，保障农业生产安全。鉴于当前宝丰县植保体系的现状和农民的知识水平，要开展或推行统防统治，必须要有一个比较好的组织载体，拥有比较先进的植保器械和技术，而专业合作社是以专业技术人员为骨干、种田能手为核心、种田大户为基础的组织机构，是目前实施统防统治比较合适的组织形式，是推行统防统治的有效载体。因为只有专业合作社既有技术基础，又有经济实力与意愿投资购置先进的植保器械和新的高效、低毒、低残留的药剂，同时接受先进的施药技术，从而产生比较好的经济效益和社会效益。

6. 推广以绿色防控为主体的多种防控措施，进行有效防控。

由于气候、栽培方式变化等因素影响和农药的不合理使用，目前宝丰县农作物病虫害发生十分复杂，防治难度加大，田间用药量逐年增加，不仅增加了防治成本，而且加重了农药污染，影响了农产品品质，带来严重的食品安全隐患。优化和集成农业防治、生物防治、物理防治和化学防治等技术，大力推广非化学防治技术，以点带面，推广大面积农作物重大病虫害绿色防控技术，对减少化学农药的施用量，降低农产品农药残留，促进农业持续增产、增收，确保农产品质量安全和农业生态环境安全具有重要意义。一是引进、试验、示范和推广应用农作物病虫绿色防控技术，优化集成农作物病虫综合防控技术。二是扩大农作物病虫绿色防控技术应用规模。三是应用农作物病虫绿色防控技术，将粮食作物总体危害损失率控制在5%以内，经济作物危害损失率控制在10% 以内。四是替代高毒农药，减少农药污染，提高农产品品质，改善田间生态环境。

随着科技的进步和植保体系的进一步完善，农民素质会大大提高，绿色防控意识会进一步增强，植保施药技术会更先进，以生物防控技术为主的多种高效、绿色防控技术会得到进一步地开发和利用，机械、技术等装备及各种有效绿色防控关键技术会更加配套。因此，在植保部门的指导下，大力开展绿色防控技术的示范和推广工作，势在必行。在强化对绿色防控示范推广能力建设，大力开展多层次、大范围的绿色防控技术培训的基础上，多法并举，全面开展以生物控制、物理控制等为主的绿色防控工作，是今后植保发展的大趋势，前景更加广阔。

（作者单位：河南宝丰县农业技术推广中心）

让大地盛开科技之花

蒋宁鹏

“您的螃蟹池水溶氧量偏低，请关注增氧机。”看到手机上的这条短信，江苏宜兴市高塍镇农业科技试验示范基地螃蟹养殖科技示范户黄玉财立刻回复短信“YX30”，一会儿，在宜兴市水产养殖智能控制中心的电脑屏幕上，清楚显现出老黄家的池塘情况，平静的水面冒起串串水泡，开始了池塘底层微孔曝气增氧；再发一条短信“YX31”，汩汩的气泡很快消失，池塘逐渐恢复平静。2010年6月27日，在宜兴市调研的农业部科技教育司技术推广处有关负责人看到这一场景，十分感兴趣，他详细了解了宜兴市在中国农业大学技术支持下发展农业物联网的情况，鼓励宜兴积极开展产、学、研合作，通过试验基地的示范，推广普及先进适用的农业科技，依靠科技增产、增收。2011年上半年，宜兴市农林局在高塍基地试点成功的基础上，把水产养殖智能控制系统推广到了杨巷、新建等5个乡镇，帮助97户农户实现了螃蟹养殖智能化，智能控制面积扩大了10倍。下一步，计划在扩大水产受益面的同时，把农业物联网拓展到规模鸡场、猪场。

如何让科技更好地进村入户，成为农民增收致富的有力武器，是基层农技部门一直在探索的课题。全国农技推广示范县项目立足农业农村实际，把握农民学科技、用科技的特点，同时转动农业科技让农民看得见、摸得着，激发农技人员创新活力这两个轮子，帮助基层走出一条农技推广的新路子。

围绕农业主导产业，宜兴市建立了10个农业科技试验示范基地，把29个主导品种和主推技术在基地上试验示范，使抽象的新技术变得简单、具体、实在，让农民看得见、摸得着，感觉到新技术是容易学、容易掌握的。作为项目的组织实施单位，宜兴市农林局适时组织农民参观试验基地，开展技术培训。“不怕不识货，就怕货比货”，看到好的品种带来好的收成，农民就会心生羡慕，就有了接受、应用新技术的积极性。为了更好地普及推广新品种、新技术、新模式，宜兴市农林局建立了5个科技知识传播平台：定期刊出技术简报，内容有《水产养殖简报》、《病虫情报》、《宜兴农情》、《森林病虫情报》、《宜兴蔬菜简报》等；在宜兴电视台开设《宜兴农林》专题节目，每周一期，每期10分钟；与宜兴日报社联手推出《宜兴农林》专题版面，每月一期；设立“12316”咨询电话，由农林局农技专家即时解答农民提出的问题；在宜兴农林网上开设“农技 110”信箱，农民网上提问，专家在线解答。2009 年，把各类技术简报以及《宜兴农林》电视视频、12316 电话答疑全部搬上宜兴农林网，通过“三电合一”，方便基层浏览、收看和下载。

围绕主导品种和主推技术选定的物化技术补贴，包括优良品种、优质肥料、高效低毒农药等。在科技示范户应用新技术过程中，专家或技术指导员会在关键农时或者他们有技术需求的时候，及时给予指导，帮助解决生产中遇到的技术困难。到底好不好，用了就知道，先行一步尝到科技甜头的科技示范户成为农技传播的二传手，示范带动周围农户共同提高科技发展水平，科技成果沿着基地→科技示范户→农民这样的通道得到了有效转化，使主导品种和主推技术的入户率、到位率均达到 100%。

高级农艺师陆志新等 100 人被全国农技推广示范县项目聘为技术指导员，让他们高兴的是，他们收到了项目“发放”的“三有礼包”：下乡开展技术指导所发生的交通等费用有补贴；专业技术有用武之地，看到自己结对挂钩的农户增产、增收，心里很充实；深入田间地头了解了农民需求，技术创新方向明确，学术上有新进展。有了农业技术创新动力，农技人员纷纷致力于田间地头搞农技创新与推广。

万石镇传统种植作物为水芹，只生产一茬冬芹供应春节市场。能不能实现周年生产，大幅度提高亩收入呢？2007—2008 年，在农业部、财政部“新型农民科技培训工程”的支持下，技术指导员陆志新会同扬州大学水生蔬菜专家陈学好等人，顺利研发出春芹、秋芹种植技术，有效地增加了水芹茬口。从 2009 年起，在实施全国农技推广示范县项目过程中，宜兴市农林局在该镇后洪村建立了科技试验示范基地，支持陆志新等人把技术创新的重点放到夏季水芹遮阳降温栽培技术上。在科技示范户汤小华的田里，农技人员整地做畦，搭起遮阳棚，均匀铺开催好芽的种芹，定期观察生长情况。经过 2 年的努力，制定出包括平地、催芽、定植、肥水管理、病虫防治、采收等内容的《夏季水芹栽培技术规程》，经专家验收成为无锡市地方标准。

围绕节本降耗，夏季水芹栽培技术规程中有 3 个创新点受到农民的欢迎。一是土法催芽，通过打捆、交叉叠放、浇水翻堆等，使种芹顺利生根、萌芽，用土办法使芹菜在高温季节由休眠状态转变为正常生长，达到实验室冰箱催芽的效果。二是实用的栽培设施，指导农民根据自己田块大小预制水泥桩，按一定间隔埋入芹菜田，桩顶用钢丝串联后盖上遮阳网，这样的遮阳棚通风降温效果好，有利于水芹生长，便于田间作业。三是克服连作障碍，采用多施腐熟牛粪、秸秆还田、轮作等方式，有效消除水芹周年生长的连作障碍。据田间观察，连续种植 3 年以上的水芹田尚未出现明显的连作障碍。难能可贵的是，长期泡在田间，农技人员从乡土芹菜中筛选培育出适合夏季、冬季、春季、秋季栽培的水芹系列新品种，目前正由江苏省品种审定委员会进行品种审定。

夏芹的成功栽培，丰富了菜篮子，也给农民带来了较好的经济效益，蔬菜经纪人到田头的收购价每千克 3～5.6 元，按每亩 2 000kg 的产量，一季夏芹可增加收入 8 000 元左右，全年亩收入达 1.6 万～2.5 万元。

良种良法配套，可观的经济收入，吸引了昔日离土进厂打工的村民纷纷回家种水芹，后洪村的水芹面积逐年扩大，3 年时间新增面积 1 600 多亩，从事水芹产业的农民占到村民的 1/3。村里还组织农民成立了水芹合作社，统一种苗供应、统一栽培标准、统一使用商标和包装，提高了农民进入市场的组织化程度。现阶段，后洪村正与江南大学合作，共同开发水芹深加工产品，进一步增强水芹的市场竞争力，后洪村水芹成了闻名苏州、无锡、常州地区的“一村一品”。

（作者单位：江苏宜兴市农林局）

科技入户　信息富民

马德云　张玉庆　费贵华　储彦羚

为创新科技入户形式，提升为农服务效能，江苏省农业科技入户工程从2010年开始为全省73个涉农县（市、区）的10万个农业科技示范户赠阅《农家致富》手机报。其快捷的平台、及时的资讯、有效的信息、优质的服务等，赢得了广大农民朋友的青睐，看手机报、用手机报、订手机报逐渐成为各地乡村的一种新时尚。

一条彩信，农事尽在“掌”握

结合手机报特性和农业科技入户工程实施方案，《农家致富》手机报开设规模种植、畜禽养殖和园艺栽培3个专业版和综合信息版，发送至不同产业的科技示范户，每周一、三、五早上8：00准时发送，设置气象农事、高新技术、病虫防治、市场聚焦、价格行情、政法导航等16个常规栏目以及新优品种、致富项目等10个机动栏目，每期每版容量为40～50K、3 500～4 500字，2～3张图，通过数字技术应用，打造了一个面向农村、服务农业和农民的低碳节能且内容健康可控的“绿色报纸”，让农民订得起、收得到、看得懂、用得上，初步满足了广大农户对获取农业科技、市场信息便捷、有效的需求，在指导当前农业生产和推动现代高效农业发展上，体现了手机报这一新型农业信息服务平台快捷、高效的优势。

2010年，江苏宜兴市蔬菜站确定了综合性状好、抗热性显著的益农398菠菜作为主导品种之一在夏秋季节进行重点推广，但初期成效不是很明显。得知这一情况，《农家致富》手机报于9月17日配套刊出了秋菠菜高产栽培技术，大大促进了益农398菠菜的推广应用，当年单茬亩效益平均超过5 000元。手机报开通一年来，紧扣农业产销的关键时期、技术指导的关键环节、科技工作的关键领域，有意识地刊发信息，有计划、有重点地组织报道，对抗旱、春防、蔬菜产销等重要主题及时跟进，权威解读，长期关注，全面引导，真正做到了科技入户、信息富民，被全省10万科技示范户和1.6万名技术指导员形象地称作科技“百事通”、致富“掌中宝”，一些地方示范户还采用摘抄手机报、出黑板报的形式，将科技信息进行二次传播。

一期报道，新品种供不应求

为加速农业新品种、新技术、新模式推广应用，手机报着力打造技术板块。开通近一年时间，各专业版编发的各类实用技术、病虫防治信息 840 多条，推广省级主导的农牧业新品种 40 多个，形成了服务现代高效农业生产的鲜明取向，满足了农民对农业技术信息的刚性需求。

2009 年，江苏畜牧兽医职业技术学院依托全省挂县强农富民工程实施，在滨海县八巨镇东港村建成苏姜猪扩繁场，扩群增殖优良苏姜黑猪基础母猪 200 头，产出优良苏姜黑猪仔猪 1 000 余头，彻底改变了滨海县没有高档黑猪肉的历史。为扩大成果推广力度，手机报在 2010 年 9 月 15 日通过畜禽养殖版“新优品种”栏目图片报道，积极推介苏姜黑猪这一优良新品种，很多养殖户纷纷前往购买或去电咨询，截至 2010 年 11 月下旬，已售出二代苏姜黑猪仔猪 500 余头，出现供不应求的局面，养殖户每头猪（养一头苏姜猪，卖种猪年获利 3 万多元，养一头普通种猪，卖仔猪年获利 8 000 元左右）年均可增收 2 万多元。

2010 年 10 月，手机报畜禽养殖版编发了“发酵床养鸡床体制作技术”，信息发出后，很多养鸡专业户来电咨询。为便于读者更好地掌握该项技术，手机报于 5 月 11—13 日在南京市六合区举行了“发酵床生态健康养鸡免费技术培训”，特邀南京农业大学发酵床养殖专家颜培实教授为 100 多名学员授课。来自丰县梁寨镇的李国亮、如东县苴镇的徐永祥、洪泽县共和镇的卢雪梅等一批手机报读者积极参与，认真学习，并获得了手机报提供的每人 5 000 元创业基金。

一次提醒，避免农户蒙受损失

2010 年 11 月 5 日，《农家致富》手机报编辑部接到连云港市东海县桃林镇的来稿，反映当地旱情初现。手机报“第一时间”跟进，向全省特别是淮北特旱地区种植户及时编发各类抗旱保苗信息，比本省其他媒体 11 月下旬开始跟进要早了半个月的时间。一直到 2011 年 4 月中旬，手机报跨年度实施抗旱专题报道，开辟“助抗旱、促春管、保丰收”专栏，特邀省作物栽培站专家多次在线指导，为江苏受旱地区小麦生产提供了快捷、准确的咨询服务。金湖县陈桥镇振兴村 8 组科技示范户陈家信根据手机报的抗旱信息，带动全村抢抓有利天时，科学灌溉补肥，取得小麦亩产 583kg、增产 21%的好成绩。

在农业生产面对气象和病虫灾害时，防病减灾就是增收增效。2011 年 4 月 10—11 日，宿迁市宿豫区曹集乡农民林冬义的 500 亩春提早西瓜移植刚结束，天气突然降温，很多地方的瓜农猝不及防。然而，林冬义和本村的瓜农却根据《农家致富》手机报发送的防降温提醒，早早地做好了加盖草帘等防寒、防冻措施，避免了一场不可低估的经济损失。

2011 年 9 月 16 日，省蚕种管理所专家许明芬在开展科技入户工作中发现，因今年夏秋雨水特多，空气湿度大，白僵菌等真菌病原广泛存在及野外昆虫交叉传染，极易导致秋蚕僵病，她第一时间联系手机报，向全省蚕桑科技示范户发送了蚕僵病的防治技术，避免了病害暴发，确保了秋蚕种质量。

一则资讯，只为小众量身订制

《农家致富》手机报强化“版本/频道意识”，针对从事不同产业的科技示范户，细分用户数据库，为其制作发送分类信息。同时，通过组建市、县信息员队伍，加强对基层信息、本埠信息、第一手信息的采集，突破信息“最初一公里”问题，提高信息的贴近性和针对性。

2011 年 3 月下旬，手机报规模种植版及时刊载了“淮北严重受害，麦田改种棉花和改种春玉米”等技术信息，专门发送给连云港、宿迁等受旱地区的科技示范户，为他们调整种植茬口，实现灾年增产增收提供了切实有益的帮助。比起小麦，银杏则是一个地道的地方特色产业，目前全省农业科技入户工程只有泰兴市 800 户银杏科技示范户。2011 年 4 月 27 日，手机报接到海安县农业科技部门提供的一则银杏技术信息，便专门为泰兴市 800 户银杏科技示范户编发了“银杏授粉技术要点”……类似这种量身订制的个性化信息得到各地示范户的广泛好评。通过信息分类、定向发送，手机报在服务主要品种、主导产业的前提下，很好地兼顾起对地方特色产业和小品种的科技服务。

从大众到分众，再到个体，通过短信平台与手机报相互绑定，手机报不错过任何有价值的读者反馈，并及时开展互动服务。2011 年 4 月 18 日，泗阳县手机尾号为 8473 的读者发来信息说，自己有一片杨树林地，想在林地里发展套种、套养。鉴于这样的需求存有普遍性，手机报立即咨询专家，特别编发了多种林下高效种养新模式，为各地农户因地、因业制宜提供了参考。

一个热线，构建专家服务网络

在江苏省农业委员会科教处指导下，《农家致富》手机报整合全省农业科技专家资源，包括科技入户工程省级技术执行专家、省级及基层农技推广机构、省农业委员会各业务处室、省农业科学院等 39 家挂县强农富民工程实施单位及全体驻村专家近 400 人的专家团队。通过定期坐诊、随时出诊和日常巡诊，初步构建起“手机报编辑部—省级专家—地市专家—驻村专家及技术指导员”的多级服务网络，手机报不仅成了广大技术指导员开展日常工作的“好助手”，更为广大农户开辟了一个线上线下联动、产业门类齐全、服务方便快捷的“专家门诊”。

2011年4月15日，南京市浦口区石桥镇读者胡守信打来电话，说他培育的900亩瓜苗中，有近300亩生长缓慢，部分出现枯黄萎蔫，因涉及60多个农户，希望手机报提供帮助。手机报立即联系省农业科学院蔬菜研究所所长羊杏平和南京市农业委员会园艺站专家前往石桥镇，确诊系当地农户将两种冲施肥混用，造成肥害，当场组织农户调集水源，对苗田进行大水漫灌，减轻肥害，同时适当揭膜通风。3天后，当地受害瓜田95%以上已缓苗。省级专家地头“出诊”受到当地农户的一致好评。

（作者单位：江苏省农业委员会、江苏农村经济杂志社）

不求所得　但求所为

朱翠萍

珠龙村位于安徽滁州市南谯区珠龙镇西北，滁定公路贯穿东西，交通便利，环境优美。全村总面积 6.5 平方千米，辖 10 个村民小组，全村人口 2 100 人，劳动力 900 余人，耕地面积 4 820 亩，山木林 1 500 亩，养殖水面 350 余亩。村党总支书记刘立春是这个村群众致富的领头雁。

狠抓科技宣传，提升农民科技文化素质

为提升群众的科技文化素质，刘立春首先从抓科技宣传教育入手，筹资 40 多万元，建立了农业科技培训中心，配套了桌椅、电脑、投影仪等教学设备，添置科技图书 5 000 多册，订各类科技报刊 10 余种，免费借给群众看。在村务公开栏旁边还有科普园地，把从报刊、杂志和网上摘抄下来的科技知识进行宣传。村里还组织老教师、老干部、老党员和有文化的青年组成了科技宣传小分队，广泛向广大群众宣传科学文化知识。每年邀请区、乡两级农业技术专家到村举办培训班，开展农业科技培训，以提高农民的科学文化素质。

有了良好的学习交流平台，全村涌现出一批科技示范户、种植养殖大户和致富能手。团山组村民岳梅在村委会的组织下参加学习养殖技术，掌握了养鸡技术，2008 年她投资近百万元，建起了蛋鸡养殖场，年养蛋鸡 2 万余只，当年获利 30 多万元，不到 3 年就收回了全部投资，现在日产鸡蛋近 400kg，市场供不应求。村民李荣银通过学习葡萄种植技术，掌握了葡萄种植栽培管理技术，引进了优质高产品种，种植葡萄 6 亩，种植的葡萄果实大、口感好，市场价格可观，年收入近 6 万元。目前，全村已发展 50 亩以上的种粮大户有 38 户，各类养殖大户 18 户，蔬菜、食用菌等特色种植大户 15 户。科技示范户对珠龙村农业经济发展起到了示范带动作用。

以集体经济为载体，做好农业生产服务

集体经济是村级组织为民办实事的一个重要支撑。珠龙村有一个全区唯一一家村集体企业——珠龙农工商有限责任公司，主要经营生产资料。刘立春曾

经当过农技员，对农业技术知识掌握较多。特别是担任技术指导员以来，他一直坚持义务进货把关，义务售后服务。对进货采购，他经常与村两委一班人商议，还多次到滁州市有关商家进行比较，从经营品种到进货价格进行控制。多年来，他义务为群众服务，经常主动上门到田间地头进行讲解服务，正是做到了货好价廉，让群众买到优质产品同时还享受到了优质服务。2010 年，村集体企业共向农民提供优质良种 1 万 kg，各种优质配方肥 80t、农药 2t，为全村的粮食丰收提供了物质保障。刘立春到村工作 20 年来，义务服务 20 年，从来没有在集体企业拿过一分报酬。

珠龙村还有属集体所有的几十亩茶场、林场，村集体没有时间和精力经营，而原先零散发包给农户种粮，群众效益不好，集体收益不多。如何让这些集体资产增效、增值？刘立春带领一班人多方调研，最后通过公开招标的方式，发包给种植大户从事苗木花卉、葡萄生产，并且还经常给予技术指导。经过 3 年发展，经营户效益明显，周围群众也在种植大户的引导下进行产业结构调整，增加了收入。在刘立春的带领下，珠龙村集体资产得到增值，收入明显提升，现在珠龙村集体资产仅 20 多间门面和仓库，估算价值就在 100 万元以上，而村集体每年自有收入超过 10 万元。

全力做好科技入户工作，做优秀的技术指导员

刘立春在做好全面工作的同时，把本村的科技入户工作作为一项重要工作来抓，做到了：将农业科技学习材料送到科技示范户手头，指导到田间地头，咨询到农户家里。和农户一起查墒情、查苗情、查虫情、查病情。送科技书籍、送技术材料、送科技信息、送防治病虫害药品。每项农事活动前先组织科技示范户学习和研究技术方案，先学后做。建立手机信息平台，及时传递信息。利用农闲时间组织科技示范户进行技术培训。采用集中培训和现场指导的方式，对农户进行技术培训和指导，农业生产经济效益明显增加，每亩平均增效 100 元左右，得到了广大农民的拥护。近几年，他还培养水稻生产等致富带头人 15 名，建立了用水协会和葡萄协会 2 个农民专业合作社，充分发挥了指导员模范作用。2010 年，全村农民人均纯收入达 6 300 元，新建新居 34 套，约 5 000m^2，水、电、路、通讯配套齐全。2011 年正在新建的居民楼，可安置 30 户村民，全村生活环境得到了美化，农民生活水平得到提高。

“不求所得、但求所为。”现年 60 岁的刘立春用这样的人生信条鞭策着自己。

（作者单位：安徽滁州市南谯区农技推广中心）

科技兴农排头兵

张建群

许圣君，安徽寿县堰口镇农技站站长、农艺师，自 1990 年毕业后一直扎根在最基层的农技推广服务战线，默默工作，无私奉献，用自己的青春和汗水，谱写了一曲曲动人的赞歌。曾被县政府记大功和三等功各 1 次，2007 年获安徽省水稻产业提升行动先进个人荣誉称号；堰口镇农技站 1999 年获农业部“全国农业技术推广先进单位”称号，2001 年获农业部丰收奖一等奖。许圣君及其领导的堰口镇农技站，不断以优异的成绩，赢得了群众高度评价和称赞。

勇挑重担，创建粮食高产攻关示范区

2011 年，寿县水稻产业提升行动、小麦高产攻关核心区在堰口镇各安排 3 万亩，现代农业项目小麦生产示范区和农业部小麦高产创建示范片分别在堰口镇安排 2.6 万亩和 1 万亩。为了把这几项工作落到实处，许圣君除负责 10 个示范户以外，还负责魏岗、大光、青莲 3 个行政村的技术指导，安排站内其他同志各承包 1 个村，他和同志们骑着摩托车走村串户，逐户宣传、造册登记、发放明白纸。由于长期在该地区工作，人地两熟，情况掌握较全，加上工作积极主动，此项工作马上得到了落实，并按部就班、紧张有序地稳步开展。可以说，做到了落实早、行动早、效果好，为统一供种、配方施肥、农业机械购置和病虫害统防统治等各项工作打下了良好的基础。

扎根一线，深入开展农业科技培训和入户指导

为了圆满完成项目实施工作，必须摸清当地水稻、小麦生产的基本情况，了解制约水稻、小麦生产的因素。为此，许圣君做了大量的调查研究工作，他不辞劳苦，不怕繁琐，多次与农户交谈，掌握了大量的真实情况，找到了当地水稻和小麦产量偏低、品质差、效益低的主要原因。同时，有针对性地制订了解决方案，使项目区各项技术措施的落实有了科学依据。

为了让农民能够掌握超级稻、专用小麦的高产栽培技术，克服以往种田的不科学做法，真正做到科学施肥、合理密植、适时防治病虫害，许圣君依托 10 个示范户分村民小组给农民开展技术培训，不厌其烦地讲解技术要领，反

反复复地回答农民提出的问题，使每位农民都能听得懂、记得住，做到每户都有明白人；同时，还印发了水稻、小麦高产栽培技术资料，做到家家都有明白纸。

在培训中，针对当地小麦、水稻种植存在的问题，一是重点推广主导品种，选择高产、优质、抗性强、适应性好的新两优 6 号、Y 两优 1 号、两优 0293 等超级稻品种，济麦 22、淮麦 29、徐麦 29 等半冬性小麦品种，按照“一村一品”的格局逐村安排落实，解决品种多、乱、杂和优质品种不成规模等问题。二是重点推广水稻旱育稀植及机插秧技术，解决培育壮秧、合理密植和节约成本、劳动力等问题。三是重点推广小麦机械化播种、开沟技术，解决播种量过大、冬前苗弱和渍害等问题。四是重点推广补施钾肥，做到平衡施肥，解决“一炮轰”偏施氮肥、麦稻倒伏问题。五是重点推广病虫害综合防治技术，通过推行统防统治，解决了“马前炮、马后炮、放空炮”等问题。由于培训到位，群众掌握了新技术，为粮食丰收奠定了坚固的基础。

帮扶大户、示范户，扩大示范带动效果

只有技术落实到田头，才能转变为生产力。许圣君承担了 10 个 20 亩以上的科技示范户的技术指导任务，从今春小麦纹枯病防治、水稻的育秧开始，到秋天的水稻收获、秋种结束，定期不定期地走村串户，跑田埂，督促农户采取新技术，同时在现场发现问题就地解决，工作间细化、具体化。

他通过建立农户田头档案，掌握了每户水稻和小麦的田间管理、长势长相和可能存在的问题，为指导生产提供了科学依据。经常是群众一个电话，许圣君二话不说，骑上摩托车就赶赴田头，为群众解决了一个又一个难题。有了科技示范户的带动和现身说法，科技推广取得了事半功倍的效果。

建立园区，营造高标准试验示范基地

多年来，堰口镇农技站为县农业技术推广中心承担了大量试验示范任务。为了做好试验示范，他牺牲了几乎所有节假日、休息日，从试验地选择、规划、物质准备，到作物栽种、观察记载、考种收获，都是他身先士卒亲自操作。为了建立一个稳定的试验示范基地，他找农户长期租了一块面积 30 余亩麦稻轮作田，作为堰口镇农技站的品种展示园。2011 年，在展示园区内完成了 28 个水稻新品种 84 个处理和小麦 26 品种 78 个处理的展示任务。同时，还在园区建立了水稻、小麦“3415”试验点各 1 个，今年秋种又在大光社区增设了一个油菜新品种展示园区，共展示 24 个油菜新品种。今年 9 月，中国水稻研究所曹立勇博士来展示园区观摩，夸奖堰口镇的水稻展示园跟他们所里的试

验田一样规范，也得到了省水稻高产创建检查组的高度评价。

把握关键时期，全面推广物化技术成果

近年来，寿县小麦实现良种物化补贴全覆盖。一开始，群众不理解，筹集资金比较困难。许圣君带领全站同志逐村去做宣传和动员工作，由于品种选择对路，宣传培训工作做得扎实具体，几年来，堰口镇每年都率先完成资金筹集和良种发放任务，使小麦良种补贴发挥了“一村一品”、适期播种、丰产丰收的应有效果。

病虫防治不到位，是困扰农民的一大难题。以往农民防治病虫害的时候，不是“马前炮”，就是“马后炮”，要么就是用错药。2011 年，许圣君抓住实施小麦高产攻关和水稻产业提升行动发放物化补贴这一契机，采取“宣传培训先行、准确测报预报发放病虫情报公告、组建国元植保服务队统一服务跟进、以发放物化补贴药肥实行统一作业”的办法，项目区小麦、水稻全部推行了统防统治。在防治的关键期，他每天都在现场指导、配药，每天在高温烈日下工作几个小时，甚至忙得顾不上吃饭。2011 年，堰口镇小麦纹枯病、赤霉病，水稻螟虫、稻纵卷叶螟、稻曲病，均得到了有效防控。统防统治的良好效果，不但增强了农民科学防病治虫的观念，同时达到了科学防治、增产增收的目的。

秋种之前，利用现代农业项目资金，他和全站同志一齐找农机大户做工作，引导种粮大户筹集配套资金，共购置大中型拖拉机 70 台、旋耕施肥播种机 70 台、开沟机 70 台。同时，对小麦机条播、机开沟给予技术服务补贴 30 元的农户，进行逐户登记造册，推进了小麦播种机械化作业在项目区全面应用，为 2012 年小麦丰收创造了良好基础。

收获丰收，赢得农民真情回报

由于工作认真踏实，2011 年小麦高产攻关、水稻产业提升行动、10 个科技示范户均获得了圆满成功，通过了专家组的验收，小麦高产攻关示范区平均亩产 470kg，超高产田达到 500kg；水稻产业提升行动示范区平均亩产 650kg，超高产田达到 700kg 以上；示范户平均增产 15.5%。农民在享受丰收喜悦的同时，对许圣君的热情工作也给予了高度评价和衷心地感谢，都说：“这样的技术指导员我们欢迎，我们需要这样的农技干部。”许多示范户要请许圣君到家喝酒，他总是说：“这是我的本职工作，每年要等到你们丰收了，我们农技干部才能睡成安稳觉。”

（作者单位：安徽寿县农业技术推广中心）

科学养猪走上致富路

盛宾强

初中毕业后，17 岁的王朝云就学会了开手扶拖拉机，联产承包责任制后又开起了小四轮、农用车、大货车；在开大货车的 7 年里，走南闯北，挖到了人生的“第一桶金”；在运输过程中，经常与饲料打交道，萌发了回家创办养猪场的念想；当大家都放弃养猪时，他拿出所有的积蓄修建了标准化养猪场，短短 2 年就达到年销售 50 万元、利润 15 万元的养殖效益。他就是安徽黄山市黄山区耿城镇沟村村民王朝云——大自然养猪场的老板。

守家等于守清贫

1978 年，王朝云初中毕业就开始在生产队里挣工分，一天下来只能挣得几毛钱。第二年，生产队派几个人学开手扶拖拉机，因为他聪慧、灵巧，最后他被录取了。虽然开拖拉机要比种地轻松些，但收入没有多大变化，他盘算着更大的发展。

分田到户后，他东拼西借筹了几千元，率先买了台小四轮跑运输。经过 10 多年的积累，1995 年又换了辆农用车，拉沙石、木材，赚点运输费。收入虽然比在田里劳作要高得多，但想改变生活面貌还是梦想。因为乡下毕竟货源少、货款又难结算。左思右想，他决定外出闯荡。抛下妻儿，放弃温馨，含泪离开了家乡，去了深圳。

2000 年春，王朝云只身去了深圳。在外闯荡 7 年，跑长途运输，挖到了人生“第一桶金”。在往返合肥、芜湖、温州的过程中，经常要拉些生猪饲料，在与商家的接触中，也渐渐知道了一些饲料的产地、品种、特性，也了解了生猪市场的行情。经过几年的酝酿，创办养猪场的构想已经成熟，并很快付诸实施。

高标准创办养猪场

2009 年 2 月，根据农技部门提供的选址、规划、建设构想，他拿出了所有积蓄 8 万元，在离村庄几千米的山坞里、自家的承包山上开始建设。第一批按标准化建有猪舍 8 个，总面积 250m²。当年 7 月开始养殖，当初只有 3 头母猪，通过自繁自养，当年年底养猪规模达 100 多头，其中能繁母猪 10 头。2010 年 3 月，又投资几万元，增建 300m²、标准化猪舍 14 个。2010 年底，养猪规模达 350 多头，其中能繁母猪 20 头。目前，大自然养猪场占地面积 8 亩，其中建筑面积超过 1 000m²，种植青饲料 6 亩。

开始养猪，一切都是门外汉，只好一边请教兽医，一边学着做。每天天没亮就要起来，要一直干到晚上。必做的事有：清洗猪舍每天 2 次，猪舍消毒每星期 2 次，喂食每天 3 餐，还要种青饲料、购进复合饲料等。遇到母猪生产的时候，要守 7～8 个小时，有时要一晚到天亮。最要命的是猪病防治。他认识到技术是生存之本，一边购书自学，一边向兽医请教，学母猪养殖、育肥猪的饲养管理。积极参加畜牧局和镇举办的各种技术培训，并结合自己的养殖实践，摸索了一整套的养殖技术，并能全程操作。如今，从品种的选择，到母猪的繁育；从仔猪的饲养，到育肥猪的快速育肥；从猪舍的消毒预防，到常见病的治疗；从仔猪出售前的防疫，到公猪的去势等，他都是自己做。随着技术的日臻完善，他养的仔猪个个健康活泼，他沉浸在成功的喜悦中。

2010 年 5 月，猪肉市场出现了少有的疲软，活猪收购价跌到了每千克 6～8 元，125kg 的猪只能卖 700 多元，每栏猪 7～8 个要亏 6 000 多元。当时，他的心凉了，硬汉子第一次落了泪。他想起了比尔·盖茨的一句名言："眼泪和汗水的化学成分相似，但前者只能为你换来同情，后者却可以赢得成功。"他继续用汗水经营猪场，相信市场是有周期性的，并加大投资，扩大育肥猪存栏量。短短一年，如今活猪收购价达到每千克 19.6 元，100kg 以上的存栏猪达 100 多头。他尝到了技术带来的甜头，他感谢当初的执著，坚信挺过了严冬就是春天。

致富不忘乡邻。如今，在市场转好的情况下，仔猪成了抢手货，他在保证质量的前提下，首先满足本镇农户需求，以适中价格出售，并 10 天内包换。哪家猪有点伤风、感冒，他主动上门解决，从不收一分钱；哪家种西瓜、蔬菜需要肥料，他总是免费提供。因为他的热情和无私，乡亲们总喜欢亲近"大自然"。

希望与梦想

他现在养的猪，品种都是目前市场上最好的，有杜洛克、汉普夏等，但用复合饲料喂养，肉质总不尽如人意，加上现在瘦肉精事件，人们对猪肉还是心存顾忌。他想尝试全程青饲料喂养，喂出真正的"土"猪，提高肉的品质，发展生态猪场。他准备 2011 年年底着手试验，通过一年时间掌握新的饲养配方，再进行推广。再建一个 $30m^3$ 的沼气池，真正使“大自然”猪场成为绿色、生态、安全的养殖场，使“大自然”名副其实。通过努力，力争 2012 年底达到存栏 500 头、出栏 1 000 头，能繁母猪 50 头，仔猪出售 1 000 头，年产值 200 万元，年利润 60 万元。

如今，他家已经建成 $350m^2$ 的楼房，日子过得红红火火。他现在已年过半百，没想到养猪比开大货车还要辛苦，本不健壮的身体显得更加黑瘦了，他选择这条路无怨无悔，会一直走下去。他将猪场作为将来的发展方向，进一步扩大养殖规模，做大做强肉产品加工，做出自己的品牌，真正当上大老板。

（作者单位：安徽黄山市黄山区耿城镇农技站）

科技之花在梵净山下四处绽放

吴奇侠

基层农技推广体系改革与建设示范县项目是一项惠农工程，旨在建设农村、发展农业，切实提高农业技术人员的业务素质和科技水平。该项目在贵州江口县实施两年来，全县农业发展和技术普及推广、技术理论与生产实践紧密地联系在一起，从而在农业生产—农民—农技人员之间架起了一道桥梁，对发展现代农业，确保粮食增产、农业增效、农民增收有着重大意义。

科学技术是第一生产力。农业的发展离不开农业技术的进步，抗病作物新品种、新技术的应用无疑给农业的发展带来新的活力。

科技示范放光芒

太平乡岑忙村是贵州省扶贫开发二类贫困村，全村经济主要靠传统种植业，经济结构单一，2008 年全村农民人均纯收入只有 1 550 元。岑忙村虽然交通不便、群众贫穷，但是全村地势平坦、土地资源十分丰富，具备大力发展种植业的基础条件。

为改变村里单一的种植结构，增加农民收入，江口县于 2009 年开始投入 20 余万元在岑忙村建设了 200 亩无公害蔬菜试验示范基地，技术人员曹家洪、李崇明、杨平长期在基地，把根扎在农家，与农民朋友交心，实地传授农业技术。目前，该示范基地共辐射带动周边 420 多户农户种植西红柿、苦瓜、冬瓜、四季豆、辣椒、莴苣、萝卜、芹菜等品种 1 300 多亩，实现产值 300 多万元，农民户均增收 6 000 余元。

用残腿引领致富路

农技人员余小红生下来就左腿残疾。但她身残志不残，多年来，她通过科技种菜，自己走出了勤劳致富路，还成了受老百姓欢迎的“庄稼医生”。

2005—2006 年，她负责指导闵孝镇三合片区的蔬菜生产及病虫防治。在指导过程中，她发现农户对虫害、病害分不清，有的农民甚至不知道打农药的最佳时期，造成防治效果差。同时，因市场上防治蔬菜病虫害的药剂少，加之农户生产规模小，满足不了市场需求，蔬菜的经济效益无法凸显出来。于是，她挨家挨户动员，劝说农户发展蔬菜种植，可没有一家愿意种蔬菜，他们的理由很简单，就是没有技术。农技人员如何搞好科技服务？余小红萌发了自己租地搞蔬菜种植试验示范的念头。

2007年，余小红在中练村下寨组租地10余亩，全部种上白菜、黄瓜、辣椒、番茄等蔬菜，开始试验示范，当年白菜、黄瓜、番茄丰收，获利5万余元。2008年，该村的张西军、曾吉昌等10余农户跟着她学大棚地膜蔬菜种植，大棚蔬菜一下子扩大到100多亩。

喊破嗓子，不如做出样子。从此，余小红把自己的蔬菜试验地当做向农民传播农业科技的大讲台，向前来学习蔬菜种植技术的农民悉心传教。近几年来，她在自己的示范地培训当地和邻近村寨菜农800多人（次），使200多人掌握了大棚蔬菜种植技术。中练村村民张子禾高兴地告诉笔者："过去种植水稻、玉米，亩收入最多不过1 000元，现在余老师教我们种大棚蔬菜，每亩可收入上万元，比以前强多啦！"

2009年，她被鱼良溪村"两委"聘为蔬菜生产特约指导员，负责对该村100多户从事蔬菜生产的农户进行技术指导，业余时间，她把自己的实践经验写成讲稿，对周边100多农民进行系统的培训。她讲解蔬菜种植技术，通俗易懂，深受当地农户喜欢。几年来，她为菜农解决蔬菜生产中遇到的技术难题500多种。

2010年，她主动承担起鱼良溪村蔬菜基地的集中育苗，为100余户解决了300多亩大田移栽用苗。

2011年，为更好地指导农民搞好蔬菜种植，她将试验地扩大到2个村，投资10多万元，新建大棚7个，租地60亩。如今，余小红的示范基地越做越大，双江、坝盘、太平等乡镇的蔬菜种植专业户慕名到她的试验地取经。

几年来，余小红在自己的试验示范基地先后试验示范推广了10多个蔬菜新品种、新技术，让农民看得见、摸得着、学得会。农民们说："过去，农业技术推广一张嘴、两条腿，现在有了试验示范基地，农业科普进村和农业技术推广变得容易多了。"

让农民分享科技成果

为了让科技示范项目得以更好实施、项目效果得以更好体现、农民科学种植的兴趣得以更好激发、信息技术得以更好传播、农民收入得以更多增加，江口县坝盘乡农业技术服务中心主任刘裕平身先士卒，自己办基地、兴产业，做给农民看。

2009年，他筹资12万元在坝盘乡挂扣村公路边租地10亩，搞起了大棚科技农业示范基地，试验示范品种有：西红柿、黄瓜、豇豆、辣椒等 8 个品种，在此期间，刘裕平日夜守在大棚里，观察作物长势、状态、病虫害情况。一年下来，10 亩大棚蔬菜为他赢利 3.52 万元。

2010—2011 年，他又投入资金 40 余万元，大棚基地扩建为 50 亩，种植西红柿、黄瓜、豇豆、辣椒、甜玉米、花菜等 10 余个品种，50 亩大棚获纯利 15 万余元。并通过组建裕农生态农业种植农民专业合作社，发展会员 32 人，带动种植蔬菜 1 100 多亩，人均年增收 5 000 多元。与此同时，还示范带动全乡 200 多农户种植蔬菜，户均增收 4 000 余元。

随着科技示范项目的不断深入开展，通过技术指导员对农业技术的大力宣传、认真推广、多形式培训和长期指导，地处人间仙境——梵净山下的江口县的农民实实在在地分享着农业科技带来的成果。

（作者单位：贵州江口县农业产业化经营办公室）

"泥腿子"站长

刘长祥

江苏东海县农业技术推广中心作物栽培指导站站长徐宗进有个绰号，叫"泥腿子"。靠着这双泥腿，他先后主持部、省级以上农业项目32个，其中科研类项目12个，示范推广类项目20个。水稻丰产精确定量栽培技术研究与应用获江苏省2010年科技进步奖一等奖，水稻高产高效生产技术组装集成与应用获江苏省2010年农业推广奖一等奖，水稻无盘旱育抛秧技术集成与推广获农业部2010年丰收奖一等奖。在荣誉面前，徐宗进没有骄傲自满，他的目标是如何蝉联全国粮食生产先进县标兵"三连冠"。

在稻田圆农业梦

徐宗进出身农民家庭，有过从事农业劳动的经历，上农业院校是圆他的农业梦，他最想做的就是向"杂交水稻之父"袁隆平学习，以自己的学识减轻农民的劳动强度，把他们从艰辛的劳作中解脱出来。大学毕业时，他可以选择留城工作，也可以选择留校任教，可他毅然决然回到农村，回到最基层的乡农技推广部门工作。

2007年，拿到农业推广硕士学位的他，满怀一腔热忱，想在家乡干一番事业，想在家乡推广水稻精确定量栽培集成技术和水稻机插高产高效栽培技术。但是，要让农民告别手栽稻这一传统生产方式却没那么容易。许多农民不了解这些技术，甚至有的农民"土专家"提出反对意见，这让徐宗进犯难了。那就用自己的实际行动做给他们看。为使农民能够尽快接受和掌握水稻精确定量栽培集成技术，徐宗进放弃节假日，起早贪黑，每天巡回在田间实地查看和指导，现场帮助解决机插栽培中出现的新问题，他深入田间地头与农民面对面开展技术培训、手把手进行技术指导，主动把新工艺、新技术要领送到农民手中，及时解决农民在生产中遇到的问题，很快使老百姓掌握了这项新技术。在他的示范带动下，最终的技术成果让平明镇的陈安康、陈士好等有多年水稻种植经验的"土专家"心悦诚服了。2007—2010年，徐宗进先后引进、示范推广作物新品种（系）192个，推广徐稻3号、徐稻4号、连粳6号、连粳7号，全县示范推广面积也由3 000亩扩大到3万亩、30万亩，累计推广面积1 200多万亩（次），粮食作物单产稳步提高，实现粮油增产52.33万t，新增农业经济效益达4亿元。农民都说："'泥腿子'站长就是我们东海的'袁隆平'。"

夯实水稻高产量基础

从事水稻高产栽培技术推广工作，在土地还没有大规模流转之前，就是与一家一户农民打交道。每年从水稻种植到收获，徐宗进几乎没有一天呆在办公室里，总是先演示、培训、育秧、组织插秧，然后再进行田间管理指导。2008年，东海县开展首批高产创建示范。单位没有地就租农民的地，单位没有钱就自掏腰包、借钱先垫上用。他组织农技人员白手起家在平明镇周徐村租赁耕地280亩，逐渐扩大建立了东海县农业科技示范场，将农业新品种、新技术都集中到示范场进行试验、示范和展示，搭建了农业科技成果转化的平台。

多年来，他为了能实现粮油新品种、新技术、新材料的示范推广，提高新品种和新技术的到位率，不论是星期天还是节假日，只要田里有群众的地方就能看到他的身影；不论是精确定量栽培技术、超级稻育秧技术、机插秧技术、秸秆还田技术，还是田间管理（现场）技术、病虫害综合防治技术，徐宗进总是农民有问必答、有电话必回。据生产作业部门统计，5年来，他深入田间地头、走村串户指导过的农民科学种田达5 000余户，帮助解决在农作物生产中遇到的栽培技术难题，指导和培训过的农民达2万多人（次），印发水稻高产栽培技术指导意见10多万份；办农业技术培训班89期，培训农民及技术骨干2.3万多人（次），印发培训资料及《粮油作物病虫害防治技术》小册子2.8万余份。2008—2010年，由他主持的部、省级水稻高产万亩示范片建设项目，连续3年平均亩产超过700kg，其中2009年亩产达到724kg，创淮北水稻高产纪录，为东海县2009—2010连续2年蝉联全国粮食生产先进县标兵立下汗马功劳。

农忙耕作　农闲写作

农民农忙时，他忙着耕作；农民农闲时，他忙着写作。一年四季，他没有清闲的日子。他结合课题研究、试验示范和生产技术指导，先后撰写科技论文、专业文章等40余篇；先后出版了学术专著《中熟中粳水稻丰产高产栽培技术》、《优质甘薯高产栽培技术》等；在《江苏农业科学》、《上海蔬菜》等省级以上专业刊物上发表专业学术论文25篇，对东海县农业生产起到了积极作用。

正是由于徐宗进的不懈努力，他所在的单位先后承担了国家、省、市级各类科技项目32项，如科技部“淮北粳稻精确定量栽培技术研制与示范推广”、省科技厅“苏北稻区超高产水稻新品种筛选及配套技术集成研究与示范”、省农业委员会“东海县水稻机插育供秧示范点建设”等项目都得到了落实，这不仅提升了东海县粮食生产大县的声誉，更提升了东海农业技术知名度。

（作者单位：江苏东海县农业委员会）

农技培训：农民增收致富的孵化器

宋志春　张玉峰　范学东

身为江苏沛县人，明显感觉到近年来农技培训的力度大了，农民增收致富的步伐快了。在农业技术培训的引领下，一批新品种、新技术、新模式迅速推广，经营新理念开始在农业生产经营中扎根，涌现出了一批种植养殖能手、科技示范户和创业标兵。

采用接茬种植新模式让农民增收一倍

沛县安国镇是苏北著名的瓜菜之乡，有种植西瓜、甜瓜的悠久历史。近年来，沛县锁定设施西瓜全省第一的战略目标，实施5万亩瓜菜更新工程和千亩无支柱节能大棚转换更新工程，年种植西瓜5万亩、甜瓜3万亩，生产的西瓜、甜瓜5月中下旬上市，畅销江苏、山东、河南、安徽，实现亩产5 000～6 000kg，产值8 000～10 000元。

长期以来，沛县西瓜、甜瓜生产模式比较单一，常常是种一茬瓜歇半年，光热水肥自然资源没有得到充分利用。近年来，县、镇两级农技人员结合农业部农技服务体系建设和江苏省科技入户工程的实施，通过培训示范，积极推广早春西瓜（甜瓜）—萝卜—秋延后辣椒高效栽培新模式，一茬变三茬，经济效益明显提高，亩产值达1.9万元，亩纯收益1.5万元以上，效益提高了一倍。

目前，瓜菜基地的所有农户基本上都采用了瓜—菜—菜一年三熟接茬种植模式，种植效益大幅度提高。

生态养殖撑起农民致富一片天

一个模式、一项技术，带动一批产业、致富一方百姓。沛县五段镇1万亩无公害稻田河蟹养殖基地，采取稻—蟹—虾生态养殖模式，年生产大规格无公害优质蟹50万kg，无公害优质鱼虾25万kg，无公害优质稻谷500万kg，年产值5 700万元，利润3 250万元，基地群众人均增收600元。

沛县紧靠微山湖，湖岸线长达60余千米。近年来，沛县依靠自然资源优势，把发展稻田养殖作为农业增效、农民增收的重要途径，作为高效可持续发展农业的重点，大力开展生态养殖的技术推广与培训工作，在五段、魏庙、龙固、杨屯等沿湖7个乡镇建设高标准稻田养殖基地3万余亩，其中，稻田养蟹2万亩，稻田养虾1万亩。在此基础上，技术人员还探索出了稻田养殖金鱼、泥鳅、乌鱼、混养黄颡鱼、鳜鱼等技术，先后被列入江苏省稻田养殖示范区和省级稻田养殖示范县。

目前，全县稻田养殖生产模式年产优质无公害稻谷1 500万 kg、蟹150万kg、鱼虾75万kg，实现产值1.72亿元，利润9 500万元，带动沿湖1 500多户农户开展稻田养殖，实现增收致富。基地实施无公害生产管理，生产的优质无公害稻米和水产品80%销往郑州、南京、上海、中国香港等地，产品在国内外市场上的知名度、市场竞争力和占有率显著提高。

着力提高农民创业就业能力

近年来，沛县在农产品质量建设方面狠下工夫，加大无公害农产品相关生产技术的培训与指导力度，成效十分明显。江苏名特优农产品（上海）交易会于2010年11月在上海农业国际展览馆举办，沛县的山药、牛蒡、优质稻米、鼋汁狗肉、酱鸭系列熟制品、大屯李家烧鸡等产品深受上海市民的喜爱，摊位前人流如潮，形成了一次又一次抢购热潮，有些市民已是连续多年来沛县展位购买土特产，赞美沛县产品质量好、有特色。

沛县农民走上增收致富路，农技培训与指导功不可没。2010年，累计开展农业实用技术培训1 100多场（次）、15.1万人（次）；农民创业培训21期、2 291人；“致富工程”培训8期、423人。

沛县从全面落实农业科学发展和可持续发展出发，积极组织开展农民技能培训，着力提高全县农民的科学素质和创业就业能力。

一是加强领导，落实责任。将农民培训工程作为每年的重点工作之一，县、镇两级分别成立了相应的农民培训工作领导小组，从而建立健全了省、市、县、镇四级贯通与整体联动的组织领导体系。

二是加强联合，合力推进。为充分发挥各部门的优势，加强与其他有关部门的合作，共同做好农民培训工作。

三是加强监管，全面考核。采取多种有力措施，实行对培训工程的全程监管。

通过培训，培育了一大批懂技术、会经营的新型农民，促进了沛县农业增效、农民增收和农村发展，促进了粮食丰收和农产品的有效供给。

（作者单位：江苏沛县广播电视台、沛县农业技术推广中心、沛县农业委员会）

平凡如歌

贾俊美

当大地充满绿意盎然的勃勃生机，当播种迎来沉甸甸的收获，一路走来，或泥泞，或坎坷，他，一位普通农技推广员，数年如一日，从未放下那份执著，把青春和汗水都倾注给了安次这片热土，为农业产业结构调整，促进瓜菜生产上规模、上档次、上水平默默地贡献着。他叫钟少宁，1983 年开始从事瓜菜技术推广工作，他编写的《食用菌高产栽培技术》、《蔬菜贮运保鲜技术》获廊坊市农林局奖项，《秋延后大棚番茄栽培与贮存配套技术研究应用》、《伊丽莎白厚皮甜瓜引种及配套栽培技术推广》、《保护地蔬菜二氧化碳施肥技术推广》获廊坊市科委奖项，《棚菜综合配套栽培技术》获农业部奖项；在省级刊物上发表论文 6 篇，参与编写出版蔬菜科技丛书 2 本，在中央、省、市电视台科技讲座多次。1994 年获河北省科技进步年活动先进个人，2003 年、2004 年、2008 年获河北省蔬菜产业工作先进个人等荣誉。

当好参谋　做好推广

钟少宁曾多次参与编写安次区瓜菜生产发展长远规划，每年编写全区瓜菜生产安排意见，拟定瓜菜试验、示范、推广项目的实施方案，并做好调查总结工作，给领导当好参谋。其中，参与编写并实施的主要项目有：《廊坊市安次区万亩棚菜区项目实施方案》、《菜篮子双环工程项目实施方案》、《日光温室十项栽培技术规范实施方案》、《深冬瓜菜生产实施方案》、《棚菜综合配套栽培技术推广》、《伊丽莎白厚皮甜瓜引种及配套栽培技术推广》、《保护地二氧化碳施肥技术推广》等，还编写发表了 10 余篇瓜菜生产技术论文，对当地蔬菜产业的快速发展起到了重要作用。

1987 年，钟少宁开始引种伊丽莎白厚皮甜瓜，从引种开始，就边生产、边研究，总结完善推广科学留瓜、多次留果、合理密植、多层覆盖栽培、病害综合防治、甜瓜育种技术及设施专用型新品种选育等技术，这些实用技术为当地瓜农提供了技术支撑，促进了农民增收。经过十几年的艰苦努力，安次区大棚厚皮甜瓜栽培面积达 3.6 万亩，年产蜜瓜 11 万 t，产值 2.3 亿元。2006—2009 年连续 4 年获中国（廊坊）农产品交易会优质农产品称号。

20 多年来，钟少宁与同志们一起引进推广了数百个瓜菜新、特、优品种，促进了安次区瓜菜品种的更新换代。引进伊丽莎白、丰雷、碧龙、迎春、久红瑞等甜瓜品种；引进佳粉系列、毛粉802、金棚系列、亿丰金粉系列等番茄品种；引进加州王、文图拉、西雅图芹菜等品种，使安次区瓜菜生产新优品种应用率实现了100%，极大地丰富了人们的“菜篮子”。为了丰富安次区厚皮甜瓜栽培品种，从2005年开始，钟少宁积极引种天津市蔬菜研究所培育的甜瓜新品种，并参与搞好新品种的技术创新和新品种的选育工作，筛选出元首、丰雷等品种，大大增加了甜瓜产量和质量，增加了农民收入。

抓好服务　一心为民

作为主讲人，钟少宁共举办瓜菜技术培训班1 000余次，培训人数上万人次，深入田间指导、接待群众咨询不计其数。为讲求实效，他在集中培训的基础上，突出重点，以阶段性、临时性、实用性为主，不分节假日，利用中午或晚上时间培训授课，只要群众需要，有求必应、有问必答，安次区瓜菜生产不断上规模、上水平、上档次，实现了农业的高效发展。

钟少宁想群众之所想，急群众之所急，为群众排忧解难，做好产销对接。2003年，安次区大棚甜瓜暴发霜霉病和果腐病，当时正是“非典”高发期，然而，为了群众的根本利益，他毅然赶赴蜜瓜生产基地，深入棚间查看病情，分析病因，制定了防治措施，在空旷的田野上举办现场培训班，并及时把农药送到农民手中。疫情得到了及时控制，为群众挽回了巨大的经济损失。同时，钟少宁把瓜菜可能出现的滞销问题，及时进行反馈，提出合理化建议，受到各级政府和有关部门的特别关注，从而保障了全区瓜菜运销渠道畅通，使集中上市的2万亩总产7 000万kg的蜜瓜和蔬菜得以顺利销售，没有发生滞销现象，价格平稳，保护了农民利益，维护了农村稳定。

参加工作以来，钟少宁扑下身子，真抓实干，在单位是领导的得力助手，在村街是老百姓的贴心人，为群众办了大量实事、好事，受到了群众的普遍欢迎。他经常组织带领村街干部和种植大户外出参观，开阔眼界、解放思想，和农民一道考察市场、论证行情，帮助和引导农民发展经济。为了普及农业实用技术，他亲自编印技术小册子1 550册，无偿分发给菜农。2007年，他参加了区委组织的进村兴业活动，帮助所在村街搞好产业调整，引导农民发展高效农业，示范推广新品种、新技术，做好农业先进实用技术、无公害蔬菜栽培、绿色食品操作规程和标准化生产规程等培训，与农民群众零距离接触、面对面指导，实现科技与生产的有机结合。在他的帮扶下，村街农业生产有序开展，农业产值逐年递增，广大农民学科学、用科学，现代高效农业在全区悄然崛起并形成规模，推广的新品种在市场上占有重要份额，农业先进技术的应用使村街经济发展驶入快车道。

创建好省级蔬菜示范县

2010 年 7 月，安次区被确定为河北 15 个蔬菜产业示范县之一，区农业局牵头并承担起了示范县建设任务。钟少宁结合区情实际和产业基础，编制完成了《安次区蔬菜产业发展规划》，提出安次区《关于推进蔬菜产业建设的实施意见》，他抓住省、市、区高度重视蔬菜产业发展的有利时机，选择 10 个蔬菜产业示范村，每村建设千亩以上蔬菜标准园，围绕蔬菜生产“三节一增”，扩大基地规模、推广无公害集成技术、加强质量监控体系，推广膜下微滴灌节水、防虫网与黏虫板应用、集约化育苗、高效防雾棚膜、测土配方施肥等 10 项关键技术，加强农业科技创新，提高蔬菜产品市场竞争力，向北京、天津供应高质量、高尖端、更安全的蔬菜产品，实现了安次区从农业大县向蔬菜强区的蜕变，真正成为全省蔬菜产业发展的排头兵。

钟少宁的事业平凡而崇高！怀着为“三农”事业贡献毕生的信念，他像一粒种子，深植在安次的土地，寒来暑往，谱写平凡无悔的奉献之歌。

（作者单位：河北廊坊市安次区农业局）

农民身边的“老植保”

杨艳芝

2011年5月以来，广西天峨县境内连降暴雨，雨过天晴之后极易暴发病虫害。为了防患于未然，雨还没有停，天峨县农业技术人员就积极深入田间地头指导群众开展防治工作。一天中午，县植保站站长杨再豪刚从示范基地调查回来，手机突然响起来，原来是科技示范户韦庆爱打来求助电话，说她家的稻田黄蔫蔫的，又没看到虫子为害，不知水稻发生什么病了。杨站长顾不上休息，就直接驱车20多千米赶到求助示范户的田间查看病情，通过实地查看分析，原来水稻蔫黄并不是发病，而是因为田间长时间积水太深导致水稻缺氧。他精心指导示范户排水晒田，改善禾苗田间通透环境。

像这样的求助电话，一年365天几乎天天不断，数不胜数，他都耐心答复指导。

杨再豪，天峨县的农民几乎没有不认识这位与病虫害打交道的“老植保”。植保站的工作人员换了一茬又一茬，可杨再豪仍然干着“老本行”，他在植保战线上干了20多年，在平凡的岗位上取得了不平凡的成绩，他除了专心做好农作物病虫害综合防控技术推广外，他在推广先进的新技术、新品种等方面做得也令同事刮目相看。

植保工作是农业技术推广工作的重要组成部分，植保站担负全县农作物的病虫测报防治任务，而病虫测报专业性强，要求严格，容不得丝毫差错，稍有疏忽和闪失，就会给全县农业生产造成重大损失。作为该县植保站站长，他感到肩上的担子重、压力大。为了摸清全县主要农作物病虫害的发生规律，杨再豪根据中稻区农业植物主要病虫的发生为害特点，20多年如一日，坚持对黑光灯诱虫情况进行记载、田间定点观察、全县面上病虫调查和试验示范，发布准确的病虫预报，在实践中逐步摸索、总结出一套适合天峨县农业植物病虫测报体系，追踪病虫情报，密切监测病虫发生动态，适时指导农民防治病虫害，每年发布病虫情报20期以上，预报准确率93%以上。

有了多年深入田间地头第一线的丰富经验，他熟悉农作物各种病虫害发生特点与规律，如同熟悉自己孩子一样。当农民请教他不同的农作物何时发生病虫，最佳施药防治时间，施何种药剂，他都能随时详细指导。2008年6月，他通过田间调查发现水稻稻纵卷叶螟和稻飞虱大面积为害全县的水稻，此次害虫较往年迁入时间早、迁入量大、迁入次数多，危害非常大。灾情发生后，他及时向领导汇报灾情，并对全县各乡镇农业站站长等相关人员进行“两迁”害虫的防控技术培训及开展防控指导工作。由于防治及时，有效地控制了“两迁”害虫的蔓延，避免了粮食遭到严重损失。

植保工作除了认真做好测报防治工作外，还必须面向生产实际，及时解决农业生产中遇到的各种难题，推广先进的植保新技术。在推广使用一项新技术之前，他都要经过试验示范，例如在频振式杀虫新技术推广应用时，杨再豪带领植保站人员用两个星期的时间深入安装杀虫灯试点的果园、稻田，记录水果、水稻不同灯距产生的防治效果。近年来，他们分别在果树、蔬菜、水稻、玉米等基地安置推广佳多频振式杀虫灯2 000多盏，覆盖面积2.5万亩。这项新技术可减少农药施用量，减轻农民的劳动强度，降低生产成本，对生态环境保护起到了较大作用。

杨再豪在工作中富有创新精神。2010年是天峨县第二年实施全国农技推广示范县项目，他既是该项目专家组成员，又是示范户的技术指导员，还要负责实施水稻、玉米试验示范基地建设的具体指导工作。尽管他身兼多职，却能统筹安排好自己的繁杂工作。由于基地实施面积较大，在防治病虫害上单家独户喷药防治效果很不理想，为解决病虫害防治效果不佳的难题，他组建了一支病虫害统防统治机防队，由群众集资，机防队承包田块防治。2011年6月，在天峨县六排镇都隆村新隆屯水稻试验示范基地，他根据当前水稻病虫害发生实况，精心配制了以防治稻飞虱和稻瘟病为主的农药，经过他现场培训指导，机防队员背起新型喷雾机走进田间，雾状的药剂均匀地喷洒在水稻植株上，显现了用药少、省工省时、防治效果显著等优点，前来观摩学习的农民受益匪浅。

杨再豪的工作成绩不仅表现在病虫害防治上，他在推广应用水稻、玉米新品种方面也是成绩斐然。2011年，以杨再豪为组长牵头实施的全国农技推广玉米新品种展示试验示范基地，在全县10大示范基地当中是做得最好的，该基地共展示了15个玉米新品种，目前，玉米基地通过项目专家组测产验收。为确保测产验收数据的准确，专家组在验收现场查看示范基地玉米长势后，对示范基地的15个玉米新品种进行了随机抽测，每个品种抽样检测$4m^2$，通过测产计算，筛选出农艺性状综合表现较好的亚航639、桂玉505、亚航红星、贵玉1号、文单2号等5个品种，其中亚航639最高平均亩产达488kg，比对照正大619玉米品种亩增52kg。他能较好地把新技术、新品种充分地展示给农民，从而使基地成为技术指导员的课题研究、技术实践和实习的基地，并成为示范户和辐射户的培训和观摩基地，起到非常好的示范带动作用。

发预报、抓防治是植保的基础工作，从事科研活动是提升业务能力的重要手段。近年来，杨再豪主持较大的科研项目有：《山楂果螟（三斑果螟）生物学特性及综防技术研究》、《京亚葡萄引种试验》、《广西农区鼠害区划与综防技术协作研究》、《频振式杀虫新技术的推广应用》等课题。与此同时，他在全国和省级刊物上发表科技论文15篇。

（作者单位：广西天峨县农业局）

倾心高产创建的“农博士”

夏书娥　蒋须俊

他用辛勤的汗水和科技的智慧浇灌着这片沃土，他用泥染的风采书写着一位乡镇农技人员的赤子情怀。他于1999年荣获农业部全国农技推广先进工作者、2000年荣获人事部和农业部农村优秀科技人才一等功、2010年荣获农业部全国农业经济工作先进个人等荣誉，他就是江苏丹阳市皇塘镇农业服务中心主任、高级农艺师孙国祥。

1978年，孙国祥从农校毕业后，就来到皇塘镇农技推广站工作，一干就是30多年。30多年来，他一直奋战在乡镇农技推广工作第一线，任劳任怨，无私奉献，把农业科技推广到千家万户，给农民带来了一项又一项农业实用新技术，为促进农业持续增效、农民持续增收和农业现代化建设做出了重要贡献，被誉为丹阳市乡镇农技推广战线上的一面旗帜。

“孙主任是我们庄户人信赖的科技专家。”提起孙国祥，当地群众都赞不绝口。金秋时节，丹阳市皇塘镇的万亩水稻高产创建示范区内稻谷飘香，到处呈现出一片丰收在望的喜人景象。种田大户刘金富喜滋滋地说：“以前我们种的水稻产量亩产只有450kg，随着这几年粮食高产创建活动的技术推广，粮食产量不断提高，今年的水稻长势好，预计亩产可达650kg。”

高产创建是农业部实施的一项稳定发展粮食生产的重要举措，其关键是集成技术、集约项目、集中力量，促进良种良法配套，挖掘单产潜力，带动大面积平衡增产。为实施好这一惠民工程和民心项目，孙国祥以粮食高产创建为抓手，在全镇范围全面实行“一推四普及”，取得了显著成效。全镇形成了统一机插、统一肥水管理、统一技术培训、统一病虫防治、统一机械收获的模式。一大批高产典型大量涌现，实现了做给农民看、领着农民干的目标，示范效果十分显著。在他的带领下，通过短短5年时间，就全面普及了机插秧，使皇塘镇成为江苏省机插秧推广整体推进先进镇，在镇江市率先全部实现了水稻机插化，使该镇于2008年在镇江市第一个建立了省级万亩水稻高产创建示范片。2008—2010年连续3年创建省、部级水稻高产增效万亩示范片，全镇18个行政村村村建有百亩方，并全面开展了机插、植保统防“五有五统一”的专业化服务，加快了水稻新品种和测土配方施肥、精确定量栽培等新技术的推广，显著地提高了粮食产量，为稳定粮食生产做出了贡献。

2011年，由于在粮食高产创建方面成效突出，皇塘镇成为镇江市唯一的部级水稻高产增效创建整体推进镇。作为科技入户技术指导员的他，不顾自己心脏病频发病痛的煎熬，始终以事业为重，以单位为家，无私奉献，经常深入村组田头，推进农民培训和科技进村入户工程，普及和指导各项技术。一次由于病重住院，但他身在病房仍心系高产创建，不时通过电话指导工作。出院不久，本该好好在家静养一段时间，但他却提前深入田间地头。在他的带动下，皇塘镇农业服务中心培养了一大批思想好、业务精、能力强的科技骨干，全面提升了为“三农”服务的水平。

2011 年 6 月中旬以来，持续的阴雨天气对水稻生长造成了严重影响，当地农民在镇农业服务中心指导下，水稻长势喜人。孙国祥说：“皇塘镇的粮田只有 4.48 万亩，只占丹阳市粮田总面积的 1/20，但去年农业产值却占丹阳农业总产值的 1/7。2011 年，由于实行统一品种、统一机插、统一病虫防治，每亩产量比其他地方增长 100～150kg，其中丰产方每亩产量将达 700kg 以上，攻关田的亩产量将实现 750kg，加上今年水稻播种早、栽插早，从目前水稻的长势来看，今年的产量将会超过上年。”

近 3 年来，在孙国祥的努力下，全镇每年通过上门订种推广小麦新品种 5 万 kg、水稻新品种 7 万 kg，全面推广了测土配方施肥、病虫草害综合防治等新技术，拥有水稻插秧机 186 台。2011 年，皇塘镇水稻全程机械化面积达 4 万亩，占水稻总面积的 90%以上。孙国祥还不断创新农业服务方式，率先在丹阳市建立了乡镇级皇塘农业信息网，开通了农信通、咨询服务热线等服务平台，并在每个村建立了农业信息服务站点，建立了镇农业信息体验中心，免费为农民提供网上服务和农信通服务，农业信息工作得到了上级部门的充分肯定。

在热心粮食高产创建的同时，孙国祥带领农业服务中心广大技术员通过做给农民看、扶持农民干的方式，先后建立了无公害大棚蔬菜基地、雪山草鸡养殖示范基地、草菇生产基地，发挥其示范带动作用。每年，他都亲自当教员，组织举办 20 多期培训班，培训 1 200 多人（次）。在他的带领和指导下，全镇培植科技示范户 210 多户，辐射带动农户 5 000 多户。他还先后争取实施了省水产三项工程项目 3 个、省高效农业项目 5 个、省财政支农项目 6 个，部级现代农业产业发展项目、农发项目各 1 个，共争取项目资金 1 250 多万元，促进了皇塘镇高效农业的发展。他引进的雪山草鸡养殖示范项目，带动规模养殖户 150 多户，年养殖规模突破 750 万羽，年总收益突破 750 万元，被誉为引领农民致富的“农博士”。

（作者单位：江苏丹阳市农民科技教育培训中心）

情系企业　用心服务

丁传贵

2005 年 6 月，江苏姜堰市姜堰镇引来白米镇建筑商王杰先生投入 500 万元，建成了当时泰州市规模最大、设施水平最高的姜堰市田园畜禽养殖场，建设规模为常年存栏商品蛋鸡 5 万羽以上。由于投资商没有养殖技术，请求市畜牧兽医站提供这方面的服务，我受领导委托去该场驻场指导和服务。在服务的过程中，我深切体会了畜禽养殖企业和养殖场（户）对科学知识的渴求，体验了科学技术转化为生产力的巨大潜能，领略了用心服务的艰辛，品味了付出努力获得成功所带来的愉悦和舒畅。

练兵之心驱使我欣然赴任

当领导找我谈话时，我便欣然答应。我想：作为一名畜牧生产技术推广工作者，这是将自己所学知识直接应用于生产指导的难得的练兵机会。在共同会商的基础上，制定了详细的实施方案，内容包括鸡舍的设计、消毒隔离设施、防疫制度和免疫程序的制定、粪便处理以及饲养管理人员岗位设置等。同时，还制定了一整套规章制度、考核办法和奖励制度。

经过认真准备，田园畜禽养殖场于 2005 年 12 月 23 日首批引进 2.9 万羽伊莎商品蛋苗鸡。那一年的冬天特别冷，又正逢高致病性禽流感在全球暴发，疫情频发。作为生产技术指导员的我深感责任重大，所承受的心理压力只有我自己最清楚。因此，进雏前的各项准备工作包括生产物资筹备、人员培训、养殖场消毒、预温等等不敢有半点马虎，进雏后 2 小时进行观察，记录温湿度的变化、鸡群精神状态和饮食状态，夜间去鸡舍听雏鸡的呼吸是否正常。工作之余、休息日或节假日我都坚守在养殖场指导生产，手把手地示范、指导生产、宣传防疫知识和开展消毒流程。

2006 年“五一”期间，该场因购进玉米把关不严，饲喂几天后鸡群出现食欲消减、呼吸亢进、渴欲增加，部分鸡只呈现拉稀的症状，病死鸡逐步增多，剖检初诊为霉菌中毒，追根溯源发现是霉变玉米引起。我召集饲养管理人员，决定立即停喂霉变玉米，同时又以万分之三硫酸铜饮水解毒施救。连续治疗 5 天，鸡群才脱离了危险。

责任之心激励我时刻努力

在挂钩服务期间，我时刻牢记自己是姜堰市的一名科技人员，搞好服务、树好形象的观念时刻警醒我不能懈怠。由于该场无蛋鸡育成舍，2006 年 2 月 14 日，从育雏室转群后的苗鸡因为体格偏小，够不着乳头饮水器，部分苗鸡呈现脱水状态。经过研究，我大胆决策，直接放水于食槽中进行补水施救，鸡群脱水状况得到遏制、危险消除，鸡群逐步趋于稳定，之后将干料改成湿料饲喂延续至 80 日龄，鸡群整体发育良好，也熟悉了新的生活环境，饮水正常，较好地解决了问题。该方法被沿用至今。

2006 年 8 月正值盛夏，该场暴发了鸡坏死性肠炎。养殖场老板听说海安县兽医站和张郭镇兽医站的鸡病专家在白米镇行医，便热情邀请前来诊治，诊治结论、治疗措施与我相左。老板决定将鸡群划为两块，由我们分别诊治。我认为，该病因产气荚膜梭菌所致，于是采取以氟苯尼考拌料消炎、甲硝咪唑饮水解毒并用，疗程为 5 天，结果取得了较好的疗效：死亡总数低于比照群 0.2%，产蛋恢复期缩短一周；同批次淘汰时该鸡群产蛋全期死淘率比其他鸡群低 0.5%，平均每只鸡多产蛋 260g，每只增效 1.6 元，赢得了大家的尊重和信任。

坚持标准化生产，树立品牌意识，为企业多创收是我的一贯追求。在我的倡导和努力之下，该场 2007 年成功申报了“丰妙”牌无公害鲜鸡蛋，由于其品质好，在无锡曹安市场销售十分抢手，每箱鸡蛋交易价高出市场同类产品 1 元，田园养殖场实现了生产开门红，首批次 5.2 万只蛋鸡 520 日龄平均产蛋 18.2kg/只（以入舍母鸡计），实现纯利 140 多万元，高出同类养殖场（户）10%。

2008 年春季，该场聘请外市兽医技术人员驻场指导，3 月 15 日进雏 1.8 万只，4 月 6 日暴发鸡新城疫。4 月 8 日（周五）晚 21 时我接到场主告急电话，邀请我站防治组专家赶赴现场，了解病史、观察病症，并进行剖检和化验室诊断，初步怀疑为鸡新城疫感染，制定了先以大剂量干扰素抑制病毒复制，同时使用抗病毒药物辅助，待疫情控制后再行补免的治疗方案，很快收到了较好的效果。

在生产中我和姜堰市田园畜禽养殖场的全体成员都深切体会到，规范化、制度化开展动物防疫的重要意义。2008 年底，江苏东台、海安发生了疫情，该场虽采取封闭式管理、强化消毒等诸多措施防范，但最终未能幸免于难。不幸中的万幸是，由于该场控制措施到位、基础防疫工作扎实，始终坚持规范化、制度化免疫，结果仅有几个百分点的损失，比同类感染场损失得少，让全体员工切实感受了规范基础免疫发挥的作用。

过去，很多生产者产蛋初期因饲料营养投入不当（育成期与产蛋期过渡衔接不够，或者产蛋前期营养过高尤其是蛋白水平过高），不仅造成浪费，而且增加了死淘率。我在生产中摸索出了营养逐步递增法，收到很好效果，即以5%、15%、30%、50%和80%群体产蛋率为饲料营养调节点，逐步提高能量、蛋白、Ca、P等矿物质营养水平，并且豆粕增加量每次只能1～2个百分点，同时配合逐步增加光照每周0.5小时，有效地解决了因营养水平过高、蛋体过大导致难产和脱肛等问题，既节约了生产成本，又降低了死淘率，更为全程高产奠定了良好的基础。产蛋后期逐步降低蛋白水平，适当提高能量，能收到节本、增重的效果，利于提高经济效益。

通过点点滴滴的科学指导和应急事例处置获得的良好结果，体现了科学技术对生产的指导意义，也折射出科学技术转化为生产力的无限潜力。同时，为农牧系统树立了形象、赢得了荣誉。

感怀之心鞭策我不断前行

挂钩服务基地为我们提供了理想的练兵场所，搭建了更好地推广实用技术及开展试验、示范和科研的平台。2006年，我在该场实施了我站推荐的蛋鸡免疫程序，历次抗体检测，保护率均在95%以上。实践证明，该程序适宜在我市推广，我本人于2006年被泰州市重大动物疫病防控指挥部授予“动物防疫先进工作者”荣誉称号；同年开展了“片片绿”生态改良剂在蛋鸡生产中的对比饲养试验，投入产出比为1∶1.56，为指导生产提供了科学依据。2008年，与中国农业科学院合作，运用他们的研究成果，采用先进生产工艺，生产低胆固醇、高卵磷脂鸡蛋，从而提高鸡蛋品质，鸡蛋以高出本地同类产品交易价0.32元/kg的价格由其回收，预计每只蛋鸡一个产蛋周期可增收5元以上，企业获利，我们感到莫大欣慰。同时，开展挂钩服务还丰富了我们的学识，提高了生产指导技能。几年来，我在生产中积累了大量的第一手生产资料，更加准确地掌握了生产信息，及时了解生产动态，在生产中锻炼提高了解决实际问题的能力，为科学指导生产奠定了坚实基础。

强化服务意识、创新服务方式、开展挂钩服务是践行科学发展观的体现。挂钩服务基地有利于满足广大养殖户的需求，有利于普及推广新品种、新技术、新模式，推进农业生产可持续发展，也能更好地树立农业系统良好的服务形象。

（作者单位：江苏姜堰市畜牧兽医站）

让农业科技成为农民增产增收的有力推手

黄湘华

湖南汨罗市为深化农业技术推广体系改革，加强全市基层农业技术推广体系建设，充分发挥基层农业技术推广体系在发展现代农业、培育新型农民、提高粮食产量、增加农民收入、统筹城乡发展等方面的重要作用，调动农民群众学科技、用科技的积极性，让农业科技成为农业增产、农民增收的有力推手。汨罗市农业局利用全国农技推广体系改革与建设示范县项目之契机，结合全市实际情况，采取有力措施，深入开展农民群众"学科技、用科技、促双增"的活动，取得了显著成效。汨罗市桃林寺镇南林村农业科技示范户黄细和就是农民学科技、用科技、促双增的典型代表。

黄细和家住汨罗市桃林寺镇南林村 3 组，现年 59 岁，家有 5 口人，子女在外打工，夫妻俩在家务农。他家是 2009—2011 年汨罗市基层农技推广体系改革与建设示范项目的油菜产业农业科技示范户之一。

说起老黄，本乡十里八村的人熟悉他，省、市的一些领导和部门也熟悉他。因为他是出了名的"学科技、用科技"能手、"农业科技钻研王"，有"湖南省科技示范户"、"汨罗市油菜高产示范户"、"汨罗市红薯种植大王"等诸多称号，被誉为科技致富的样板户，农业产业结构调整的带头人，农业科技推动新农村建设的践行者。

勇于钻研农业科技

说起黄细和对农业科技的钻研劲头，人们总要从老黄的"汨罗市红薯种植大王"的来由说起。2003 年，桃林寺镇开始发展红薯产业，为配合镇政府实施调整农业产业结构、致富当地农民的计划，他开始进行红薯高产栽培的探索。2004 年，在湖南农大教授及市农业技术专家的指导下，他种植的红薯获得亩产 5 000kg、株产红薯 43kg 的高产，这株大红薯当年参加湖南省农博会获得金奖，从而得了"汨罗市红薯种植大王"之美名。此后，又种出了株产 54kg 的红薯，刷新了 2004 年的纪录。他的种植成果证明，红薯是高产作物，极具增产潜力。在老黄的示范推动下，桃林寺镇红薯种植高产典型层出不穷，红薯种植大户不断增加，农民群众学科学、用科学的热情更为高涨，种红薯的氛围更为浓厚，红薯产量大大提高，农民收入显著增加，为带动桃林寺镇红薯产业的发展做出了积极贡献。

2009—2011 年，汨罗市被列为农业部基层农技推广体系改革与建设示范项目县（市），老黄又成了油菜产业农业科技示范户。针对当地油菜良种普及率不高、油菜产量低且参差不齐、经常出现华而不实、油菜菌核病发生导致后期死苗减产等情况，他主动找农技指导员商议油菜产业发展问题，在农技指导员的指导下，他把种植双低油菜、推广油菜施用硼肥、油菜高产栽培及病虫草害综合防治技术作为自己科技示范的重点。

通过学习，他了解了双低油菜、油菜产业应该怎样优化品种与布局，怎样选用“双低、两高”杂交油菜良种，高产栽培中应怎样适期播种；掌握了培育壮苗、高厢深沟、规范化、稻草覆盖、中苗早栽促“秋发”、科学配方施肥、施用硼肥等栽培技术；掌握了田间管理、病虫草害防治、油菜稻田免耕直播栽培技术等。边学习、边应用、边在周围农户中示范推广。2009 年，他种植了 15 亩双低油菜亚科 28，2010 年夏收平均亩产 160kg，比 2008 年增产 22%，亩平增收节支 125 元，共增收 1 800 余元。2010 年，种植 20 亩双低油菜中油杂 11（希望 98），2011 年平均亩产 170kg，每亩平均收入 450 余元，总收入近万元，成为汨罗市油菜高产示范户。通过技术示范、辐射，他周边几十户油菜种植户在 2011 年油菜优良品种入户率达 100%，平均增产 20%以上，每亩平均增收节支 130 余元，油菜华而不实现象没有了，菌核病发生率下降 90%以上。

善于引导周边农户

健全服务体系、拓宽农技推广途径，创新方式方法、增强农技推广实效，普及良种良法、提高农业科技水平，深入基层引导、增强农民科技意识，这是基层农技推广体系改革与建设的主要目的；充分发挥科技示范户的示范引导作用，这是基层农技推广体系改革与建设的重要途径。

老黄成为油菜产业农业科技示范户以后，为了切实做好农业技术示范、推广工作，主动承担了双低油菜新品种示范、油菜施用硼肥试验、油菜菌核病防治试验等。在试验、示范中，他总是一丝不苟地参与、锲而不舍地摸索，通过与指导老师共同努力，试验、示范获得圆满成功。

在试验、示范的每一关键环节，老黄都要事先告知周边农户，邀请他们到田间地头参观学习。通过老黄的细心引导，有效地将农业优良品种、先进技术、实用技术传授给广大农民朋友，在自己增产增收的同时，也让周边群众增产增收。

乐于开展农技推广

农业技术不是点石成金的技术，农业不是吹糠见米的产业，农业基础差、效益低、风险多、市场变化大，农业技术推广难，从事农业技术的示范、推广，需要的是无私奉献的精神，对于一个农民科技示范户则更是如此。

老黄今年59岁了，子女在外打工，家境也算殷实，按理说可以过着清静悠闲的日子。但老黄却放弃清静悠闲，反而对农技推广无私奉献，乐此不疲，壮心不已。

为了配合农技指导员老师对油菜产业科技示范户及周边辐射农户进行农业技术培训，老黄利用各种机会与指导老师一起召集示范户、辐射户对相关试验、示范进行现场观摩，以提高示范、推广效果。因为试验、示范的地点在老黄家责任田，需由他提供场地及相关服务；在现场观摩的同时，还提供场地让指导老师采用多媒体以幻灯片形式授课，图文并茂地进行培训。老黄为此增加了不少开支。对此，老黄说："只要对农民朋友致富有利，对农业发展有利，自己的一些精神和物资投入是值得的，是乐意做的。"

农业发展的根本出路在于科技，只有快速、有效地把农业科技推广到农村的千家万户和田间地头，才能发挥农业科技对农业增效、农民增收、农村发展的重要作用，为农产品竞争力的提升起到支撑和推动作用。世界需要热心肠，农技推广需要无私奉献，老黄就是千千万万个无私贡献的农业科技示范户的典型代表。

（作者单位：湖南汨罗市农业局经济作物站）

“一条龙”推广农机新技术

侯立军

河北三河市地处北京东大门，位于京津唐经济区域腹地，幅员 643 平方千米，耕地 53.8 万亩，总人口 49 万人。近 10 年来，农机新技术在三河大地得到了迅猛推广，2002 年秸秆机械还田技术初次引入三河市，到 2005 年全市 90%以上的农民就已掌握和应用了这项技术，而机械化保护性耕作技术推广也仅用了 2 年时间，在全市实施面积就达到了 20 万亩。据统计，2002—2011 年，三河市共推广农机新技术 15 项，直接为农民增加收入 2.1 亿元。农业新技术为何在三河如此受青睐，推广又如此之快呢？这是因为，三河市有一群在农技推广前线的“战士”，他们默默无闻地工作，铸就了三河市农技推广事业的辉煌。

农机局干部：我当农民，做给农民看，引导农民干

2004 年春耕生产期间，在三河农业高新技术园区内，一群农民正在一块地头前围观，田野里 20 余名农机技术人员，有的在撒肥，有的在调试喷灌设备，还有的边测苗情边为围观的群众做讲解……

保护性耕作，这个被农民称作“懒汉种地法”的农机新技术在 2003 年降临三河。说起这项新技术，当初农民怎么也不敢相信，“啥，不腾地、不翻耕、不打埂，只让拖拉机带着一个像播种机的东西，进地播下种子，满地还散落着秸秆、杂草，就完成了耕种？这不是开玩笑？”对于质疑，三河市农机局的技术人员使尽了浑身解数，他们向农民发放技术资料、放宣传片、理论讲解……无奈，这项颠覆了传统耕作方法的新技术就是不能得到农民的认可，采用这项技术的农民寥寥无几，使这项技术的推广陷入了困境。

面对困境，时任农机局局长的周玉华召开全体技术人员工作会议，会上全体推广人员作出了一个决定：“老百姓不信任这项技术，那我们就自己当农民，自己播种、自己管理、自己收获，做给百姓看，带着百姓干。”说干就干，他们在三河农业示范园区承包了 300 亩土地，筹资 20 万元，购置了大型拖拉机、小麦联合收割机、免耕播种机、秸秆还田机等机械设备，组建了三河历史上第一支农机推广服务队，建起了自己的示范农场，在农场田地里，技术干部扑下身子，像农民一样在地里摸爬滚打，自己耕种、自己管理，农民亲眼看到农技

人员在秸秆满地、杂草丛生的土地上播下种子，许多人当时认为这是“败家子”，可是到了麦秋，却让他们哑口无言了。农机部门播种的小麦比自己精耕细作、细心照料的庄稼收成还要高一成，一些农民心动了。技术人员趁热打铁，适时加大宣传，讲解保护性耕作技术增产原理，并在这里召开了10余次农机技术实施演示会，指导来自全市10个乡镇的上万名农民进行观摩和学习。

三河市农民通过比较、试种，充分感受到了这项技术带来的实实在在的好处：亩均增产50kg，每亩节约作业成本20元，同时省去了腾地、整地等一些繁琐的作业工序，播种的小麦耐旱、抗倒伏。农民从不相信到试种，再到大面积应用，思想观念有了巨大转变，放弃了操守几千年的精耕细作方式，而投身到保护性耕作中来，从而掀起了一场农业耕作制度的“大变革”。目前，全市应用保护性耕作技术的农民有20万人，实施面积达到18万亩，农民每年增加收益2 000余万元。

示范农场的创立，开辟了新技术传播的新途径，农技人员利用这个平台，大展身手，“做给农民看，引导农民干”，农民群众从中不但掌握了新技术的使用方法，更直观地看到了应用效果，使原来枯燥、难以理解的新技术学用起来简单、明了。如今，示范农场已成为三河传播新技术的重要途径，而且越办越红火。农机部门还先后在本市大阎各庄、魏各庄、霍各庄等乡镇创办了多处示范基地，每天都有远近各村的农民前来参观学习，成为三河传播农机化技术的“黄金通道”。

农机大户：全村的地我包种了，正常年景下，减产我包损失

齐心庄镇小罗庄村是三河市的一个偏远乡村，由于交通不便，信息传递不畅，这里的农民接受新事物少，思想相对保守，在农业种植上一直沿袭传统的耕种方法，农民对新技术不闻不问，因此，这里一直是农技推广的难点。然而，2004年这里推广农业新技术却顺利得让人感到意外：全村1 000多亩耕地在全市率先采用了农机新技术——保护性耕作技术，而且是一户不落，这到底是咋回事呢?

王志才，一名普普通通的农民，现年53岁，初中文化，在部队当过几年兵，转业回乡后，思想非常活跃，立志要带领农民改变本村落后面貌。20世纪90年代初，他申请承包了本村的300亩撂荒地，开始养猪、养牛、种植等种养一体化农业经营，增收效果明显，在他的带领下许多村民开始尝试养殖业，全村的经济状况有了一些改善。

为了提高种植效益，1998年王志才筹措资金买来了2台大型拖拉机，并配置了旋耕机、播种机等多种配套农具，走上了农业机械化道路。2003

年，保护性耕作技术初次引入三河，王志才便对这项技术产生了浓厚兴趣，他多次参加了农机局举办的演示会，尾随保护性耕作机具后面，仔细观察作业情况，并翻开土壤查看播种效果。通过观察学习，他对这项技术有了信心，并立即在自己承包的耕地上进行了试种，试种的小麦给他带来惊喜，经过测算，采用新技术的小麦比常规性种植小麦每亩节约成本 30 元、每亩增产 50kg。他盘算：如果自己承包的 300 亩撂荒地全部采用此项技术，那将直接增收 3 万元！高兴之余，他想到了全村的乡亲，如果全村百姓都使用这项技术，那给全村带来的收入是非常可观的，同时，也可大幅度减轻乡亲们的劳动强度。

他马上向乡亲们进行了宣传，可宣传效果很不理想，乡亲们将信将疑，有的想试试，也因为没有动力机械而退缩了，眼看播种期已到，他急了，马上联系村委会主任召开了村民代表会议，会上他做出了一个惊人的承诺："今年全村的地我包种了！各户只需把种子、化肥运到地头就行了，我给你们签订合同，正常年景下，如果减产我包损失，作业费先免收，等大家增收了再给我。"他的这一决定得到了村民认可，同时也得到了市农机局领导的大力支持，市农机局免费为其配置了 2 台作业机具，并派专家为其做技术指导。

2004 年 9 月，王志才经过 10 天奋战，用保护性耕作技术为全村 1 100 亩耕地播种了小麦，小罗庄村成为全市第一个保护性耕作技术全覆盖村街。第二年，王志才播种的小麦获得了大丰收，直接让村民增加收入 20 万元。获得丰收喜悦的村民纷纷上门答谢王志才，并要求与其再次订立作业合同。王志才暗暗下定决心，要把更多的农机新技术带给乡亲，为百姓增产增收做出自己的贡献。

2005 年，他便召集本村和邻村的有农机具的农户，组建了志才农机合作社，合作社以推广农机新技术为主旨，专门为农民提供代耕、代种服务。目前，合作社已拥有大中型拖拉机 15 台、小麦联合收割机 8 台、玉米收获机 3 台及各种配套农具 25 台，服务范围已从本村、邻村扩展到周边乡镇的十几个村街，至今已推广农机新技术 5 项，为 2 万农户提供了新技术作业服务。

农机服务组织：我取"真经"，你得"正果"

谈起近几年三河市农机推广经验，现任农机局局长杨东升做了解释：农机新技术推广关键是找准"突破口"，农机服务组织是新技术最先接触者、应用者和实施者，他们的"人"和"事"是农民摸得着、看得见的，其实施应用效果是最具说服力的，由农机服务组织帮我们搞推广，时间短、见效快。我们的主要做法是：抓住各镇村接受能力强、影响面大的农机服务组织（农机大户），通过政策倾斜、技术扶持、资金支持等措施，让农机服务组织成为新技术的实施者、示范者和推广者，从而带动农民大面积地应用农机新技术。

三河市杨庄镇霍各庄村的霍保仑告诉我们："前年我侄子霍齐峰用一项新技术播种了小麦，费用特别低，但收成还很高，去年他劝我也试试，并给我进行了播种，效果还真是不错，我不但每亩少投入 20 元作业费，还增收了 50kg，听他说这叫做保护性耕作技术"。霍齐峰是该村的一个农机大户，他从农机部门学到了保护性耕作技术，并率先在自家地里进行了试验，取得经验后马上向同村百姓进行宣传、推荐，并积极为农民做指导、播种。在他的带动下，仅用一年时间该村就有 80％的农户应用了这项技术。

泃阳镇魏各庄村一王姓农民告诉我们："我们村的农机大户蔡春东为我们演示了一种新型耕作技术，这项技术作业成本低、效率高，庄稼收成也不错，去年他与村里签定了合同，为我们全村搞播种，大家看到了他的试验效果，也都信服他，就全接受了。看，这一片全是他播种的小麦，长势真不错!"

泃阳镇赵河沟村村委会主任于大满说："去年我们村的学军农机合作社为我们试验了农机深松技术，效果很不错，今年我们与他签订了作业合同，全村 2 000 多亩地都采用了这项技术。"

现阶段农村田间作业形式已经有了很大变化，即由一家一户耕作向群体化集中耕作转变，农机作业已从种植业中分离出来，形成了一个新兴产业，全市涌现了多家农机作业专业服务组织，他们为农民提供了代耕、代播、代收等多项服务，深受群众欢迎。三河市农机部门适时抓住机会，因势利导，在政策、资金上给予服务组织大力扶持，同时在技术上重点对他们进行培训，这些服务群体取得技术"真经"后，进行了大范围的试验推广，如今农机新技术已成为他们市场竞争中制胜"法宝"，而农民群众也实实在在获得了新技术带来的"正果"——收入快速稳定增长。

（作者单位：河北三河市农机局）

三步走向安康道　向阳花木早为春

罗世创　翁振发

阳春是广东的一个农业大市，是广东商品粮基地县和优质粮生产基地县之一，也是广东蚕桑和生猪生产基地。这里的春湾大米、瘦肉型猪、无公害蔬菜、马水橘、春砂仁等农产品畅销市场，成为当地农村千家万户的摇钱树。

早在 1994 年，阳春市就被省政府定为广东首批商品粮生产基地。这里不但良田成片，更因其独特的石灰岩水源和土壤，生产出的大米具有外观明亮、饭质松软、味道香浓的特点。为了让优质香米卖得好价钱，阳春市政府在推进农业产业化的进程中，大力实施品牌战略，根据市场需求引进推广优质水稻品种，培育大米品牌、完善包装设计，逐步形成了“春湾大米”、“广东田牌”、“德利”等优质大米品牌，远销广州和珠江三角洲地区。这个拥有 100 多万人口的农业大市，优质水稻面积已达 66 万多亩，占水稻总面积的 96％；平均亩产 360～400kg，平均每千克售价 3 元。

看今朝旖旎风光秀，忆往昔峥嵘岁月稠！

阳春农技推广体系也曾出现过“网破、线断、人散”的状况。近几年，从中央到省到地方都开始重视基层农技推广体系建设，特别是成为全国农技推广示范县以后，阳春市农业技术推广中心承担了多个农业示范推广项目，积极进行探索与尝试，激活了阳春市的农技推广工作，起到了“接线、补网、聚人”的作用，使农业科技成果特别是水稻新技术在农村生根、开花、结果。这都要归功于“三步走”水稻种植推广法。

第一步：制定统一标准，实现强强联合

水稻是阳春市主要的农作物之一。随着阳春农业科技的进步和产业结构的调整，水稻生产不断向优质化方向发展。为使水稻产业快速发展，为了水稻生产更加科学、规范，实现标准化种植，促进产业升级，2010 年原阳春市农业局、农业技术推广中心联合了省里一批专家教授和一线农技推广人员制定了《阳春市水稻标准化种植高产技术规程》。该规程包括：选育技术、施肥技术、防病虫害技术、水稻种植中农机使用技术等。阳春市水稻生产技术标准的建立和实施，为推动阳春水稻产业健康发展提供了技术支持，也为提高产品质量、档次，增强产品竞争力提供了保障。

2010年，阳春市农业技术推广中心在合水镇六村岗垌和农业科学研究所建立了300亩优质稻新品种引进、示范推广基地，分别在岗美镇、马水镇和松柏镇建立了2 000亩优质稻高产示范区，还扶持培育优质稻产业化龙头企业石望永盛粮食加工厂进行优质稻米品牌开发、建立2 000亩优质稻生产基地。示范区当年优质稻平均亩产500kg以上，比非示范区每亩增产优质稻谷100kg以上，每亩新增产值300多元。

在示范区，农技人员采用了稻秆还田技术、测土配方施肥技术、病虫害综合防治技术、水稻无公害生产示范技术，提高了农民种粮的经济效益，实现了增产、增收。阳春水稻种植技术标准化了，稻谷的质量标准统一了，就可以与大米生产企业强强联合，扩大水稻种植生产规模，逐步建立完善的阳春稻谷企业生产与加工标准体系，为阳春水稻生产走向标准化生产、科学化管理、规模化经营的发展之路提供了有力的支持与保障。

第二步：用好培训，用活农机

为使《阳春市水稻标准化种植高产技术规程》这一标准体系在阳春市得以推广与实施，阳春市农林水产局、农业技术推广中心用好了两个工具：一个是培训、一个是农机。

首先，由阳春市农林水产局牵头，农业技术推广中心组织实施，依托农业项目建设的平台，在示范水稻种植高产技术的基础上，组织农业技术专家深入阳春水稻种植重点乡、镇、场，在不同的农时季节举办不同形式的培训班，以培训班的形式，面向农业科技人员、乡村干部和广大种植户培训标准化种植技术知识，发放标准化种植技术资料，广泛宣传推广《阳春市水稻标准化种植高产技术规程》。每年举办的农业科技培训班近300期，培训人员达2万多人(次)，发放资料5万多份。

其次，利用春耕前的动员会、农机推荐推广会、现场演示会、农机专业合作社演示等活动扩大宣传，强调标准化技术中农机不可“缺位”，重点强调机械化育秧、插秧技术在标准生产中的作用。2011年春耕时期，阳春市在三甲镇罗村垌举办了全市机械化育秧、机械耙田、机械插秧春耕现场会，进一步促进了全市农机在生产中的应用，推动了全市粮食生产产业化发展。

为了使培训与农机两个工具的效率达到最大化，农技人员采用理论培训实行集中学习＋互动讨论的方法，农机使用实行现场演示与田间学校＋农技人员查缺补漏的方法，再结合示范基地的典型示范，这样，就做到了具体问题具体对待，点面结合，针对性强，实现了农技培训中有农机演示，弥补了过去农业技术推广“一条腿”走路的不足。

第三步：抓住三“心”，众志成城

农民由于文化程度不高，对新鲜事物的认识难以达到一定程度，科技素质和对农业科技的接受能力较低。如果用强制手段推广农业技术，就会导致农民对农业新技术的态度不积极，甚至有抵触情绪，对农业技术推广非常不利。要切实让《阳春市水稻标准化种植高产技术规程》真正在农村落地、到农田长根，还必须要抓住他们每个人的“心”。

所谓抓“心”就是，要了解和把握农民在想什么？他们需要什么？政府想要达到什么样的要求目标？农技人员怎样才能达到事半功倍的效果？如果能统一方向、目标一致，这三者能很好地配合互动，我们的工作就可以顺利进行。

农业技术推广工作的核心就是做农户的工作。要想方设法提高农户的技术水平，提高农业生产技能，改变农民对科技创新的态度，最终改变农民的固有习惯和行为，以适应农村和农业生产发展的需要。因此，我们要认清农民、了解农户，同他们分析远期、近期的收益目标，并在当地带头建示范点，用事实证明：学科技＋用科技＝增产增收。再由农技人员用四两拨千斤的方法诱导、撮合农户照章办事。

三甲镇罗村袁庆云家有 5 亩责任田，一直种植自留的常规水稻种，产量低、效益低。近年来，通过在当地开展粮食创高产活动，我们的技术人员主动与他交心，分析他家的责任田产量低、效益低的原因，并鼓励他参加技术培训，提高他的生产技能。农技人员还送给他一定量的优质水稻种子作为对照试验，让事实讲话，让他感受到良种良法的作用。通过对比、试验，他尝到了甜头，水稻产量也逐步提高，收益有所增加。今年，他主动找到了农技人员，强烈要求参加粮食创高产活动。

在这三步中，第一步是规范、是基础，第二步是工具、是辅助，第三步才是核心！这“心”，是领导的关心春风化雨，是农技人员的苦心云开日出，是万家农户的诚心终成正果！只要政府、农技人员、农户同心同德，就一定能众志成城！

（作者单位：广东阳春市农业技术推广中心）

涉县农技员驻村蹲点成效分析与建议

王仁如

河北涉县地处冀南太行山区，总面积 1 509 平方千米，耕地 20.34 万亩，其中水地 8.5 万亩，旱地 11.84 万亩，人口 40 万人。全县 70%以上土地是由碳酸岩发育而成的石灰性褐土山地，坡度在 25°以上，适生植物少，生长缓慢，植被稀疏，生态脆弱。在耕地上适合种植的粮食作物有小麦、玉米、谷子、大豆等，蔬菜有白菜、甘蓝、西红柿、黄瓜、茄子、豆角、南瓜等。

受山高、坡陡，地块分散、零碎限制，长期以来机械无法作业，加上传统种植观念影响，全县新品种、新技术推广缓慢。

涉县作为国家基层农技推广体系建设项目县，从 2009 年开始选派农业技术指导员 100 人，深入全县 308 个行政村，蹲点包村指导新技术、优良品种推广。通过 2 年多的实践，取得了显著成果。

一、驻村蹲点培育科技示范户取得的成果

1. 推广新技术、新品种。

自 2009 年下派 100 名农业技术员驻村蹲点培育科技示范户以来，共推广懒谷 3 号、冀谷 19 等谷子新品种 2 个，小麦新品种 4 个，蔬菜新品种 6 个；推广测土配方施肥、谷子高产栽培技术、设施蔬菜栽培技术、设施蔬菜水肥一体化技术等农业新技术 12 项。

2. 培育科技示范户 1 000 个。

2 年来，共培养农作物科技示范户 450 个，蔬菜示范户 230 个，药材科技示范户 320 个，带动了周围 1.5 万～2 万农户学习、应用农业新技术，选用新品种。

3. 办科技培训班。

从农业技术指导员下乡开始，全县共举办农作物高产栽培培训班 400 期，病虫害防治培训班 400 期，设施蔬菜培训班 600 期，药材高效栽培培训班 100 期，培训农民技术员、科技示范户、种田能手、村干部 7.5 万人（次）。

4. 制作农业专题片。

2 年来，先后制作谷子简化栽培技术、小麦防灾减灾技术、农作物病虫害

防治技术、日光温室蔬菜栽培技术专题节目 24 期，在涉县电视台《涉县农业》专题栏目中播放，取得了良好的社会效益。

5. 解决农业技术难题。

2 年来，共解决农作物栽培技术、病虫害防治、设施蔬菜栽培、药材栽培等方面的技术难题 60 多个。

6. 取得良好的经济效益和社会效益。

通过驻村蹲点推广新品种、新技术，解决农业生产中的技术难题，2 年来全县小麦、玉米等农作物平均增产 10%～15%，每亩平均增产 30～50kg，20.34 万亩共增收 1 640 万～2 050 万 kg，取得了显著的经济效益。通过技术培训、田间技术指导等，共培养科技示范户 1 000 个，带动周边 1.5 万～2 万农户学习应用农业新技术、推广新品种，提高了群众科技素质，收到了良好的社会效益。通过减药控害、生物防治、农业防治等技术的推广，保护了天敌，保护了生态环境，取得了良好的生态效益。

二、农业技术指导员受欢迎的原因

1. 生活上不扰民。

农业技术指导员深入农村后，不论在工作上还是在生活上，村干部、群众给予了无微不至的关怀，但大部分农业技术员坚持不扰民原则，自带生活用品，自己做饭，提高了威信，受到了群众欢迎。

2. 视群众如父母、兄弟、姐妹。

农业技术指导员大部分出生在农村，对农民有着特殊的感情，他们知道农民的疾苦，知道辛勤劳作的不易。在他们眼里，田地里辛苦耕作的农民就是他们的亲人。具备这种思想感情的农技员最容易和群众交流，和群众打成一片，从而受到农民的尊重。

3. 农技员具有精湛的农业技术。

不断的学习深造，加上长期的农业、农村、农田工作经验的积累，造就了一批知识丰富、技术精湛的农业技术人员。他们能及时识别不同农作物的病虫害，提出有效的防治方法；可以根据不同农田、地块土壤中的养分含量，拿出合理的施肥方案；依据气候、土壤、降水等条件推荐适合本地种植的优良品种。这些农业技术人员是涉县的宝贵财富，也是最受欢迎的人。这些驻村蹲点的农业技术员一般有农业、农村、农田工作经验 10 年以上，具有农艺师及以上职称。

4. 能够同群众同吃、同住、同劳动。

这些农业技术员有较高的道德素质，下村后，每天能深入田间地头查看农作物生长情况，及时发现病虫害并提出有效、合理的防治方法。

5. 尽职尽责的工作态度。

他们把为农民服务，实现农业增效、农民增收作为自己的追求目标，每天默默无闻地深入田间地头，用实际行动履行自己的职责，及时指导群众。

三、农业技术推广中的有利因素

1. 青年农村妇女成为农业生产主体。

在农村，大部分青年男劳动力进城打工，留守青年妇女成为农村劳动力的主体。这些人员接受过初中以上的教育，思维活跃，求富力强，乐于接受新鲜事物，现已成为农业先进成果推广的主体。

2. 强烈的致富求知欲望。

所有的农户都想致富，都乐意接受新技术，特别是年轻农民。

四、影响农业新技术推广的几个因素

1. 部分农技人员素质差、水平低，不能担当重任。

有一部分农技人员不是农业院校毕业，长期不注重学习，专业知识缺乏。部分农技人员在乡镇从事其他职业，对农业技术生疏。部分 1990 年以前的农业院校毕业生，知识老化陈旧，不适应农业发展的要求。

2. 地块小、分散、零碎。

涉县属山区县，人均耕地 0.5 亩，并且分为好几类。零碎、分散的小地块，使单个农户无法完成规模化种植，不能进行机械化作业。这样，就加重了体力劳动的强度。

3. 无固定的培训场所。

大部分村无固定的农业新技术培训场所，缺少必要的培训设备。农业技术员办培训班，进行农业技术专题讲座，只能临时在村办公室或田间地头上课，培训效果差。

4. “一村一品”的种植模式还未形成。

缺乏大的农业龙头企业带动，很难形成“一村一品”的种植模式。现在涉县每个村庄种植作物多、品种多、分散，尽管政府、农业部门积极引导，但受销售、加工等环节的影响，无法真正形成理想的布局。如涉县的谷子产业，虽然形成了龙虎、偏店、王金庄等几个大型的千亩片，但因无加工、销售企业介入，所产谷子大部分还是被本地农户食用。这在相当程度上影响了下一步的发展。

五、今后工作改进建议

1. 加强农技人员培训学习，提高素质。

农技人员是农业新技术、新品种推广的主体，必须具有较高的素质和丰富的技术知识。涉县现有的专业技术人员中大专以上毕业的人员有60人（有3个研究生），占60%；中专40人，占40%。具有高级职称的有6人，占6%；中级职称的有30人，占30%；初级职称64名，占64%。为此，要想真正把农业新技术推向农村，被群众接受，必须对现有农技人员加大培训力度，提高他们的素质。不论从技术上，还是职业道德上，都要有一个质的飞跃，通过培训，使现有农技人员具备较高的技术水平，良好的道德修养，以崭新的姿态服务农民。

2. 清查岗位，充实队伍。

认真摸清现有农技人员底数，把县、乡只占有农技人员岗位、实际不从事农技推广工作的人员统计清楚，向有关部门汇报后进行清理，并对缺少农技人员的岗位从农业大专院校毕业生中招聘充实，增强农技推广队伍的力量。

3. 继续调整种植结构，实现“一村一品”布局。

依据气候、土壤特点，以村或乡为单位，确定适宜发展产业，如药材产业、蔬菜产业、特色杂粮产业、谷子产业等，进行合理布局。

4. 每个村建成固定的农业技术培训场所。

每个村都应建立一处农业新技术培训场所，购置必要的培训设备，如投影仪、电脑等。每个月在固定的时间邀请农业专家到村讲课，提高群众的科学种养水平。

5. 加强专业合作社建设，促进作物产业化种植。

每个村都要成立不同特色的专业合作社，利用反租承包、土地入股等形式，促进土地的合理流转、集中，并逐渐向规模化、专业化种植发展。

6. 引进、建设龙头企业。

引进、建设大的农产品加工销售龙头企业，把生产的初级农产品进行深加工，增加产品的附加值。同时，可解决群众农产品销售难题，促进相关产业的发展。比如，引进或建设一个谷子深加工企业，可把深加工的小米销售到大中城市，既提高了谷子的附加值，又相应促进了谷子产业的发展。

（作者单位：河北涉县农业技术推广中心）

誓把农田作画卷　行行写下致富歌

虞生根

现年38岁的刘小保，是安徽太湖县徐桥镇桥东村上屋组农民。从2008年开始，他一直从事农业规模生产，尤其在国家强农惠农政策影响下，在当地政府和农技部门的大力支持下，不断扩大种植规模，由2008年的300亩发展到现在的720亩，年产值也由25万元增加到现在的110多万元，成为远近闻名的种植大户。

不能让土地荒芜

2008年，看到村里许多青壮年外出打工，农民种田积极性普遍下降，有的土地抛荒弃耕、杂草丛生，有的种后无人管理，严重影响了农业生产。与农业生产打交道20多年的他，看到这种现象感到十分心疼。他与妻子商量后决定承包这些抛荒弃耕、无人管理的土地，实现规模生产。

2008年初，刘小保与桥东村中华组、上屋组、对铺组、丰屋组和韦屋组近200户农民签订承包合同，以每年每亩240元的租金签订了300亩7年的转包土地合同，从此开始了他从事农业规模生产之路。起初的创业很艰辛，由于缺乏农业新技术，缺乏科学管理，依然沿用传统的生产方式，使他投入生产的资金、劳力巨大，但产生的效益微乎其微。他没有气馁，没有放弃。

2009年，他找到当地农技部门，仔细征求农技专家建议，决心打一场翻身仗。在农技人员的指导下，刘小保种植的500亩田地获得了7.5万元的纯收入，这极大地增强了他坚持干下去的信心。2010年，他又扩大种植规模，增加了120亩承包地，总面积达到620亩，当年实现纯收入18.6万元。2011年，他的种植规模增加到720亩，预计纯收入可突破25万元。

从经验种地到科学种田

科学技术是第一生产力。刘小保在农技部门的指导下，实现了由经验种地到科学种田的转变。为获取更大的经济效益，他大力推广应用优质、高产良种，水稻上应用两优培九、隆两优 6 号、扬两优 6 号等，棉花上应用太 D5、鄂杂棉 11 等，使良种应用率达 100%，实现了品种全部优质化。

与此同时，加大测土配方施肥技术应用，针对承包土地贫瘠状况，他与当地农技部门挂钩，取土取样进行检测，实行测土配方施肥。按照施肥建议卡对症施肥，不仅节约了生产成本，还保养了土地，增加了效益。在 720 亩承包地上，他全部采用测土配方施肥技术，配方肥施用率达 100%。

搞好病虫防治是夺取农业丰产、丰收的关键。为此，他购买了 4 台机动喷雾器，组建了一支机动喷雾防治专业队，根据田间病虫发生情况，及时施药防治，使病虫害综合防治能力大幅提高。同时，大力应用生态、环保型农药，不仅减少病虫危害，还保障农业生产安全。

大规模农业生产，仅靠劳力耕种、栽插、收割，投入的成本很大。2010 年，他投资 40 多万元购买了大小拖拉机 2 台、旋耕机 2 台、联合收割机 2 台、排灌设施 3 台（套），基本实现了农业生产机械化。同时，他创办了徐桥镇桥东村鑫农农民专业合作社，把附近的村民和种植大户组织起来，采取“合作社＋农户”模式，积极推广农业新品种、新技术，并与望江县联河米业有限公司签订了 25 万 kg 优质稻米加工订单，大力发展农业订单生产。

如今，刘小保尝到了科技发展农业的甜头。2011 年，他聘请 2 名农技人员常年进行技术跟踪指导服务，并拿出 100 亩地与农技部门创办了徐桥镇农业技术展示基地，基地全部按照农技部门的要求进行水稻、棉花品种展示示范、棉花“3418”肥效试验、棉花肥料利用率试验等 7 个田间试验，积极摸索一套科学、合理、适用的栽培模式和方法，不断提高自己科学种田水平。这几年，他不仅自己走上了农业致富之路，还主动为乡亲们提供耕种、整地、收割等作业服务以及种子、化肥、农药等农业生产资料服务，毫无保留地向他们传授科学种田技术，解决他们生产中的实际问题。

勤劳肯干，务实认真。刘小保以一个普通农民的本色，认真开创农业规模生产之路。无论是作物的田间管理，还是多项试验示范，他都亲自参与，按照农技部门的要求，认真掌握农业生产的每个环节的关键技术，不仅使自己的庄稼获得好收成，也为试验示范树立了样板。2010 年，他种植的水稻平均亩产达 580kg，棉花亩产达 375kg 左右。在他的影响下，桥东村涌现出了 6 个种植大户，纷纷投入到农业规模生产的行列中。

从埋头种田到多元发展

多年的农业生产经验的积累，使他更充分认识到市场与农业生产的重要关系。一方面，他积极调整思路，实行分块管理，把 460 亩田地交给 2 个种植大户管理，自己管理 260 亩；另一方面，利用空余时间上网查询农副产品信息，与涉农收购企业合作，根据市场需求，及时调整农业种植结构。2010年，刘小保了解到棉花行情看涨，立即扩大棉花种植面积，使棉花收入翻一番。2011年，他扩大水稻种植面积，在精细管理下，预计水稻总产量384t左右、籽棉总产量21t左右。

敢于投入，敢于发展。刘小保始终认为，只有投入，才会有效益。从2008年承包土地以来，他就不惜农业生产的投入。每年，仅种子、化肥、农药投入就达28万元左右，其他投入40万元左右。同时，他还发展种植小麦570亩、油菜50亩，农业生产实现多元化。

誓把农田作画卷，行行写下致富歌。学科技、用科技成为刘小保发家致富的法宝，他带领乡亲们在土地上谱写了新形势下农业生产的致富歌。

（作者单位：安徽太湖县徐桥镇农技站）

蔬菜“技术超市”

唐和宝　符云莹

自2010年8月省级农业三新工程大棚蔬菜新技术综合展示基地在江苏丹阳市落户以来，市园艺技术指导站的6位蔬菜技术人员就忙开了。

丹阳市大棚蔬菜新技术综合展示基地面积达305亩，位于该市大棚蔬菜专业村——花园村，主要用于展示优良蔬菜新品种、先进栽培技术和适宜地方发展的蔬菜栽培新模式。在江苏省农业科学院、南京农业大学、扬州大学、江苏省园艺技术指导站等单位的技术支持下，项目区展示的蔬菜品种有西瓜、彩色番茄、甜瓜、黄瓜、大叶西洋菜、黄秋葵等39个品种，展示的蔬菜新技术包括设施蔬菜水旱轮作生态栽培、湿栽水芹系列新品系优质栽培、设施蔬菜物理防治病虫害、蔬菜穴盘基质育苗等13项技术。

丹阳市园艺技术指导站站长王辉琼说：“最近几年，大棚蔬菜发展很快，但很多种植户对其中技术并不是十分了解”。“原来我们搞农技推广往往满足于说教式灌输，农民对此有顾虑。现在建立展示基地后，能够将科研院所、基层农技人员、农民这三方有机结合起来。”

正在田间查看育苗长势的市经济作物指导站副站长眭辉金告诉笔者，基地内种植的甜瓜、水果黄瓜、彩色番茄等均采用穴盘育苗，它较常规育苗能减少病害，培育壮苗。她说：“通过对接科研院校，我们农技人员试种成功后再展示给农民，能使他们更直观地了解新品种、新的栽培模式。通过和农民交流，了解他们的需求，让新技术、新品种的推广更有针对性。”今年春节前后，市场上叶菜类蔬菜品种单一，基地内专门引种了大叶西洋菜和新品水芹，产品试销后深得市场青睐，要求订购该种蔬菜的电话不断，大叶西洋菜通过空运和快递发往北京；水芹由于采用的是湿栽模式，农民在大棚基地内可以直接收割，省水、省工，割了以后还可以像韭菜一样再生长。

大棚蔬菜新技术综合展示基地的成功示范，与市园艺技术指导站的蔬菜技术人员的辛勤劳动分不开。王辉琼说：“基地建成后，我们站里每个人的责任感都增强了，最明显的是休息时间少了。双休日也泡在基地。”

育苗前，种子要经历一个催芽的过程。眭辉金说：“种子催芽是在恒温箱里，有些种子只要一天半，有的则要一个星期，要注意好恒温箱里的温度和湿度。”那一阶段，她每隔一两个小时就要来查看催芽的情况，淘洗一遍，再放入恒温箱里。甚至晚上11点多，她还从家里赶到催芽室。“放心不下啊，总得来看看”。眭辉金说：“催芽后，再育种、播种，忙得连轴转。”

为了给老百姓清晰地展示出新品种的特色和优势，基地内不仅种植了新品种，还种下了老品种进行对比。每天技术人员都要到田里考察苗情，记录作物的生长情况。大棚的温度高达 40℃，但没有一个人抱怨。眭辉金介绍，试种的 39 个品种，除了彩色辣椒因为天气干旱种植不成功，其他品种的生长情况都比较好。他们还从中筛选出了 20 多种最适合丹阳本地种植的品种，向老百姓推广。据粗略统计，已有近 2 000 人来基地学习蔬菜种植新技术。

农技人员下乡建立蔬菜综合展示“技术超市”，他们追求的并不是经济效益，而是注重社会效益和基地的示范效应。通过各类新品种、新技术的展示，广大菜农人人都可以在蔬菜“技术超市”里选择到适合自己的栽培品种或技术，从而为推动全市农业的科技创新，促进农业产业结构调整，增加农民收入创造了条件。

（作者单位：江苏丹阳市农民科技教育培训中心）

她是致富女状元更是好支书

徐东志

一提起于莉，吉林抚松县东岗镇没有不知道她的。她是沿江村的致富女状元，还是全镇唯一的女性村党支部书记。从 1999 年开始，沿江村在她的带领下，用了不到 7 年的时间就摘掉了贫穷落后的帽子。为此，2004 年她被群众推选为沿江村党支部书记。

一位普通的农家女为什么会受到全村人的拥护呢？这要从她带头致富说起。1987 年她刚结婚时，虽没有外债，但也没有积蓄，生活比较平淡。那时候，要想富，就得栽人参。于是，他们夫妇俩到信用社贷款 5 000 元，栽起了人参。当时因正赶上投资高峰，做货时参价狂跌，别说挣钱，就连本钱也赔了进去，咬牙干了 9 年，根本就没有起色。

1996 年，沿江村被省里确定为贫困村，她看在眼里、急在心上。她知道，沿江村种植人参的出路是没有了，应另谋出路才行。经市场调查，她认为种土豆经济效益好。她就把家里仅有的 10 多亩地都种上了土豆，经过细心管理，到了秋天，获得了大丰收，亩产 1 800kg 以上，10 多亩地当年就收入 1.5 万多元。种土豆尝到了甜头，1997 年她又到村里承包了 85 亩好地，打算在多种土豆的前提下，再上一个新品种。经市场调查，她发现外进的大白菜经济效益非常可观，而且适合当地种植，在家人不同意的情况下，要强的她劲一上来，自己在村里雇了 2 个小工，套上车，赶着牛上山了。经过科学管理，种植大白菜 62 天就上市了，因为市场紧缺，销路特别好，卖上了好价钱，从种到收不到 70 天，一亩半地的白菜就卖了 1 万多元。1998 年又种大葱，黑龙江新品种“牛腿王”，一棵大葱 1kg 多重，2 亩大葱产 8 000kg 以上，到市场上每千克 1.2 元批发，仅大葱就卖了 8 000 多元。1999 年又种胡萝卜……从 1998 年到 2006 年，她一年最多收入 14.6 万元，最少收入 8.4 万元。

通过多年的努力，她富有了，但她没有忘记乡亲们。每逢春耕时节，她都为群众办贷款、赊化肥、买种子，如果赊不到她就给垫付，平均每年在这方面垫付的资金就达两三万元。在技术方面，她无私地为村民传授种菜技术，村里无论谁家有事，她都积极帮忙，从不讲价钱，自己家的农用车已然成为全村的公用车。从 1999 年到 2006 年，在她的带动下，全村种菜面积达到 1 000 多亩，村里 90%的农户都在种菜，年收入在 5 万元以上的农户已达 40 多户。现在沿江村成为名副其实的蔬菜专业村。

2004年，她被推选为村党支部书记，不仅因为她是女强人、能办事，更因为她有一颗热爱家乡的心，有吃苦耐劳的品格和无私奉献的精神。为了彻底改变沿江村的村容村貌，2007年9月，她决定先把村里的路修好。她召集班子成员及群众代表把修路的想法告诉了大家，顷刻间全村都知道要修路了。修路那天，每家每户的大车小车都出动了，男女老少齐上阵，把整个村子的道路全部修整一新，共修建3 000m以上。在修路的过程中，有几处道路需要下涵管，她便又开始“化缘”。她把本村修路一事汇报给镇党委、镇政府，并希望给予支持，镇党委书记当时就答应提供4根涵管，镇里其他领导到沿江村考察时又给解决了4根涵管，至此，沿江村在没有修路资金的情况下，经过她的多方协调和全村人的努力，全村的道路焕然一新。2008年，她又积极争取，在镇政府的支持下把本村1千米的主干道修建成了水泥路。

要想富、先修路。路修好了，还必须有致富的项目，沿江村的地理、气候条件最适合种植蔬菜，这是她多年来总结的经验，也被村民们所公认。但是，沿江村的土地面积有限，解决土地问题又提到了她的面前，从2007年开始，她就与周边的村和林场联系承包土地事宜，到2009年，她共为村民联系柏石河林场承包地700多亩，基本解决了全村蔬菜种植问题。

沿江村富了，人们的物质文化需求也高了。于莉深知这一点，为了防止不健康的生活追求，她又利用自身的组织能力和协调能力，在村里建起了600m^{2}的文化广场，向县文体局申请了标准篮球架和2个室外乒乓球台。今年又在县文体局的支持下建起了“农家书屋”，为沿江村群众的业余文化生活提供了良好的平台。多年来，每逢重大节日，她都会组织全村男女老少开展文体娱乐活动，如“七一”拔河比赛，国庆秧歌大赛、篮球赛等，每年的“三八”妇女节，全村的妇女都会积极地来到村部参加活动。

身为村干部，于莉知道“打铁要先自身硬”的道理。在集体资产资金及村务支出上，她总是斤斤计较，从不乱花一分钱，任何支出都及时进行公开，主动接受群众的监督。有很多群众劝她买辆车，这样出门为百姓办事方便些，可她却说：“等到村里家家都有小轿车了，我再买。”

在于莉的带领下，沿江村又有了新的发展思路。她看准了长白山国际旅游度假区的蔬菜供应市场，争取在春秋两季蔬菜大棚种植上扩大规模。沿江村的村民相信，在她的带领下，沿江村会越来越富裕，越来越好。

（作者单位：吉林抚松县东岗镇农业技术推广站）

通榆“不耕”是丰年

王继民

俗话说：“七月十五定旱涝，八月十五定收成。”2011 年中秋节一过，吉林通榆县的农民便纷纷来到地里测产。向海乡金星村长发屯村民桑永山站在自己家玉米地里乐得合不拢嘴：“这大棒子每穗都得有半斤重!”他扒开玉米穗，籽粒饱满的玉米闪着金光，格外耀眼。

在桑永山家玉米地北面不到 50m 的地方，是村民刘玉全家的玉米地，他家地里玉米的“身量”比桑永山家玉米明显矮了“一截儿”，而且玉米全都“黄脚儿”了，扒开玉米穗，穗上有近 1/5 的地方没有长出籽粒。

“没办法，谁让咱老脑筋没转过来，左邻右舍 10 多家，就我一家还按传统方式种植。”站在自己家玉米地边的刘玉全不住地抽着闷烟，看着邻居家地里又壮又大的玉米棒，满眼羡慕。

让刘玉全羡慕的种田方式就是玉米实行保护性耕作，这种保护性耕作方式在通榆县已经遍地开花。以桑永山和刘玉全所居住的长发屯为例，保护性耕作由几年前的 1 户发展到现在的 49 户，占全屯玉米种植户的 70%，面积也由 15 亩发展到 750 多亩。

通榆县作为全国农业生态最为脆弱的县份之一，无灌溉条件的中低产田约占耕地总面积的 66%，“十年九旱”已成常态。不仅如此，由于铧式犁的长期使用，频繁翻耕土壤以及施肥结构不合理等因素，导致土壤偏离了自然状态，土地生产力逐年下降，这一直是制约当地粮食生产的症结所在。

为破解这一难题，自 2006 年起，通榆县就开始大力推广玉米保护性耕作技术，经过几年的示范推广，现已形成了以垄侧栽培、宽窄行栽培、秸秆全覆盖为主要内容的玉米保护性耕作技术配套体系，土壤结构开始改善，土壤保水蓄肥能力得到增强，粮食产量明显提高，农民收入不断增加。

通榆县在推进保护性耕作进程中，每个乡镇都建立一个保护性耕作项目示范区，充分发挥示范带动作用。同时，出台了一系列优惠政策，激发农民自主实施保护性耕作的积极性，将国家、省安排的农机购置补贴资金向发展保护性耕作机具倾斜，还拿出相应数量的资金对采用保护性耕作的农户进行补贴，补贴范围包括播种机具、种子、化肥、农药等物资。

为解决保护性耕作的播种“瓶颈”难题，通榆县自主研发了“瀚海一号”小型保护性耕作播种机，该农具集深松、深施化肥、播种、覆土、镇压于一身，通过了省农机鉴定站的鉴定，进入了国家农机具补贴目录，在全县推广使用。还专门成立了农业机械化保护性耕作研究推广中心，负责全县保护性耕作技术的科研、开发、推广、教学、培训工作。

通过几年的实践证明，通榆县采用保护性耕作技术实现了“三增”、“三节”、“一保护”的目标。

“三增”即增加土壤有机质含量、蓄水能力和粮食产量。据吉林省农业科学院专家测定结果显示：实施保护性耕作的地块，土壤有机质含量中等，速效磷含量和速效钾含量很高；土壤微生物活性和种类、土壤腐殖质组成、土壤物理性质等方面均有明显改善。同时，土壤含水量较常规耕作方式平均增加10%以上。据测算，项目区玉米平均每亩单产达到500kg，增产33kg。2010年，在遭受严重干旱影响的情况下，每亩平均单产达到了507kg，较传统耕作模式增产47kg，按每千克1.8元计算，每亩农民增收84.6元。

“三节”即节水、节肥、节省机械作业费用。在自然条件相同的情况下，实施保护性耕作的地块普遍少浇1～2遍水，每亩平均节约13.3元，还可节约施肥量20%，每亩节省机械作业费用成本33元。

“一保护”即保护了生态环境。实施保护性耕作从根本上解决了秸秆焚烧、减少温室气体排放问题。大面积实施秸秆、根茬覆盖地表，使碳元素以固体的形式存在于土壤中，从而减少了空气中二氧化碳的总量，减少了温室气体排放，同时在防治农田扬尘和水土流失方面也发挥了重大作用。

保护性耕作方式极大地调动了农民的积极性，使他们扔掉了祖祖辈辈离不开的犁杖和锄头。现在通榆县的老百姓说：“保护性耕作是个宝，秸秆覆盖有功效，肥水聚集跑不了，种地省事成本少，减少风蚀和水蚀，增产增收还环保。”还有的农民说：“高茬如铆钉，固土又防风，保水又保苗，打粮又轻松。”这是他们通过采用保护性耕作技术，实现增产增收后编出的顺口溜。

目前，通榆县保护性耕作技术推广范围已经拓展到了全县21个乡镇（场），172个行政村，4 630个农户，推广面积由最初的几十亩发展到3万亩，每年可以增收节支100余万元。通榆县已连续5年被评为省级保护性耕作示范县，连续3年被评为国家级保护性耕作示范县。

保护性耕作正显示出巨大效益，正渐渐地改变着成千上万名农民固有的观念，改变着延续几千年“脸朝黄土背朝天”的生产方式，更悄悄地改变着通榆农村、农业、农民的未来。

（作者单位：吉林通榆县委宣传部）

吐尽心中丝万缕　奉献蚕农无限爱

王　军

2010 年金秋，在国家蚕业研究所主持召开的中国东部沿海地区蚕桑基地建设研讨会上，一位白净的中年人做了《关于进一步做优做强海安蚕桑丝绸产业的战略思考》的专题发言。鲜明的观点、精辟的论述、掷地有声的话语，博得了与会专家学者的交口称赞。与会人员对海安蚕桑事业多年长盛不衰的的原因有了进一步的了解。这个做专题发言的中年人叫姜德义，他是江苏海安县农业委员会蚕桑站站长，全国农技推广示范县蚕桑产业首席专家。

农家出生的姜德义，有幸成为“文革”以后恢复高考的首届大学生。大学毕业后，他又回到了家乡，从事蚕桑工作，1995 年任海安县蚕桑技术推广站站长，如今他在蚕桑事业上已经整整奋斗了 30 个春秋。

刚刚参加工作那些年，正值海安县农业产业结构调整——缩棉扩桑。姜德义的专业有了用武之地，20 出头的他，骑着一辆破旧的自行车，走遍了全县 40 多个乡镇，500 多个村。每到一处，他或者深入田间地头，了解桑树长势状况；或者走进蚕农家中，看看蚕儿饲育情况；或者走进村广播室，给蚕农开个广播会，宣传一下栽桑养蚕技术要点。蚕农们亲切地叫他“姜老师”。只要姜老师来到村里，蚕农们总喜欢围着他问长问短，他总是不厌其烦地给蚕农们解答。踏着夕阳，从乡村回到宿舍，姜德义还不能休息，他还要把一天的行程记录下来，蚕农们反映的生产问题，他要整理向上级汇报；蚕农提出的技术问题，他要查阅资料，积累起来，以便下次给大家解答。短短几年，他记录的蚕桑工作有厚厚的 10 多本。

姜德义知道，要提高桑园产出率，提高养蚕的比较效益，增加蚕农收入，必须依靠科技。他在走访蚕农时了解到，不少蚕农使用煤炭炉饲育小蚕，因为不慎造成煤气中毒。最让他痛心的是，有一次他下乡搞技术讲座，一位老蚕农当面向他请教了问题，过了几天他去回访，却得知蚕农老两口因为用煤球炉饲育小蚕，不幸一氧化碳中毒住院，花去了上万元医药费。姜德义听后十分痛心。他决心要推广小蚕共育新技术，来解决这个问题。

于是他组织人员，在国内同行业率先研制家蚕饲育自动加温补湿器，经过多次试验，获得成功，这项技术获国家实用新型专利。使用该设施有利于小蚕发育整齐，省工节本，提高养蚕工效，减轻劳动强度，配套研制开发塑料双层节能帷帐，促进了蚕业集约化经营，目前，已在全县推广 8 000 多台（套），一期可饲育小蚕10多万张。全县再也没有出现蚕农因饲育小蚕而发生煤气中毒事件。

养蚕是一件非常辛苦的体力活。蚕儿进入5龄期，也就是老百姓常说的蚕儿“放了趟”的时候，采桑、喂叶任务十分繁重。有人形容那时的蚕农：背着桑叶包，腰弯像个弓；晒着毒日头，脸黑像煤炭；采着桑叶时，手糙像树根。为了解决这个问题，姜德义率先研究推广秋蚕5龄期条桑斜面育技术，每个劳动力可承担4张以上，每户蚕农一期可养蚕10张左右，养蚕劳动工效提高3倍以上，且节省了蚕具投入成本，实现了轻松快乐养蚕。

我们来看看姜德义这些年科技推广的成果。

率先组织起草《桑蚕五龄期条桑斜面育》等7个技术规程，2007年由江苏省质量技术监督局颁布为江苏省蚕桑地方标准，构建了蚕桑生产标准化技术体系。主持第一批江苏省蚕桑标准化示范区和国家蚕桑标准化重点示范区的实施工作，为江苏省蚕桑标准化技术集成推广做出了重要贡献。

率先研究应用科学养蚕布局模式及其配套技术，实现了本地区全年养蚕稳产、高产、优质的目标。全年春、夏、中秋、晚秋4期蚕，春蚕和中秋蚕比重分别为全年总量的40%和50%。根据气候变化和农作物治虫特点，科学安排蚕种出库时间，避开高温冲击和农作物治虫用药高峰。这种养蚕布局模式在苏中地区得到普遍应用，并逐步向与海安气候相似的其他地区推广，经济效益、社会效益显著。

率先研究应用高密度蚕种催青自动控制技术，提高了蚕种催青安全率和蚕种有效孵化率。对传统蚕种催青设施进行技术改造，构建了一主一备可切换的计算机控制系统，16个催青单元均装备先进的温、湿、光、气调控设施，使催青效率提高了1倍。实用孵化率平均达到98%以上，比传统的催青方法提高孵化率4.14%，节约用电75%，节省用工60%以上，取得了良好的经济效益和社会效益。

为做优做强蚕桑支柱产业，打造精品蚕业，促进蚕业增效、农民增收，姜德义大力开展科技攻关，先后获省、市级科技推广和科技进步奖20余项。牵头组织实施国家农业基本建设、科技富民强县、星火计划和省科技创新服务、农业三项工程、外向型出口基地建设等蚕桑科技项目10多项，累计为蚕桑产业争取项目资金1 500多万元。主持开展蚕桑园区、丰产方建设。先后在全县建成12个“一村一品”蚕桑特色村，5个万亩蚕桑标准化示范区，12个千亩丰产桑园示范方，50个百亩优质高产、高效桑园示范园。2010年，海安县被授予江苏省唯一的“蚕茧产业基地”称号。

2005年以来，姜德义组织推广育71－1优良桑品种57 026亩，桑叶叶质好，亩产桑叶增产30%，每亩桑园可增养蚕种1张，2005—2010年全县累计增养蚕种16万张，蚕农增收1.4亿元。示范推广菁松×皓月优良蚕品种，试养天然彩色茧蚕品种彩茧一号，并对 10 多个蚕品种综合性状进行试养对比。2005 年以来，推广菁松×皓月蚕品种 310 多万张。由于蚕茧质量好，蚕茧收购价格提高，每千克茧价平均提高 2 元左右，蚕农收入显著提高。

据统计，2005—2010 年全县发种 311.2 万张，生产优质蚕茧 11.8 万 t，蚕茧产值 30.6 亿元，与 2004 年相比平均每年增收 1.2 亿元，6 年累计增收 7.2 亿元。菁松×皓月蚕品种的推广，为丝绸加工企业提供优质原料茧，全县生丝平均等级由 4A50 提高到 5A50，加工企业每年增加经济效益 1 亿元。全县蚕桑总产量和综合技术指标连续保持全省县级第一，蚕桑综合实力居全国县级前列。

唐代大诗人李商隐的诗句“春蚕到死丝方尽，蜡炬成灰泪始干。”把春蚕的执著、坚贞、奉献精神表现到了极致，成为千古传唱的佳句。

春蚕冰清玉洁，气质高贵；春蚕食几茎绿叶，吐一片锦绣；春蚕生命不息，吐丝不止……姜德义勤政奉献，不正是春蚕这些优秀品质的最好体现吗？吐尽心中丝万缕，奉献蚕农无限爱！如今，姜德义还在为海安蚕桑事业辛勤耕耘着。充满希望的绿色田野，是他实现人生理想的通途。

（作者单位：江苏海安县农业委员会蚕桑站）

科技助力　仙草生辉

王法娟

夏天来了，小河的水涨了，哗哗地流，把那沉寂的村庄也唤醒了。这是一个临近河边的农家，两边挤满密密麻麻的小花小草，一阵清风吹来，甜蜜的花香沁人心脾。房屋后院错落有致地分布着一排排豆角、茄子、辣椒、西红柿……不难看出，这一家人的日子过得红红火火。当你转过园门，向东拐过一条小沟渠，就会看见 4 栋颇具规模的大棚，走进大棚，那一根根饱满的、欣欣向荣的仙草灵芝会给你带来惊喜。大棚的主人是吉林靖宇县景山镇灵芝种植大户孔令伟。

孔令伟高中毕业后，曾到外地打工几年，回家乡后栽培过黑木耳、榆黄蘑，还养过猪，喂过兔子，生活过得很好，家里人很满足，但他不满足。2006 年，他决定栽培市场上刚刚兴起的中药材——灵芝。

万事开头难。灵芝是新引进的品种，去哪里买？怎么种？需要什么？他没有了头绪。经过县农业技术推广中心的专家指点，他去了辽宁丹东市灵芝栽培基地。实地考察后，他带回了灵芝种植技术，也带回了对种植前景的美好期待。按照专家的指点，他建起了 1 栋标准的灵芝种植大棚。

大棚盖好后，着手准备其他工序所需设备，购置了培养菌种所需的原料、灭菌锅等。2007 年春节刚过，他就开始忙碌了，从辽宁购回优质菌种，根据当地实际条件，选用的是木屑培养基进行袋料栽培。首先是制作袋料，pH 严格控制在 7～7.5 之间，再用灭菌锅进行常压灭菌 10～12 小时，冷却到 28 度左右开始接种、发菌。10 天后，菌丝封住料面时，翻袋扎眼，按南北走向每隔 40cm 放置一排菌袋，期间管理好温度和湿度，加强棚内通风，注意散热。所有的操作规程都是按照专家的要求进行，不敢有一丝马虎。

7 月，别人种完了庄稼开始农闲时，孔令伟家的大棚里却是生机盎然。除了每天保证必要的温湿度和通风管理，做好虫害预防，其余的时间他都喜欢坐在大棚里欣赏着美丽的灵芝，心里充满了希望。他是幸福的。作为新型农民，他懂得超越自己，懂得用科学的力量武装自己的头脑，让科学技术变成实实在在的收获，实现了科学技术转化为生产力。如果没有技术，他也会像父辈一样面朝黄土，辛勤的劳作只能换来那点微薄的收获。

经过科学栽培、精细管理，他的 1 栋大棚的灵芝从接种到收获只用了 2 个月时间，纯收入达 2 万多元。尝到甜头的孔令伟决定继续扩大规模，大棚从 1 栋增加到 4 栋，收入也翻了几倍。

2010 年，他被村里遴选为科技示范户。富了不忘乡亲的孔令伟，兑现了自己的承诺，愿意带动周边 10 户农户共同致富。在他的带动下，2011 年已有 3 户农户尝试种植灵芝，他为辐射户联系菌种，无偿传授种植技术。他说：我尝到了科学技术带来的甜头，不能忘记别人。学会了技术，就要把技术的力量用到实处，只有这样，才会把科学技术应用面扩大，才会让更多的人知道科学技术的力量，大家才能一起富裕起来。他下一步的打算就是加入到当地的中药材种植合作社，要与众乡亲一起把中药材种植产业做大做强，做出自己的品牌，占领更大的市场。

科技助力，仙草生辉。孔令伟运用科技发展灵芝生产，他信心百倍，劲头十足。

（作者单位：吉林靖宇县农业技术推广中心）

为了大地的丰收

贺文畅

26年扎根基层，立足县情，推陈出新；8年致力于水稻机插秧技术的示范、推广，使全县60余万亩水稻亩均综合节本56元、增效35元。安徽凤台县农业科技示范户、县农盼水稻机插秧专业合作社理事长陈传安用坚守和奉献书写人生，为凤台粮食生产连续8年增产增收添上了浓墨重彩的一笔，彰显了一位基层农技推广工作者的风采。

示范带动　推广机插

凤台县农作物种植以稻麦轮作为主，常年种植水稻60万亩左右，农民种植水稻一直处在传统的“三弯腰”状态下进行生产，劳动强度大，工作效率低。对此，陈传安看在眼里、急在心里。

2004年，凤台县在部分乡镇试验、示范机插秧技术。陈传安积极响应，当年落实机插秧面积40亩，并且取得成功。2005年，他与当地农户签订了500亩机插秧合同。由于天旱供不上水，秧苗一时难以下地，超过了最佳栽插时间，农民只好改用手插。陈传安除了退还订金外，还赔偿农户经济损失3万元。

吃一堑、长一智。陈传安认真总结教训，从2006年开始，实行分批育秧、分批插秧，有效缓解了集中插秧时供水紧张的难题。2008年，陈传安的机插秧服务范围扩大到利辛、颍上等周边县（区）。2009年，杨村乡15个行政村均与陈传安签订了机插秧合同，面积达3 600亩。2010年实现历史性突破，机插秧面积达4 000亩。今年，陈传安与利辛、颍上、寿县、怀远和凤台7个县（区）的1 500多农户签订机插秧订单合同，面积达7 600亩，其中实行育秧、插秧、病虫害防治等一体化服务的有2 200亩。此外，还与县种子公司和园艺场签订机插秧合同795亩。

因地制宜　注重创新

机插秧的重要环节是育秧。为了提高育苗质量，延长秧苗适宜机械插秧的时间，陈传安引进全自动育秧播种流水线设备，采用机械化育秧，播种均匀，秧苗质量大大提高；用硬盘套软盘，提高硬盘利用率，可直接把盘秧摆放育秧田畦面上，省去盖膜、盖草、揭膜、揭草 4 道育秧工序；采用保护地、立体育秧技术，这项技术不受气候限制，全天候育秧，而且节约育秧田，能更好利用以水控苗技术，秧苗需要水才喷水，不受雨天的影响，可以控制苗高，培育壮秧。该项技术受到省、市、县有关部门领导，特别是农机和农业专家的一致好评。

陈传安还以凤台县农业委员会、农机局、科技局、质监局、植保站等有关单位为技术依托，推广水稻机械化基质育秧与机插秧集成、水稻全自动育秧播种流水线育秧、立体机育秧、食用菌菌渣基质育秧、以水控苗促根等技术。在杨村乡韩湖村建成标准化、规模化、机械化育秧基地 60 多亩；在店集村、王圩村、港南村、曾圩村建立了 4 个集中连片育秧基地，育秧面积 260 多亩，可大田机插 2.6 万亩。统一施肥、统一育秧技术、统一田间管理，水稻机育秧整盘率达 95%以上，机械化插秧达到了安徽省水稻生产机械化技术规范标准。

携手帮带　整体推进

为了让水稻机插秧技术家喻户晓，切实让农民得到实惠，作为全国农技推广示范县科技示范户的陈传安充分发挥自身优势，利用广播、电视等新闻媒体和集镇庙会等有利时机，散发水稻机插秧技术宣传资料 1 万多份，开展机插秧机现场演示 4 次，悬挂过街宣传条幅 15 幅，邀请县农业委员会和县农机局等农技、农机专家举办水稻机育秧和机插秧等技术培训班 8 期，散发明白纸 8 000多份，为水稻机插秧技术大面积推广奠定了坚实的基础。每到育秧季节，他起早贪黑，巡回各乡镇的育秧基地进行实地查看和指导，现场解决育秧中出现的新问题，很快使老百姓掌握了机插秧育插技术。

在陈传安的示范带动下，店集村农民陈宏斌创办了杨村乡沿淝糯米专业合作社和骞骞农机专业合作社，今年机插秧面积达 4 000 亩。港南村的周勇、邵集村的王猛，通过机插秧年收入 2 万元以上。目前，杨村乡拥有高速插秧机 30 台，手扶插秧机 30 台，育秧播种成套设备 8 台，软盘、硬盘共 100 万只。同时，在店集、韩湖等 6 个行政村建立了水稻机械化栽植示范基地，带动了全乡水稻机械化栽植，实现水稻机插秧由“整村推进”向“整乡推进”、“整村规模连片”的跨越。2010 年，陈传安所在的杨村乡被省农机局授予机插秧“整乡推进”第一乡，2011 年省农机局又授予该乡全省机插秧“整乡推进”示范乡。

甘于奉献　矢志不渝

创业是艰辛的。为了推广机插秧技术，陈传安顾不上家里的种子经销部的生意，成天泡在他的基地和辐射农户堆里，妻子在家累极了，就责怪他不务正业。对此，陈传安总是付之一笑，表示歉意。在各级领导和农业、农机部门的关心下，陈传安的机插秧文章越做越大，2007 年和 2008 年，他先后成立了凤台县农盼水稻机插秧专业合作社和凤台县安农病虫害机防专业合作社，并任理事长，同时兼任杨村乡机插秧协会理事。他的合作社目前发展社员 313 人，拥有高速插秧机 7 台，大型拖拉机 5 台、联合收割机 4 台、旋耕机 10 台、农用运输车 4 辆、自动育秧播种流水线 4 台（套）、移动式喷灌机 3 台（套）、育秧盘 23 万只（其中硬盘 6 万只）、机动喷雾器 80 台，仓储面积 1 200m^2，有职业资格证书的技术人员 60 人，信息员 3 人，会计 2 名。合作社拥有固定资产 230 多万元，合作社成员农户比非成员农户增收 25%以上。

由于在机插秧工作中成绩突出，陈传安的农盼水稻机插秧专业合作社 2009 年、2011 年被评为安徽省示范专业合作社，成为安徽省百家农民专业合作社中唯一一家机械化育秧、插秧专业合作社。2009 年 6 月，农业部副部长张桃林到凤台县视察时，对陈传安身残志坚、推广水稻育插秧机械化技术的奉献精神给予高度评价。

“我是农民的儿子，带动农户共同致富是我的最大心愿。”这是陈传安经常挂在嘴边的一句话。陈传安是这样说的，也是这样做的。26 年来，他始终带着对党和人民的感情和热情，全身心地投入到农机化技术推广事业，不怕吃苦，甘于奉献。他说：“农机化技术推广有意思、有奔头！”

（作者单位：安徽凤台县农业委员会）

希望的田野

张瑾英

在皖西北涡阳这片散发着浓郁芬芳的土地上，活跃着一支队伍，他们进村入户，深入田间地头，播种着希望的种子，挥洒着辛勤的汗水，穿梭于农户与田野之间，为涡阳县农业发展、粮食增产、农民增收立下了汗马功劳，他们就是涡阳县实施全国基层农技推广体系改革与建设示范县项目中遴选出的一批技术指导员。

在基层农技推广体系改革之前，农业新品种、新技术大多停留在县、镇两级机构，技术“棚架”现象严重，开展农技推广工作也只是传达文件、发放资料等。农技人员忙于其他事务，很少下到基层与农民进行面对面地交流，而最需要农业实用技术的农民也很难见到农技人员的影子。全国基层农技推广体系改革与建设示范县项目的实施，打破了传统的农技推广模式，拉近了农技人员与农户之间的距离，解决了农技推广最后“一公里”的问题。有了下乡交通费用和误餐补助，技术指导员工作积极性明显提高，他们常常是“晴天一身汗、雨天一身泥”，长年累月地奔波在农业生产第一线，帮助农户解决小麦、玉米等粮食生产中遇到的良种选用、配方施肥、化除化控、病虫害防治等技术问题，指导农户如何应用良种良法配套技术提高粮食生产。农民高兴地说，以前找技术无门，现在技术送上门，技术指导员成了我们种粮的主心骨，这真是帮了我们的大忙了。

全国基层农技推广体系改革与建设示范县项目的实施，直接促使了农民增收、粮食增产。地处涡阳县西北部的牌坊镇张园村，以前小麦生产上采取传统的施肥方法，偏施氮肥，忽视了磷、钾肥的施用，小麦往往长势很旺，最终产量却上不去，牌坊镇农业综合服务站农艺师诸建、燕晓静担任该村技术指导员后，帮助示范户分析原因，找出了问题症结，通过取土化验分析结果，提出了“稳氮、增磷、补钾、微肥”的施肥方案，并指导农户“前氮后移，稳施拔节肥，补施穗粒肥”。2009 年麦收时，结果就得到了验证，同样的肥料投入，示范户张怀保与非示范户张付彬相邻的两块麦田，示范户张怀保的小麦平均亩产 556kg，非示范户张付彬的小麦平均亩产 480kg，两者相差 76kg。通过对比，配方施肥技术很快得到了张园村农民的认可。2010 年，该村除示范户全部使用配方施肥外，还带动了一批周边群众也使用配方施肥技术，全村采用小麦配方施肥技术的农户达 60%以上，2011 年达到 90%左右。现在，张园村承担着农业部小麦高产创建万亩示范片的项目建设实施，2011年该村万亩示范片的小麦亩产达到607kg。

全国基层农技推广体系改革与建设示范县项目的实施，打破了传统的农技推广模式，改变了过去基层农技推广队伍推广单一、技术老化等问题。现有的农业综合服务站，由农技、水利、林业、畜牧、农机“五站”合并组建而成，解决了以前在技术推广与服务上各自为政、人员素质参差不齐、知识面狭窄等问题，拓宽了农业技术推广工作的开展面。同时，省农业委员会主办的每年一期技术指导员技能提升培训，也提升了技术指导员的知识层面，提高了技术指导员服务技能。

城东农业综合服务站副站长李洪领原为林业站技术人员，从事林业技术推广与服务工作多年，在林业生产上颇有建树，但在粮食作物配套高产栽培技术方面略显不足。自从李洪领被选为示范县项目技术指导员后，他摒弃“人过四十不学艺”的古训，积极参加省、县组织的技术指导员能力提升培训，并学以致用。经常有人看到他与农户谈种田经验，在田间指导农户使用先进的实用技术，解决实际生产中遇到的疑难问题。通过努力，李洪领现在不仅已经熟练掌握了小麦、玉米高产栽培技术和操作规程，而且还得到他所服务的蒙关村干群交口称赞。在他培训指导的城东街道蒙关村，人人称他“农业专家”。有问题向他请教，遇到技术难题向他咨询。他在该村的技术培训和技术指导得到了全村农户的一致认可。现在，该村分别承担着农业部粮食作物高产创建小麦万亩示范片和玉米万亩示范片的实施任务。

全国基层农技推广体系改革与建设示范县项目的实施，增加了项目实施单位——涡阳县农技推广中心的公信力，提升了在全县农民群众心中的形象。作为公益性事业单位的涡阳县农技中心，由于种种原因，以前可谓门可罗雀，有些农民甚至不知道这个单位，遇到疑难问题无处咨询。现在，通过项目的实施，农技推广中心的形象在全县大增。涡阳县农技咨询热线（农技110）7221269、7219915成为农民的“专家热线”，也有农民拿着小麦、大豆、玉米等作物的样本，来农技推广中心咨询庄稼得了什么病、发生了什么害虫、该怎样防治等等。每当接到电话或农民来访，县专家组的成员总是耐心细致地“会诊”、开“药方”，直到群众满意为止。谈及这些变化，涡阳县农技中心主任、农技推广研究员、专家组首席专家高峰深有感触地说，现在我们农技推广中心名声是越来越响了，社会地位也越来越高，我们的人员也越来越忙了。这充分体现了国家重视农技推广工作，我们肩上的担子也就更重了。示范县项目的实施，为涡阳农技推广事业带来的繁荣由此可见一斑。

全国基层农技推广体系改革与建设示范县项目的实施，同时助推了涡阳县粮食产业的大发展、大繁荣。2010年，涡阳县在全省率先迈入“千斤县”行列，并连续2年荣膺“全国粮食生产先进县”标兵，荣誉的背后，无不凝聚着示范县项目技术指导员的辛勤劳动和汗水，“千斤县”的实现是示范县项目在涡阳扎根、开花结果的见证。在涡阳县“创建小麦千斤县”的日日夜夜，在涡阳县小麦、玉米高产创建的万亩片、千亩方、百亩点，无不留下技术指导员的足迹，培训、指导、观察、记载是他们工作的四部曲。病虫害发生时，最先到达现场的是他们；干旱、狂风、暴雨、霜冻等自然灾害来临时，最先到达现场的还是他们。他们是涡阳农业的希望，他们是涡阳粮食增产、农民增收的希望，他们更是涡阳田野的希望。

（作者单位：安徽涡阳县城东农业综合服务站）

小土地上做出丰收大文章

陈秀红　朱素芹

2011年春季，江苏东台市三仓镇新兴村一组村民常昌桂种植了3亩西瓜、3.5亩青椒。西瓜每亩平均收入7 500元，青椒每亩平均收入13 200元。有人说："常昌桂种田有秘方，不然不会有这么高的收入。"

常昌桂种田的秘方是：他把在科技示范户培训课上学到的农业知识灵活地运用到生产实践中，加上他的精心栽培管理才取得了如此可观的经济效益。

他在生产实践中主要运用了五项技术措施。

一是精选优良品种。他对品种的选择非常重视，每次都打电话到农技站咨询，什么品种适合这里生长，什么品种抗病力强，什么品种产量高、品质好等等。今年他选择了正宗的"早春红玉"西瓜品种，虽然瓜种的价格比其他品种要高好多，但长出的西瓜口感好、甜度高，瓜贩争相购买，销价比其他品种的西瓜每千克高出0.2元。青椒品种他选择的是"大果168"，生产实践证明：这个品种果型大、色泽好、产量高。

二是实施科学配方施肥。常昌桂往年种田都习惯用鸡粪做基肥，开始几年作物生长还不错，后来土壤有板结现象，作物生长受到影响。他经过咨询农技人员了解到，未腐熟的鸡粪带有病菌，施到田间会传染给作物，另外，鸡粪含有盐分，长期大量使用后会使土壤板结、盐渍化。今年，常昌桂西瓜和青椒的基肥全部施用生物有机肥，西瓜亩施500kg，青椒亩施600kg。施用有机肥后，土壤变得疏松了，西瓜、青椒也长得健壮多了，产量提高20%以上，西瓜亩产5 500kg，青椒亩产8 250kg，品质也得到大幅度提升。

三是运用膜下滴灌技术。今年春季持续干旱，西瓜、青椒生长严重缺水，抗旱成了必然措施。灌水太少，抗旱效果不明显；大水漫灌，又极易引起瓜菜病害，特别是青椒既干不得又淹不得。常昌桂却不用操这份心，今年他种植的西瓜和青椒都采用了膜下滴灌，省去了抗旱的辛劳，西瓜和青椒也没有因干旱而影响生长，为西瓜和青椒丰收奠定了基础。

四是运用防虫网防治烟粉虱。近几年来，秋季大量烟粉虱成虫转移到春提早茄果类大棚内繁殖越冬，成为翌年烟粉虱暴发的虫源基数。为减少迁移越冬虫量，减轻虫灾损失，使用防虫网覆盖育苗大棚，培育无虫苗是控制翌年烟粉虱暴发为害的一项重要措施。常昌桂在青椒育苗时，用60目的防虫网覆盖育苗大棚，阻止了烟粉虱进棚吸食椒苗，降低了烟粉虱田间基数，保证了青椒苗壮生长。同时，降低了用药次数，节省了农药成本，减少了用工。

五是西瓜采用人工授粉。种植小果型西瓜，授粉是很费工的一项措施，用坐果灵授粉，可以节省人工，而且西瓜上市时间一致，但有时坐果灵用量不当就会引起畸形瓜、裂瓜等，影响西瓜的商品率。常昌桂全部使用人工授粉。在他的影响下，周围的瓜农也都采用了人工授粉，人工授粉的西瓜果型周正，畸形瓜和裂瓜几乎没有，大大提高了西瓜的产量和品质。

科学技术和生产实践相结合就会转化成财富。常昌桂在他的6.5亩土地上，动足了脑筋，做起了大文章，小小的土地没有辜负他，给予他丰厚的回报。

（作者单位：江苏东台市三仓镇农业中心）

深入基层　惠及“三农”

康敏娟

全国基层农技推广体系改革与建设示范县项目在河北唐县实施以来，县农业局多名技术人员荣幸地被选为示范县项目的技术指导员。作为农技人员，我们深深体会到基层农技推广是一项民心工程，是政府联系群众的桥梁，是创新农技推广服务的新举措。它给我们农技人员提供了一个展示自已、发挥自己技能的舞台，提供了一个提高自身业务素质、增强服务技能的契机，让我们把所学的理论知识应用到实践生产中去，服务于“三农”。我主要从以下几方面说说农技人员是如何在基层农技推广体系改革与建设示范县项目中开展工作的。

一、强化自身素质，掌握基层农技推广工作的真本领

我们当中有一部分是从事畜牧技术工作的，大田作物的技术略知一二，而要想真正帮助示范户学科技、用科技，自己必须先得懂科技。因此，“充电”成为我们每天的必修课，除集中学习玉米种植技术外，还认真学习小麦、棉花种植技术及病虫草害综合防治等多方面知识。2010 年冬季，县农业局组织农技人员去保定市农业局参加基层农技人员培训。针对上级下发的农业技术资料、农业技术明白纸，我们认真学习，自己先弄明白，然后认真总结，再按照技术人员直接到田、良种良法直接到户、技术要领直接到人的要求，到田间地头指导示范户及辐射带动户农业生产，重点推广玉米测土配方施肥、病虫草害综合防治、玉米适时晚收等技术，为玉米增产增收打下了坚实基础。

二、深入基层，指导科技示范户测土配方施肥技术

目前，农民盲目施肥和过量施肥的现象较为严重，不仅造成肥料资源严重浪费，农业生产成本增加，还严重损伤农民种粮的积极性，也直接影响农业生产和农民增收。为了指导农民合理施肥，提高肥料利用率，降低污染，县农业局结合基层农技推广体系改革与建设示范县项目推广测土配方施肥技术。农技推广人员和土肥站的同志合作，一起从示范户地里取土样、化验，再精心计算、配方，让科技示范户根据配方进行施肥，改掉传统的“一次性”施肥方式为“分期施肥”。推广实施基肥为主，种肥、追肥为辅，基肥、磷、钾肥早施，

追肥分期施的施肥技术，以充分发挥肥料的增产效应，确定合理的施肥量，降低生产成本。刚开始，由于农民对测土配方施肥技术认识不到位，农技推广人员总是吃“闭门羹”。但我们不泄气，走乡入户，田间蹲点，反复宣传，耐心讲解，分片包干。通过发放明白纸、“大喇叭”广播等多种形式宣传发动，结合乡（镇）、村两级干部及时做深入细致的思想工作，让科技示范户认识到测土配方施肥技术的重要性。然后，根据测土配方的结果，地块缺什么肥料补充什么肥料，并亲自把配方肥送到科技示范户家里，告诉他们如何施用，什么时间施用及施用多少。玉米收获后，通过测产，施用配方肥料比施用常规肥料平均每亩增产 80kg。科技示范户心服口服：“多亏了农业技术人员为我们送来新技术，使我们提高了产量，改善了品质，否则就没有这么好的收入。”听着这些话，我们心里暖烘烘的，更增强了克服困难的信心。

三、改变传统的病虫草害防治技术，将新技术应用到生产实践中去

一是在病虫害防治环节，农户以前见虫见病就打药，既浪费人力、财力，又起不到好的防治效果。为了让农户认识到病虫没达到防治指标不要盲目施药，我们农技人员现身说法，深入田间地头，帮助农户检查害虫是否达到防治指标，针对达标田块选择对路农药进行防治，既节省了成本，提高了效益，又保护了农业生态环境。二是在种子包衣环节，指导农户更换新的种衣剂品种，改变往年常用的种衣剂，以免害虫造成耐药性，确保了苗齐、苗全、苗壮。三是在除草环节，改用可快速防除阔叶和主要禾本科杂草、对下茬作物安全的除草剂。

四、基层农技推广体系改革与建设示范县项目拉近了我们与农民的距离

在示范县项目实施以前，农民认为我们农业局的科技人员不好接触，总是高高在上，而我们也认为农民文化素质低，不好说话，技术人员和农民之间缺少沟通和交流。记得我们第一次走进示范户家的时候，他们的目光是怀疑的，他们不相信这些在城里坐办公室的机关干部能给他们带来什么效益。面对怀疑的目光，我们暗暗下决心，一定要做出个样子让农民相信我们。于是，我们将办公地点由县农业局办公室搬到田间地头，风雨无阻，人累瘦了，脸晒黑了，都无怨无悔，我们用辛勤的汗水赢得了农户的称赞。通过一年多的指导、交流，让我们与农民相互多了几分理解、几分亲近。现在，他们也改变了看法，当我们每次下乡时，他们不但要请到家里，带到地里，还问这问那，那种热情

让我们很感动。特别是在指导播种、施肥、病虫害防治技术时，看到他们目不转睛的神情，我们深深体会到他们是多么渴望更多的农业新技术，渴望良种良法进村入户，呼唤更多的农技人员到田间地头去帮助他们掌握农业新技术，帮助他们实现增产增收。现在，我们农技人员和他们之间的距离越来越近，相互之间有了更多的理解和信任。不管是农作物，还是在畜禽养殖方面，遇到疑难问题时，他们都会打电话向我们咨询，寻求解决办法，把我们技术指导员当成了致富的领路人。

基层农技推广体系改革与建设示范县项目的开展，使我们农技人员有了向农民学习的机会，了解农民的所思、所想，为自己开展工作提供了平台；在基层农技推广工作实践中，找到了自己的不足，认识到只有不断学习新知识、掌握新技术，才能使自己的工作开展的得心应手；基层农技推广工作加深了农技人员与农民的感情，在今后的示范县项目实施工作中，我们将会更加积极主动，深入基层、贴近农民，尽最大努力发挥所学专业知识，一步一个脚印，扎扎实实做一名出色的技术指导员，指导农业生产，服务“三农”。

（作者单位：河北唐县农业局）

养殖户的笑脸就是对我们的最好回报

李安玲

皖北的一个偏僻的小乡镇里有一个远近闻名的兽医，养殖户每当提起他都会竖起大拇指，他就是萧县酒店乡畜牧兽医站站长、养猪技术指导员王远利。熟悉他的人跟他开玩笑说：你工资不多、工作不少，学历不高、能力不低，官位不高、热情不低。

工资不多工作多

王远利是安徽萧县酒店乡畜牧兽医站站长，又是科技示范县项目的养猪技术指导员，还是当地的动物检疫员，现在又成了县新型农民培训讲师团的讲师，身兼数职。已过 55 岁的他仍然兢兢业业、任劳任怨，经常凌晨三四点和其他检疫员一起到养殖场、交易市场、屠宰场进行产地检疫、市场检疫和运输检疫，晚上九十点钟还要坚持学习。

科技示范县项目要求对示范户、辐射户一年指导培训 6 次以上，王远利一年却给示范户培训服务 60 次以上，有时一天十几个小时往返在示范户之间。服务的时间超过项目要求 10 倍以上。由于指导合理，预防得当，保健工作做得好、治疗及时，全乡生猪死亡率较 2008 年降低了 5%以上，2009 年示范户比普通养殖户的生猪死亡率低了 5%。

学历不高水平高

王远利只有初中文化，技术职称也只是助理兽医师，但在 2010 年萧县畜牧水产局组织成立新型农民培训讲师团时，他却被破格聘请为县讲师团成员。萧县畜牧水产局讲师团中，90%以上的成员具有高级职称，而王远利只有助理兽医师职称。别看他学历不高、职称不高，但实际水平高、实践能力强。

王远利年轻时就喜爱养殖业，自己也办了一个小型猪场，母猪存栏 18 头、育肥猪 100 余头，平时特别喜欢看有关养猪的图书，经常参加各种养殖技术培训班，听专家教授讲课，上网查看养猪方面的知识，并时常给科研院所的专家教授打电话咨询相关知识，结合自己的实践经验，总结了一套养猪的新思路、新方法、新技术，从而使自己的猪养得十分轻松，疾病很少发生。为了把这些实用技术传授给养殖户，他花了一年多的时间，前后修改了 4 次，把平时积累下来的养猪资料和养猪心得整理成一本小册子。编写完成后，他又自己出资印制了 1 000 份，免费发放给示范户及部分普通养殖户。

近年来，萧县开展“阳光工程”培训，正需要这样既有实践经验又有理论知识的专业技术人员，县畜牧水产局决定聘请他为讲师团讲师。他没有辜负局领导对他的厚望，先后在多个乡镇进行了保健养猪技术培训，把他这些年来摸索出来的一些经验、技巧毫无保留地传授给广大养殖户。由于他讲的课都是从实践中得来的实用知识，所以很受学员欢迎，培训班上学员听得认真，他讲得也有劲，课后学员们提这问那，他都能耐心地进行解答。培训班过后，他还经常接到全县各地的养猪户打来的咨询电话。

他知道，当今时代知识的更新速度越来越快，除了订阅多种专业杂志外，他还购买了电脑，经常上网学习。考虑到很多农民兄弟还没有上网条件，他就把网上搜索到的实用养殖技术视频下载下来，自费刻成光盘，免费送给示范户和部分养猪户。目前，已赠送光盘 200 多张。

地位不高热情高

兽医在这个偏僻的小乡镇里地位不高，在别人眼里就是一个“敲猪蛋的”，但王远利没有看不起自己，相反，他感到自己是一个对社会有用的人。看到很多养殖户因为不懂技术损失惨重，他感到非常痛心，下决心要帮助大家掌握技术，增加效益。科技示范县项目的实施，给了他一个很好的施展抱负、实现愿望的平台。作为养猪技术指导员，他除了对示范户进行集中培训外，还坚持每月到示范户家里走访 2～3 次，通过查看、询问，全面了解养殖户的实际情况，并针对他们生产中存在的问题提出合理的建议与整套技术方案。养殖户有不懂的地方，当场进行指导，并亲手示范给养殖户看，手把手地教他们怎样为初生仔猪进行剪牙、断尾、去势等保健工作，经过指导后，示范户们基本上掌握了技术要领，有的还能帮助其他养殖户做一些剪牙、断尾、去势等手术。通过示范指导，示范户、辐射户提高了养殖技术，降低了养殖风险，提高了养殖收入，真正在农村养殖户中起到了示范作用。

王远利说：“每每看到养殖户遇到麻烦时期待求助的目光，我都能真切地感受到自己肩上担子的重量。”

看到解决问题后养殖户感激的笑脸，他发自内心地感到无比地光荣和自豪。

王远利经常说的一句话就是：“养殖户通过应用新技术获得更大的效益，就是对我们这些技术指导员工作的最好肯定”。

（作者单位：安徽省畜牧水产局）

依托科技搭平台　创新载体促双增

金彦文　史立君

在横贯河北泊头市全境的S302省道王武镇路段北侧，坐落着一处远近闻名的高效农业科技示范推广基地。基地内展示着成方连片、长势喜人的大田作物，有色彩缤纷、形态各异的茄果和辣椒，有戴满“纸帽”的玉米，就像一道道风景，不仅吸引着过往路人和慕名前来学习、参观者称奇的目光，更多承载着周边农民丰收的期冀和科技致富的希望，这就是泊头市蔬宝农业技术研究会创办的高效农业科技园示范基地。

基地自创办以来，始终秉承科技为先、创新为本、农户为主、服务为上的经营理念，创新经营服务机制，创新农技推广载体，积极采用“研究会＋公司＋基地＋农户”的运营模式，坚持遵循研究会组织引导、公司投入拉动、基地示范推广、农户参与实施、共促产业发展、全面合作共赢的原则，注重科学技术的示范推广和科研成果的转化应用，努力实施以科技为先导、以研究会为平台、以市场为导向、以公司为依托、以基地为载体，以服务为手段、以兴业富民为目标的整体运营策略，带领广大农民走上了一条产业振兴、企业发展、增产增效、兴业富民之路。

依托科技赢先机

20多年前，刚刚高中毕业的王武镇东官道村黄丙欣，由于家中缺少劳力，只好放弃继续求学深造的机会，选择回村务农。那时，作为村里少有的“文化人”，他被选派到离家较近的乡镇农技站帮忙，协助农技推广工作。他自费购买了大量的农业科技图书，并借助工作便利，潜心学习和钻研作物育种、栽培等科技知识。1995年合乡并镇时，原农技站撤并，他却坚持留了下来，创建了泊头市第一家民营农技科研推广机构——泊头市农技推广研究所。在泊头市农业局及相关部门的支持帮助下，他承担起了为一家农场繁育蔬菜新品种的任务。从那时起，他便开始尝试茄子、辣椒、小麦、玉米育种和探索粮食作物优质、高产、高效栽培种植模式。随着各种高效种植模式的优化成型和代繁的新品种越来越多、生产量越来越大，他不断吸纳农户，逐渐发展成占地200亩的品种繁育和农技示范基地。

起初，茄子、辣椒育种和繁种是基地的“重头戏”，采用温室大棚与露地栽培相结合的育种方式，坚持一年四季繁育菜种。有时为了加速观察、考量某个品种的特性表现，基地就出资到海南试种或进行加代繁殖。再把从中国农业科学院、中国农业大学等单位及其他渠道引进、收集的大量育种材料，组配成多个组合反复试验。在科技攻关和新品种培育的同时，他还通过航天育种中心，将5g茄种进行卫星搭载后种植，将育成的变异株再与本地的优良茄种进行杂交试验。经过多次的培育、筛选，最终研制出了蔬宝7号、蔬宝8号、蔬宝11、蔬宝32等30多个系列优良茄子新品种，在河北、河南、山西、山东、北京、天津、东北三省等地示范和推广，广受市场推崇和菜农欢迎。其中蔬宝7号经由网络及寿光的农技人员和新疆的经销商分别推介，销售到了美国及哈萨克斯坦、土库曼斯坦等中亚五国，在美国市场售价每克可达3.2美元。近几年，“蔬宝”系列茄种在国内外的年订货量均超过1 000kg，出口增幅达70%以上。基地在赢得利润的同时，也为相关农户创造了较高收益。

创新载体搞服务

2003年，基地利用在蔬菜育种中掘得的“第一桶金”，把“主打项目”转向了更富挑战性的小麦、玉米育种和辐射范围更加广阔的高效农田种植模式筛选和推广，将原泊头市农技推广研究所更名为泊头市蔬宝农业技术研究会，注册成立了泊头市蔬宝种业有限公司，先后买断了2个小麦品种的独家经营权，相继成为国内3个著名玉米品种的区域经销代理。公司每年都从经营利润中拿出近20万元的资金作为研发试验和示范推广经费，为基地“输血”，积极尝试并探索公司推广与营销促基地科研、试验，基地示范与生产促公司发展、壮大的相互依托和相互促进的良性运作模式。通过几年的运营，基地在发展壮大的同时，对公司发展的影响带动和助推促进作用及产生的社会效益也变得更加明显。

2007年，基地又从邻近的农户手中转包了部分耕地，进一步扩大了示范面积，重新购买添置了种子检测、加工设备，聘请了2名农业科技专家，招聘了3名来自农业院校的本科毕业生，组建起20多人的科研攻关、农技推广服务团队，组织农户一边进行优质高产新品种研发、培育，一边进行高产高效栽培技术示范、推广。

经过几年的示范推广，基地培育的“蔬宝”系列茄种和蔬宝8号、蔬宝9号辣椒种，基本覆盖了我国北方所有的蔬菜主产区，其中茄种在河北石家庄、山西太原的部分地区市场占有率达50%～60%。自主培育出了2个玉米品种、3个小麦品种，其中泊玉1号玉米杂交种已在省内报审，进入审定阶段，小麦品种也在审定中。2009年12月，“蔬宝”系列品种被河北省工商行政管理局认定为河北省著名商标。

基地除了划定出 40 亩的蔬菜育种试验田外，还划定了 200 亩的大田作物品比、高产栽培技术示范田。每年，基地都组织技术人员根据本地的气候特点和土壤、栽培条件，将从国内外不同区域引进的玉米、小麦新品种，进行试种和对照品比，实施良种良法配套栽培，并筛选出最佳种植模式。然后，编印成栽培技术要点明白纸，再推介给农民。基地示范推广的小麦高产配套栽培技术可使亩产增产 75kg 以上，夏玉米早播晚收高产节水技术可使亩产增产 100kg 以上，小麦玉米连作高产高效配套种植模式亩增效益近 400 元，茄子标准化超高产种植技术可使每亩收入增加 1 000 元左右。多年来，基地从未因品种原因或技术失误给农户带来任何损失。2008 年，黄丙欣因基地在粮食生产和高产、高效新技术推广中做出的突出贡献，被评为“全国粮食生产大户”。

完善机制建平台

2009 年，基地又通过土地流转和吸纳农民土地入股的方式，将分散的耕地集中到一起，将面积扩大到 2 000 亩。通过与农户签订良种回收合同、合作生产订单的方式，组织农户进行标准化种植和规模化生产。在繁种过程中，基地选派专业技术人员，按照统一品种、统一管理、统一收获、统一加工、统一包装、统一销售的标准化经营模式，进行产前、产中、产后全程指导服务。基地将研发出的集杀菌、灭虫、补肥作用于一体的药剂提供给农户免费试用，还专门配备了 2 辆技术服务车，对实施高产、高效栽培技术的农户巡回进行技术指导，并负责及时传递营销信息或预约回购产品。2010 年，基地的订单农户超过 1 500 户，合同订单种植面积达 6 210 亩，生产加工小麦良种超过 300 万 kg，繁育茄种 1 200kg，每亩收入比原来增加 600～1 200 元。据统计，截至 2010 年底，通过基地直接影响和辐射带动的农户已遍布省内外的 223 个村，农户超过 1 万户，年增效益近 3 000 万元，有效地带动了农业产业转型升级和广大农民增收致富，经济效益、社会效益得以同步提升。

2008—2010 年，“蔬宝基地”3 次被评为泊头市先进农业科技示范基地；2010 年被泊头市委、市政府授予创优成果奖；2011 年，基地创办人黄丙欣被中国科协、财政部联合授予全国科普惠农兴村计划带头人荣誉称号。

坚持发展促双增

2011 年上半年，蔬宝基地组织农户代繁、扩繁沧麦 6004、沧麦 119 等小麦良种近 3 000 亩，平均亩产增加 58.6kg。经由公司统一加工处理、统一包装销售后，每千克增值 0.26 元，累计为农户增收 70 多万元，不仅有效延长了生产、服务链条，增加了粮食产品科技含量和附加值，增加了农户大田收益，也为粮食生产标准化、规模化经营注入了活力。下半年，基地协调组织种植的中科 11 玉米，都以订单的形式，以每千克高出市场价格 0.04 元的标准，被饲料加工企业预购。同时，基地又组建了专业植保队，新建了 1 000m^2 晒场，扩建了 1 200m^2 仓库和种子加工车间，铺设了 300m 节水管道，配置的检测、化验设备也已安装到位。我们有理由相信，随着配套设施的不断完善和服务水平的不断提高，蔬宝基地的载体优势和辐射示范作用将会更好地发挥，经营规模将进一步扩大，影响力、带动力将持续增强，必将为农村科技普及推广、农业增产增效、农民增收致富做出更大的贡献。

（作者单位：河北泊头市科技局、泊头市农业局技术站）

农技推广方式改革推动了宜都农业持续发展

王　强

宜都市作为湖北省乡镇综合配套改革试点县（市），基层农技推广体系改革于2004年9月启动。同年12月，全市10个乡镇农技站全部转制为服务型经济实体——农技服务中心，走出了一条以市场为取向，财政出钱、购买服务、合同管理、农民签单，考核兑现的规范化管理的农村公益性服务的新路子。

优化农技人员的量化责任机制

为了确保公益性农技服务正常、高效开展，宜都市政府出台了《宜都市农村社会公益事业服务管理办法》，采取“三明确一过硬”的措施，即明确界定公益性事业服务范围，明确公益事业经费筹措、管理、使用的原则，明确公益事业管理方式，过硬考核结账。

在合同管理上，尽可能地细化、量化，不断探索“以钱养事”责任量化机制。按不同的服务对象分别细化合同标的。农技中心按农田每亩平均2元、水果3元、茶叶和桑蚕各2.5元确定基础服务标的；在签订合同时能量化的尽可能量化，所确定的目标尽可能地便于考核结账，采取群众签单与乡镇、市直部门考核三结合，并把主要考核权交给农民，三方考核权重分别为：农民群众60%、乡镇和市直业务部门各20%。年终考核得分在90分以上的，全额支付服务经费；得分80～90分的支付90%；得分70～79分的支付80%；得分60～69分的支付70%；得分60分以下的，取消下一年度承包资格。

宜都市“以钱养事”量化责任新机制运行以来，各乡镇农技服务中心按合同规定的项目，共引进推广优良品种15个，培训农民1 500场次、26万人（次），印发技术资料120万份，办各类示范样板15万亩，推广频振式杀虫灯1.2万台（套），培植农业科技示范户1.3万户。推广柑橘、茶叶无公害标准化生产技术38.6万亩，推广农作物病虫害综合防治30万亩，测土配方施肥60万亩，各种高效种植模式15万亩。通过经营服务，推广良种218万kg、新农药1 210t，有机生物肥、BB肥9.7万t。全市公益性农技服务工作有序开展，服务人员主动性加强，服务质量逐步提高。

完善适应市场变化的农技推广方法

当前，科技在农业增产增收中所起的作用越来越大，做好农业科技成果的推广、运用，离不开创新和完善的科技服务体系。新机制实施几年来，通过农技人员角色的转换，其内在驱动力发生了根本转变。同时，为了顺应现代农业发展的需求、适应新阶段农民的需求变化，宜都市乡镇农技推广人员以科技项目为载体，以重点主导产业为中心，努力做到服务方式多样化，开展了适应时代发展要求的农技推广方法创新建设。

第一，努力实现服务手段的多样化、全程化。在改革之后，全市基层农技人员一改过去推广途径和手段单一、工作大都停留在面上的状况，采取多项措施提高服务水平。一是对科技项目推广服务进行产前、产中、产后全过程系列化服务。二是努力做到在保证服务质量的同时，使服务能够尽可能地高效、低耗、规范化服务。三是努力做到服务形式多样化，如电话热线、技术处方、技术培训、样板示范、农资跟踪服务等。四是服务方式从单一农技服务向技、农、贸一体化以及信息服务的多样化服务转变。五是通过项目搭建服务平台，构建技术、资金、物资三配套的标准化服务体系。具体来说，主要开展了以无盘抛秧、旱育秧技术、测土配方施肥技术、柑橘修剪技术等项目推广为载体的全程推广服务，并对柑橘、茶叶等主导产品开展重点技术服务，重点示范了杀虫灯技术、以螨治螨技术、微生物微循环组合平衡技术、网箱鳙鱼饲料吊袋养殖技术等项目的技术推广，提升了农业科技集成创新能力，促进了农作物和多种经济作物大幅度增产。

宜都市红花套镇农技服务中心推行了“四四服务制”，即开展四项“服务”：技术培训服务、科技示范服务、物质配套服务、产销信息服务；对待农民咨询做到“四必”，即有求必应、有请必到、有问必答、有疑必解；为农民服务做到“四不”，即不推假技术、不传假信息、不售假农资、不乱收费；农技服务做到“四有”，即关键农时有技术资料、来访咨询有登记和结果反馈、购种购药有凭证备查、节假日有人值班服务。多种形式的农技服务模式，渗透到了该镇柑橘生产各环节及加工和产品销售全程，为该镇标准化农业生产基地百亩精品橘园建设提供了很好的技术服务支撑。

第二，改变服务观念，变被动服务为主动服务。市农业局组织了包括基层农技人员在内的百名党员包村建三园活动（精品果园、高效茶园、安全菜园），变让农民干，为干给农民看。121 名党员包村 120 个，落实重点示范村 13 个，提出了“七有”要求，即有目标、有主导产业、有主推技术、有增收措施、有特色产品、有示范样板、有科技示范户，使党员所包的村农产品产量在一年内提高 10%～30%；农产品均价每千克提高 0.1～0.5 元，增加培训转移富余劳动力 30～50 人；农民人均纯收入增加 600 元以上。

第三，完善多层级服务机制，搭建信息服务平台。宜都市建立了县、乡、村三级信息服务网络发布农业信息平台，年发布农业信息 120 万条（次）。同时，组建了 11 个农业专家咨询组，为农业生产提供技术咨询，为农民全方位提供种植、养殖、涉农政策法规等方面的信息服务。科技服务“三农”的能力不断提升，全面推动了全市农业产业的健康、快速发展。

建立多元化的农技推广机制

一是加强培训阵地建设。近几年来，宜都市改造市委党校、职业学校、农业广播电视学校等市级培训机构 5 个、各乡镇及村级培训网点 68 个，累计投入资金 317 万元。2009 年，市农业广播电视学校共投入资金 156 万元，新增教室 5 间，教学用电脑 31 台，新购电视机 5 台、DVD 机 2 台，新建篮球场 1 个，羽毛球场 2 个，乒乓球台 4 个。学校的教学条件得到了极大地改善，为今后发展打下了良好基础。

二是加强师资队伍建设。近年来，宜都市先后组织人事、教育、农业等部门科技人员参加农业部、省人事厅、省农业厅等部门的各类专业技术培训 8 批 154 人（次），组织市级培训 11 批 440 人（次），组织外出学习考察 7 批次。2009 年以来，农业部门先后有 70 人参加了不同类型、不同层次的大学、专科学历教育，目前已有 48 人顺利领取毕业证书。宜都市农业广播电视学校、宜都市职教中心等培训机构在确定教师人选时，一律采用公开招聘、竞争择优的办法，培训和教学效果明显提高。

三是着力加强“三大体系”建设。乡镇农技、农机、畜牧等服务中心承担乡镇公益性服务的重任，是最贴近农民、最有利于培养农村适用人才的培训基地。

一抓人才引进。2009 年，全市共引进外地管理、技术人才 40 多人，主要从事种植业、养殖业开发及农产品经营，还有一部分受聘为本地企业的管理人员和技术顾问。

二抓人才输出。2009 年，全市向外地共输出各类农村实用人才 200 多人。近年来，宜都市柑橘洗果、打蜡加工企业迅速发展，一些加工设备处于“半闲置”状态，在组织考察的基础上，鼓励一部分私营企业主到外地办厂经营，谋求发展。据统计，2010 年全市有 98 家企业在湖南、江西、松滋、枝江、宜昌等地投资建厂，利用资金、技术优势，辐射带动了省内外果品加工业的发展。

三抓协会组建。目前，全市已登记注册农村专业合作经济组织达 131 家，其中农民专业合作社 92 家、专业经济协会 39 家，注册社（会）员 3 378 人，吸纳了一大批农村能人、农村经纪人，带动农业产业化基地 45 万亩，网络农户 41 500 个。

农技推广方式改革推动了宜都农业持续发展。2010 年，全市实现农业总产值 31.6 亿元，增加值 18.8 亿元，分别比上年增长 15%和 10.7%。2010 年，全市柑橘、畜牧、水产、茶叶四大产业的龙头企业产值达 120 亿元，比上年增长 75%，农民人均纯收入 7 600 元，比上年增长 17%。

（作者单位：湖北宜都市农业局）

渔业科技入村为农民致富加油

黄　浩

千名干部进百村活动期间，我们的驻点是湖北团风县贾庙乡长冲村。

5 月的长冲村，正值农忙季节，农田里，农民正与水牛一起辛勤地劳作。

从村支书那里得知，村里的经济支柱还是农业，家家户户都有田地，每年种植一些必要的作物，一来可以满足自家的需求，二来收成不错的话还可以卖些钱。村支书介绍说，长冲村的水产养殖业并不发达，原因是这里没有大片大片的养殖水域，养殖技术也十分落后。所以，这里的塘堰几乎都闲置着，没有发挥出应有的作用。顿了顿之后，村支书说，要是你们能在这次驻村期间，把村里的渔业发展起来那该有多好啊！

为了尽快让长冲村村民了解到渔业科技能够带来可观的经济效益、增强村民对水产养殖的信心，我们邀请团风县水产局技术推广站的专家组成员来长冲村，希望通过专家组的系统讲解、实际操作，让村民对渔业养殖有一个全新的认识。

5 月 7 日下午 14：30，贾庙乡长冲村村委会。团风县水产局技术推广站的专家们正在用先进的电脑投影设备讲解水产养殖方面的知识。窄小的电教室里，数十位村民认认真真地听了近 1 小时。刚刚讲完，就有村民站起来提问：占站长，什么样的水质才是最适合鱼生长的水质？怎么样去调节水质？到了泛塘的季节怎么防止泛塘？根据我们这儿的条件，您觉得我们适合养什么品种……

5 月 15 日下午 14 时，贾庙乡长冲村。团风县水产局技术推广站的专家组成员来到池塘边，他们手把手地教渔民解剖病鱼辨认鱼病，手把手地教渔民用化学试剂测水质，手把手地教渔民打预防针，手把手地教渔民往池塘里泼洒高锰酸钾消毒……

6 月，湖北省遭受了多年一遇的大旱灾，团风县水产局驻村干部联络村干部及时了解旱情，并制定细致的抗旱措施，还迅速调集了 3 台水泵用于紧急抽水。由于措施得力，旱灾基本上对生产没有造成太大影响。相反，干旱却为翻修村里闲置的塘堰提供了好机会。为了改善长冲村渔业基础设施，水产局干部联系村干部共同商议解决办法。经过商议，由渔民自己投资、投劳，有钱出钱、有力出力。水产局干部又在县里联系了 3 车红砖、250kg 水泥等必备物资，并同村干部一起带头与村民们一起奋战 3 天终于将闲置的、损毁的塘堰基本修缮完毕。

如今，千名干部进百村活动已经结束。当我们再一次来到长冲村的时候，这里已经大变样。渔业科技入村给这里的渔业生产带来了新的活力，现在有水面的农户在科技指导员的帮助下养了鱼，村里几乎看不到闲置的塘堰了。

临别时，村支书指着远处的鱼池露出了久违的笑容。他说，你们送科技下乡的活动，让村民们又多了一项致富的途径。科学养鱼，经济效益明显，按目前的状况来看，今年村民们的收入较去年至少提高 30%，我替全村乡亲们感谢你们！

看着渔业科技入户给长冲村带来的变化，作为科技指导员的我感触很深。面对面、手把手的技术传授方式，科技入户使一批先进实用的农业科技得到有效推广，成了农民增收致富的助推器。

（作者单位：湖北团风县水产局）

扎根基层终不悔　为农民增收做贡献

田平平

田平平，男，中共党员，1987年出生于湖北潜江市。2008年毕业于长江大学农学专业，同年7月响应国家号召，深入基层参加支农工作，在湖北公安县农技推广中心甘家厂乡农技工作组工作，现任公安县章田寺乡农技工作组组长。

在章田寺乡，乡亲们亲切地称他“小田技术”。

立志为农，做农业技术推广的接班人

为响应国家号召，2008年7月，他不顾家人和同学的反对，毅然投身到基层，从事农业技术推广工作。他说：农村基层是一个锻炼自我、塑造自我的最佳平台，农村基层工作是最贴近农民、贴近民生的，是青年大学生锻炼自我的有机载体。既然我选择了农学这个专业，就要为农业、为农村、为农民有所作为，把自己的所学奉献给农村。在通过了公安县农业局的面试和培训后，他顺利走上了基层农业技术推广道路，也踏上了公安县农村的热土。

在刚刚走上农技推广的岗位时，他深知要服务农业、农村和农民朋友，作为一名初来乍到的新农技人员，自己的知识和能力是远远不够的，虽然自己学的是农学专业，但只是理论，根本没有实践知识和实用技术，要干好农技工作并非易事。常言道：“打铁先要自身硬”。要胜任工作，就必须从抓专业知识学习、提高自身素质入手，因此，他一方面不耻下问，向有经验的老农技人员请教，另一方面订阅了《湖北农业科学》、《农业科技报》等大量专业性报刊，还从书店购回了《农作物病虫害防治》、《水稻栽培技术》等科技图书，并自费承包了5亩水稻田用来做试验，每年承担各种试验项目10多个，失败了重新来，再失败再试验，直至成功。

中稻倒伏是每个农民最头疼的事，每年因倒伏而致大部分农民减收。2009年，他做了一个防中稻倒伏的新农药试验，按照要求，在水稻播种后55天施药，对水稻效果最佳，但由于当时天气原因，推迟了3天施药，结果导致1.5亩的试验田大面积出现抽穗不齐，且穗型短小，导致减产200kg，损失400多元，但他不退缩。2010年，他再次拿出2亩田做了同样的试验，验证了施药的最佳时间和用量，为农民减少了一大笔不必要的损失。

就这样，连续3年的反复试验，虽然自己有一定损失，但获得了大量的珍贵的第一手技术资料，这为他以后的农业技术推广工作奠定了坚实而可靠的基础。2010—2011年连续2年，他所在的乡农技推广中心被公安县农业局评为“先进单位”，他本人也被县农业局评为“农技推广一等奖”。

尽忠职守，当好农民的技术指导员

视农民为朋友的田平平，工作3年来，每年有半年多时间会出现在田边，指导农民开展病虫害防治。哪里发生过水稻纹枯病，哪里发生过棉花枯黄萎病，他比谁都清楚。他编印的农技资料《农事指南》，简单明了，通俗易懂，村里用广播一念，不识字的农民都明白。农民每次看到他下乡来，都会迎上前把他团团围住，争着向他请教。2011年5月12日，田平平正在联台村一农户水稻田搞农药防效试验时，突然接到接丰村邹祖兵的电话，说他承包的40亩早稻发生稻瘟病。田平平当即奔赴现场，指导该农户迅速喷施稻瘟灵，采取科学肥水管理、及时治虫防病等技术措施予以防治。其后，他又多次放弃周末休息时间，深入田间查看苗情。在他的悉心指导下，这片早稻已恢复正常生长，使原本想放弃管理的邹祖兵又看到了丰收的希望。

每年水稻生长期间，总会出现一些生产问题，只要农民朋友一个电话，他会立马赶到田头为民解忧。2010年7月初，祝家村部分农户秧苗发生药害，他和几名技术人员连续11天访农户、走地头，并请教县技术专家，从科学角度进行分析研究，查清了秧苗出现葱管状、心叶卷缩现象主要是受除草剂的污染，消除了群众的疑虑。

今年5月，章田寺乡遇到了50年难遇的严重旱情，导致全乡农田受灾严重，部分农田干裂，作物枯死。针对这种情况，一方面，他及时向县农业局和乡党委、乡政府汇报旱情对水稻的危害性和严重性，引起领导重视，争取政府支持，并成立了乡抗旱工作领导小组；另一方面，他取消了所有的节假日，不顾骄阳日晒，带领技术员一起组织各种形式的自救行动，积极投入到抗旱中去。及时分村召开抗旱技术培训会，发放技术资料，每天大部分时间都是在田间地头为农民指导抗旱技术，共同抵抗旱情。农民朋友们看到他被晒得皮肤通红，都不忍心，也很感动，纷纷为他从家里端来了凉水、拿来了西瓜，在田间，他与农民朋友一起欢笑、一起抗旱，其乐融融。

任劳任怨，为农民增收服好务

为使章田寺乡的农民朋友科学种田、增产增收，他自己花了大量时间去请教专家，坚持先学习、再试验，通过试验成功后再教给科技示范户和种植大户，最后通过科技示范户的辐射带动，一传十，十传百，百传千，让农民朋友都能运用到科学实用的农业技术。

联台村的鄢远宏是章田寺乡的种植大户，也是科技示范户，在田平平的精心指导下，粮食年年都获得大丰收，每亩平均节本增收 200 多元，年纯收入达 5 万余元，在村里也起到了表率作用，成为科技示范户的典范，成为全乡发财致富的带头人，连续 2 年被评为公安县优秀科技示范户。他说："没有田技术员的指导和帮助，我也没有今天的成绩。"

在田平平的带动下，全乡 32 户科技示范户跟着他加入了科技种田的行列，也涌现了一批像鄢远宏这样相信科学种田、愿意接受和采用新的栽培技术的农民，如水稻轻简化栽培技术、棉花无土育苗技术、测土配方施肥技术等。

工作 3 年来，田平平时常奔波于乡村农户、田间地头，晴天一身汗、雨天一身泥，他总是把素不相识的农民当长辈、当亲人，耐心指导，不厌其烦，常挂在心。为了搞好工作，不知加了多少班，放弃了多少个节假日，一年忙到头。他总是说："农技推广人员的职责就是为农民服务，作为一名党员应有艰苦奋斗的奉献精神。"

（作者单位：湖北公安县章田寺乡农技工作组）

积极探索科学高效惠农新经验

李群　冯明　钟越　徐伟

江苏高邮市农业委员会组织实施的瓜菜科技入户示范工程项目，紧紧围绕全省现代农业加快推进主题，突出发展高效农业，培育“一村一品”，推广新品种、新技术、新模式，推行包村联户农技服务责任制度，实行村村全覆盖、村村都有示范户，统筹安排项目推广，扎实有效地开展工作，取得了明显成效。2010 年，全市 13 个乡镇 35 个行政村，800 个科技示范户共种植蔬菜 3 204.1 亩，平均亩产 4 069.65kg，平均增产 11.32%；平均每亩收益5 440.28元，比前 3 年平均增收 647.36 元，增幅 13.51%，辐射带动的 1.6 万户平均每亩增产 10.6%。“一村一品”特色显现，主导产业规模扩大 35.2%，造就了一批种菜大户、经营能人和科技带头人，辐射带动了普通农户的蔬菜发展，逐步形成先进生产技术的蔓延与共享，不断提升产业水平。项目的顺利实施和圆满完成，除了严格按照上级要求不折不扣做到外，更重要的是，在连续几年项目实施的基础上，努力开拓创新，积极探索更加科学高效的工作模式，建立系统、完备、适宜的运作程序，为今后的项目实施提供了科学实用的经验。主要做法是“四个结合”。

将科技入户与“菜篮子”工程相结合

项目实施过程中，凭借新一轮“菜篮子”工程建设规划的宏观指导，在开发区灯塔村、龙虬镇大树村、甘垛镇子明村、汤庄镇韩王村大力发展设施蔬菜，建立蔬菜专业化生产基地。反过来，利用科技入户工程项目各项资源投入、技术指导员的技术指导和示范户的辐射带动，迅速而广泛地将新品种、新技术推广开来。如开发区灯塔村在 1988 年实施“菜篮子”工程时就建立了蔬菜生产基地，经过多年建设发展，蔬菜生产基础条件较好，农民种植技术成熟，发展种植的意愿强烈，接受新技术、新成果的能力较强。因此，灯塔村早早地就被确定为瓜菜科技入户“一村一品”特色村。通过科技入户工程成功实施，2010 年灯塔村蔬菜平均亩产达 4 716kg，每亩经济效益达 8 868 元，体现了好项目与好基础强强联合的效果。

将科技示范户与种植大户相结合

在蔬菜产业发展中，龙头企业和种植大户的示范带动作用是强大的。因此，培植种植大户，推广应用瓜菜生产先进技术，提高产量和经济效益，是科技入户的主要方式和必用之道。如汤庄镇韩王村大户王玉利，番茄种植面积达60 亩，是汤庄镇数一数二的种植大户。作为科技示范户，王玉利不但自己科学种菜、科技致富，还积极按照科技入户要求，率先行动，用自己种植蔬菜所得实惠启发周边的农户，将自己所学的新技术教给其他菜农，带动蔬菜产业的发展和实用技术的推广。兴业村村民陈广玉一直没有种植过番茄，在王玉利的引导下，10 亩大棚番茄喜获丰收，每亩年产近 5 000kg，每亩纯收益 6 500 元，一年就走上了致富路。

将科技入户与专业化服务相结合

建立专业化服务组织与实施科技入户是适应市场经济新形势而产生的两种服务方式，将科技入户与专业化服务相结合，更有利于新技术、新成果的推广应用。高邮市现拥有市、镇、村各级专业化服务组织 30 多家，所有科技入户项目实施乡镇的专业化服务组织都与科技入户相结合，为科技示范户、辐射户提供专业化服务。高邮市开发区腰圩村 4 组的科技示范户丁文虎，原本就是开发区腰圩村蔬菜专业合作社负责人，在他的组织带领下，合作社有 100 多名成员，500 多亩菜地，带动辐射户达 1 500 户，辐射种植面积近 1 380 亩，借着科技入户的东风，大力推广应用新品种、新技术，大幅度提高种植水平，蔬菜长势喜人，产量大增。丁文虎在蔬菜采收前就已与经纪人签好销售订单，平均亩产达 4 326kg，每亩收益超过 9 000 元。

将科技入户与建立示范基地相结合

按照项目工程实施的要求，积极推进农业科技进村入户，根据各地瓜果、蔬菜的生产特点，在科技入户工程项目实施镇建设试验示范基地，并将其建设成为农业科技示范户的培训基地、交流园地和展示场地，增强示范带动和辐射功能。甘垛镇子明村 4 组赵云福全年种植蔬菜 34 亩，每亩收益达 4 500 元以上。赵云福在注重自身发展的同时，积极发挥示范带动作用，辐射周边农户达30 多户，被作为重点示范户培养。市、镇两级多次在他的蔬菜基地召开现场会和示范培训会。点、线、面培育示范户，对加快农业新品种、新技术和新农艺的推广，提高瓜菜科技入户工程项目实施效果发挥了很大作用。

（作者单位：江苏高邮市农业委员会）

沼气能源：富我村民　绿我家园

龚淼红

忆往昔，烟熏火燎，污水横流；看今朝，窗明几净，蔬果飘香。今昔巨变因何在？江西靖安县仁首镇党委副书记肖华高兴地说，2002 年以来，镇里把以养猪为重点的畜牧业和以柑橘为龙头的种植业紧密联系在一起，将猪圈中的粪尿导入沼气池发酵，生成的沼气用来照明和做饭，沼液沼渣倒入田地做肥料，构建“养殖—沼气—种植”三位一体的生态农业体系。通过农村沼气建设，真正做到让农村亮起来、让农民暖起来、让农业资源循环起来。

仁首镇石上村正是这一生态体系的先驱实践者。石上村辖内 14 个村民小组，农业人口 545 户，1 974 人。石上村从 2002 年开始进行沼气建设，至今已建沼气池 160 户，分布在 14 个村民小组，为全镇沼气事业健康稳步发展注入了生机和活力。

事实上，石上村的沼气建设并非一帆风顺。1998 年，石上村与原张家村合并为石上村，刚成立的石上村，村班子涣散，人员多，办公无场所，外债 20 多万元，村经济基础薄弱，是全镇的老大难村。2002 年，仁首镇开始推广农村沼气示范建设，当时镇领导根据石上村种植户、养殖户较多的特点，决定以石上村为试点，大力发展农村沼气建设。镇农技部门的沼气工作人员走村串户，向村民宣传沼气的优点，鼓励村民修建使用沼气。多次努力未果，沼气工作人员便与村委会商量，先在村党支部张书记家修建一口沼气池作为示范，并多次组织村组干部和农户到张书记家参观，现场演示使用沼气的好处，又给村民算经济账：建 1 口 $8m^3$ 的沼气池，年产沼气 $240m^3$ 左右，家里烧水做饭、点灯照明，每年可节省 1 000 多元，给种植的椪柑施沼液肥，可省肥料 3 000 余元。用沼液、沼渣浇菜能防虫害，瓜菜品质好了，营养价值提高了，作物生长迅速了，产量也上去了，再加上一年几头大肥猪……照此算下来，沼气能使农户一年节支增收 1 万多元。

这样的示范和宣传打消了村民的疑虑，提高了村民修建沼气池的积极性。同时，沼气工作人员严把建池质量关，严格要求施工人员，按技术操作规程修建。很快，村里就建起了 160 口沼气池，所建沼气池全部正常产气，受到了群众的大加称赞。此举，不仅提高了石上村的沼气建设，也打开了全镇沼气建设的新局面。

如今，石上村的 160 口沼气池还远远不能满足村民的需求，沼气工作人员又向石上村村委会建议，结合当前的新农村建设，镇农业服务站的工作人员、技术员与村委会合作，组织一支专业的施工队伍，率先在石上村的张家组修建了十几口沼气池，采取先由村委会统一修建，再由村民来认购的新模式，并计划在石上村建立一个沼气服务网点，这样一来，就解决了一系列问题：因农村青壮年村民外出务工，导致农村劳动力缺乏，造成建池时缺少劳力，农户不愿建的问题；建好后无劳力使用，导致沼气池闲置，无人管理等问题。沼气服务网点的建立，降低了沼气池的建设成本，可提高良好的后续技术指导和服务水平，解决农户面临的实际问题，同时积极探索持续有效、建管用一体化的沼气服务模式，并建立沼气用户档案，实现跟踪管理，解决了农户使用沼气的后顾之忧。

通过近 10 年的学科技、用科技，石上村发生了翻天覆地的变化，拥有沼气池 160 多口，种植椪柑 1 000 余亩，改造中低产田 482 亩，发展养猪户 50 多户，绿色长廊及旅游工作做得有声有色，不仅将 20 多万元外债全部还清，而且年创税收 10 多万元，各项工作走在全镇前列，石上村也连续多年综合评测名列前茅。

近年来，由于生态建设和环境保护的需要，仁首镇已根据国家有关法规启动了天然林保护工程，发展农村沼气也成为解决农民“烧柴”问题的一项重要措施和有效途径。同时，镇政府相关部门把农村沼气建设与当前新农村建设、生态村建设、小康村建设等结合起来，统筹规划，综合推进，通过发展农村沼气，多层次开发利用资源，依靠科技进步，发展生态农业，调整结构，提高农业效益，增加农民收入，并大力改善生态环境，为全面建设社会主义新农村而努力奋斗。

（作者单位：江西靖安县仁首镇农业技术推广服务站）

以项目为平台　创新服务“三农”

陈学英

随着国家对粮食安全的重视，涉及农业的项目逐年增加，给农技推广工作带来生机。安徽天长市农业科技推广中心利用农业项目，抓住机遇，搭建平台，为农技人员开展农技推广创造良好的环境。

利用现代农业项目，组建植保服务队

根据要求，天长市利用现代农业项目开展农技推广，以农技站为平台，以农技人员为骨干，在全市15个镇（办事处）成立了植保服务专业队，每个农技人员带领一个植保服务队，担任队长，对水稻病虫害开展统治统防的专业服务工作。制定水稻统防统治考核办法，考核结果与工作经费挂钩。同时，根据项目要求，在全市抽调农技人员40多人在项目区进村入户上门指导。目前，全市已有植保服务队473个，拥有机动喷雾器1.1万台，可防治水稻面积73.8万亩。

开展示范片创建活动，进行高产攻关

在每季作物，每个农技站建立一个百亩高产攻关示范片，示范片是农技人员做给农民看、引导农民干的指挥田，也是农技人员开展良种良法、良肥良法、良药良法、关键技术集成组装的试验示范场。

2011年，天长市农业科技推广中心又承担了2个水稻高产创建万亩示范片、2个小麦高产创建示范片，每个农技站建立1个百亩高产攻关示范片，并出台了示范片高产攻关考核办法。组织专人进行测产，获得前三名的3个农技站进行表彰和奖励。

搭建平台，全员参与实施农业科技入户

抓好进村入户上门服务，对农民进行面对面、零距离的培训和指导，是农技推广工作中的一项重要举措，能使农技人员与农户感情更加贴近，切实解决农民生产实际出现的技术难点，让先进的、适用的农业科技普及到农村千家万户。从2004年开始，天长市就开展了农业科技入户工作，多次得到

上级农业部门的表扬。在实施全国基层农技推广体系改革与建设示范县项目中，农业科技中心承担了以水稻、小麦为主导产业的项目任务，要求被聘为农业技术指导员的同志，按照示范县项目要求，开展进村入户上门服务工作，辐射带动周边农户，扎实开展科技服务工作。中心还与受聘的全体技术指导员签订了技术依托协议书，并要求技术指导员与科技示范户签订上门服务协议，科技示范户家家按规定挂上了统一制作的示范户牌匾，与农户签订的700份协议已经全部存档，根据上门服务日程安排，每年每人上门服务6～7次以上。

采用多种形式，全面开展农业科技培训

要让广大农民都能掌握和应用先进适用技术，科技培训是关键，是农技推广工作的重中之重。为此，农技人员在全市开展多种形式的培训，以切实提高广大农民的科技素质，提高适用技术的应用到位率。

1. 大规模开展春季培训。春节以后，利用农民还没有外出打工之际，在全市、镇（办事处）开展大规模的春季农业培训，指导农民开展春季小麦、油菜田间管理。

2. 在以乡镇集中培训的基础上，大力开展村级培训，利用民生工程（农业专业技术培训），把农民培训向深度、广度延伸。

3. 以召开现场会、观摩会等形式，进行针对性的农业技术培训。

4. 通过广播、电视平台，结合农时季节，进行农业技术培训。

5. 利用科技赶集的形式，向农民宣传农业科技知识。

2010年，全市进行农业技术培训150场（次），培训农民5.3万人（次），发放给农民朋友的一封信（4次）50万份，共编印、散发明白纸8万多份，举办技术人员培训班5次，培训技术人员670人（次）。召开各类现场会120场（次），制作《致富金桥》电视节目进行科技讲座75期。

开展苗情监测，为指导农业生产争得主动权

开展苗情监测，做到定点、定人、定田块，全年共有12名专业技术人员定期、定点调查苗情，并及时向省农业委员会汇报。同时，根据苗情，提出相应的管理措施，为指导大面积农业生产提供科学依据。

加强宣传报道，及时上报农技推广情况

2010年，群发科技服务短信通知51次、5 300多条，编写了天长农技推

广简报62期、粮食科技丰产工程18期。为天长农业信息网提供信息65条，为滁州市政府信息公开网提供信息65条，为滁州三农网提供信息48条，为省级信息网提供信息22条。在各级农业网站上宣传报道农技推广工作开展情况，并向市政府、市人大、市政协、科技部门的领导抄送《天长农技推广》简报，以取得市领导及有关部门的支持和帮助。

开设专家大院，发挥零距离服务作用

在项目区开设了由安徽省科技厅命名的“稻麦丰产科技专家大院”，并且在大院中设立科技书屋、培训场所。聘请10多名省、市专家，在关键农时，对参与项目人员进行培训及试验示范指导，提升了技术人员的业务素质，通过各种形式指导农民抓好田间管理。2010年，抽调了8名农技人员长期驻点在专家大院，对农民开展培训、指导、试验示范，并开展高产攻关与创建工作，对示范基地的农户开展培训16次，发放技术资料图书1 520余册，明白纸9 300份。专家对农民进行面对面、零距离的指导，缩短了专家与农民的距离，解决了农技推广工作最后一公里的问题。这种形式正在各示范区进一步推广与发展。

（作者单位：安徽天长市农业科技推广中心）

植根农村促发展　科技惠农谱新篇

夏关章

伴随着农民的辛勤劳作，品味着推广工作的酸甜苦辣，至今已在农业科技战线上栉风沐雨二十个春秋。成长的历程、工作的足迹，使我深深地感悟到：当个人的情感真正融入到平凡质朴的土地、融入到芸芸百姓的心中，事业便有了不竭的动力，人生终会闪耀出精采的亮色。

加强学习，不断提高为农服务意识和能力

作为一名基层农技工作者，直接面对着农民，直接面对着土地。要想让群众认可，要想让科技入户到田，必须具备敢于吃苦、甘于吃苦、乐于奉献的精神，必须具备扎扎实实的业务素质。我于 1992 年从湖北宜昌市农业学校毕业，同年参加工作。作为农民的儿子，我心中牢固树立了学农、爱农、服务农业的理念，要求自己学习先进典型的精神、做人的准则，并融汇到自己的人生中去，守住心中那份情感，让工作变成一种乐趣。农业科技推广是一份技术性的工作。参加工作后，我深感到自己知识的不足和经验欠缺，需要不断加强学习，更新知识，拓宽领域，获取信息，掌握技术。1995 年，参加了华中农业大学农技推广专业（大专）自学考试，领取了毕业证书；2001 年，到省农业干校参加了全省蔬菜栽培技术培训，接受继续教育；2003 年，报名参加了长江大学园艺专业（本科）函大学习，获得本科文凭；2005 年 11 月参加了全省农村实用人才培训班学习；2008 年和 2009 年分别在长江大学、华中农大参加农技人员知识更新培训。平时注重摸索，调查研究，总结农民的经验教训，积累实践经验。同时，因为工作往来，与中油所、中棉所、省农业科学院等农业院校联系较多，有机会向专家请教、学习，促进了自己专业知识水平进一步提高，增强了为农民服务的意识和能力。

注重实效，切实加强农业科技推广工作

农业科技推广是农技人员的基本职责，在新形势下实现农民增收、农业增效，必须以市场为导向，以科技为依托，正确指导农民搞好农业生产。毛家港

镇是一个农业大镇，辖 33 个行政村，耕地面积 11 万亩，农户 1.6 万户，加强农业科技服务工作至关重要。在平凡的工作中，我坚持做到培训服务到村、指导服务到田、热线服务到家、短信服务到人、资料发放到户，满足了农民的需求，促进了农业科技进村入户。

一是开展科技培训。每年以培训中心、各村成人文化学校、田间地头为阵地，开展技术培训 80 多场（次），培训 1 万多人（次），主要是分析介绍农业生产形势，提供各种信息，推广优良品种和新技术，讲授各种实用技术。并利用中午、晚上时间，在田边地头、农户家中开展各种形式的培训和讲座，让农民懂得生产管理要领。2010 年，我积极联系公安县农业广播电视学校开展青年农民培训工作，开办了全县第一个“现代农艺”农民中专班，集中 100 位农民免费进行学制两年的半脱产学习。

二是印发科技资料。每年印发《农业科技服务》10 万份左右发放给农户，对农业生产产前、产中、产后进行全程指导，为农民提供信息和技术，并及时发送《病虫防治指挥部通令》，指导和加强病虫防治工作。

三是加强科技指导。我和站里其他同事分片负责，常年走乡串户，深入田间地头，调查了解情况，耐心细致地进行环节指导，及时解决农民遇到的各种问题，并公开自己的电话号码，接受农民电话咨询，简单问题及时解答，不能解答的到现场进行处理。农忙时，我每天跑几个村，回答农民电话咨询十几人次，受到大家的好评。2006 年，中稻稻飞虱大暴发，农技人员电话铃声不断，人员四处跑个不停，仅塘咀村一个“死角、死面”田块的稻飞虱防治，我就到田督促指导 3 次。通过将掌握的情况及时向镇领导汇报，把广大干部群众发动起来，反复给大家分析虫害发生态势和严重性，到田间地头给农民讲解防治措施，鼓干劲、增信心，夺取了稻飞虱防治战役的胜利。

四是群发科技短信。利用建立的短信平台，迅速把各种科技信息传递到农民手中。2010 年，在稻棉播种遇低温阴雨、中稻遇高温热害、油菜霜霉病普遍发生等环节，向全镇 4 000 多农村手机用户每人发送信息 20 多条，获得较好效果。

五是开展试验示范。通过加强与科研院所和公司企业的联系、合作，常年开展试验示范工作。近几年来，重点开展了粮棉油品种对比栽培、移栽灵在粮棉油生产上的大面积应用示范、旱育保姆轻简育秧示范、中稻机插秧育秧示范、中稻应用立丰灵防倒伏示范、油菜机收示范、控释肥应用示范、有机肥大面积应用示范等。通过新品种的试验示范，可以摸清作物品种生长习性，掌握栽培要点，为大面积种植提供技术支撑，筛选适宜本地种植的品种；通过新技术的试验示范，可以摸索经验，总结教训，促进新技术的应用推广。

六是搞好农情调查。除了粮棉油等作物的生育调查、效益调查等常规农情调查外，通过安排和争取，我和同事们一起还开展了农业部棉花生长指数信息采集、农业基点调查、荆州市棉花生产定点调查等工作，为专家和领导提供详尽的第一手数据。

这都是些基础工作、日常工作、常规措施。工作是辛苦的，同时也是一份值得品味的美好回忆。记得有一年在试验田进行油菜冬至苗情调查时，下着雨夹雪，起着大北风，气温非常低，手冻得发僵，身体直打哆嗦，实在坚持不住了，跑到田埂边找来些稻草烤火取暖，再坚持继续干。工作是平凡的，但把平凡的工作做到不平凡，需要一种精神，需要一份执著，干部群众的赞许是对我价值的最大肯定。

开展合作，努力加强科技网络建设

我把农技站比喻为科技网络建设的“纽带”和“传送带”，上联科研院所，下联千家万户。在多年的科技网络建设中，主要做了以下工作。

一是大力引进人才来毛家港镇指导生产、开展研究和实施项目。如省农业科学院经济作物研究所到我镇进行科技驻点，开展优质棉科技服务工作，使全镇棉花增产 10%；中油所在曹咀村开展油菜机播机收轻简栽培大面积示范，极大地减轻了农民劳动强度，顺应了农村劳力实际；棉花专家别墅、王孝刚在我镇进行棉花高产栽培技术指导，开展棉花轻简化、机械化高效生产集成技术研究；水稻专家洪秀明发展优质稻板块基地，推广优质高产中稻品种，并联系中储粮荆州直属库进行订单收购。通过这些专家进行指导，使全镇农业科技含量提高、品牌效应提升、产业发展提速，取得了显著的社会效益和经济效益。

二是面对农村新的发展形势，积极扶持组建农业科技协会和专业合作社，做到镇有协会、村有小组、组有会员。目前，全镇已组建规范性合作组织 8 家，逐步形成了以专业合作组织示范品种项目、组织实施生产、指导技术服务、组织内购外销的格局。在我的扶持指导下，由我任秘书长、农民肖德元牵头成立的公安县德源柑橘协会，会员已发展到 1 000 多户，涉及全县 9 个乡镇。协会通过构建技术服务平台、信息传递平台、产品流通平台，努力推进柑橘无公害标准化生产，促进品牌经营产业化开发，不断提高果农效益。每年开展会员培训 5 次以上，发放资料 6 000 多份，协会技术人员随时到会员果园实地指导。协会统一配送农资，为会员降低生产成本，仅复合肥一项，就为会员节本 40 多万元；联系果品销售，提高销售效益，每年采后处理销售柑橘 750 万 kg 以上，加工增收 80 多万元，从而带动了全镇柑橘生产的良性发展。《荆州日报》、荆州电视台对协会的运行发展多次予以专题报道。2009 年，公安县德源柑橘协会实施了湖北省科普示范助力新农村行动计划。

三是依托龙头企业，加强优势农业板块建设。积极推广优良品种，加强板块建设，服务龙头企业，形成“公司＋基地＋农户”的整合体，让农民“抱团”组织起来，增强抗御各种风险的能力，提高种植效益和加工增值，是农业科技推广工作的一个重要内容。全镇依托百盛棉贸、玉强米业、四通米业等农业企业，大力推进优质水稻、优质棉花、优质油菜、优质瓜果基地建设。近几年来，我积极联系湖北百盛棉贸有限公司与蒲田咀、张家湖、新剅等村合作，实行统一优良品种、统一技术指导、统一栽培管理、统一加价收购。2010 年，在棉花播种移栽期间，初步拟定籽棉收购价格 8.00 元/kg，极大地激发了棉农种植热情。通过基地带动了产业发展，带动了农民增收。这样，通过联合，相互扶持协助，实现优势互补，拓展科技推广内涵，大力实行科技兴农，从而促进了农村经济可持续发展。

依托项目，积极寻求推广新路

全国农技推广示范县项目实施已进入第三个年头，对加快推进基层农技推广体系改革与建设，加强农技推广工作，提升农民科学种养水平，全面推进农业科技进村入户起到了重要作用。我作为一名乡镇农技服务部门的牵头人，主要做了以下一些工作。

一是加强示范站所建设。自 2001 年率先启动乡镇农技推广体系改革后，公安县实行了“管理在县局、服务在基层”的派出制模式。毛家港工作组通过建立健全聘用合同制、目标责任制、分工包村制、工作记载制、考核结账制，做到制度上墙、责任到人，严格执行，用完善的制度约束每一个人、激发每一个人。同时，逐步完善农技服务体系，配备相应设施设备，建有示范基地 4 个 300 亩，挂牌农民田间培训学校 33 所。

我们组示范站所建设得到了相关部门的大力支持和肯定。2010 年 4 月 27 日，全市基层农业服务示范站所建设现场会在公安县召开，与会者观摩了毛家港工作组示范站所建设情况。随后，武汉、孝感、咸安、宣恩等地组织人员到我们组进行观摩指导，全国农技推广中心相关领导来我们组开展调研。

二是大力培养科技示范户。根据基层农技推广体系改革与建设示范县项目要求，全镇择优确定了 49 名核心示范户，我重点对 17 名示范户进行对口联系，重点扶持，组织他们学习新知识，掌握新技能，当好农技工作的联系员和情报员，并通过示范户率先推广运用新技术、新品种、新模式，将其掌握的知识和技能传授、普及给周边农户。新剅村科技示范户黄生荣，我定期上门到田进行重点指导，并在他家开展品种的示范栽培、实用技术的推广运用，周边群众跟着他选择好品种、应用新技术，他也经常向大家提出生产建议，从而共同提高了生产水平，科技示范户的辐射带动作用得到了充分体现，“邻居效应”得到了展示，群众见到我就说：“这样搞，蛮好。”

三是加强示范基地建设。示范基地作为推广方式创新的一种重要形式，能够起到讲给农民听、干给农民看、领着农民干的示范作用，使农户看得见、摸得着、学得会，保证新品种、新技术的迅速转化和应用。通过与省农业科学院经济作物研究所合作，加强曹咀村棉花生产试验示范基地建设，重点开展棉花高产创建、育苗方式示范、栽植密度试验、种植模式试验、品种对比栽培、肥料对比试验、控释肥示范、有机肥大面积应用等，从而建立了农技人员的试验田、科技推广的样板田、农情采集的对照田、农民观摩的标准田。

四是积极开展高产创建活动。2011 年，毛家港镇被确定为“棉花万亩高产创建活动”乡镇，通过组建专班，制订实施方案和技术方案，采取政府引导、资金扶持、科技支撑、工作督导等保障措施，运用推广优良品种、集成高产技术、发展订单生产、落实抗灾措施、提高服务水平等示范措施，实行培训到村组、资料到农户、指导到田块、短信到个人、热线到农家等服务措施，激发农民植棉热情，提高争创高产信心，努力促进全镇棉花增产、棉农增收、棉花生产可持续发展。4 月 27 日，县委书记张万超同志牵头，相关科局、各乡镇主要负责人参加，在毛家港镇召开了全县农业生产深入推进现场会，与会者观摩指导了棉花高产创建片。通过高产创建示范辐射作用，有助于加强棉田基础设施建设，强化棉花生产科技支撑，加速高产实用技术推广，提高棉花单产、品质和效益，从而提升了毛家港镇植棉大镇的地位。

（作者单位：湖北公安县农技推广中心毛家港工作组）

抓好“三种”推广模式 促进服务能力提升

李反根

江西新干县积极引导农技推广人员转变推广理念，特别注重抓好“三种”农技推广模式，不断提升服务“三农”能力。

1. 抓好以农技人员“包村联户”为主要内容的推广模式。

全县100名农技指导员每人联系10户科技示范户，形成了农技人员抓示范户、示范户带动辐射户的农业技术推广工作新机制。金川镇灌溪村水产养殖科技示范户郑细根在谈到“包村联户”模式的工作责任制时，总会说：“我养鱼出现问题就找技术指导员段忠华工程师，他会及时帮我解决。”2009年，郑细根开始承包56亩鱼塘，在段中华工程师指导下，采用微生态制剂调控水质技术，使鱼塘的青鱼生长快、成活率高，每亩增加产量150kg，56亩鱼塘增加收入6万余元。

2010年抗洪救灾期间，由于实行了包村联户制，农技人员对自己所包的村及联系户发生的灾情较清楚，因而1天内就摸清并上报了灾情，为上级及时决策提供了依据。有乡镇政府领导说，乡镇农业综合建站后，战斗力明显增强，现在乡镇农技人员成了乡镇中心工作和处置突发事件的重要生力军，特别是在2010年抗洪救灾期间表现突出。

2. 抓好“综合服务站＋基地（专业合作社、专业户）**＋农户”的推广模式。**

乡镇农业综合服务站以种养基地、专业合作社和专业户为示范服务平台，辐射带动农户发展生产，推广应用新品种、新技术和新成果。2011年上半年，新干县溧江农业综合服务站通过重点指导建设堆背村万亩水稻高产创建示范基地，在示范基地上推广种植淦鑫203、金优458等新品种，应用水稻测土配方施肥等7项集成技术，经专家测产验收，该示范区早稻平均亩产达546kg，比全县早稻平均亩产高出120kg。

新干县桃溪农业综合服务站挂点指导新干县永安香菇合作社，通过规范合作社管理、开展技术培训、提供市场信息、引导农户参加合作社等工作，积极帮助合作社发展壮大。目前，合作社已发展社员314名，引进香菇销售企业6家，拥有冷藏库7个，建立了香菇种植示范基地8个，辐射带动周边菇农1 000多户。2010年，合作社组织种植香菇480万袋，年产鲜香菇560万kg，年获利700万元，菇农人均收入6 500元，岭背村已成为合作种菇、致富农家的闻名村，新干县永安香菇合作社也获得省级示范合作社称号。

3. 抓好以“农民培训”为主要手段的推广模式。

采取集中培训、分户指导、实地考察、观摩交流等方式，培训科技示范户、种养专业户、合作社成员等涉农人员，提高其学习接受能力、自我发展能力和辐射带动能力。2010 年，采取集中办班，进行理论培训 58 期，理论与实践相结合的现场培训 320 期，在农业科技试验示范基地上召开观摩会 39 次，共培训农民 3.65 万人（次）。新干县于 2011 年 3 月 9 日创办了江西省第一所农民田间学校——新干县大洋洲镇新市村农民田间学校，截至目前，该学校共开展农民活动日 5 次，培训正式学员 131 人（次），旁听学员 65 人（次）。学员经过培训，普遍对全程葡萄生产技术有较为系统的认识，并能将所学的知识运用到生产实践中去。正式学员种植葡萄面积 620 亩，平均亩产 2.3t 以上，增产幅度 20%左右，同时葡萄品质明显提升，销售价格比普通葡萄价格每千克高出 1.2～1.6 元，产值增加 199 万余元。

（作者单位：江西新干县农业局）

柳河农技推广走“三结合”之路

邢红菲 李 刚

吉林柳河是一个“七山半水二分田、半分道路和庄园”的半山区县。近年来，随着新形势下农技推广部门的改革，柳河县立足资源条件，走“三结合”之路，即农技推广与农村农业合作社相结合、与农村科技示范户相结合、与优势农业项目高产创建相结合，使得全县农业实现了跨越发展，粮食产量比“十五”时期提高了58%。

1. 农技推广与农村农业合作社相结合，为农业生产注入新支点。

《中华人民共和国农民专业合作社法》颁布之后，各地农村以市场需求为导向，以本地主导产业为中心，以农产品加工企业为龙头，组建了大批不同专业的农民专业合作社。近些年来，国家实施的“阳光工程”项目，大批农村富余劳动力走出土地，涌入大中城市，从事非农产业，使农村土地相对集中，农民同产业相对集中。这样，就为我们农业技术推广部门推广新技术、新品种提供了新支点。

柳河县义全农业合作社的成员大多都是种田能手、种粮大户、农业科技的爱好者，耕地面积相对较多，种粮积极性较高。农民专业合作社在农业新技术、新品种的推广中具有其他推广组织、推广手段所难以替代的作用。原因一，农民专业合作社的领导与社员都从事同一专业，并具有一定的规模，利益目标相同；原因二，合作社的领导是农民，是专业生产经营的“能人”，有说服力和组织能力；原因三，合作社组织制度是保障社员的利益，决策内容顺其社员意愿。所以通过农民专业合作社推广普及农业技术，容易被接受，费用低、影响大、推广速度快，起到事半功倍的效果。在农业技术推广部门推广机械插秧、机械收获时，得到了义全合作社中多方面的重视和支持，大大降低了种植水稻的成本，为农民增收做出了贡献。

2. 农技推广与农村科技示范户相结合，为农业生产增添新动力。

科技示范户是当前全省农村先进生产力的代表，是传播科学技术的“二传手”，是农村依靠科技致富的带头人。要大力培植科技示范户，扩大科技示范户领域，进一步发挥科技示范户在农村物质文明和精神文明建设中的积极作用，推进“科技兴农”深入发展，为柳河农业生产增添新动力。

柳河县农业技术推广总站高级农艺师李彦泉自2009年9月开始实施科技示范县项目以来，他不计分内、分外，以自己是科技入户指导员的身份来约束自己，无论是技术方案的设计，还是试验示范基地项目的规划，他都一丝不苟。他所包的示范户是柳河县凉水镇平岗村的10户玉米示范户，凉水镇位于柳河县的最东端，是柳河县气候条件较差的乡镇之一。他首先专访了每个示范户，了解示范户的种植品种、施肥状况，并与当地村干部、示范户进行面对面的交流，结合全县玉米栽培技术指导方案，逐户确立分户指导方案，有重点地制定了每个科技示范户的主导品种和主推技术。为了真正实现技术人员直接到户、良种良法直接到田、技术要领直接到人的工作目标，他把技术培训、提高农民素质列为科技入户工作的重点，开展多形式、多层次和多渠道的技术培训。利用农闲季节，举办凉水镇全体科技示范户（包括辐射带动户）培训班4次，发放技术宣传资料4 000余份，提高了广大农民的种植水平。

3. 农技推广与优势项目高产创建相结合，为农业生产植入新元素。

开展粮食高产创建活动是推动粮食生产发展的重要举措，是增产增效集成技术推广的重要载体，是促进粮食生产政、技、物有机结合的有效途径。柳河县坚持以科学发展观为指导，以粮食稳定发展和农民增收为目的，集约项目、集成技术、集中力量、主攻单产、改善品质、示范连片、提高效益，抓典型样板，强化示范引导，通过典型示范和辐射带动，推动粮食综合生产能力的提升，为柳河农业生产植入了新元素。

柳河县农业技术推广总站站长李向前负责柳河镇水稻万亩高产示范片，在他的努力下，把各项农业优势项目结合到柳河镇水稻生产当中来，使得柳河镇水稻产量由原来的每亩377.6kg增长到714kg，农民收入大幅度增加，得到了农民的一致认可。

在信息农业、效益农业、现代化农业的新形势下，农业技术推广部门要紧紧围绕地域优势、自然资源推动经济发展。针对农业增效、粮食增产、农民增收的目标，充分发挥农民专业合作社、科技示范户、优势农业项目的作用，创新服务机制，搭建服务平台，拓宽服务渠道，推动农业产业发展，为社会主义新农村建设做出积极贡献。

（作者单位：吉林柳河县农业技术推广总站）

走好推广“五良”路 守住粮食安全门

方 荣

德安县位于江西北部的鄱阳湖畔，是“杂交水稻之父”袁隆平院士的故里，也是赣北粮食产区，20 世纪 80 年代曾是国家商品粮基地县之一。进入 21 世纪以来，随着德安县工业化、城镇化迅速发展，农村劳动力大量流失，土地抛荒时有发生。再加上自然灾害频发、农业经济效益低等原因，全县水稻种植面积由最高时的 15.3 万亩降到 5.4 万亩。许多农民都在市场上购粮，粮食供需出现了逆转。为确保粮食安全稳定，德安县农业局在认真贯彻执行国家强农惠农政策的基础上，以科学发展观为统领，解放思想，求真务实，探索出一条良农、良土、良种、良法、良德的“五良”推广法，从而使德安县水稻种植面积增加到 9.3 万亩，总产量达 5.58 万 t。除自给外，每年还可向国家提供商品粮 1 万 t 以上，粮食迅速转危为安。

几年来的实践表明，要想做好稳粮、增粮工作，就必须从推广“五良”入手，抓住“五良”破解难题，化解危机。因为，良农是关键，良土是基础，良种是核心，良法是手段，良德是保证。“五良”之间相辅相成，环环紧扣，是一项以人为本，确保稳粮、增粮的科学兴农举措。

培良农，提高综合素质

在稳粮、增粮工作中，人是决定粮食安全的因素，不打破温饱型小农经济思想的传统观念，就很难前行；不下大力气从农村“一老二少三弱”（老：60 岁以上老人；少：正劳力少；弱：妇女和体质差的劳动力）的状况中解脱出来，粮食安全就是一句空话。我们的办法是：积极培养种粮能手与种粮大户。县、乡、村通力为他们的土地流转工作做好服务。目前，全县水稻种植大户 958 户，1 200 多人，他们已成为有文化、有技术、有胆识的新一代农民。县农业局结合农技推广示范县建设，还聘请了 10 名农技专家、100 名专业技术员，利用当地农家书屋，创办田间课堂。对水稻种植户实行分片包干与粮农自主选择农技人员相结合的方式，进行重点培训和指导，并采取抓大户带小户、示范户带一般户的办法。现在，全县有高产示范户达 1 000 户，形成了争先创优的氛围，有力地促进了种粮农民整体素质的提高。

同时，吸收农民中热爱科学、热爱农业，有一定文化的中青年参与到我们

“五良”法的推广队伍中来，涌现出河东乡的郭财林、骆杨林，车桥镇的刘福宝等一大批优秀良农，他们既是种粮大户的“火车头”，也是“五良”法忠实的推广员。

建良田，提高土地肥力

粮食产量的高低与土壤好坏有着直接的因果关系。近20年来，由于种种原因，水稻田普遍出现“一瘦二贫三荒”的现象，即有机质含量低、微量元素含量少、土地板结和抛荒。针对这种现状，我们按照测土配方施肥要求，对全县进行一次土壤详查，共取土样9 600份，覆盖面积达22.71万亩。其中，测得水稻田含有机质属中低产田的比率为85.68%。因此，改造中低产田，消除“一瘦二贫三荒”现象，对提高单产、增加总产具有重大的战略意义。

采取大量扩种绿肥，近3年来，每年都在1万亩以上；广种直播油菜和萝卜做肥料；稻草返田率达98%，油菜秸秆返田率达100%；用机械化抽取塘泥和沟渠的淤泥施于稻田中；每年向全县发放《德安县测土配方施肥建议卡》2万余份，要求种植户增施沼肥、农家肥和有机肥；组织劳动力积肥，把村边、路边、田边的杂草清除干净，或堆沤、或直接施于田中。通过以上六项措施，土壤结构得到了改善，有效地增加了土壤中有机质含量，土地肥力明显增强，为粮食生产打下了坚实的基础。

引良种，提高单产指数

经过多年实践，农技人员认识到，选择和引进良种必须坚持两大原则。一是高产、优质、多抗原则。每年我们都要向全县公告《德安县水稻种植主导品种》，如2011年早稻有金优458、淦鑫203等5个品种，中晚稻有两优培九、Y两优1号等9个品种，晚稻有淦鑫688、先农4号等5个品种。利用各种媒体及板报、明白卡等形式广为宣传种植主导品种的重要性。同时，发现市场上的假冒伪劣种子都要进行曝光和处罚。二是试验、示范、推广原则。2004年，从湖南国家杂交水稻研究中心引进隆平超级稻两优293进行试验、示范，当年农民实收平均亩产达616kg，比2003年同区域同季杂交稻每亩增产256kg，增产达70.98%以上，并且谷粒饱满、米质优、口感好，很受消费者欢迎。为实现“种三产四”的目标（种3亩超级稻，产4亩田所产的粮食），2009年再次从湖南国家杂交水稻研究中心引进强优势两系杂交稻组合Y两优2号在河东乡、车桥镇进行试验与示范，同年10月9日收割，农户实收平均亩产达706.5kg。2010年，该品种平均亩产达710.5kg。目前，全县推广的超级稻品种 9 个，种植面积达 3 万多亩，按每亩平均增产 100kg 计算，一年可净增稻谷 3 万 t 以上。

推良法，提高技术水平

科学的方法是粮食增产的重要手段。我们的做法：一是建立健全完整的县、乡、村、组、示范户推广体系，即县有示范基地、乡有示范片、村有示范点、每个示范户要求带 10 户。形成上下联动、左右促进的推广网络。二是制定推广方案，创新“四主四加四到”责任机制，即主导品种、主推技术、主体培训、主位示范，专家组加技术指导员加示范户加辐射带动户，技术人员直接到村、技术培训直接到户、技术指导直接到田、技术要领直接到人的责任制，使先进的农业科技成果迅速应用和转化到惠农工作之中。三是为本地选择最佳的栽培技术模式。

要想充分挖掘增产潜力，就必须做好与其相配套的栽培技术服务工作。德安县粮食生产有四种不同类型的种植户：一是进行土地流转的种粮大户。少的几十亩，多则几百亩；二是耕种自己的责任田，既没转进也没转出；三是半工半农、半农半商的种粮户；四是留守老人和妇女，转出一部分责任田，自己只种点口粮的种植户。针对这些情况，我们以行政村为单位摸底归类，分类指导。种植大户主要推广“精确定量”栽培技术，一般农户采取双季稻“早、壮、强”栽培技术，对那些半工半农、半农半商以及只种口粮田的种植户则推广“防早衰”技术等。

与此同时，我们还大力推广农业机械化作业，农机化使用率达 98%；稻田除草技术、软盘育秧的抛秧技术均达 95%以上。这些技术的推广应用，不仅极大地减轻了水稻种植的劳动强度，而且节约了大量的劳动力，大大地降低了农业生产成本。

树良德，提高服务水平

县、乡两级农技人员是粮食安全的“守门员”，他们的良好品德和较高业务素质是实施“良农、良土、良种、良法”的重要保证。在改革浪潮中，曾出现过一些农技人员不安心本职工作，或利用业务之便做农资生意的现象。为此，德安县有针对性地对农技推广体制进行改革和创新。以乡镇为单位把农技、农机、农经、水产、畜牧兽医进行整合，实行综合建站。配强了领导班子，理顺了管理体制，整合了办公场所，落实了财政经费，建立了各项管理制度。对农技推广人员实行聘用制，竞争上岗，严格考核，动态管理，工资与岗位职责、工作业绩挂钩。并且，对他们进行知识更新、业务培训以及法律法规、职业道德教育，从而使广大农技人员提高了业务水平，增强了服务意识，树立了良好形象，精神面貌焕然一新。

德安县通过近几年“五良”法推广的实践，使农业新成果、新技术、新知识及新信息更好地普及应用到新农村、新农业、新农民中去，加快了土地流转和集约经营现代化速度，有利于传统农业向现代农业的转变、数量型农业向效益型农业的提升，有利于促进当地农业增效、农民增收和可持续发展。我们坚信，只要坚持好、发展好“五良”法的推广模式，就一定能守住粮食安全之门、开启民生幸福之门。

（作者单位：江西德安县农业局农业技术推广中心）

“平利模式”提升服务“三农”能力

王东燕

基层农业技术推广组织是为农民群众提供农业公共服务的组织，是实施科教兴农战略的重要载体，是推动农业科技进步的重要力量，是建设现代农业的重要支撑。2009 年以来，针对基层农技推广体系存在的改革进展缓慢、职能不清、体制不顺、机制不活、基础建设滞后等突出问题，陕西平利县在省、市农业主管部门的精心指导下，按照“抓建设、促改革”的工作思路，开展了基层农业技术推广体系改革与建设试点工作，取得了较大成效，总结出了基层农业技术推广体系改革建设的一整套做法和经验，提升出了“平利模式”。作为一名参与了平利县农业技术推广体系改革、见证了体系改革前后巨大变化的基层农技干部，结合对平利县近年来基层农技推广机构改革实践的总结和思考，得出一些体会，希望能够为参与基层农业技术推广体系改革工作的其他同仁提供一些参考。

公益职能更加明确

平利县的新型农业技术推广体系明确了农业推广机构的公益性，对改革后的县、区域推广机构定性为全额拨款事业单位，对相关机构的职能、隶属关系及内设岗位进行了明确。将县、镇两级公益性农业技术推广服务机构的人员工资、养老保险、医疗保险、失业保险以及履行公益性职能所需的正常业务工作经费全额纳入县级财政预算。

机构设置更加科学

平利县新型农技推广体系按照产业发展的要求，突出县域和区域产业特色，以县级农技推广机构为龙头，以区域和乡镇农技推广站为依托、以村级农技服务站点为基础，对原有农技推广机构进行了整合优化，使其机构设置更加科学，建立和完善了三级服务网络。县级农技推广机构将原有的 8 个县级农技推广机构调整为县农技推广中心、茶叶绞股蓝技术推广中心、畜牧兽医中心、农机推广管理中心和农产品质量安全监管综合执法大队等 5 个单位。统一合并了原 11 个镇分散设置的农技、茶叶、绞股蓝、蚕桑等基层农技推广机构，组建了城关、大贵、老县、八仙 4 个区域农技推广站；保留原 11 个镇畜牧兽医站，每村配1名农技推广协作员、1名动物防疫员；建立了县、区域、村三级技术服务网络，并配备了必要的农技服务车、化验室仪器、电脑等技术服务设备。

人员安置更加合理

按照全县农业人口、常用耕地面积、自然村情况作为农技人员定编依据，一般1个自然村或每1 000个农业人口、2 000亩耕地配备1名农业技术推广人员，全县农技推广机构共核定编制194名，其中县级编制86名，乡镇编制108名（区域农技站70名，乡镇畜牧兽医站38名）。同时，按照强化基层，充实区域和乡镇的要求，将逐步增加区域站和镇、村农技推广人员数量，使其与全县农技人员总编制人数的比例达到2/3左右。

管理体制更加顺畅

5个县级机构隶属县农业局管理，经费实行独立核算；4个区域站为县农技中心派出单位，业务上分别归县农技推广中心、茶叶绞股蓝技术推广中心、农机推广管理中心和农产品质量安全监管综合执法大队指导与管理，经费实行独立核算；11个乡镇畜牧站为县畜牧兽医中心的派出单位，业务上归中心管理，经费实行独立核算。县、乡（镇）两级农技推广管理机构的人事、劳资、财产，由县农业局统一管理，实行“三权归县”、“县建县管”，镇政府只负责提供必要的工作和生活条件。

服务装备更加充实

基层农业技术推广体系改革后，县农业局建立了总面积4 560m^{2}的县级农技推广培训实验大楼，实行县级农技推广机构集中办公，健全了动植物灾害预警、质量控制和实验室装备，配套完善了办公必备的电话、计算机、复印机、传真机、课桌椅、多媒体教学设备和培训设施，并配备了交通工具农技推广直通车（内装简单仪器设备）。区域站办公楼实行统一规划、统一建设、集中办公，每站建设一幢标志性区域农技推广综合办公楼，建筑面积500m^2（包括办公与住宿、生活用房、培训与会议室、车库及器械房、检测化验室等），配套了电话、计算机、复印机、传真机、课桌椅、多媒体教学设备以及必要的检测、检验设备，统一配置多功能农技服务专用车和摩托车。

新型农业技术推广体系的建立，很快发挥了它的优越性，为顺利推进平利县发展现代农业起到了积极作用。

一是加速信息传播、提高科技入户率。便民农技服务厅和服务室，成为农技人员与农民面对面接触的一个交流服务平台。2 年多来，各区域站利用农业科技服务室这一平台，共发放病虫情报 1 000 份、防治技术明白纸 2 000 余张、配方施肥卡 1 500 份。各村还设立了农业科技小黑板，及时转发病虫情报，张贴技术明白纸。同时，还利用村组院落对农民进行较为系统的农业科技培训。2 年来，共举办各类培训 500 多场，培训 3 万余人（次）。

二是破解了农技推广“最后一公里”瓶颈。基层农业技术推广体系改革后，平利县从新型运行机制、人员聘用制、推广责任制等 6 个方面加强管理，确保了农技体系能够一竿子插到底，贴心、周到地为农民服务。当前，县、区域和乡镇三级总共定编了 194 名农技人员，村级推广员 250 名，上下呼应，配合协调，有效地解决了农技推广“最后一公里”问题。为解决责任心问题，平利县在三级农技人员中实行工作轮岗制度，每 3 年换岗一次。同时，实行农技人员帮村联户制度，建立人员考评、全员工作日志制度，推行全程目标管理。对表现突出的优秀农技员及时选拔任用。2 年间，农技推广系统先后有 15 人被提拔重用，20 多人被推荐为后备干部。极大地调动了技术干部服务农户、服务产业的积极性。同时，大户包帮制及农业科技示范户的建立，改变了技术与生产相脱节的现象，农技人员在面对农户开展技术服务中，工作责任感、紧迫感和服务意识得到强化，更加注重服务质量，使技术服务有了新起色。如平利县长安镇中原牧业公司引进的新型养猪技术——发酵床养殖技术，由中级畜牧兽医师柯玉友一对一进行技术帮扶，目前该公司引进良种母猪 120 头，存栏 380 头，生产步入正轨。长安镇石牛村蔡林正在筹建一座现代化养鸡场，由畜牧中心副主任李文新负责包抓，目前该场建设完工，设备正在安装调试。

三是专家与农户面对面，服务更到位。“农技 110”的开通，不仅缩短了专家与农户的距离，而且促进了农业技术的推广。平时由技术指导员进行现场培训、面对面技术指导，在指导过程中遇到问题或示范户在生产过程中碰到难题，都可随时拨打“农技 110”咨询，对描述不清、解释不透、农民要求现场解决的，“农技 110”中心立即安排人员到现场，或调度就近镇、村科技人员去现场帮助诊断处理，进行义务服务。优质的服务提高了“农技 110”服务热线的信誉度和拨叫频率。

四是服务更快捷，群众更满意。通过建立县、区域、村三级技术服务体系以及高效、优质服务的工作机制，实现了行政审批事项的全过程代理，产前、产中、产后的全方位服务。现在，群众咨询技术和政策，只需拨打一个电话，就可以得到专家的满意答复；递交一张申请表，就有人帮着把所有程序办完，群众办事既方便又快捷。在县纪委组织的行风评议中，农业部门群众满意度排名第二，赢得了社会各界的好评。

（作者单位：陕西平利县畜牧兽医中心）

不　曾　忘　记

周伍英

这片土地
四季变迁的黄土地的故事里
深藏你默默奉献的青春的痕迹

这里的乡土
小镇的父老弟兄的双目
都会铭记你的双脚丈量每一寸泥土

是你，无论风雨临地头田间传新技
是你，一年三百余日坚守希望的土地
更是你，一把汗水和热血浇灌田野的绿衣

也许你把青春献给了黄土地
很多时候却被很多人忘却
而那片烙印你足迹的黄土地不会忘记

是你，关注乡亲父老的天气
是你，一年到头远离了城市
更是你，坚守着春种秋收的期喜

也许某天你会老去
这曾经燃烧你青春热血的泥土看着你老去
你平凡而沉默的人生不曾老去

或许你是孤单的一人
或许你是沉静的一群人
或许你是孺子牛般的数代人

你不索求回报的付出，热情和汗水

浇灌希望的土地
你不渴望名利的工作，青春和智慧
滋润梦想的土地

很想我就是你，或者我就是你
那些田野，稻花香，油菜花香
那些你呵护的庄稼，那些你赞助的父老乡亲

不曾忘记，不曾忘记

（作者单位：江西吉水县双村镇农技站）

从一个农民与技术员的电话说起

朱九根

2010 年中秋的一个夜晚，一阵急促的电话铃把正在熟睡的老王惊醒了，“喂，是老王吗？我家的鱼塘泛塘了，麻烦你赶快来帮忙解救一下”，这是合作社肖龙社长打来的电话。“请不要慌张，我马上就到”，时间已是晚上的21：30，老王火速穿好衣服，配好增氧粉等药品，驱车就往基地跑。

“赶快打开增氧机，把船划过来准备投增氧粉……”。大伙开始忙碌起来，拿的拿，扛的扛，泼的泼，一阵忙碌之后，鱼池终于平稳了，鱼得救了，压在肖龙心头的那块石头终于落了地，老王也舒坦地点上了一支烟。此时，已是深夜 24 时，老王准备离开时，肖龙紧紧握住老王的手，饱含感激之情，连声说：“谢谢！谢谢!”并长时间目送老王。

说起肖龙，村里人没有一个不佩服的。就是他，凭着坚强毅力和大胆创新的干劲，抓住全国农技推广示范县建设的有利时机，借助“阳光工程”提供的强大技术平台，在用科技创造财富的同时，也为村民们探索了一条切实可行的致富路。

现年 37 岁的肖龙，初中一毕业就回到家里种田，但由于不懂技术，一年的收入不到 3 000 元，连温饱都无法解决，还得靠外出打工，向亲戚朋友借。也就因为没有钱，盖不起新房，结婚之后还一直和父母挤在老房子里，可以说是村里名副其实的困难户。

2000 年，26 岁的肖龙带着致富的梦想到深圳打拼，孤身一个到一个陌生之地，唯一能做的就是吃苦卖力气。经过 8 年的打拼，到了 2008 年，他已积累了一些资金，本可过上安稳日子，但他抛弃“小富则安”的思想，来到县农业局水产站咨询大水面生态健康养殖的可行性以及相关技术，希望得到扶持，并很快在当地承包了一座小型水库用于水面养殖。在县农业局技术人员的一对一帮扶下，第一年就赚了 4 万元。此时，正逢县里开展国家农技推广示范县建设，县农业局把肖龙定为重点服务对象，通过无偿提供技术以及免费提供融资担保，定期开展技术培训等形式帮助他扩大生产规模。2009 年，他投资 300 万元创办了生态种植养殖基地，基地占地面积 675 亩，其中水域养殖面积 127.5 亩，禽类养殖基地 270 亩，养殖各种珍禽 3 万余尾，在建果业基地面积 225 亩，组建了农业产销专业合作社。如今，社员已达 80 多户，可提供“休闲—娱乐—垂钓—采摘—饮食”于一体的休闲服务，来客可以亲自到岸边垂钓，可以上山拾鸡蛋，可以亲自下厨房摆弄“手艺”，还可以上山感受采摘成熟果实的快乐。2010 年，基地实现年收入 100 万元，纯利润达 20 余万元，成了返乡农民学科技、用科技致富的典型。

近年来，为了全面提升农民科技文化素质，推动全县农村经济快速发展，县农业局通过各种培训渠道，大力开展农民科技培训，全面提升农村劳动力整体素质和依靠科技致富的能力，涌现出了一批有文化、懂技术、善经营、会管理的新型农民。据不完全统计，像肖龙这样新时期培养出来的农村致富典型在全县有 100 多个，他们有养鱼的、有养猪的、有养鸡养鸭的等等，遍布全县各个行业，为全面实现农村小康社会提供了智力支持。国家农技推广示范县的建设为江西吉水县各项事业的快速发展创造了和谐的社会环境，也给农技推广事业提供了无限广阔的空间。

为了适应时代要求，尽快转换角色，不断提高适应推广工作的知识水平和业务技能是摆在每个农技推广干部面前的一项紧迫而艰巨的任务。近年来，农技推广体系改革像一阵春风吹醒了大江南北，更是一个号角，鼓舞着广大农技干部，造就了一批又一批的新型农技干部，老王就是千百个新型农技干部中的典型一员。

他们强化学习，夯实知识功底。一年一度的全县农技人员知识考试就是新时期农技推广体系改革的一大创举，这样的考试举措为广大农技干部加强学习、完善和充实自己提供了平台和动力。学习是基础，是农技干部增强政治和业务素质、提升理论水平、优化知识结构、提高工作技能的根本途径，是做好农技推广工作的动力和源泉。用老王的话来说，就是活到老、学到老，在业务上要过得硬，技术上有几手，才能谈先进性，群众才会听你的。

他们转变作风，强化服务意识。农技推广人员是把科技成果直接转化为现实生产力的桥梁和纽带，面对的是千家万户。在开展机关作风大整顿 3 年来，广大农技人员牢固树立宗旨意识，以民为本，想农民之所想，急农民之所急，围绕“学科技、用科技、促双增”，经常深入生产第一线，进村入户，引进和推广先进适用的农业技术，向农民传授科技知识，扎扎实实解决生产上存在的技术难题，手把手地搞好传、帮、带，干给群众看。“喊破嗓子，不如做出样子”成了新型农技人员的口头禅。

他们爱岗敬业，增强责任意识。他们在工作中不怕苦、不怕累，耐得住艰苦，守得住清贫，淡泊名利，埋头苦干，总是把困难留给自己，把方便让给群众。遇到群众有需求总是第一时间赶到现场，不管刮风下雨，还是白天黑夜，对工作一丝不苟，精益求精，视农户的利益高于一切，碰到困难不退缩，遇到逆境不灰心，这些是当前新型农技干部的特有素质。所以，才有本文开头一幕的出现。

他们勇于改革，富有创新精神。近年来，吉水县抓住国家农技推广体系示范县建设的有利时机，加大农技推广体系改革力度，推行“三方考核办法”（即每个农技干部年终都得接受服务对象、当地政府以及业务主管部门的三方考核）以及“末位鞭策”等激励机制，通过理论考试与实践考查，对排位末尾的5%农技干部进行末位鞭策，末位鞭策对象集中培训1～2个月，期间只拿基本工资。改革求出路，创新增活力。针对农业整体效益不高、农民增收困难的现状，积极探索农业发展的新趋势、新特点，研究新技术、新方法，寻求农技推广工作的新机制、新途径。为了破解农技推广过程中的最后一公里难题，广大农技人员及时转变观念，创新服务模式，认真贯彻执行县农业局下达的有关“建立服务对象档案卡、进村入户到塘服务记录卡以及服务对象效果评价卡”等制度，用绩效说话，用制度管人，使农技推广工作进入一个新层次，步入快车道。

（作者单位：江西吉水县农业局水产站）

“田秀才”范再森

江 谊

范再森，山东平度市明村镇水利站站长、明村镇大黄埠村和前黄埠村联合党支部书记，青岛市人大代表。

近年来，范再森带领全村党员干部群众，大力发展现代农业，积极进行社会主义新农村建设，大黄埠村先后被评为全国“一村一品”示范村、全国妇联基层组织建设示范村和山东省文明村庄等。

宁可自己受损失，也要群众能致富

1982 年，从部队转业的范再森回村担任民兵连长；1986 年，被调到镇林业站、水利站担任站长；2000 年，为扭转大黄埠村落后面貌，开始兼任村党支部书记。

为了集中精力带领群众发家致富，范再森把之前所从事的建筑工程全部转让给了别人。经过深入调查，他带着部分村干部和村民去寿光等地参观学习大棚西瓜种植，并承诺免费为大棚通电、通水，承担建棚的机械费用、帮助提供贷款。可村民仍半信半疑，范再森当着全村人的面说：“群众看党员，党员看干部，村干部每人先上一个棚，挣了归你们，赔了算我的。”在他的反复动员下，村里当年建起了 10 个西瓜大棚。他自己掏钱从寿光聘请技术人员给大棚户讲解种植经验，解决技术难题，还经常组织大家到外地参观学习。一年下来，每个大棚平均收入 1.2 万元。

良好的经济效益激发了群众的建棚热情，第二年全村大棚数迅速增加到 80 个。在引导村民不断扩大西瓜种植规模的同时，范再森又牵头引进了冬暖式樱桃番茄大棚种植技术。目前，全村有樱桃番茄冬暖棚 482 个，西瓜春暖大拱棚 530 个，户均大棚 3.7 个。

发展高效农业，走品牌之路

“发展农业是否打品牌，带来的效益是天上与地下的区别。”范再森积极带领村民提升产品质量，打造名牌效应。

几年里，范再森帮助村民引进推广了秸秆生物反应堆、设施蔬菜水肥一体化、防虫网和黄板杀虫、植物声频控制技术等农业新技术、新成果。从2004年大黄埠村西瓜和樱桃番茄被认定为无公害农产品，到2006年注册成立了青岛奥森农产品有限公司，申请注册了“大黄埠”牌商标，范再森算的是长远账。现在，“大黄埠”牌西瓜、樱桃番茄已获农业部绿色食品、有机食品认证，并双双通过了农业部地理标志保护农产品登记。

范再森说：“只要横下心来，咱的西瓜就能叫遍全国，叫响世界，咱老百姓就能过上好日子!”他敢想、肯干，担任村党支部书记10多年来，范再森想的最多的是怎样提高农业收益，干的最多的是为村民铺就致富路。

他经常到各地参加农产品展览展销，坚持充电学习，先后牵头为村里引进和培育了京欣1号、早春红玉等西瓜品种和千禧、台北红玲等樱桃番茄品种，以比黄金高出10倍的价格引进了德国“黑珍珠”樱桃番茄。凭着过硬的品质，大黄埠的西瓜和樱桃番茄直供奥运会，其种子搭载“神舟七号”载人飞船进行太空育种试验。2011年，范再森又引进并成功培育了“拇指西瓜”新品种，口感如黄瓜般清脆爽口，经济效益非常可观。

扛起科技大旗，彰显人才实力

范再森一直高度重视实用技术学习，坚持率先学、带头学。他带领村民参与实施的《设施西瓜超高产优质绿色栽培技术与产业化开发项目》被列为科技部2009年“星火计划”；《樱桃番茄标准化清洁生产技术集成研究》项目顺利通过青岛专家组论证，现正在申请国家“星火计划”；2010年6月，范再森参加了由农业部、国务院扶贫办举办的农村实用人才带头人培训班，被评为“优秀学员”。在他的带领下，2010年大黄埠村农民人均纯收入达到2.1万元，是同期青岛市农民人均纯收入的2倍。

（作者单位：山东青岛市农业委员会）

让荒山变成“聚宝盆”

张丽波

曹艳云，小河淌水故乡一个地道的山妹子，凭着坚强的毅力和敢干敢拼的执著追求，发展蚕桑养殖业，带动一方农民致富，成为云南大理白族自治州“双学双比”先进女能手、全州优秀共产党员。曹艳云家住弥渡县红岩镇东海村李夏营村民小组，现年44岁，2003年前奔波于广州、上海等地打工、做小生意。2003年，随着国家退耕还林惠农政策的出台，弥渡县紧紧抓住蚕桑产业东桑西移和被列为大理白族自治州蚕桑产业发展扶持重点县的机遇，积极动员和扶持广大农民在全县气候和自然条件适宜的山坡地发展蚕桑产业。我与曹艳云一家的认识，就缘于此时。当时，我作为专职蚕桑技术辅导员，负责对全县红岩镇的桑农进行蚕桑养殖技术辅导工作。

2003年7月，在外经商的曹艳云夫妇回家看望老人，偶然得知与本村相邻的东马房村正在到处张贴对外发包荒山的广告，但由于该村的荒山因缺少水源，不宜种植农作物和其他经济林果，且满山布满坟茔，无人问津。而在外打拼多年的曹艳云夫妇也偶尔听外地的工友说过，不少农民通过种桑养蚕这一条“短、平、快”的路子已经奔上了小康路。于是，这对小有积蓄、在外经商已有一定基础，即将走上人生坦途的小夫妇，毅然决定舍弃轻车熟路的生意，揽下这片373亩的荒山，回家发展种桑养蚕。

万事开头难。创业刚刚开始，曹艳云就受到资金不足和技术力量不到位的影响。可略懂市场经济规律的曹艳云并不放弃，她一边及时与我取得联系，请求给予蚕桑养殖规划设计及创业前期工作的技术指导，一边积极协调上级部门的资金支持，并成功申请到了县林业部门的退耕还桑10万元的贷款补助。

创业是艰难的，但创业的过程也是甜蜜的。有了县林业部门退耕还桑10万元的贷款补助作为启动资金，曹艳云夫妇的干劲更足了。同时，县蚕桑办也高度重视，给予了曹艳云家技术上的大力支持，并指派我专门负责曹艳云家桑园的规划设计、蚕桑养殖的技术指导工作。9月初，我联系了县林业局的技术人员，与我一道进山实地勘查，结合实际情况，完成了对373亩荒山中适宜种植蚕桑的面积规划设计。当月，曹艳云夫妇二人就请来附近的村民，开始了定植沟的开挖工作。那段时间，我起早贪黑，一方面与曹艳云夫妇一道，整天穿梭于荒山上查看定植沟开挖情况，并及时进行相关技术指导，确保桑园规划、建设等前期工作顺利推进；另一方面，积极与单位和外地树苗种站协调蚕桑树苗。2004年初，适宜种植蚕桑的荒山已全部完成了桑树定植沟开挖工作，全面进入桑苗种植的准备阶段。

2004年2月，正值春节前夕，我负责联系订购的桑树苗准时到货，一切准备就绪，曹艳云夫妇请来一批附近的村民准备栽植桑苗。然而，一个非常严峻的问题摆在了我们面前，往年这一时节纷纷扬扬的春雨却像断了根一样，盼得人心慌却点滴不下，我和曹艳云夫妇一家就像热锅上的蚂蚁，急得团团转。经过一番思考和商量，我们决定运水保苗，全力开始移栽桑苗。说干就干，第二天，我与曹艳云夫妇二人一道，在当地雇了5辆拖拉机，装上汽油桶，组成一个运水车队，到山下有水源的地方一车一车地往山上运水，进行浇灌保苗。有了足够的保苗用水，树苗移栽工作进行得很顺利。俗话说："功夫不负有心人。"经过一个多月的努力，终于按照勘查规划高质量地栽植下近300亩桑苗。

好雨知时节。进入3月，雨水如期而至，曹艳云家的桑苗正赶上春雨滋润的好时节。在曹艳云夫妇的辛勤照管下，移植下的桑树成活很好，转眼到了5月份，一株株桑叶肥大的桑树长势喜人，这300亩桑树为原来光秃秃的荒山披上了绿油油的新装。眼看即将进入桑蚕的养殖阶段，曹艳云白天忙于桑园的活儿，到附近有养蚕经验的农户虚心请教，认真取经，晚上则认真阅读我专门为她家购买种桑养蚕技术资料，为即将开始的蚕种养殖做精心准备。由于曹艳云善于吸取别人养蚕的成功经验，能做到理论与实践相结合，加上我耐心细致的指导，曹艳云夫妇很快就大致掌握了桑蚕的养殖技术。在我的张罗下，2004年6月，曹艳云一家开始在简陋的住房内养殖蚕种。蚕种养殖是一项技术要求比较高的工作，从蚕房消毒，到收蚁、小蚕饲养、大蚕饲养、上簇、簇中管理、回山消毒等工作，每一项都不能大意，稍有疏忽，必将造成不可估量的损失。按照养殖技术要求，为了提供给小蚕生长所需的温、湿度，蚕房内必须加烧地火和增湿设备。而为了更快、更全面地掌握蚕种的养殖技术，曹艳云夫妇吃住全在那简陋狭小的房间里与蚕同室而居，尽管人蚕共居使曹艳云夫妇难以适应，但为了养好蚕，她们也只能忍受，一心扑在小蚕的照料上。那段时间，我也是三天两头往她们的蚕房跑，经常是"一天三出勤"，及时查看蚕种养殖情况并及时进行技术指导。通过我的精心指导，一个月后，曹艳云家的第一批5张蚕种终于养殖成功，同时曹艳云夫妇也完成了蚕种养殖技术从理论到实践的转变。

这一年，曹艳云家共养殖蚕种21张，收益达1.5万余元，看着创业当年就有了回报，曹艳云更加坚定了大干一番事业的信心与决心。经多方筹措资金，曹艳云家先后又投资6万余元兴建了一座240m^2、两座400m^{2}的蚕房，并聘请了20余名当地工人，进一步扩大养蚕规模。

在随后几年的养殖过程中，也曾出现了比如蚕脓病暴发、僵蚕出现、中毒、簇中不结茧等技术问题，但经过我的耐心指导和曹艳云夫妇的精心管理，这些问题都得到了及时解决。学海无涯。曹艳云还通过不同的渠道与外县蚕农进行学习交流、沟通咨询，摸索出了一些行之有效的养殖方法，并毫无保留地传授给了本地的蚕农，带动周围农户种桑养蚕。在桑园的建设规划中，为求立体发展，曹艳云根据林木的生长规律在不同的时期先后在桑园中栽植了侧柏、核桃等，养蚕空档期则发展畜禽养殖，她的发展模式得到了广大蚕农的效仿。特别值得一提的是，她自行设计的在大蚕室安装换气扇、建地火龙、高压水枪清洗蚕房等技术，为增温畅气、降低大蚕发病率探索出了一条非常实用的路子，在自治州、县的蚕桑养殖同行中得到了广泛的推广应用，附近的蚕农都纷纷慕名上门向她学习取经。

“养好一张蚕，胜喂一头猪”。通过自己脚踏实地的勤学苦干，曹艳云家的蚕桑养殖逐步走上了规模化经营的路子。2004 年至今，曹艳云共计养殖蚕种 800 余张，收益近 70 多万元，除去蚕房投入、人工费、蚕药蚕具、中耕管理和农药化肥等成本，净收益 30 多万元，年均收益 4 万多元，年人均超过 2 万元。虽然收入不是太多，但除了为周围村民年均提供了 20 余个工作岗位、人均增收 1 万余元的同时，还有力地带动了当地蚕桑产业的发展。

在艰苦奋斗的近 8 年里，曹艳云热心助人，她学科技、用科技，绿化荒山等事迹先后被大理白族自治州州委和州政府、县委和县政府广泛宣传，并授予了各种荣誉。而曹艳云面对这些荣誉时总是说：“比起帮助过我的各级各部门和像小张这样的技术人员来讲，我们做的实在是太少了，这些荣誉让我受之有愧，我会尽自己的所能开发荒山，发展蚕桑产业，做一名懂技术、会管理、善经营的新型农民，努力让这一方土地更加美丽富饶。”

（作者单位：云南弥渡县种子管理站）

求深　求精　求准　求新
充分发挥责任农技员在农业发展中的作用

徐金德

农业是个弱质产业，又是个清淡行业，但农业是国民经济的基础。作为一名身处基层的责任农技员，务必牢固树立农业基础地位的思想，切记“农业兴、百业兴，农民富、国家富，农村稳、天下稳”的道理，应紧紧围绕“农业增效、农民增收、农村增美”这一主题，以“贴近基层、贴心开展科技示范推广”为宗旨，明确工作方向，突出工作重心，落实工作责任，在四个“求”字上做好文章。

调查研究求深

以充分挖掘发挥本地农业产业优势、着力破解农业发展难题为抓手，深入田间地头，走村串户，入企进社开展调研，按照联村带户要求，联系责任村不少于2个，在责任村重点培育1个以上示范基地或服务组织，联系和指导科技示范户20户，每年下村入户到现场不少于100天。通过深入基层，一方面将致富信息、优良技术、科技指导、先进模式、维权服务、惠农政策送到农家，提供全方位的农业公共服务；另一方面在调研中牢牢把握农业发展动向，为党委和政府决策、重农政策的制定、切实解决农业发展最为紧迫和农民群众最为关心的问题提供第一手资料。

学习业务求精

近几年来，农业的发展较快，农业的内涵在不断丰富，农业的外延在不断拓展。面对新的农业发展形势，应及时调整知识结构，提高知识层面，增强业务操作能力。责任农技员身处基层，相对来讲，视野不够开阔，知识面不够广，而农业发展的现状，又要求责任农技员“一专多能”。要达到“一专多能”，只有在业务上求精，“上训、中学、下求”是业务求精的途径和模式。所谓“上训”，就是努力争取和积极参加上级组织的各种农业培训，主要有市、县两级农业部门组织的农技人员培训和省、部级组织的农业专业技术人才知识更新工程培训。所谓“中学”，就是挤时间自学一些农业方面的知识，一是提上心，结合专业的培训、专家的讲课，进一步消化、吸收培训资料中含金量较高的内容，并与解决基层农业实际问题相结合；二是静下心，每年参加网上专业技术人员的学习和考试，充分利用数字农业这个平台，及时了解农业信息，有的放矢地掌握一些农业实用技术；三是贴紧心，虚心向身边具有较高理论水平和丰富实践经验的老同志学习。所谓“下求”，就是放下架子、扑下身子，深入到基层，虚心向精英农民、专业大户、农业企业主学习，进行一些探索和实践。

把握重心求准

身处基层乡镇（街道）的责任农技员，一方面从事着农业工作，另一方面又要完成乡镇（街道）党委（党工委）、政府（办事处）布置的各项中心工作和突击性工作。因此，平时工作的主次、轻重、先后顺序就存在了值得注重的课题。作为一名责任农技员来讲，干好本职工作是第一位的。农业发展力求新起色，必须抓紧、抓实、抓准农业发展中的重心。

一抓粮食生产功能区和现代农业园区建设。粮食安全问题事关社会稳定和经济持续发展，建好粮食生产功能区责任重大、意义深远，农技员务必在五个建设上下工夫：一是农田基础设施建设。按照粮食功能区建设标准，整合项目、整合资金，加强农田基本建设，使功能区真正具备田成方、路成网、灌得进、排得出、便通行、易操作的功能。二是土壤培肥建设。在采集土壤样品，检测分析土壤养分指标的基础上，制定标准农田质量提升、土壤有机质提升等土壤培肥方案。引导农民根据本地土壤肥力状况，有针对性地采取施肥策略，通过种植绿肥，施用有机肥、配方肥、秸秆还田以及深耕改土、因缺补缺施肥等措施，培肥提升地力。三是科技配套建设。科学布局功能区内粮食作物，注重培育科技示范户。全面推广应用粮食生产新品种、新技术和新农机，全面推行种子药剂处理、病虫草鼠综合防治、水稻全程机械化栽培等先进实用技术，努力提高良种覆盖率、粮油生产主推技术覆盖率、粮食作物复种指数、水稻耕种收综合机械化率。四是机制创新建设。积极推进土地流转，提高土地规模经营率。组建农民专业合作组织，建立农业服务中心，开展代耕、代育、代插、代管、代收、代烘等社会化服务。五是管护制度建设。建立电子地图和数据档案库，对功能区实行电子化管理。落实建后管护责任单位、责任人、具体管护人和管护措施。功能区耕地原则上不得占用，确需征占的，严格按“先补后占、占补平衡、同质同量”的要求执行，确保功能区耕地数量不减少、质量有提高、管理上水平。

责任农技员在抓现代农业园区建设方面，要做到三个注重：一要注重发挥主导优势产业，发展高效、生态、循环农业，尤其要做好建设现代农业园区与发展高效、生态、循环农业有机结合的文章；二要注重培育农业经营主体，推动一、二、三产业联动发展；三要注重创新农业科技，加快农业科技成果转化。

二抓休闲观光农业开发。随着生态农业建设的进一步加强和农业功能的进一步拓展，生态、社会、经济协调统一的休闲观光农业逐渐成为现代农业发展的一种高级形式。一要科学规划，合理开发。按照因地制宜、合理布局、突出特色、持续发展的原则，规划发展休闲观光农业，形成区域特色明显、功能布局合理、内涵丰富的发展格局。可推行农业娱乐型、农业旅游型、农家乐型、科技农业示范园等模式。二要加大扶持，扩大规模。积极推进土地流转，为休闲观光农业的发展腾出更多的空间。对一些带动能力强、发展潜力大、特色明显、符合规范要求的予以财政扶持，鼓励和吸引工商资本和民间资本进入休闲观光农业开发领域。三要张扬个性，特色经营。着力挖掘人文、生态、民俗风情等资源，突出生态休闲的原汁原味，加大特色资源的培育和开发，设置特色活动项目，想方设法破解季节性闲置问题和同质化问题。广泛开展对休闲观光农业的整体包装和宣传推介，促进抱团经营、共同发展。四要规范管理，提高档次。围绕“游、玩、吃、住”四项，建立标准化的操作规程和灵活的管理机制，提高经营者的综合素质和员工的服务水准，实现生态平衡、环境优美、增效增收的目的。

三抓农业生产环节。一要切实增强服务意识，做好春耕备耕的各项保障工作，赢得全年农业生产主动权。二要深入田间地头，切实开展“三夏”期间农机具检修、用电设施检查、农业安全指导等工作。三要抓好冬季农田开发和冬修水利工作，努力实现农田“绿色过冬”。四要高度重视全年灾害性天气的防范应对工作，组织农户开展农业生产自救，把损失降到最低程度。五要抓紧抓实重大病虫害综合防治工作，努力做到病虫防治工作全覆盖。

工作方式求新

积极发展现代农业，加快推进农业产业化是新形势下农业工作努力的方向。朝着这个方向，责任农技员务必转变工作思路，改进工作方法，提高工作水平，力求工作实效。

以乡镇（街道）全面建设农业“三位一体”公共服务体系为契机，切实履行责任农技员的“班主任”、“任课老师”职责，在农技推广、动植物疫病防控、农产品质量监管的“三位一体”中发挥一专多能的作用。

以“首席专家＋农技指导员＋责任农技员”派驻指导为己任，指导好村级农业服务站建设，在负责引进新品种、新技术的同时，以村、专业合作社、科技示范户为最佳单元，有针对性地开展技术培训和现场指导，搞点做样，以点带面，树样板，出成果。

以工业的思路、理念和方法抓农业，改变用以往的老方法去安排指导农业生产，要在招商引资、经营主体、信息技术、电子商务、农业保险、资金扶持、品牌建设、营销策略等方面下工夫，延长产业链，增加农产品的附加值，促进农业和农村经济的健康发展。

（作者单位：浙江绍兴县湖塘街道事业综合服务中心）

情系“三农”　青春无悔

李汉军

在勐海县的村村寨寨，常见一位女同志的身影，穿梭在田间地头，查看禾苗长势和病虫情况，她就是云南勐海县农业技术推广中心副主任、高级农艺师吴丽霞。

她是一名普通的农业工作者，她把广大农民群众当作亲生父母，用她的青春、她的知识铺就他们坎坷的致富路。1988 年，她从学校毕业分配到勐海县打洛镇农科站工作，从此走上了农业技术推广之路。她虚心向老同志学习，理论与实践相结合，在实践中求证所学知识，把所学知识应用到实践中，面对贫困的农村她深深感到农技推广的责任重大。

要发展农业，改变农村面貌，使农民尽快富裕起来，必须抓好农业科技的普及推广工作，使农业科技成果转化为生产力。通过她和同事们认真向农民传授平厢水育秧、扣种稀播、育旱秧等育秧技术，不断提高了秧苗素质，促进秧苗早分蘖，增强秧苗抗病力。同时，还推广双行条栽、单行稀植栽培技术。播种量从每亩 30～40kg 减少到每亩 2～3kg，栽插时间从以前每户栽半个月秧到现在 2 天就栽完，大大减轻了劳动强度，节约了生产成本，提高了产量。在这些技术推广中，她主抓示范样板，以点带面，逐步推广。由于农业基础条件差，农民素质低，为抓好示范样板，她遭受了多少委屈和难以想象的挫折与困难，有失败、有成功、有苦恼、有喜悦，但不管遇到什么情况，她都能坦然面对。在曼打火 50 亩的双行条栽样板中，她与农民一道，日出而作，日落而息，顶着炎热的酷日，守在田间指导技术，并要求农民严格按技术措施规范种植，有些不理解的农民对她说：“你管那么多干吗？我吃不饱又不会去找你！”面对这些闲言碎语，她真想一走了之，但为了农民增收，她只有耐心地做他们的思想工作，告诉她们双行条栽的优点，当秋天到时，稻田喜获丰收，这时老百姓露出喜悦的笑容，对她说：“小吴还是听您的话对，明年我们还要这么种”。从此，小吴的话在她们心中生了根，不管是什么事，都来找她，她一走进寨子，村子里的大人小孩都围着她，问这问那，说这说那。

有人说：“农业技术干部是挣工资的农民。”她与农民同呼吸、共命运，承受着和父老乡亲一样的酸甜苦辣，一心只为群众办实事，无偿提供技术指导和技术配套服务，不图名不图利，图的是农村面貌的改变，图的是广大村民的脱贫致富，这是她纯真追求。23 年来，她经过了多少个冬日的严寒、春季的风沙、夏日的骄阳以及秋天的收获，始终默默无闻地耕耘在农业生产第一线，终日奔波在那片黑土地上，一心致力于提高农民科技素质。她想农民之所想，急农民之所急，送农民之所需，哪里有病情、虫情、灾情，她就出现在哪里。在一次的黏虫为害中，她刚从昆明学习回来，第二天就有农民找上门叫她快到田里看看，她顾不上休息，急忙赶赴现场，还没到田边就听到唰唰唰的声音，早上还绿茵茵的稻田，一下子变得支离破碎只剩茎秆，原来是黏虫为害秧田，虫口密度竟达 100 只/丛，密密麻麻的，她看得心都酥了，急忙组织农户打药防治，通过两三次的防治，控制住了虫害，村民们很感激她，看到农民开心的样子，她心里由衷地感到高兴。就这样，她以自己模范行为和崇高的品德赢得了农民的衷心赞誉，成了傣家的女儿。她不仅是傣家的女儿，同时也是布朗族心中的女儿。曼夕村委会是一个布朗族的村委会，她曾作为工作组成员 4 次到曼夕村下乡蹲点，短则一个月，长则四五个月，她与农民同吃、同住、同劳动，为农民办实事，因此，曼夕人都说她是曼夕的女儿。

2001 年 3 月，她调入勐海县农业技术推广中心，她感到肩上的担子更重了。为提高专业技能，她虚心向专家学习，不断深入农村开展科学试验、示范，在田间面对面向农民传授科技知识，手把手教农民实际操作技能，进行较深的科学研究、广泛的技术指导和技术咨询服务，解决生产中的疑难问题。通过努力，使她在思想上、工作上、学习上以及业务知识、技术水平等各方面得到了很大的提高，已能制定本地区主管工作范围内的生产和农业技术推广规划，从理论和实践上进行可行性分析论证，并指导或组织实施，提出生产和科学技术上应该采用的技术措施，解决生产中重大技术问题；参与审定科研、推广项目，参与科学技术研究及成果鉴定；撰写具有较高水平的学术、技术报告和工作总结。20 多年来，承担过国家、省、自治州等项目 20 余项，主要负责勐海县水稻和蔬菜生产，成效显著，取得了较好的经济效益、社会效益和生态效益；撰写申报项目 20 余个，积极争取项目资金近 800 万元，主要用于粮食、蔬菜产业基础建设和技术推广，为推动全县粮食、蔬菜产业发展尽了微薄之力。同时，积极参与制定勐海县“十一五”农业发展规划和粮食蔬菜三年行动计划，组织撰写粮、糖、茶及蔬菜等十大产业“十二五”农业发展专项规划和勐海县产业发展三年行动计划等。

2006 年，勐海县按照“高产、优质、高效、生态、安全”的十字方针，从省农业科学院、湖南隆平高科农平种业有限公司、湖南杂交水稻研究中心引入超级杂交稻准两优 527、两优 2186、Y 两优 1 号等新品种进行试验。她作为项目主持人之一，结合勐海县实际认真制定技术实施方案，通过项目实施，再一次开展旱育稀植技术培训，纠正农民盖面肥的做法，解决了烧苗问题，采用 8×4 株行距，减少病虫害发生，经测产，平均亩产 728.3kg，比当家品种岗优 151 增长 100～150kg，增幅 15%～20%，增产显著。在勐海县勐遮镇曼光示范村，大部分农户往年卖粮只能卖 7t，而种植超级杂交稻可以卖粮 10t，最高的一家可卖12t。实现了袁隆平院士提出的三期超级杂交稻产量目标，达到种3亩地产4亩地的粮食增产目标，具有较好的经济效益、社会效益和生态效益。村委会主任高兴地说："小吴，你们来晚了，如果你们早来，我们村早就进入小康生活了。"

为了节本增效，她从2008年就开始推广水稻精确定量栽培，为使农民尽快掌握这套技术，她精心制作幻灯片，通过课堂讲课、实地操作，培养10多名技术明白人，使农民尽快掌握这套技术，3年推广水稻精确定量栽培5万余亩，增加粮食产量600万kg。

2008—2010年，她连续3年主持农业部水稻高产创建工作，推广水稻高产创建6万亩，增加粮食产量1 200万kg，平均亩产681.8kg，最高亩产857kg，创勐海县水稻单产最新纪录。2009—2010年，连续2年勐海县被农业部评为全国粮食生产先进县。为此，项目区的村民热情邀请项目组的同志到村里做客，高兴地说："我们村的水稻产量由过去400kg提高到现在的600kg，我们全村农民感谢你们，明年我们水稻生产一切听你们的。"2010年，在水稻生产中，无论早、晚稻的播种，还是插秧，村民都要征求她的意见，她叫什么时候泡种就什么时候泡种，什么时候撒秧就什么时候撒秧，栽秧现场会不开，没有一家农户自己去插秧，全听她的指挥。

随着人民生活水平的提高和旅游业的发展，对蔬菜需求量日益增加，为丰富城乡居民"菜篮子"和增加农民收入，进一步加快发展步伐，促进勐海县蔬菜生产实现新突破，她以基地为突破口，以与省农业科学院合作为依托，主持开展大白菜、萝卜、甘蓝新品种试验，筛选出一批适宜种植新品种，并积极探索蔬菜漂浮育苗、露地栽培及设施栽培技术，不断总结和改进，通过在基地建立示范园，大力发展订单农业，辐射带动农民，使蔬菜生产得到长足发展。同时，利用本县高海拔地区夏秋季节凉爽的气候特点，主持开展高山蔬菜高产栽培。多年来，在勐宋、西定、格朗和等乡镇，发展高山蔬菜种植，年种植2万亩，年增产值100万元，不仅满足了人民群众的生活需要，也大大增加了农民的收入，是山区农民脱贫致富的好路子。

在2008年和2010年的"中央财政支持现代农业蔬菜项目"中，她因地制宜制订实施方案，根据方案进行投标实施，建立蔬菜核心示范区3 000亩，新建2千米的排灌沟渠和机耕路，改善蔬菜核心示范区的生产条件；建设2亩钢架大棚，配套了喷灌和物理防治设施（太阳能杀虫灯和黄牌）。项目以核心示范区为平台，开展新品种新技术展示、农业栽培技术展示及观光农业和生态农业展示，提升现代农业理念，提高栽培技术。项目通过核心示范区的辐射，带动瓜果蔬菜现代农业2万亩，提高农业产值2 000万元。

她在工作之余，努力学习新知识、新技术和新理念，把学到的知识和本领，回报那片热土，让大地丰收，让农民富裕，是她不懈的追求。在农民解决温饱后，她想的是如何让农民口袋鼓起来，如何把冬闲田利用起来进行冬季作物开发。她先后引进试种西瓜、辣椒、玉米、洋芋、蔬菜等作物，从作物播种到收获，始终和农民在一起，进行全程跟踪服务，言传身教，她就这样泥一把、汗一把地与农民摸、爬、滚、打在一起，农民被她这种严谨的作风、科学态度和吃苦耐劳的精神所感动。目前，她所引进试种的作物在勐海县种植已形成一定规模，提高了土地利用率，复种指数达153%，每亩增收500～1 000元。

无论走到哪里，她都身体力行宣传国家惠农政策，用她的行动证明什么是为人民服务？她经常对农民说的是："我是一名普通农业技术工作者，我们技术人员一年到头在田里地里奔波为什么？我们国家三番五次出台惠农政策为什么？为的是农民增收，几亿农民富裕了，我们国家就强大了，我们到这里教你们学科技、用科技，粮食增产了，我们不拿走一斤粮食，农民增收了，我们不拿走一毛钱，只要你们富裕了，我们就心满意足了。"她就是这样用行动默默地为勐海县农业增产、农民增收奉献着。

高尚的理想和不懈的追求，必然培育出爱岗敬业、顽强拼搏、艰苦奋斗、勇于奉献的精神。长期的农村工作，使她看到了广大农民群众对科技的渴望，坚定了她深入农村、实现农技人员自我价值的决心。20多年来，她舍家忘我，尽职尽责、扎根农村、辗转于田间、地头，足迹遍及11个乡镇65个行政村。有一次她组织的栽秧现场培训会，头天晚上突发急性阑尾炎，使她晕倒了，第二天她想着着急等待的农民，她毅然坚持到现场召开培训会。为了全县调整产业结构，寻求新的农业增长点，在检查云麻在全县试种情况中，由于连日降雨，山区道路坎坷，她遭遇了车祸，造成椎体粉碎性骨折，躺在医院治疗了20天。她心急如焚，不停地向来看望她的同事询问工作进展情况，休息了2个月，她不顾医生劝告跑去上班，她认为只有在单位和同事在一起她才觉得踏实。她就是这样对工作兢兢业业，情系"三农"，青春无悔；而对家庭，她感到深深的内疚，有多少次由于下乡没有参加女儿的家长会，又有多少次孩子考试，她都不能陪伴在女儿身边。

有播种就有收获，吴丽霞爱岗敬业，始终以服务"三农"为准则，以促进农民增收为目标，以传播农业技术为己任，牢固树立为"三农"服务意识，献身农业和农技推广事业，为勐海县农业增产、农民增收，做出了积极贡献。23年的农业技术推广生涯，教会了她许多东西，她从专一型技术人才向复合型专业人才转变，通过实践，成为一个具有一定生产实践经验的技术骨干。在农业技术推广中，她取得了一定的成绩，也获得了许多荣誉。她以优质的服务，赢得了农民的信任，也赢得了社会的认可。她用自己所学的知识回报着生养她的家乡，希望通过努力改变家乡农村的面貌。

（作者单位：云南勐海县农业和科技局）

情系百姓　汗洒沃土

张东霞

我叫张东霞，是新疆焉耆县七个星镇农业技术推广站站长、农艺师。2010年，焉耆县被列为全国农业科技示范县项目试点县，我有幸成为一名普通的农业技术指导员，并承担着2个行政村、45户科技示范户的技术服务，还负责全镇8个行政村、150个科技示范户、4个科技示范基地的组织与协调。科技示范县工作开展以来，我曾经付出了许多辛勤的汗水，享受过成功的喜悦，更有过被农民朋友认可的快乐。下面，我就从事科技入户工作以来的一些感受和体会，与同行交流。

一、科技入户工作拉近了我和农户的距离

在科技入户之前，农民认为农业技术人员不好接触，总是高高在上，而我们也认为农民文化素质偏低，不好说话，技术人员和农民之间缺少沟通和交流。项目实施之后，让我与农民相互多了几分理解，几分亲近。

记得我在2010年3月初到哈拉木墩村二组填写示范户档案时，示范户李浩文对我们的工作问长问短，非常亲热，当我向他们了解春季麦田管理情况时，部分示范户说，我们对科学测土配方施肥技术还不太懂，不知怎么运用好，为此，我即兴给他们讲了测土配方施肥技术在麦田上的应用，阐述了如何科学地运用测土配方施肥技术，来增加小麦的穗粒数和千粒重，创小麦高产，反复强调了测土配方施肥技术的必要性。他们听得非常认真，边听边记，还感慨地说："种田确实离不开科技，你们要经常来给我们指导。"示范户表示，坚决按要求施肥。听了这些话，我非常感动，更激发了我做好技术指导工作的积极性。

二、科技示范工作为我提供了服务平台和向农民学习的空间

技术人员直接到村、良种良法直接到田、技术要领直接到人，这是在科技入户工作中必须坚持的三种服务方式，正是采取了这"三个直接"，使我与农民建立了深厚的感情，交上了朋友。今年5月24日，七个星镇哈拉木墩村二

组示范户任向东在本村4号条田的5亩棉花受到了除草剂的药害，该农户不知如何是好，很是着急。当他把情况反映给我后，我立即前往该示范户的地里指导解决棉花药害问题。经查看，该农户的棉花因受邻近地块小麦施用除草剂的影响，棉花产生了药害，根据受害症状，部分棉花的叶片有的呈“鸡爪”状，有的叶片向上卷曲，边缘皱缩，这属于典型的2,4-D丁酯药害，最大可能是药液随风飘移棉田所造成。针对这种情况，我给农户说明了该块田的棉花药害问题不是太大，只要后期管理到位，棉花不会受大影响。给农户讲解了补救措施并免费给农户一些植物生长调节剂（制高点）进行叶面喷肥，同时加入1%～2%尿素溶液，或0.3%磷酸二氢钾溶液进行叶面喷施，对于缓解药害、促进棉花生长有显著作用。同时，还给农户讲解了棉花的管理措施。通过讲解，该农户犹如吃了定心丸，表示后期一定会在管理上下工夫，争取大丰收。8月23日，我又到该农户的这块棉花地里进行了棉花测产，经实测，该农户今年的棉花亩产310kg。通过这次服务，让我体会到了其中的快乐。

三、技术培训工作使我感受到农民对科技的渴求

开展技术培训，提高农民素质，是科技入户工作的中心内容之一，也是决定工作成败的关键。在培训过程中，我采取集中培训与分散培训相结合，技术讲座与放映光盘相结合，现场咨询与发放明白纸相结合，白天培训与晚上入户培训相结合等多种灵活的方式，使示范户培训到位率达到100%。科技示范户刘明昆在2011年4月的培训前不久因动了手术，培训时不方便记录，我就把培训教材刻录成光盘，让其在自家VCD机上播放。根据农时季节抓培训是提高培训效果的有效措施，但对农村来说，农忙季节白天很难组织人，因此我就利用晚上时间到各村分片培训。还常常利用政府安排其他入户工作的同时，对示范户和农户进行现场培训。科技示范户徐艳玲有2次因孩子生病了，无法出去听课，我就登门补课，晚上10点钟以后回家是常有的事。

四、科技入户增强了我做好本职工作的责任感

测土配方施肥技术虽然已经推广了多年，但还没有真正应用到农业生产上，农民在农作物施肥上多数是以尿素、二铵为主，这种“一炮轰”的施肥习惯在农民心中根深蒂固。因此，我县把测土配方施肥作为重点主推技术，目的是改善地力条件，保护生态环境，实现低碳环保、节本增效。作为七个星镇农技推广站站长，这项任务自然而然地落到了我的肩上。为使这项技术顺利推广开来，每年的八九月份我都随县中心土肥站的干部到各村示范户地里进行取土，到年底进行测土化验，次年初填写测土配方施肥卡并整理宣传资料，发放

到全镇150户科技示范户手中。经测土化验，得出七个星镇的地块普遍缺钾肥。这两年通过深入细致的工作，150户科技示范户都按配方卡的要求进行科学施肥。2011年在玉米测产中，运用测土配方肥的地块比使用常规肥料的地块平均每亩增产96kg。这些活生生的事实说明了测土配方施肥技术的重要性。

五、科技入户促使农技人员必须练好基本功

我是从事农业技术推广工作的，示范户需要的是复合型人才。“要想给别人一碗水，自己必须拥有一桶水。”因此，“充电”成为我每天的必修课，除学习农作物栽培知识外，还虚心向其他同志学习瓜菜栽培、病虫草害综合防治等多方面知识。记得2010年4月25日，一阵急促的电话铃声骤响，哈拉木墩村科技示范户王明锦家的大棚黄瓜得了病，当时我在县城不在镇上，我犹豫了，但我又一想，这是示范户最无奈的时候才会给我打电话，我如果不去，示范户会认为我们的服务没有诚意，只是说在嘴上。因此，我毫不犹豫地到客运站搭车赶到示范户大棚。我仔细察看了黄瓜的病情后，通过向其了解情况，确定黄瓜得的是灰霉病，当时我就告诉他在打药治疗的同时，要通过撒草木灰、大棚通风等措施降低大棚温湿度，王明锦听后，紧皱的眉头舒展开了。当黄瓜采摘时，示范户王明锦将一袋子黄瓜提到了我的办公室，非让我带回家，这样的事经历了多次。2011年春节刚过，就有很多示范户给我打电话，问我小麦什么时间施肥，辣椒施什么肥料等，我在回复电话的同时，也感到农民对我的信任，一年来的汗水没有白流。

科技示范项目的实施，使党的惠民政策得到了落实，农民群众对我们的党更加信任和热爱；科技示范入户使我有了向农民学习的机会，了解农民的所思、所想，为自己开展工作提供了平台；通过科技入户工作实践，找到了自己的不足，只有不断学习新知识，掌握新技术，才能使自己的工作开展的得心应手；科技示范工作加深了与群众的感情，为自己今后的工作明确了方向；科技示范工作增加了工作动力，自己在实践中会得到更大提高。

（作者单位：新疆焉耆县七个星镇农业技术推广站）

情洒大地

张美良

蔡兴荣，江西新干县经作局局长、高级农艺师，他是一位普通的基层农业技术推广工作者，一名农业战线上的优秀共产党员。30年来，他以一个农业技术人员的身份行走在乡村田野；他以一个共产党员的身份钟情于生他养他的那片热土。如今，江西新干县田野上成片成畦生机盎然的绿色世界，全县田间地头、大棚小棚青翠欲滴瓜果蔬菜的丰收场景，还有那树树满枝压的丰收果园……都与他在这片热土上日夜挥洒的汗水分不开的。有人说，蔡兴荣是新干县经济作物的领头羊，是新干人果蔬致富发展的开拓者。在2010年6月的抗洪救灾中，他深入生产第一线，巡回指导农民全力开展生产自救，并创造了葡萄树长达淹没30多天后，通过技术挽救得以恢复正常生产的奇迹。

1982年，蔡兴荣毕业于江西吉安市农业学校，先后到过乡镇农业技术推广站和县园艺场工作，1993年调入新干县经作局工作至今，一直从事经济作物技术推广服务工作。那时候，许多毕业于农业院校后来又改行的人有一句话常挂嘴边：学农不爱农。讲这句话无非就是强调从事农业工作比其他行业的辛苦。蔡兴荣没有这种想法，在他看来，行业无贵贱之分，各行各业都要有人去干，常言说："行行出状元"。事实上，当初蔡兴荣也有过调离农业部门的机会，但他毫不犹豫地放弃了，因为他是真心想服务于农。他出生于县城菜农家庭，对果蔬的栽培尤为钟情。那时，父辈栽种的菜园地，因为栽培技术传统落后，一年四季只能栽种些适应季节性生存的传统果蔬，待到上市早已是满街都是，价格也就可想而知了。

父辈们靠菜园地谋生的苦处，一直都在他心里深埋着。如今，他从农校毕业，学的就是农业科学技术，而且经过10多年的基层工作摸索实践，终于可以大胆尝试用科学技术帮助菜农增产增收了。20世纪90年代初，大棚反季节蔬菜栽培悄然兴起，为了掌握推广这些最新栽培技术，他大量阅读科技图书，并到山东寿光等地参观学习。2000年，他带头在该县大洋洲镇程家村建立了一个20亩大棚蔬菜示范园，示范园远离村庄，为了方便管理，他吃住在一个临时搭建的简易窝棚里，生活用水要跑到二里外的村庄去挑，夜晚照明只能点蜡烛，其间历经寒风骤雨、酷暑蚊叮，却也迎来了第一个示范园的好收成：示范园的瓜果蔬菜在全县上市最早，黄瓜亩产超过5 000kg，韩国白玉春萝卜亩产4 000kg以上，每亩纯收入6 600多元。

2003 年，他又在该县溧江乡和金川镇搞起了瓜、菜无公害栽培示范和礼品西瓜再生栽培示范。尽管当时他已身为局长，但他依旧以一个农技人员的身份亲力亲为，常常是晴天一身汗、雨天一身泥，在他的精心管理下，2 个示范园又迎来了喜人收成：金川镇 30 亩再生西瓜示范园亩产达 5 000kg，溧江乡万亩无公害西瓜、蔬菜示范基地被批准为江西省无公害农产品示范基地。2004 年，他又不顾辛苦在溧江乡溪边无公害西瓜示范基地推广嫁接换根技术近 2 000亩，并指导沂江乡、三湖镇申报无公害蔬菜产地。示范园的一个个成功，示范园的逐年推广，早已让全县果农、菜农们跃跃欲试，示范园每天都有络绎不绝的农民前来参观。

都说农业人苦，但蔡兴荣这个农业人是苦中找到了乐。因为他的带动，反季节、无公害栽培已在全县迅速掀起，每天面对前来请教的瓜农、菜农那一张张期盼热切的笑脸，蔡兴荣是喜悦满怀，因为从这些笑脸上，他似乎看到未来新干县田间地头，一年四季绿色瓜果飘香的美景。从此，他除了在各个示范园中忙碌外，每天还骑着一辆自行车穿梭于乡村田头，张三找、李四请，忙得他团团转。然而，再苦再忙，只要看到乡亲瓜园、菜园病虫害得到控制，看到满园的瓜菜因为他而从病怏怏变得青翠鲜活，他所有的累和苦都会消失得无影无踪。

蔡兴荣明白，只有将各种栽培技术知识传授给乡亲，培养出一批批新型的科技农民，才能将自己的示范经验和成果更广泛地辐射和利用。因此，他利用空闲时间，将自己多年实践摸索出的栽培经验，撰写成一篇篇因地制宜又有实际操作意义的技术论文，如《新干县早辣椒—秋黄瓜大棚栽培技术》、《西瓜高产栽培技术》、《秋后蔬菜栽培技术》等 20 多篇，并根据需要，举办培训班，大力推广果树、蔬菜、茶叶、食用菌等新技术、新品种及规范化生产技术，指导农户科学种植。目前，果蔬示范基地建设在新干县蒸蒸日上，以基地的高标准建设辐射带动全县果蔬产业的优质、绿色和无公害发展成了蔡兴荣的心愿。新干县创名生态农场、江西宏冠绿色农庄果树标准园示范基地、江西嘉丰农业开发有限公司、江西新时代农业开发有限公司、江西新绿农业科技发展有限公司等蔬菜标准园示范基地都纷纷前往新干这片热土扎根落户。如今，现有耕地面积只有 43.3 万亩的新干县，果树面积就达到 17.51 万亩，蔬菜播种面积达到 11.04 万亩，其中无公害蔬菜面积 9.5 万亩。

30 年的风霜雨露，30 年的汗水浇灌，30 年的忘我情怀。为了新干大地的丰收，为了新干群众的微笑，蔡兴荣将辛勤的汗水洒在家乡片片土地，在家乡肥沃的土地上撒播着科技的种子，直至开花、结果。

（作者单位：江西新干县畜牧兽医局）

强化枸杞科技服务　促进农户持续增收

李渝君

2009年，青海格尔木市被列入农业部“2009年基层农技推广体系改革与建设示范县”之一。项目的实施，对加快推进基层农技推广体系改革与建设，提高农技推广人员业务素质和促进农业科技进村入户，促进现代农业发展和社会主义新农村建设，具有巨大的推动作用。按照市农牧局的统一部署，根据格尔木市农牧业和农牧区经济发展“十一五”规划，充分利用独特的地理环境和气候条件，按照适应市场、突出特色、发挥优势、结合城市消费需求的原则，种植业在稳定现有的播种面积基础上，扩大蔬菜等优质、特色、高效作物种植面积，畜牧业推进草原畜牧业向设施畜牧业转变，建设适度规模的奶牛等生产基地，把发展枸杞、蔬菜、青稞、奶牛、羊产业作为格尔木市农业发展的主导产业，特别是格尔木市拥有丰富而独特的光照、水土资源，种植出的枸杞具有颗粒大、肉质肥厚饱满、色泽艳丽、味道甘甜的特点，枸杞中糖分和氨基酸的含量高于国内其他产区的枸杞。

2008年格尔木市委、市政府就把发展枸杞产业作为培育特色产业、加快农业产业结构调整的重大举措，多次召开专门会议，研究发展枸杞产业问题，并从枸杞产业发展规划、产业发展模式、补助政策、贷款等方面扶持枸杞产业发展。通过广泛宣传、动员和教育，调动了群众种植的积极性，广大群众纷纷加入到枸杞产业的发展中来，2006年不到千亩的种植面积，2010全市枸杞种植总面积已达3.84万亩，初步形成了能够带动农民持续增收的农业新产业。通过大力推广宁杞1号、枸杞标准化生产技术、枸杞病虫害综合防治技术，枸杞单产和产值大幅度提高，2009年枸杞亩产较2008年增长72%，2010枸杞产业的整体产量产值呈现了大幅增产增收的趋势，枸杞产值达7 400万元，较2009年增加产值5 900万元，增长率达393%，产值比重较上年提高17.59%。2010年，全市枸杞逐步进入盛果期，有1 021户枸杞种植户销售收入突破了万元大关，其中收入达到10万元以上的有218户、20万元以上的有58户，46户农民致富后购买了轿车，1 278户农户通过枸杞产业走上发家致富的快车道，科技增收作用明显。

大格勒乡菊花村农民赵有华，现年43岁，全家4口人，现种植宁杞1号枸杞21亩。老赵所居住的菊花村，耕地面积有1 545亩，枸杞种植面积1 341亩，全村54户以种植枸杞为主。2009年，赵有华在市农牧局的大力支持下，被评选为格尔木市示范县项目枸杞产业科技示范户，在技术指导员的指导下，他认真学习与应用枸杞种植技术，解决了自己枸杞种植的实际问题，实现了增单产、增面积和增总产“三增”，2010 年他种植的枸杞单产较 2009 年增长 40%，产值达 15 万元，纯收入达 10 万元。在枸杞产业技术指导员樊梁栋的支持下，老赵不但种好了自己的枸杞，而且还及时召集平时找他学习枸杞种植技术的 20 户农户，采取传、帮、带的形式，示范应用枸杞种植技术。与此同时，老赵带领 5 户农户用 120 亩枸杞地成立了专业合作社——金园枸杞种植合作社，发展有机枸杞，全部使用植物源农药统防统治枸杞病虫害，并总结了技术要领。在技术指导员樊梁栋的精心指导和老赵的示范带动下，5 位农户的 120 亩枸杞也喜获丰收。周边农户亲眼看到老赵带领的 5 户农户应用科学技术实现了省工、省力、省成本、增产的“三省一增”目标，他们主动找到技术指导员樊梁栋和示范户赵有华，要求学习、应用枸杞种植技术。

作为科技示范户，赵有华不但自己靠科技种枸杞、靠科技致富，还积极按照科技示范户的要求，率先行动，宣传科技入户、普及农业科技的意义，积极推广主导品种和主推技术，以己之长，传授农业新技术，带动周边农户发展枸杞生产，引导辐射户掌握应用新模式、新技术。他运用平时掌握的农业科技知识和多年积累的实践经验，通过传、帮、带，引导周边农民发展枸杞生产，形成以户带户、以户带村、共同致富。为充分发挥示范户的辐射带动作用，他不但帮助指导本村农户枸杞生产，还积极主动、无私地帮助邻村的枸杞种植户，真正起到了的科技示范带头作用，成为名副其实的科技示范户。

格尔木市枸杞产业发展除了地方政府重视技术推广工作、技术指导员开展技术指导、六项制度带动技术指导员积极性、推行“双重管理、以市为主”的管理模式以外，枸杞产业基地示范作用也非常明显。全市现建有枸杞示范基地 2 个，示范、展示宁杞 1 号品种 520 亩，其中有机枸杞 280 亩，通过引进、试验展示宁杞 1 号枸杞的丰产栽培和病虫害综合防治技术，及时改进传统栽培技术，培训枸杞产业科技示范户，普及枸杞无公害生产管理技术，指导枸杞种植户按照枸杞丰产栽培种植技术规程进行生产，完善了枸杞生产技术，提升了枸杞生产技术水平。2 年来，基地共进行观摩培训 41 期 2 000 人（次），带动农户 2 000 户，累计带动种植面积 1.6 万亩。根据 2010 年大格勒乡菊花村枸杞示范基地采摘跟踪调查结果，基地 4 年龄枸杞平均亩产干果 200kg，平均每亩增产 50kg，增产 33.33%。示范基地种植户的收入比 2009 年增长明显，干果按每千克 40 元售价计算，基地平均亩产 200kg，亩产值达 8 000 元，总产干果 4.82 万 kg，总产值达 192.8 万元，按扣除 30%成本算，亩收益为 5 600 元，基地总收益达 134.96 万元，基地平均每户净收入达 9 万元。格尔木亿林科技公司有机枸杞基地 2010 年平均亩产 75kg 有机枸杞干果，每千克售价按 240 元计算，该基地每亩销售收入达 1.8 万元，总收入达 504 万元，按扣除 40%成本计算，总收益达 302.4 万元，基地示范效果相当明显。

基层农技推广工作是推进基层农技服务体制改革的新举措，是解决当前农村科技力量不足和科技服务“缺位”这一突出问题的新途径，有利于把科技资源导入农村，激活科技人才，促进农户持续增收；有利于建立科技服务“三农”的长效机制，加速“三农”难题的破解；有利于加快农村小康社会建设的进程。这项工作绝不是搞形式、走过场、图热闹，而是通过做好这项工作，落实职责，使农业科技人员施展真本领，奔向主战场，使农业科技成果转化为现实生产力，最终使科学技术在农村经济中发挥重要作用。

（作者单位：青海格尔木市农业技术推广站）

浅谈基层农技推广对出口农产品基地建设的促进作用

刘天成

近年来，随着人们生活水平的提高，消费者对农产品数量和品种需求不断增长，对农产品的质量安全提出了更高要求，农产品质量安全问题已成为社会各界广泛关注的热点问题。目前，云南通海县农产品质量安全水平总体不高，发展水平不均衡，集约化生产水平低，农业生产不够科学，离建设现代农业的要求仍有一定差距。加之国外新的农残检测品种和含量限制层出不穷，给出口农产品农用化学残留控制带来很大困难。随着通海县出口农产品数量增长迅速，而滞后的生产管理水平与日本、欧盟等国家和地区提出的高标准要求之间的矛盾日益突出。为确保农产品高质、足量、安全、顺畅出口，迫切需要快速扩大符合出口检验检疫要求的种植基地，制定出口农产品生产技术规程，加大农业技术推广力度，促进出口农产品种植基地安全示范区建设。

一、建立基层农技推广体系的必要性

基层农技推广体系是国家设立在基层的公益性服务组织，是政府为农民提供农业技术服务的桥梁和纽带，是实施科教兴农战略的重要载体，是推动农业科技进步的重要力量。

国家质量监督检验检疫总局规定，凡是出口的农产品必须来源于国家检验检疫机构备案的种植基地。自 2009 年 1 月 1 日起，出口蔬菜的原料必须全部来自检验检疫备案基地；自 2010 年 1 月 1 日起，其他出口植物源性食品的原料必须全部来自检验检疫备案基地。但通海县农产品质量安全水平总体偏低，过期、假冒伪劣、禁止销售的高毒高残留农药在市场上还可以看到，坑农害农的事件时有发生。由于农产品的生产涉及千家万户，难以监管，各家各户的种植标准与施肥打药不一致、农业化学投入品残留超标导致农产品质量安全难以保证，建立基层农技推广体系，将从根本上规范区域内农业化学投入品的使用管理，彻底解决出口农产品的农业化学投入品残留问题，也将通过基层农技推广推动种植管理科学化、集约化、规范化，改造传统农业，发展现代农业，推动出口农业，从根本上全面提升农产品的质量安全水平，促进出口农产品种植基地质量安全示范区建设。

二、基层农技推广对出口基地建设的作用

1. 通过基层农技推广与实践相结合，制定出一套出口农产品标准化生产技术规程和基地管理制度。

2009—2011 年，基层农技推广体系改革与建设示范县项目在通海县实施，通过基层农技推广与实践相结合，针对纳入县示范区建设的白菜类、花椰菜类、甘蓝类、豆类、块根类、葱蒜类蔬菜，玫瑰花、洋桔梗花卉及柑橘、葡萄、甜瓜等农产品特点，制定出白菜、花椰菜、西兰花、甘蓝、荷兰豆、萝卜、洋葱、大蒜、月季、洋桔梗、葡萄、甜瓜等品种的标准化生产技术规程，在示范区内推广使用。并制定了基地六项管理制度，具体包括：基地田间管理制度，基地病虫害防治制度，基地肥料控制制度，基地农药使用制度，基地植保员管理制度，基地植保员职责制度。通过制定质量安全示范区种植基地农技推广推进方案，因地制宜，合理选择，优化农产品种植结构，并对农户进行培训，形成区域化布局、标准化生产、规范化管理、科学化种植的出口农产品基地。

2. 基层农技推广强大的宣传培训和技术支撑是出口基地建设的重要内容。

基层农技推广采取印发资料、集中授课、现场指导等形式，就基地管理、农业化学投入品使用与管理、标准化生产技术规程、技术服务等出口基地建设的各个环节，对干部群众尤其是基地种植户进行培训，真正使农民掌握标准化生产的各个环节，掌握标准化生产管理技术，提高标准化农业生产的自觉性，使农产品安全意识深入人心。同时，通过新闻媒体，加大宣传力度，广泛宣传出口基地质量安全示范区建设的意义、目的、政策、方法、程序等，调动全县干部群众的积极性和主动性，让推进质量安全示范区建设成为广大农民群众和企业、合作社、协会的自觉行为。

3. 基层农技推广推动出口基地建设。

根据省商务厅及云南出入境检疫检验局的批复和通海县的实际情况，全县规划建设蔬菜 9.2 万亩、花卉 0.31 万亩、水果 0.57 万亩，实施区域化、标准化出口农产品种植基地 10 万亩。通过基层农技推广体系改革与建设和出口农产品质量安全示范区建设的实施，推行企业为龙头、基地为依托、标准为核心、品牌为引导、市场为导向“五位一体”的农产品出口基地区域化备案发展模式，建立了 6 000 亩核心示范区，包括 4 个出口蔬菜核心示范区、1 个出口花卉核心示范区和 1 个水果核心示范区，逐步形成了几个特色鲜明，规模化、专业化、标准化、国际化程度较高的优势农产品出口基地，带动全县各企业、合作社实施出口农产品质量安全示范区建设工作，实际上完成了蔬菜 107.7 万亩、水果 6 500 亩、花卉 5 010 亩，共计 119.2 万亩出口基地质量安全示范区

建设。

与此同时，根据企业、合作社申请，对备案企业、合作社的基地进行调查，明确基地位置、面积、种类、所属等内容，形成全面准确的数据资料。将119.2万亩出口农产品基地进行区域规划布局到20户企业和3个专业合作社。编制了《通海县出口农产品种植基地区域面积规划》和绘制了《通海县出口农产品种植基地区域分布图》。

坚持市场化运作，引导龙头企业和农民专业合作社与村、组和农户签订合同，形成“公司＋标准化＋基地＋农户”或“公司＋标准化＋合作社＋农户”以及“合作社＋标准化＋农户”的经营模式，提高农民的组织化程度和标准化的执行力。

4. 基层农技推广有利于出口基地农户的增产增收。

通过基层农技推广，以满足农民科技需求为出发点，以服务农民的成效为检验标准，通过建立健全农技推广运行机制，大力提升基层农技推广体系的公共服务能力，全面推进农业科技进村入户，保障主要出口农产品有效供给，促进农民持续增收。通海县一年四季种植蔬菜的产业格局和“一乡一品”的产业区域化特点，为通海蔬菜走出国门、出口创汇奠定了坚定基础。2010年，通海蔬菜直接出口创汇6 440万美元，间接出口创汇约3 000万美元，创汇近1亿美元。2011年，争取纳入通海县的蔬菜107.7万亩、水果6 500亩、花卉5 010亩，共计119.2万亩出口农产品种植基地全部一次性顺利通过考核验收，纳入备案管理。种植基地的农产品获准加工出口，打开了全县农产品外销通道，推动出口农业，发展现代农业，从根本上全面提升了农产品质量安全综合水平，从而打造出通海农产品品牌，增加了农民收入。

（作者单位：云南通海县种子管理站）

科技之花开遍芳草大地

王新玲

新疆生产建设兵团农六师芳草湖农场年种植棉花35万亩，平均亩产380kg，番茄15万亩，平均亩产6.5t。几年来，通过广大农业科技工作者深入生产第一线，积极参与农业科技新项目的推广，常规技术、新技术等多项试验示范，农场的农业蓬勃发展、欣欣向荣，在大力推进屯垦戍边新型团场建设中，呈现出一派社会主义新农村建设的繁荣景象。在提升农业产业化，加快发展现代农业上，始终把棉花产业作为发展农场的重中之重，打造优质商品棉基地品牌，芳草湖农技推广站技术人员在努力提高单位产量的同时，全面推广优良品种。2007年以前，棉花主栽品种为新陆早13；现在，推广新品种（系）垦4432和标杂A1，种植面积达20万亩，番茄主栽品种为里格尔87－5；农作物种植良种覆盖率达到100%。常规滴灌面积达到100%，更新精量点播机560台，实施精量点播和双膜覆盖100%，推广测土施肥35万亩，加大机采棉种植面积，机采棉收获面积达到20万亩。全面提高播种和整地质量，科学施肥，为实现一播全苗打好基础。农技人员多层次、全方位地开展科技之冬活动，加大农业丰产攻关活动的推广力度，全面提升农业生产管理水平。农业技术推广发展势头良好，对于每一位农技推广人员而言，金土地是他们最大的财富，是守望和耕耘这片金土地时的希望和未来。

芳草湖农场农业技术推广站把发展现代农业作为建设社会主义新农村的首要任务，用现代科学技术改造农业，用现代产业体系提升农业，用现代经营形式推进农业，用现代发展理念引领农业，用培养新型农民发展农业，这为芳草湖农场的建设指明了发展方向和目标。

科技人员在常规技术的到位率和时效性上下工夫，卡死六个管理环节（出苗期、打顶结束期、田管最后结束期、拾花结束期、秋冬翻结束期、秋冬灌结束期），实现棉花四月苗、五月蕾、六月花、七月铃、八月絮的生育进程，努力提高单位面积产量。在植保技术推广上，大力推广了重大病虫害应急防控与绿色防控以及农田统一灭鼠、草害化学防治等重大技术，防治效果95%左右，推广了农药减量控害、高毒农药替代、科学安全用药、农药抗性治理等重大技术。狠抓以棉铃虫和红蜘蛛为重点的棉花“三虫”综合防治工作，重点是认真做好“以螨治螨”生物防治技术的推广。狠抓酱用番茄优质、高产栽培技术的贯彻落实，番茄采取100%安装常规滴灌，推广移栽番茄，采取番茄灵蘸根技术，穴盘育苗移栽技术，全部深施有机复合肥，每亩 30～35kg。以葡萄为重点完成疏花疏果、果实套袋和膨大素使用等新技术的组装配套，提高果品的品质和效益，力争将葡萄产业做成“十二五”期间农场新的经济增长点。在种植业上，形成了棉花、番茄、葡萄为主的种植结构，加快了新品种的更新和新技术的应用，农作物产量得到大幅度的提升，严格了各个环节的管理程序，落实了各项措施，采取科学施肥，狠抓了田间管理和农机作业管理，葡萄生产突出了标准化生产技术的推广应用，以“学科技、用科技、促双增”加快农业增产方式的转变，全面落实科学发展观，以农业产业化为重点，以农户增收为目标，以创新管理为动力，以提高单产和增加效益为主要措施，加快构建和谐农场。农业产业化各项措施的实施，必将对农场的发展起到前所未有的推动作用，大力实施农业高新技术，不断更新品种，强化基础建设，确保和谐发展，把握机遇，加快发展，尽快成为在新疆生产建设兵团具有示范和窗口作用的农业科技推广服务中心。

农技推广工作人员心系农民，精心指导，把技术送到田间地头，把农户的利益作为他们工作的出发点和落脚点。牢固树立群众观念，竭尽全力为农户解难事、办好事，深入农户家庭，解决农户最关心的种植技术难点问题。他们千方百计增加农户的收入，耐心指导，精心服务，认真查看棉花长势情况以及病虫害发生情况，并对中后期田间管理及病虫害防治提出合理化建议和要求，不断跟踪，服务到位，建立健全农作物病虫害测报区域为依托的农情监测预警服务体系，加强病虫害预测预报和田间管理技术指导服务力度，同时根据气象部门的天气预报，利用“田间学校”扎实开展技术指导和宣传工作，帮助农户生产自救，不断创新服务理念，率先实施病虫害统防统治工作。切实维护好、发展好、实现好农户的根本利益，突出做好“还田于民、还利于民”工作，坚持科学发展，合理发展，创新方法，落实措施，求得实效。

如何增加职工收入？为此，芳草湖农场农业技术推广站重点抓落实。一是采取有力措施，确保职工收入有效增加，加大农业基础设施建设和节水改造工程，增加农业发展后劲，加快中低产田改造，提高耕地质量和利用率。二是狠抓新技术推广，以提高单产为突破口，促进职工增收，全面落实农业十大主体技术和六大精准农业技术，保证供种质量，全面落实葡萄标准化生产。三是进一步提高农户的种植技能和综合素质，抓实“科技之冬”培训，大兴求真务实之风，重实际，办实事，求实抓实干。应用各种培训方式和示范带动作用，强化农户的责任意识和大局意识。每当农户提起农技推广工作者，都不无感慨地说：“是农场的科技推广工作者给我们指明了致富路，圆了我们的致富梦。”

农技推广的事业是艰辛的事业、光荣的事业，更是朝阳的事业。忆往昔，峥嵘岁月，我们豪情满怀；展未来，任重道远，我们信心百倍。

（作者单位：新疆生产建设兵团农六师芳草湖农场农业技术推广站）

紧扣"双增"服务宗旨　做好项目结合文章

程世红

山东利津县自2009年承担全国农技推广示范县项目以来，着力做好"四个结合"工作，加快改革与建设步伐，逐步构建起职能明确、机构健全、队伍精干、保障有力、运转高效的基层农技推广体系。在项目实施中，全县农技指导员勤学科技、扎根基层、服务农业，综合素质与业务能力都得到了极大提高，为全县农村经济发展发挥了重要作用。

紧扣四个结合，书写农技推广新篇章

1. 将项目建设同农业信息化建设相结合。

为扩大农技培训范围、增强农技培训效果，结合示范县项目的实施，利津县同步开展了以信息进村入户为主要内容的农业信息化体系建设，先期投资70余万元建立了农业信息中心，搭建了农业信息数据库，开通了电视节目滚动播出、手机短信互动、微机网络查询与视频互动三个信息传播通道，搭建了农产品质量安全检测与农业投入品质量检测两个远程监控系统，基本形成了覆盖全县农村的农业信息传播网络和农资与农产品质量远程监控网络。

截至目前，农业信息中心已同县电视台联合创办了《聚焦三农》专题节目60期，节目以示范县项目主导品种与主推技术示范应用、不同农时农作物田间管理、现代农业发展示范与创新等为主要内容，每晚20：20在县电视台新闻综合频道滚动播出。在全县筛选了包括农技推广员、科技示范户、种养大户、农民专业合作社及龙头企业负责人在内的4 000人作为农技手机短信接收与反馈服务对象，每周根据农时制作并发送手机短信1～2条，该项工作已进行了近4年，共计发送或答疑农技短信近400条。向社会公布10名农业专家咨询团成员的咨询电话和网上联系方式，搞好网上专家—农户视频互动咨询服务，及时更新利津农业信息网内容，为农户查询农业技术和产业发展信息提供便利。

2. 将项目建设同现代农业示范园区建设相结合。

在"转方式、调结构、促增长"中，利津县结合示范县农业试验示范基地建设，紧跟我国蔬菜产业发展的市场与政策导向，以解决农产品质量安全为主要任务，加强放心蔬菜基地建设。2010年，以津绿蔬菜专业合作社为组织与投资载体，规划总投资500万元，建设利津县“放心蔬菜”试验示范基地。在基地建设中，通过实施“七统一”标准，即统一棚体建设、统一茬口安排、统一农资供应、统一防治病虫害、统一收购加工、统一逢出必检、统一品牌销售，严格实施绿色食品生产、加工、包装、运输技术标准；通过配套三大技术，即配套无土栽培、作物秸秆生物发酵和病虫草害综合防治技术，落实农产品质量追溯制度；通过优质农产品优势价格的利益驱动，引导农户自觉主动地进行标准化生产，进而确保蔬菜产品质量安全的实现。目前，该基地正逐步建设成为全县“放心蔬菜”技术推广的示范田和新型农民的培训基地。

3. 将项目建设同农资联网配送到村相结合。

为提高全县主导品种与主推技术的覆盖率，利津县以山东天润种业有限公司为载体，扶持建立了农资配送中心，在包括项目示范基地所在村在内的110个自然村设立了农资配送点，实行“五统一”（统一配送、统一价格、统一服务规范、统一年度审验、统一挂牌管理）服务，投资100多万元建立了农资检测中心，定期对所送农资开展检测，实行农资备案登记制度，农资质量实施档案管理，基本形成了覆盖全县农村的农资联网配送网络。在试验示范基地所在村，聘请农业技术顾问针对基地建设所需的主推技术和主导品种、配方肥等开展相关的技术培训与推广，在确保农资供应的同时，将配套技术送到农户手中，大大提升了农技推广与农业科技成果转化效果。

4. 将项目建设同财政支农惠农资金投入相结合。

为有效解决项目建设经费不足问题，在投资建设基层农技服务楼和农业信息化服务体系，进行相关基础设施配套建设的同时，利津县整合“放心蔬菜”基地建设、设施蔬菜安全生产关键技术示范推广、农业标准化生产基地建设、棉花高产创建、测土配方施肥等上级财政部分支农惠农项目资金，集中投入到示范县试验示范基地建设中来，为示范基地建设提供了较为充足的资金支持。

培训与服务并行，彰显农技人员新风采

1. 加强领导，完善科技培训机制。

利津县成立了由分管县长任组长、农业局局长任副组长、县直各有关部门单位主要领导为成员的领导小组，全面负责培训工程的实施。各乡镇也都成立了相应的机构，负责本乡镇的培训工程的组织和协调工作。定期研究解决农业科技培训工作中的一些重大问题。各培训承担学校、示范园区按照县里的部署，负责培训、观摩等教学管理任务。按照培训计划和目标要求，各责任部门和教学承办单位，紧密结合全县产业实际，围绕种植业、畜牧、林业、水产业四大主导产业，采取多种形式，开展扎实有效的培训。切实做到思想认识、扶持政策、工作措施三到位。

2. 培育新型农民，保障农业智力支撑。

农业科技培训是一项系统工程，标准高，要求具体，涉及人多、面广。为满足现代农业发展需求，利津县在新型农民科技培训项目实施过程中，除按上级要求对农民进行系统规范的培训外，还通过进高校学习、聘请专家授课，到外地现代农业园区学习观摩等方式，开展了一系列针对农技人员业务知识、综合素质等方面的培训。

本着“实际、实用、实效”的原则，在新型农民培训中，利津县根据农时季节制定了全年培训计划和各乡（镇）培训课程的教学安排，确保在实际教学中逐一落实到位。为确保培训质量，利津县精心组织，严谨治学。采取强有力的措施，狠抓教学环节的落实。一是从加强电化教学和教学管理的自动化水平入手，各乡镇教学点配备了先进的教学和管理设备。建立健全学员档案管理室、教材资料室、微机室和教室。实现了教学和管理的现代化、自动化、科学化、制度化。二是教学形式灵活多样。培训中，结合农情和产业特点、季节特点安排培训，组织教学。在教学方式上，强调“三个结合”，即教师授课与电化教学相结合，集中培训与分散自学相结合，学习知识与生产操作相结合。三是从单一产业培训向多样化培训转变，采取“等量农户＋多个技术员＋多项技能”的办法，从种植棉花、蔬菜应注意的问题到畜牧水产养殖先进技术推广，使农民一次性接受多种知识。

3. 学习与服务并进，价值在奉献中闪光。

农技人员在基层农业工作中，发挥着不可替代的作用，他们既是农情调查员，又是技术推广员，更是政策宣传员。本着“提高业务水平，增强为农服务能力”的宗旨，在农技人员培训工作中，利津县充分挖掘农技人员潜力，激发农技人员学科技、爱科技、用科技的创业热情，为该县培养了一批爱岗敬业、立志献身农业的人才。一是制定了年度考核制度，每年对技术人员进行一次业务知识、综合能力的考核，对业务水平高、综合素质优、为农服务能力强的同志在提高岗位补贴的同时，考核成绩将作为今后职称晋升、评优树先等活动中的重要依据。二是制定了《农技推广岗位责任管理制度》和《乡镇农技综合服务中心职能与管理制度》等一系列工作制度，并以正式文件形式印发，明确了农技人员岗位职能与职责，规范了服务行为。三是不断完善农技人员绩效考评制度。参照县农业局、科技示范户、乡镇政府三方对农技人员的考核成绩，对技术指导员进行调整与奖励。2010 年，利津县有 13 名农技人员被评为优秀乡镇农业技术人员，其中省优 2 人，市优 11 人。

借着国家建设黄河三角洲高效生态经济示范区的东风，利津县将紧扣“双增”服务宗旨，做好项目结合文章，相信在不远的将来，飞速发展的利津农业必将迎来一个更加辉煌、更加灿烂的明天。

（作者单位：山东利津县农业局）

让服务在实践中闪光

李晓峰

当农民遇到难题的时候……

秀谷镇是江西金溪县城所在地，工业园区就在城镇边上，处于高丘到低丘过渡地带，雨季容易形成洪水，沿港农田极易受淹。

2010 年，早稻生长后期，遭遇罕见的久雨低温天气，农田受涝严重，部分稻田发生较严重细菌性褐条病。

开始时，因农民对该病害缺乏了解，工业园区下面沿港陶家、港东等几个村子的农民，以为是厂矿企业排放污水造成的损害，因而，情绪十分激动，纷纷上访。

于是我和县农业局专家一道，下到这几个村的发病田间，经过仔细检查、分析，确定是细菌性褐条病，而非企业排放污水造成的。于是，在向政府汇报的同时，紧急部署全站人员协同驻村干部向农民进行细致解释和开展田间防治指导工作。有时白天见不到人，就晚上去；天下大雨，撑着伞，淋湿一身也坚持去。由于及时开展科学防治，农田损失降到最低程度，取得较好效果，受到镇政府的肯定。

今年 4 月，紧邻工业园的陶家村反映，某厂排放的污水造成 18 亩早稻受害。而该厂则认为，是这些稻子自然发病，非污水污染。

镇领导指示我立即下田检查，在现场，未观察到明显的自然发病症状，于是带回受损植株样本，到县农业局咨询专家。经过专家会诊，确定是排放废水污染所致。经过协商，按照受损程度，由工厂赔偿农民 200～300 元/亩，维护了农民的正当权益，解决了纠纷。

当农技工作繁重的时候……

上面千条线，下面一根针，农业技术推广究竟怎么搞？经过基层农技推广体制改革 3 年来的实践，我们在基层有一条很深的体会是：围绕主导产业，开展服务。

作为县城镇，除了粮食这个大产业外，还有蔬菜、水产养殖和果业等 3 个特色产业。

抓粮食，现在不是催耕催种，最见效的是抓品种推广。这几年，我站坚持搞水稻新品种对比、品种栽培示范，从中筛选出适于当地条件的早稻和二季晚稻主栽品种。经过二三年引种、对比和示范，对效果好的，就及时召开推广会，邀请经销商、全镇种田大户，在示范基地田间现场观摩、评鉴。从2009年开始，早稻重点推广陆两优996，二晚重点推广天优华占。到今年，这2个品种不仅在镇里，在县里也都成了最具优势的当家品种，农民纷纷抢购。

镇周围有几个村种菜面积大，是县城蔬菜主供基地。我站配合镇政府，在种菜面积最大的丰收村成立了蔬菜生产合作社，逐步使之形成规模经营，提高了整体效益。2010年6月，我县遭遇严重的洪涝灾害，蔬菜生产损失大，菜价高涨。在省、市的支持下，镇农技推广综合站向菜农发放救灾蔬菜种子165kg，帮助菜农及时恢复生产，加快上市供应。

秀谷镇是金溪县水产养殖大镇，主要的养殖品种是草鱼。因多数池塘年久失修，草鱼发病较为严重。镇农技推广综合站确定2名农技员为水产技术指导员，主要配合县水产站在江家村、肖科村、周庄分场抓了面积为1 000亩水产健康养殖示范基地，重点推广草鱼疫苗接种免疫和标准鱼塘改造技术，草鱼成活率提高到90%以上，是江西省重点草鱼免疫防疫示范基地，2009—2010年分别被授予农业部水产健康养殖示范场。

秀谷镇陶家村是果业专业村，也是全县蜜梨生产大村，年产蜜梨3.2万t，蜜橘1.52万t。镇农技推广综合站也确定专人配合县经作局驻村，经过几年的努力，蜜梨、蜜橘已经是该村成熟的产业了。

当服务发生转变的时候……

2009年以前，全站人员与镇干部一道驻村包片，是镇政府工作人员，主要为镇政府服务，农技推广工作很少抓，为农民服务主要是销售农资。

体制改革后，在做好镇政府农业工作参谋的同时，更多的工作是履行政府公益性农业技术推广的责任。

每年年初，分别组织全镇的果业、渔业、种植业科技示范户和辐射户进行集中培训。每期培训果农50人左右，水产养殖户50人左右，种植科技户100人左右，有针对性地聘请专业技术人员讲课和互动答疑。今年7月，举办一期抗旱技术培训班，培训农民90人；8月28日，我站又在冠峰村举办第一期农民田间学校，通过农户调查和30个农户在田间互动、交流和专家点评，改变了以前说教方式。通过实践，提高了农民学习兴趣和参与热情以及效果，通过举办各种技能提高培训班，逐步形成一支观念新、技术强、农民看得见的产业科技骨干队伍，起到了很好的辐射带动作用。

长期的基层实践，使我们深刻认识到，农业生产受天气条件、自然环境与耕作状况影响都很大，常常突然出现灾害性问题。而一些新的技术手段（如药物）又往往真假、优劣混杂。这就需要基层农技人员经常深入生产现场，及时了解情况，掌握动态，具体分析指导。全站人员包片驻村工作日每年不少于150天，尽可能做到熟悉农户、熟悉生产，发现问题，现场咨询指导。每年站里及时发放水稻病虫情报，做到每户科技户人手一份，并在各村、组张贴。2010年早稻洪灾后，综合站组织人员及时对受灾农户进行技术指导，积极发放救灾物资和救灾种子，帮助受灾户积极灾后自救，恢复生产。之后，在二晚生长期间，又组织发放了一批防病虫、增施肥、促早熟的喷施农药，使秀谷镇水稻生产在遭受严重水灾后，仍然获得稳产。

2010—2011年，综合站配合县农业局实施了农业部农田“有机质提升项目”和配方施肥项目，2年全镇实施面积2.2万亩，使用腐秆剂2.25万kg，占全镇稻田面积70%。科学技术广泛运用，为今年早稻生产在战胜罕见春夏连旱后再夺丰收打下坚实基础。

农技人员每到一处，都受到农民欢迎。不少农民经常打电话给农技员进行技术咨询，或邀请农技员到田间察看作物生长情况、诊断病情……

我们用自己的真情服务，赢得了农民的赞赏。我们用真情服务架起了与农户的“连心桥”。

（作者单位：江西金溪县秀谷镇农业技术推广综合站）

科技创新实现“烟稻双增”

程快生 周 旋

江西黎川县熊村镇极高村是黎川县海拔最高的村庄之一，该村最大特点是：山高水冷、交通不便、信息不灵；田块多为“布丁化、瓦片化”式的坡地，最大的田块不到1.5亩，小的田块用农户的话来说是“蓑衣都可盖得住”；多半田块一年只种一季晚稻或其他作物，产量较丘陵地区低30%～40%；农户劳动强度大，生活维艰。江国建同祖辈一样在此生活了半个多世纪。

用科技种烟成“高手”

为了摆脱贫困、改善生活，现年55岁的江国建深知，光靠种一季粮食难以致富，必须另找门路。他从福建亲戚处得知，种烟赚钱来得快，且赚得多，于是他于2004年开始试种烤烟，至今已有8个年头了。8年来，在乡镇烤烟技术员和农技人员指导下，他不断总结高产栽培技术，对传统的种烟技术进行大胆创新，使烤烟产量、品质、经济效益等指标年年都有新的起色。2011年，江国建从亲朋处流转土地12亩，加上自己的5亩地，共计种烟17亩，烟叶采摘后全部种二季晚稻，目前已交售烟叶共计2 716.15kg（其中上等烟叶占78.48%、中等烟叶占16.94%、下等烟叶占4.58%），烟叶收入5万多元，平均每千克烟叶18.74元，平均每亩产值2 944元，除去地膜、肥料、农药、烤烟煤电及雇工工资等成本支出约1.09万元，加上产前、产后各项政策性补贴收入，江国建今年仅种烟一项收入就是种水稻的3倍之多。

经笔者长期跟踪调查了解，江国建种烤烟获得较好的经济效益，最主要的经验是其在乡镇烤烟技术员和农技人员的指导下，善于学习，善于把学到的先进栽培技术理论知识运用到烤烟栽培实践中。比如，他所选的烟田全部进行稻草还田，以此改良土壤结构，提高通透能力和土壤肥力；所选的烟田在头年冬季就进行冬翻晒（烤），以此破坏病虫害越冬条件，减少来年病虫侵染几率；烟秧移栽期确保在3月中旬中期前完成，并妥善盖好地膜，以避免晚霜（冻）及“倒春寒”侵袭，从而有效地促进幼苗早生快发；在烟田大培土时事先用竹片把地膜撑起，手及培土工具等尽量不接触烟株，有效避免病菌侵染，培土时着重用土培高烟茎基部，使培土与其紧密接触，为烟苗创造最良好的生长环境；做到看天、看田、看烟苗、看肥料（农药）品种，决定施肥（喷药）时间、数量（浓度）、次数；精心做好水分管理和田间除草及打掉烟花烟杈等技术活，最大限度地生产出高产量、高等级鲜叶。

江国建深知，种烟的是徒弟、烤烟的是师傅，烤烟过程就是火中取宝的真谛。于是，他虚心拜师于烤烟技术员，并在采摘烘烤方面精心研究，创造出自己独具匠心的“绝活”。①烟叶采摘采取自下而上顺序，并根据下、中、上各部位烟叶着色程度不同而决定采摘与否及采摘叶片数量。②采摘时间严格遵守上午 10 时之前。③采摘叶片堆放地点、堆放要求、堆高等严格按烟叶成熟度、叶片大小、病残叶等进行堆放和编（夹）烟。坚持当天摘叶、当天编（夹）烟及装烟和点火烘烤。④在烘烤方面着重掌握“四看四定”，即看鲜烟叶质量、定烘烤技术，看烟叶烘烤变化、定干湿球温度，看干球温度高低、定烧火大小，看湿球温度高低、定气窗和进风洞开度大小。⑤掌握“四严四活”，即烘烤技术应用同鲜烟叶基本素质相适应要严，具体掌握要灵活；干湿球温度与烟叶变化相适应要严，各阶段持续时间长短要灵活；确保干球温度在规定范围内要严，烧火大小要灵活；湿球温度适宜且稳定要严，排气窗和进风洞开度要灵活。从而使上等烟比例上升至 78.48%，每千克烟叶平均价格 18.74 元，这在黎川县烟农中排在前列。

科技种稻有“新突破”

江国建在种稻方面也有他的道道。据了解，江国建 17 亩烟田在当地均属上等田，土质好、光照足、排灌方便，且烟叶采摘后可栽种二季晚稻，移栽时间比当地早稻田收割后再栽种二季晚稻可提早 3～5 天，因而他选择了产量高、品质优、适应性强、抗性好的晚熟品种五丰优 T025。精心计算安排播种期，以使最佳移栽秧龄与烟叶采摘期吻合。采用稀播壮秧法，在秧苗 2～3 叶时开展二段寄秧，使秧苗全部达到 2～3 个分蘖、6～7 片叶、根白根多的壮秧标准。在秧苗期间，注意及早防治稻飞虱，以防感染南方水稻黑条矮缩病。大田下足底肥，移栽前秧苗打好“送嫁药”，做到不栽隔夜秧、不栽露水秧、不栽现糊田和合理密植。采用薄露灌溉法，抓好追肥，做到看天、看禾苗长势、看农药品种、看病虫消长情况，进行合理配对农药和决定喷药次数。由于精心管理，江国建的 17 亩二季晚稻长势喜人，普遍进入破口抽穗阶段。行家估计，亩产可达 500～600kg，按当地现时价格计算，江国建的二季晚稻收入可达 2 万～2.4万元。

踌躇满志再上一层楼

2011 年，江国建栽种的 17 亩烤烟，由于各项技术措施到位，上等烟叶比例和烟叶平均价均排在黎川县前列，但也因为其种烟的田块偏小，致使烟田畦沟过多，占有一定面积，因而每亩栽种的有效烟株蔸数少于丘陵地区较大的田块，所以在亩产量、亩产值等相关数据方面稍逊于丘陵地区其他种烟能手。对此，江国建认为，事在人为。他认真总结了今年栽烟种稻的实践后说："只要技术措施再精细一点，每亩烟叶产量还有一定上升空间"。他表示，明年种植面积在今年基础上再扩大1/3。目前，他正着手物色和流转田块，认真总结今年在栽培管理和烘烤方面成功的技术经验，吸取做得不够、不足和不到位的教训，力争明年在种烟面积、烟叶收购量、均价、亩产量、纯收入等方面都有新的突破，力争黎川县"种烟明星"榜上有名！

（作者单位：江西黎川县农业局、黎川县烟草局）

技术嫁接　产销联营
昔日老典型重焕新活力

秦王康　赵亚俊

壶关县位于山西东南部，这里是典型的旱作雨养农业区，20 世纪 70 年代曾涌现出一大批农业生产先进典型，晋庄谷子就是其中之一。晋庄谷子采用传统的精耕细作技术，产量高、品质好，是上党地区的名优特产之一。1979 年，中国农业科教电影制片厂专门制作了《晋庄谷子高产栽培技术》电教片在全国推广。晋庄谷子栽培技术还数次荣获全国科学技术奖和省、市科研成果奖。

近年来，随着市场经济的快速发展，晋庄谷子的种植面积锐减，由原来的 600 多亩减至几十亩，产量也大幅下降。据有关人士分析，造成晋庄谷子种植面积减少的原因，一是种植业效益低，按正常年景算，种 1 亩谷子毛收入也就是 1 000 多元，除去犁地、肥料、种子等投入，每亩纯收入只有几百元，当地农民的主要精力放在了外出打工上；二是种植谷子用工多，田间管理要求高，不如种玉米划算，大部分人都放弃谷子种玉米。这一情况引起了县委、县政府领导和农业部门技术人员的关注。如何让晋庄谷子走出困境、重振雄风，成为摆在县农业部门和广大技术人员面前的一个重大课题。

2009 年，沉寂已久的晋庄谷子终于盼来了重生之日。就是这一年，壶关县成为全省农技推广体系改革与建设示范县，农技推广工作开始驶上快车道；也是这一年，晋庄谷子进入全县农技推广体系改革与建设项目，再次受到各方面的关注；还是这一年，通过技术、物资集成投入，晋庄谷子实现了新发展、新跨越。

到目前，全县以晋庄为中心的谷子种植面积达到 6 000 多亩，仅晋庄村就有 500 多亩。人们欣喜地看到，经过风雨洗礼后的晋庄谷子不但长“大”了，而且长“壮”了。

专家下乡　技术攻关

科学技术是第一生产力。晋庄谷子传统栽培技术要点是：秋耕壮垡、三墒整地、适期播种、选用优种、合理密植、科学管理。这一技术的优点是产量高、品质好，缺点是用工多、投入多。晋庄谷子恢复种植优势，扩大种植面积，就必须对传统栽培技术进行改进，既能保留原来的技术精髓，又能攻克存在的弊端。为此，县农业委员会派出了由县农技推广中心副主任、高级农艺师张金虎带队，3名骨干农艺师组成的技术专家组，到晋庄村蹲点，研究谷子高产栽培技术。技术人员受命之后，通过走访群众、查阅资料、田间试验，提出了地膜覆盖、穴播栽培的技术方案。实践证明，这一技术方案遵循谷子生长规律，秋收后壮垡，清明前整地，立夏后播种，秋分时收获，通过老传统嫁接新技术，实现了新、老技术的有机结合，不仅减少了田间劳作，节约了劳力投入，而且提高了抗逆性，延长了生长期。2010年，晋庄谷子百亩高产示范田测产显示，平均亩产达到462kg，亩均增产20%以上。

科技进村　培训入户

村村有科技示范户，家家有科技明白人，这是壶关县实施农技推广体系改革与建设示范县项目的一个重要目标，也是晋庄谷子快速发展的一个重要措施。县农业委员会为建好晋庄谷子高产示范项目，主要采取了五项措施：一是确定镇农科站辅导老师2名，村级科技示范户4名，统一进行培训，由他们对种植户进行分级培训；二是由技术专家组编写谷子高产栽培技术手册和生产标准，印发到种植户手中；三是技术人员定期深入田间，为农户讲解种植技术，解决各种问题；四是开通技术咨询热线电话，群众在生产中遇到什么问题，可以随时拨打电话进行咨询；五是每年秋季组织乡村两级干部、科技示范户、村民代表进行观摩。通过采取这些措施，提高了群众的科技素质，增强了群众的科技应用能力。

物化补贴　量化管理

农业要增产，投入是关键。为把晋庄谷子高产示范项目建成全县农业技术推广的样板田、精品田，县农业委员会制订了晋庄谷子高产示范建设方案，明确了示范建设的任务、标准、目标和要求。对于示范建设所需的地膜、种子、农药等资料，由县农业委员会统一提供，实行以地登记、按户发放。同时，农业技术人员实施跟踪服务、全程监管，什么时间播种、什么时间施肥、什么时间收获，播种量多少、行间距多少、施肥量多少，都有明确的要求和详细的记录，促进了谷子种植规范化、标准化、集约化。

产销联营　农企双赢

销售难是制约农业发展的瓶颈。解决农产品销售问题，最有效的手段是培育农业龙头企业，走公司带基地、基地连农户的农业产业化发展路子。近两年来，县农业委员会以“一村一品、一县一业”为方向，以社会化服务为手段，以农业产业化为目标，帮助成立了晋庄谷子专业合作社，扶持壮大了山野农产品公司、辛寨醋业公司等农业龙头企业，大力发展订单农业，每年由专业合作社、农业龙头企业与谷子种植户签订包销合同，定向收购，统一加工，包装上市，使传统种植模式融入了现代市场元素，架起了农产品走向市场的桥梁，拓宽了发展空间，提高了综合效益。目前，以谷子为原料加工成的小米、陈醋等优质农产品已经进入长治市及周边县区的大型超市卖场，非常热销，销量和收入逐年增加。

看到自己种植的谷子火了起来，腰包鼓了起来，群众的信心更足了，决心更大了，通过租赁、代耕等土地流转方式，涌现出了郭晓兰、闫建书等种植大户，全县呈现出规模种植、连片开发的喜人态势。

（作者单位：山西壶关县农业委员会技术站、壶关县农业委员会农业广播电视学校）

黄土地上的一颗明珠

张红霞

改革开放30多年来，我国农业取得了举世瞩目的成就，也为中国粮食安全做出了重大贡献。在这巨大贡献的背后，千千万万的农技人员不辞辛苦、默默无闻地为农业生产奉献着智慧和青春。“三秦农业先锋”、“靖边县十大杰出青年”——陕西靖边县农技站站长吴清亮就是其中的一员，为了科技创新，为了确保粮食稳定增产，为了农民的钱袋子鼓起来，吴清亮花费大量心血，每年下乡都在200天以上，把献身农业、服务农民作为一生的追求。

吴清亮自1989年进入农技站的那天起，他就下定决心，要通过自己的刻苦钻研引进一些新品种、新技术在当地推广，要尽快改变靖边农业的落后面貌。多年来，他亲自或参与引进、试验、示范的玉米、马铃薯、蔬菜、小杂粮等品种860多种。每引进一种品种、一项技术，他都要求本人或者技术人员，严格按计划方案进行试验、示范，认真进行田间观察记载，试验结果要做到准确科学。

经过多年的试验、示范，筛选出现阶段适合靖边种植高产优质的玉米品种有9种，包括登海9号、郑单958等，全县玉米平均亩产也由原来的300kg以上提高到现在的400kg以上，全县30万亩玉米每年增产超过3 000万kg；筛选出的马铃薯品种有6种，包括专用薯品种布尔班克、食用薯品种脱毒紫花白等，马铃薯亩产由原来的1 100kg提高到现在的1 400kg以上，全县40万亩马铃薯每年可增产1 200万kg以上；筛选出小杂粮品种有15种，包括甜荞红花荞麦、苦荞9409、高粱晋杂4号、当地大红糜子等，现阶段所有推广的品种增产增收效果都相当显著。此外，还引进和研发脱毒紫花白高产栽培技术、榆林风沙滩区覆膜马铃薯复种大白菜栽培技术、玉米整畦覆膜栽培技术等。

榆林风沙滩区地膜马铃薯复种大白菜技术是2002年由吴清亮主持研发的一项适合榆林风沙滩区的农业适用技术，通过对夏马铃薯实行整畦地膜覆盖、选用早熟品种、药剂催芽等综合措施，使夏马铃薯提早上市，马铃薯成熟后复种的大白菜，使榆林风沙滩区一年一熟变为一年两熟。该项技术在榆林市大面积推广，取得了很好的社会效益、经济效益和生态效益，2006年被榆林市人民政府评为市农业技术推广成果一等奖，2007年被陕西省人民政府评为陕西省农业技术推广成果二等奖。

2005年，由吴清亮主持开发的滩水地玉米整畦覆膜栽培技术，在2008年农业部粮食高产创建活动中，靖边县海则滩万亩玉米高产创建示范田经专家测产，平均亩产 980.4kg，创历史新高。这些新品种、新技术的大面积推广与应用，为全县农业增效、粮食增产、农民增收奠定了良好的基础，农民人均纯收入由 2000 年的 1 500 多元提高到 2010 年的 8 000 元。

吴清亮对同事们常说的一句话就是："农业工作是一项非常艰苦和复杂的工作，每一项建议与决策、计划与推广，都必须建立在广泛调查研究的基础上"。他是这么说的，更是这么做的。自从参加工作以来，靖边县 5 088 平方千米的土地上，到处都留下了他的足迹与汗水。靖边全县有 214 个行政村，他全部做过调查研究，为推广新品种、新技术，有的村组他已跑过上百遍。

吴清亮是一位勇于改革和敢于创新的人，作为靖边县农技站站长，他针对近年来农技人员年龄结构相对老化、少部分人不求上进的现状，2006 年年底，率先在榆林市县级农技站实行了聘用制，根据靖边农业现状把全站分为六大组：办公室、信息组、玉米组、马铃薯组、小杂粮组、蔬菜组和土肥组。各组组长由站长聘用，组员有组长聘用，并规定：单位职工一年内无聘用的，扣除一个月工资；两年内无聘用的，三年内不得晋升职称；三年内无聘用的，建议停发工资；成绩突出的组和个人给予奖励。

为进一步挖掘粮食增产潜力，2007 年起农业部在全国实施粮食高产创建活动，吴清亮把这项工作看做是重中之重的工作。靖边县每实施一项创粮食高产活动，他都要亲自选点，自己规划，认真培训示范田群众，严格按照高产技术方案种植，在每一项技术的关键环节，他都要吃住在乡下，工作在地头，处处严于律己。2008 年，农业部在靖边县席麻湾乡实施万亩马铃薯高产创建示范片，5 月下旬，正当他在专心指导示范片播种之时，他母亲却查出了患有骨癌。一方是亲生母亲，另一方是百姓父母，他很难取舍。同志们都劝说吴清亮，示范点的工作交给其他的技术人员，你请假回家照顾母亲吧！可吴清亮却说："现在正是技术指导的关键时期，我们的工作只能成功，不能失败，再说人手也不够。"就这样，他白天在地里技术指导，晚上回家照顾母亲，硬坚持了一个多月。他率先垂范的精神深深感染着周围的干部和群众，为每一项高产创建活动打下了坚实的基础。

一是玉米产业高产创建活动方面：2007 年，县农技站在东坑镇黄家峁村 132 亩地膜玉米高产创建田，平均亩产1 234.3kg，创全国玉米百亩集中连片最高纪录。2008 年，在宁条梁镇庙畔村的 1 250 亩高产示范田，经农业部组织专家测产证实，平均亩产 1 048.3kg，创全国玉米千亩集中连片单产最高纪录。2009 年，在海则滩乡海则滩村和柳树湾村建立的 10 034 亩高产示范田，经农业部组织专家测产证实，平均亩产 980.4kg，创全国玉米万亩集中连片单产最好纪录。2010 年，在席麻湾乡实施 10 186 亩旱地玉米全覆膜双垄沟播技术示范田，9 月 29—30 日，经陕西省农业厅组织专家测产证实，示范区旱地全覆膜双垄沟播玉米平均亩产 749.21kg，比露地玉米亩产 261.7kg 增产 487.4kg，增产幅度达到 186.2%；比半覆膜亩产 364.0kg 增产 385.21kg，增产幅度达到 105.8%，取得较好的产量。

二是马铃薯产业高产创建活动方面：2007 年，东坑镇 3 万亩夏马铃薯，农业部组织专家经现场测产证实，平均亩产达 3 810kg，创全国万亩夏马铃薯平均单产最高纪录。2008 年，在高家沟、杨桥畔、龙州、海则滩 4 个乡镇建立 3 万亩优质马铃薯示范区，经农业部组织专家测产证实，平均亩产 3 860kg，创榆林市万亩秋马铃薯产量新高。

三是小杂粮产业高产创建活动方面：2008 年，在乔沟湾乡银湾村实施的旱地糜子、旱地甜荞、旱地芸豆、旱地苦荞和旱地高粱，平均产量超计划目标 36.1%，其中甜荞平均亩产 164.6kg，创全国最高纪录；旱地高粱平均亩产 507kg，创全国最高纪录。2009 年，全县 1 120 亩黄芥高产创建示范田平均亩产 100.4kg，创历史新高。

近几年来，吴清亮利用一切时间培训干部和群众，他还经常通过靖边县广播电台、靖边有线电视台、《靖边报》、《新三边》等媒体对当前新技术、新品种进行宣传。他每年室内培训农民 40 多场，现场培训 30 多次，直接培训群众 1 000 多人（次），每年散发技术宣传资料 1 万份以上，足迹遍布全县 600 多个村民小组。通过全方位、多角度、深层次地对农民进行培训，使当地农民每人基本上掌握了 1～2 门新技术，生产技能进一步提高。

紧紧围绕靖边县畜、薯、菜三大主导产业和玉米、小杂粮两大优势产业，积极实施粮食安全、科技兴农、产业富民、生态文明、市场营销五大战略，发展支柱、特色、科技、园区、市场、标准等十大现代农业，是吴清亮追求的目标。相信靖边农业有他这样执著的农业工作者，所有目标将会一一实现。

（作者单位：陕西靖边县农技站）

黑土地上的播火者

赫　勇

他，曾和他的祖辈、父辈一样，靠土里刨食来维持生活，面朝黄土背朝天，而每年的辛苦劳作，换来的只是勉强填饱肚子，生活的艰辛让他产生了一个念头：只有改变传统的耕作方式，才能有好日子过。于是，他想通过自己的努力改变过去的一切，不仅使家人过上好日子，也带动父老乡亲脱贫致富。他，就是辽宁岫岩县宏明村的蔬菜状元马俊生。

1986 年，初中毕业的马俊生为了摆脱贫困，做起了贩运蔬菜的生意，在到海城、大连等地贩运蔬菜时，他看到这些地方棚菜生产搞得红红火火，深受启发，于是结束了贩菜生意，开始在自己的土地上搞棚菜生产。但几年下来，他发现自家种菜不赚钱，是因为自己不懂蔬菜种植技术。因此，他参加了农广校农学中专班学习。在学习期间，他刻苦钻研农业知识，结合自家种菜的实际，不失时机地向老师、专家请教，最终他掌握了蔬菜生产、贮藏、销售等一系列知识。为了更好地吃好蔬菜生产这碗饭，他开始去各处学习蔬菜种植技术，海城、大连、金州、熊岳、营口，听说哪儿的蔬菜种得好就往哪儿去。“有些技术人家不告诉你”。说起学技术，马俊生有不少感慨。通过学习和考察，他掌握了较多的蔬菜生产知识。一边学习，一边在自家的 1 亩多地搞起了棚菜生产实验。第一年棚菜收入 4 000 多元，让马俊生看到了希望；第二年，他又搞起了保护地和大田立体套种实验。实验成功了，到了年底他收入了 1.5 万元。

2001 年，马俊生又承租了 8 亩地。为了合理开发利用，他根据作物生长习性、成熟时间和市场淡旺季情况，把这些土地分成了陆地、冷棚和日光温室三部分，科学地安排每个品种栽培时间，经过多次实验和研究，马俊生成功地探索出立体套种、多茬轮作生产模式，一年下来 8 亩地年产值 10 多万元，纯收入达 6 万多元。

马俊生富了，但他没有忘记父老乡亲。邻居老李看到他发展棚菜生产，也想种蔬菜。马俊生得知情况后，不仅鼓励他，还承诺全程技术他全包了。在马俊生的帮助下，老李当年靠蔬菜大棚就赚了 1 万多元。

马俊生不仅帮助身边的父老乡亲，还帮助其他乡镇农民解决生产中遇到的难题。红旗乡一农民参观了他的示范园后，也想建个蔬菜大棚，但苦于没有资金，一直没有建成。马俊生就以自己的名义帮他贷款，还全程做技术指导，使他当年就收入 2 万多元。看到马俊生把自己所有的技术都抖了出来，朋友提醒他，别太实惠了，留着点，别人都学会了你怎么办？面对这些善意的劝说，马俊生没有改变自己的做法，因为他知道，自己是一名党员，应该起到带头作用。截至目前，全县有5 000多户农民在马俊生的指导下受益。为了更好地帮助需要技术的人，马俊生还把自己多年的经验汇编成书发给农民，还在农业技术信息网上发布。

马俊生是个闲不住的人。在蔬菜生产上，他可算得上是岫岩县的“专家”，名气很大；在食用菌生产、粮食生产等方面，他也是佼佼者。最近几年，岫岩县牧牛乡香菇产业发展非常快，效益较高。但是，由于香菇对温度适应性较差，要求相对低温才能生长。牧牛乡在岫岩的最北部，其温度正好适合香菇的生长发育，向北向南都不适合，多年来在岫岩县其他乡镇始终没有推广起来。马俊生为了解决这个难题，经过钻研，查找资料，从香菇的生物学特性到香菇的繁殖育种技术，从香菇的接种到香菇出菇期的管理等各个生产环节都认真琢磨，经过多次试验，最终成功繁育出适合岫岩县其他乡镇生产的香菇新品种，并在岫岩县其他乡镇大面积推广。为了让菇农们能够直观地看到新的推广技术，马俊生还建起了俊生香菇基地和菌生食用菌发展有限公司，向百姓推广香菇种植技术。

在马俊生的带领下，岫岩县的香菇产业得到了突飞猛进的发展。2009年，岫岩县有12个乡镇推广种植香菇。近两年，香菇产业更是得到了突破性的推广，全县接种香菇3亿袋，菇农纯收入可达到9亿元，为成为全国蘑菇生产大县打下了坚实基础。

从一个普通农民成长为一名带领群众致富的领头人，马俊生付出了很多心血，但他却说：“我是一名党员，我应该做好表率，让更多的农民靠种植蔬菜、种植食用菌走上致富之路。”

如今，勤学科技、善用科技的马俊生不仅让自己的蔬菜和香菇增产，还为当地农民增收提供帮助，更在农技推广示范县建设和设施农业科技培训工程中当起了义务指导员，成为黑土地上传播农业技术的播火者。

（作者单位：辽宁岫岩县农业广播电视学校）

鹤庆县“马厂当归”的产业优势及高产栽培技术

侯琴慧

鹤庆县种植当归有近百年历史，是云南当归的地道产区，主要种植于草海镇的马厂、新峰等村海拔 2 700～3 000m 区域，土层由碳酸盐岩冲积母质发育的山地棕壤，以黑鸡粪土为主，属上等肥力，pH5～6。马厂、新峰等村因自然条件优越，生产出来的当归油质重、香味浓、个头大，因而得名“马归”，产品销往中国香港和东南亚各国。随着“马归”声名鹊起，市场价格不断上涨，当归种植面积也逐年扩大。目前，全县当归种植面积 1 005 亩，平均亩产鲜当归 800～1 200kg，每亩产值 3 000～4 000 元，常年在大理“三月街”上销售的干当归约 40～50t。种植当归给马厂村民带来丰裕的收入，发展以马厂当归为龙头的中药材种植已成为当地人民群众脱贫致富的一条路子。

一、马厂当归的产业优势

1. 发展优势。

马厂当归味甘微辛、气味芳香、性温，具有补血、活血、润燥滑肠、破瘀生新、调经止痛和治疗血虚头疼等功效。它既是中医常用的妇科良药，又是生产保健食品和高档化妆品的宝贵原料，不仅走俏国内市场，也深受海外侨胞赞赏，发展前景可观。

2. 气候资源优势。

当归原产于高寒山区，对温度的要求比较严格，性喜气候凉爽，怕高温酷热，适宜生长在海拔 1 500～3 000m 的高寒山区。鹤庆县马厂村海拔 2 700～3 000m，该地区年平均温度 8.9℃，最热月（6 月）均温 14.2℃，最冷月（1 月）均温 1.9℃，日照时数 2 081.7 小时，≥10℃日数 144 天，≥10℃积温 1 921.9℃，总积温 3 255.6℃，极端最低气温－11.3℃，降水量 1 267.7mm，年平均湿度 66％，霜期 210 天，初霜期 10 月上旬，终霜期次年 4 月，是典型的“长冬无夏、春去秋来”的气候，适宜当归生长。

3. 土地资源优势。

鹤庆县马厂村一带总耕地面积 3 万亩，其中适宜种植当归的面积有 1.5 万亩。耕作历史悠久，土层深厚（土层厚度 100cm 以上），表土疏松，熟化度高，土质肥沃，属上等肥力，pH5～6。目前，种植面积 1 005 亩，应充分利用本地的土地资源优势扩大种植面积，提高种植水平，发挥高寒山区特色经济效益。

4. 地理优势。

鹤庆县马厂村一带水电资源丰富，地理区位南连洱源、西接剑川、北靠丽江，交通便利，剑（川）鹤（庆）柏油路贯穿全境，为当归的外销提供了有利条件。

5. 技术优势。

近年来，鹤庆县县委、县政府加大了对当归的扶持力度，当归种植面积逐步增加，目前种植面积发展到 1 005 亩，常年产量达 100t。同时，也正在进行招商引资，建设 2 500 亩优质马厂当归生产基地，实现年产当归 500t 的目标；开发当归补酒、饮料、保健用品等系列产品，扩大当归酒产量。采取积极措施，促进当归产业发展。

二、高产栽培技术

1. 选地整地。

选择前茬为豌豆、黑麦、马铃薯的地块，切忌连作。前作收获后，清除田间杂草，施入腐熟农家肥 2 000～2 467kg/亩，加复合肥 40kg/亩，理沟盖墒，墒宽 1.5m，沟深 0.16m，沟宽 0.26m，土块打碎、土肥混匀。

2. 选用良种。

选用地方传统的紫茎当归良种，要求籽粒饱满、不霉烂的种子。

3. 适时播种。

7 月份撒播，当归种 2kg/亩，蔓菁种 2kg/亩，将当归种、蔓菁种、细土按 1∶1∶8 的比例混匀，撒施于墒面，在撒施时一定要均匀，然后加盖 0.5～1cm细土，以盖住种子为度，再用扫帚轻拍，使种子和土壤紧贴。盖土过厚或过薄，会影响当归的出苗率和整齐度。

当归种与蔓菁种混种，共生期近 4 个月，是一种传统的种植方式，因当归幼苗期对温度的要求比较严格，性喜气候凉爽，怕高温酷热，而蔓菁种生长快，叶片大，为其挡风雨、日晒，对嫩弱的当归起到保护作用。

4. 田间管理。

①除草松土。蔓菁 7～8 天出苗，当归 15 天左右出苗，当归出苗后 15～20 天，间去过密的蔓菁苗，薅锄田间杂草，结合锄草进行松土，以防土壤板结，改善通气、水分和温度条件，促进根部发育。锄草应该掌握“中间深，两头浅”的原则，即苗子幼小和立秋后都不宜深锄。因立秋后当归根系多已肥大，含有丰富的糖分，一旦损伤后容易引起烂根，此时，如有杂草应及时拔除。当归当年内不间苗，蔓菁与当归共生长，以后视杂草多少与蔓菁的稀密程

度不定期间苗 3～4 次。

②间苗、施肥、培土。当地种植当归以直播为主，10 月底蔓菁收获。当归苗高 8cm 左右，茎粗 0.2～0.3cm，在根部施有机肥 2 000kg/亩，培土，起到保温、保湿的作用，使其安全过冬。

翌年 3 月，气温回升，当归开始生长，到 4～5 月，苗高 20～25cm，开始间苗，间去过密的当归苗，薅锄杂草，每平方米留 10 株左右，追施硝酸铵 20kg/亩，再培土。

③及时拔薹。7 月份以后，当归抽薹（当地俗称“公归”）的植株，及时拔除。因抽薹的植株根部木质化，成为柴根，失去药用价值。

④排水。马厂当归是雨养农业，雨水过多要注意开沟排水，特别是生长后期，田间不能积水，否则会引起根腐，造成烂根。

⑤病虫防治。由于种植区域地处高寒冷凉山区，森林覆盖高，病虫发生率低。病害主要有根腐病，受害植株根尖和幼根呈水渍状，随后变黄脱落，主根呈锈黄色腐烂。发病初期挖出病株，用石灰消毒病穴，或用 50%多菌灵 500 倍液灌病区以防蔓延。

5. 适时采收。

进入 10 月下旬，适时采收。当植株枯萎、叶片发黄、营养物质已向根部转移，根部营养器官已成熟时，即可采挖。采挖过早，根条不充实、产量低、品质差；采挖过迟，土壤冻结，易断根。采挖前，先将地上茎叶割收，让太阳暴晒 3～5 天，既有利于土壤水分的蒸发，便于采挖，又有利于物质的积累和转化，使根部更加饱满充实。采挖时，力求根部完整无缺，挖起后抖净泥土，捡除病株，运回加工或投入市场销售鲜当归。

收获的鲜当归，主根粗壮者，剪去侧根加工成归头，把归头摊在篱笆上或洁净地面上晾晒。晾晒时注意翻动，晚间收回，晾在通风处；剪下的支根和须根俗称归膀和归须，分类晾晒；体形细长者或比较瘦小的作为全归保留，加工成全归。当归不能阴干或太阳暴晒，阴干质轻、皮肉发青；太阳暴晒，皮肉变红，失去油性，降低品质。晾晒至全干，即为成品，可包装外销或入库贮存。

6. 留种。

选留良种是当归获得优质、高产的有效方法之一。选出上等的全归作为母归，于 11 月集中栽植于选好的地段上，作为留种用，翌年 3 月后开始出苗生长，7 月开花，9 月种子成熟。将摘下的果穗扎成小把，悬挂于室内通风、干燥、无烟处，使其充分干燥，除净杂质，密封贮存于干燥凉爽处，作为第二年当归种子使用。马厂当归以直播栽培为主，必须选留成熟度高、籽粒饱满充实的良种，用这样的种子直播，出苗早、发苗旺，生长迅速，是获得高产的重要因素。

（作者单位：云南鹤庆县植保植检站）

发酵床养殖为农民增收开辟新途径

黄　剑

云南耿马县耿马镇红土坡村杨光明要在家门口办养牛场、养鸭场，村民听说后，怎么也不答应："粪便往哪里倒？污水往哪里排？"一段时间后，圈舍起来了，养的牛和鸭陆续住进养殖场。但是，一天、两天……大半个月过去了，村民们始终没有闻到臭味，也没有见到牛粪、污水排放。

走进养殖场，杨光明为村民们揭开了谜底。与传统圈舍不同，这里不是水泥地，而是黄褐色的"沙滩地"。杨光明说，这是"发酵床"，有半米深，畜禽的粪便、尿液都在这里面发酵，形成了一个"生态链"，微生物吃畜禽的排泄物，畜禽吃微生物及代谢物，循环转化后，养殖场无废料、无残留，实现零排放。

没有粪便，就没有臭气，没有蚊蝇，圈舍成了垃圾处理"车间"。工作人员说："圈舍 3 年清扫一回，清扫出的垃圾是上好的有机肥，每吨能卖 500 多元呢！"原来，在牛圈地面分别垫上了 3 层垫料，稻草、玉米秸秆、锯末，而养鸭场地面上垫的是锯末，牛、鸭在垫料上"快活"地生长着。

从云南省畜牧兽医学校毕业的杨光明回到家乡耿马镇，决定发挥专长，学以致用，走自主创业的路子。2004 年，他在县城德胜路经营了一个兽药饲料门市部，经过多年的积累，凭着对市场信息的敏锐判断以及对新鲜事物的接受能力，2009 年在县畜牧兽医部门的大力支持下，积极发展发酵床养鸭，开创了全县发酵床养殖先河，并积极总结经验。2010 年，他又开始进行发酵床养牛的尝试，养殖效益初显，为边疆农民增收开辟了新途径。

杨光明说，发酵床养殖是利用全新的自然农业理念，结合现代微生物发酵处理技术提出的一种环保、安全、有效的生态养殖法，实现养殖无排放、无污染、无臭气，彻底解决规模养殖场的环境污染问题，它是集养殖学、营养学、环境卫生学、生物学、土壤肥料学于一体，遵循低成本、高产出、无污染的原则建立起的一套良性循环的生态养殖体系。它是工厂规模化养殖发展到一定阶段而形成的又一亮点，是养殖业可持续发展的新模式，以发酵床养牛为例，发酵床养殖有五大益处。

一是零排放无污染，保护养殖与生态环境。菌种中微生物活性极强，牛粪、尿被微生物迅速分解转化为可被牛食用的无机物和菌蛋白质，而且垫料中的木质纤维和半纤维也可被降解转化成易发酵的糖类，给牛提供了一定的蛋白类营养。同时，尿液被微生物自身发酵所产生的热量蒸发成水蒸气，由排气窗排出圈舍。这一过程使得垫料始终保持最佳状态，没有臭味。

二是降低综合费用投入，提高养殖效益。传统养牛每头牛一天的排便量20～30kg，约等于10头猪的粪便量，清理圈舍是一项繁重的用工量大、耗时、耗力的体力活，还耗水、耗电。发酵床养牛完全免除了圈舍清理，可节约大量人工及水、电等其他综合费用，提高了养殖效益。

三是提高牛的消化吸收功能，减少饲料成本。牛食用被微生物分解粪便后产生的无机物、菌蛋白质、垫料中的木质纤维被降解转化成的糖类时，使其得到了更加充分的营养物质补充。同时，发酵床中的有益微生物进入牛的消化系统后，增强了对饲料的消化、吸收功能，这些有益菌对系统的菌群平衡起到了极大的稳定作用，有效地避免了消化不良、腹泻等疾病的发生，切实节省了饲料费用，提高了饲料的消化利用率。

四是增强机体免疫力，减少疾病发生。由于发酵床中含有大量有益微生物菌种，有益菌群占主位，抑制了有害病菌的作用，从而减少牛的患病几率，肉牛出栏率有所提高；牛食用了有益菌、动物蛋白、无机营养物等，大大提高了牛的身体素质，增强抵御疾病能力，达到了少得病甚至不得病的效果，不仅减轻兽药费负担，同时，还提高了牛肉的品质。

五是提高圈舍温度，适合北方养殖。由于牛舍空间较大，在寒冷的冬天，通过外加热源提高和保持牛舍内温度很困难，即使能够达到满意效果，也因其耗费燃煤量过大，得不偿失。使用发酵床养牛技术，恰恰利用了微生物发酵过程中产生的热量来提高圈舍温度，不耗费能源，温度稳定性好。适宜的温度不仅改善了牛的生活环境，而且节省了牛用于御寒所消耗的饲料量。如果由发酵床的余热采取一定措施让牛在寒冬里喝上温水，势必加快牛的生长速度，早出栏、多受益。

杨光明投资30多万元发展发酵床养牛，圈舍占地面积150m^2，年养殖肉牛40多头，进行架子牛短期育肥，全部在发酵床上饲养，小牛每头占地3m^2，大牛每头占地5～6m^2，年出栏肉牛20多头，创产值4万多元，盈利2万多元；投资10多万元发展发酵床养鸭，圈舍占地面积180m^2，发酵床外面还有活动场，年养殖肉鸭1.5万多只，出栏肉鸭1.1万多只，创产值20多万元，盈利7万多元。

目前，耿马县农业局正以杨光明发酵床养殖模式为样板，大力推广发酵床养殖，为当地农民增收开辟新路子。

（作者单位：云南耿马县畜牧技术推广站）

繁峙县设施农业发展现状及对策建议

王常青

一、设施农业发展现状

近年来，山西繁峙县加大农业产业结构调整力度，加快发展设施农业，经过多年的实践和探索，设施农业已由农户自发分散的经营状态进入到大规模、有组织、多形式的实际推广应用阶段，生产领域也由蔬菜种植向林果业、特色种植业等方向延伸，呈现出新的快速发展的良好势头。目前，全县已建和在建的设施农业面积达到 1 600 亩，其中发挥效益的有 300 亩。主要种植蔬菜、果树和食用菌等作物，年产反季节果菜 200 万 kg，实现产值近 300 万元，设施农业已成为繁峙县农民收入的来源之一，并且呈逐年增长趋势。

二、设施农业发展特点

繁峙县设施农业发展大体经历了三个阶段。

第一阶段为自然发展期。从 20 世纪 80 年代中期到 1995 年，在农业部门的领导下，学习外地经验，引进先进的建造技术和栽培技术，在县城周边东城、古家庄首建温室大棚。到 1995 年设施农业面积为 100 亩。

第二阶段为引导发展期。1996 年繁峙县成立了蔬菜办公室，主抓蔬菜生产。以日光温室蔬菜为重点的设施农业建设得到了较快发展，到 2003 年繁峙县温室大棚面积发展到 300 余亩。由于技术不到位，农民经营大棚效益下滑，温室大棚发展止步不前，自 2005 年底温室大棚又下滑到了 200 亩。2007 年，繁峙县遭遇旱灾和霜冻等多重自然灾害，但从事设施农业生产的农户收入却未受影响，充分体现了设施农业在抗灾避灾、节水增效等方面的优势。农民建温室大棚的积极性得到了提高。自 2009 年底繁峙县日光温室、塑料大棚又恢复到 300 亩。

第三阶段为迅速发展期。进入 2010 年，繁峙县建设设施农业面积达到了 500 亩。2011 年，已建和在建设施农业面积达到了 1 600 亩。

从繁峙县发展设施农业的情况来看，主要有以下几个特点。

1. 措施到位。

①制定优惠政策，引导农民发展设施农业。近年来，繁峙县按照农业结构

调整“优质、高效”的原则，加大发展设施农业扶持力度，从土地流转、资金扶持、信贷支持、技术服务等方面支持设施农业发展，采取“政府出一点、银行贷一点、农民筹一点、集体帮一点”的多元化投资办法，保证建棚资金到位。繁峙县对在统一规划区内新建温室大棚每栋由市里补贴资金 2 000 元，县里补贴资金 8 000 元，连片区供水设施部分由县政府规划投资建设，极大地调动了农民发展设施农业的积极性。目前，全县日光节能温室发展较快，建设规模已由零星分散向集中连片发展转变；设施结构逐步从以塑料大棚、小拱棚为主向以日光温室、节能温室等多种类型转变；种植结构由过去单一的大路菜为主向专业化、特色化、多品种转变。

②设施农业的产品品种逐年增多。按照发展特色农业的思路，近年来设施大棚内的种植品种结构发生了重大变化，改变了传统的一季生产、四季消费的经营模式，由一季生产向多季生产转变，产品由单一品种向多品种转变，成为农民增收的新的增长点。

③建立健全服务体系，强化技术指导。采取请进来、走出去的方式，加大对设施农业种植栽培管理技术培训。近年来，繁峙县出资 10 万元，选派种植户代表和县科技工作人员到寿光、榆次、长治等地学习日光温室的栽培管理技术，同时，出资 5 万元聘请山东科技人员，进行日光温室技术服务，提高了广大种植户的技术水平。

④积极开拓市场、拓宽销售渠道。政府充分发挥引导和牵线搭桥作用，加强与周边大城市、大型批发市场等销售终端的联系与合作，根据市场需求，确定适宜的种植品种和规模，使设施果蔬真正做到统一生产、统一采摘、统一销售，农产品能以较好的价格及时售出，降低了市场风险，提高了经济效益。

2. 效益明显。

截至目前，繁峙县设施农业总面积近 1 600 亩，其中发挥效益的有 300 亩，蔬菜种植面积近 270 亩，花卉面积 10 亩，瓜果面积 20 亩，共有 1 000 亩以上棚室群 1 个，200 亩以上的棚室群 2 个。

以设施农业为载体，土地产出效益大幅提高。一年一茬的裸地蔬菜，亩产量仅有 2 000kg 左右，但在大棚中可种三茬到四茬，复种指数大大提高，亩产能达到 3 000～4 000kg，在有限的土地上，极大地提高了土地产出率。

以设施农业为载体，农民收入水平明显增长。在资金、劳动力、技术高度集约的设施农业生产条件下，高投入、高回报的生产经营机制已经形成。设施农业亩均纯收入在 4 000～25 000 元之间，达到了传统种植方式的 3～20 倍。全县设施农产品实现年产值近 300 万元，随着农产品商品率的大幅度提高，农民市场经济意识也明显增强。

以设施农业为载体，新技术、新设备大量引入。随着现代设施农业栽培技术的广泛应用，优良品种、前沿技术、先进设备的引进也如期而至。在繁峙县设施农业发展过程中，除大量引进优良品种外，先后推广应用了嫁接育苗、遮阳网、防虫网、平衡配套施肥等新技术，并引入卷帘机、节水滴灌设备、小型喷粉器等先进农用机械设备。

以设施农业为载体，农民科技素质有效提升。繁峙县在大力发展设施农业的同时，积极启动“农业科技入户工程”，强化设施农业栽培与管护技术的普及，并举办各级科技培训班，深入到设施农业基地，切实满足农户的生产需求，通过多层次培训与实地指导相结合的方式，有力地提高了农民的科技素质。

3. 形式多样。

各基层政府、村集体以及广大农户，立足本地实际，因地制宜，创新思路，采取多种投资方式和多元化应用模式，极大地丰富了设施农业的内涵，拓宽了设施农业投产达效的路径。

①不同的设施类型。根据当地自然气候条件、农户经济实力、种植地段的差异、栽培对象的品种和种类等因素，因地制宜地选择适合自身发展的设施建设类型。主要类型包括连栋日光温室、日光节能温室、普通塑料大棚、移动塑料大棚等不同性能、不同造价的多种建设风格。适宜种植的农产品主要包括蔬菜、瓜果、食用菌、花卉等，其中以蔬菜种植为主，占到了全县设施总面积和大棚总数的90%以上。

②多元的投资渠道。以县级财政专项补贴为基础，全面调动农民投资设施农业建设的积极性；以进一步加大招商引资力度为根本，为设施农业的高效运转引入先进的经营理念和管理方式；以全方位捆绑使用各类基础建设和重点项目资金为依托，夯实设施农业生产的基础条件，提高农产品综合生产能力。各项措施并举，形成了国家资助、政府扶持、企业带动、社会投资、金融信贷、农民自筹相结合的多元投入机制。

③丰富的运营模式。由政府搭建框架、农民分户经营的“政府主导型”模式转变为依托合作组织、规避市场风险的“专业合作型”模式，可有效提高农民组织化程度，成为各类运营方式“嫁接”的基础环节，在信贷与结算过程中，不受村集体原有债权债务的干扰和限制，同时可享受国家对农业协会的优惠政策，具有普遍的适宜性和持久的生命力，成为繁峙县设施农业运营的主要模式。

三、目前存在的困难和问题

1. 资金投入问题。

经过多年的引导和实践，农民对日光温室的认知程度较高，表现出积极的态度和较大的发展热情。但由于设施农业投资较大，而繁峙县农业经济积累不足，农民筹资能力弱，政府补贴的范围和标准有限，信用社贷款仍有一定的难度，所以资金问题依然是当前设施农业发展的最大制约因素。信用社的小额贷款只能满足农民当年的种子、化肥等流动性资金的周转，且贷款手续比较繁琐，担保和抵押问题很难解决，更无法满足农民对金额较大的设施农业建设资金的需求。

2. 土地流转问题。

土地承包制在一定程度上制约着区域性种植规模的有效扩大。在规划建设集中连片的专业化种植区域过程中，土地的权属和使用问题成为困扰工程规划和实施的重要因素。由于部分农民对设施农业认识不足，规划区内的农民不愿意把土地通过转包或出让使用权的形式进行流转，而规划区外的农民虽有积极性，却没有经营使用权。

3. 基础设施问题。

繁峙县农业基础条件较差，农田水利基本建设历史欠账多，农业综合生产能力提高缓慢，与设施农业对水、电、路等基础建设的较高要求极不相符。在规划建设选址时，往往受到原有地段有效水浇地少、水利设施不完善不配套等客观条件的影响和限制，无法满足当地农民对发展设施农业的需求，造成了规划布局往往在城郊区安排较多、川坡区布点较少，极大地制约了设施农业的进一步发展。

4. 经营能力问题。

由于农民的科技文化素质较低，且大部分农民由粮农转为菜农，习惯于旧的生产方式，对绿色农业、生态农业、精品农业概念不清，对新技术、新成果、新产品的接受能力和推广意识较差，导致栽培管理技术水平参差不齐。同一地段、同种作物、同类棚室的收入高的可达 1.5 万元，低的只有 3 000～4 000元。加之目前设施农业的技术力量配备不足，机械化程度很低，产品的科技含量不高，影响了设施农业效益的正常发挥。在大面积推广应用过程中，应急培训现象严重，农民很难准确掌握温棚栽培的技术要领和操作规范，往往因一两次失败就丧失信心。

5. 技术服务问题。

繁峙县科技服务体系仍不健全，主要表现在：农业技术力量不足，培训手段和方式比较落后，信息网络和市场建设相对滞后，不能满足现代设施农业发展的要求。而且技术服务在生产时间的跟踪上，存在着重产前、产中服务，轻产后服务的现象，对农产品的储运、保鲜、包装、加工等各个后续环节，缺乏应有的技术指导和信息服务。从技术服务的水平、手段、范围和内容来看，繁峙县设施农业仍然停留在产业发展的初级阶段。

6. 产品质量问题。

农民进行标准化生产的观念不强，对农产品的质量安全意识、优质品牌意识较差，甚至为减小虫害，在生产中违规施用禁用农药和化肥，农产品药物残留严重。这种“精细”农业“粗放”管理、重“产量”不重“质量”的不协调现象，导致繁峙县品牌响、质量高的设施农产品非常少，不仅供应期短，市场占有率低，而且由于产品质量缺乏竞争力，价位较低，经营效益受到严重影响。

7. 市场销售问题。

繁峙县设施农业的规划布局比较分散，缺少具有足够市场竞争实力的大规模种植区域。尽管产出效益较好，但由于配套的储运、加工、包装等环节受到产地规模的限制，无法吸引足够的投资，更谈不上产销同步发展。有些产区主要依靠外地客商直接调货，虽有销售渠道，但农产品在销售、加工环节的利润严重受损。市场销售环节的缺位，使设施农业效益大打折扣。设施农产品在从“田间”到“餐桌”的物流渠道有待于进一步健全完善。

四、加快设施农业发展的对策建议

繁峙县设施农业已呈现出良好的发展势头，也蕴藏着巨大的发展潜力。下一步将在集义庄周边和杏园等地发展2个千亩以上的设施农业示范园区。要继续以农业增效、农民增收为中心，切实转变农业发展方式，增强现代农业的发展理念，在基础建设、品种优化、科技服务、产品销售等方面，积极发挥政策引导、资金扶持和市场导向作用，建设“两支队伍”，增强“三种意识”，落实“七项措施”，进一步夯实基础、培育特色、优化结构、形成规模，推进繁峙县设施农业健康发展。

1. 建设“两支队伍”。

①建设好设施农业技术人员队伍。要通过走出去、引进来的办法，积极引进优秀设施农业人才和先进的设施农业技术，开展培训以及发挥“跟、帮、带”作用，大力提高设施农业技术人员的数量和水平，带动从事设施农业的农民提高生产技术和管理水平。要稳定基层农业技术人员队伍，在工资福利待遇、技术职称评定等方面给予一定的照顾，积极引导基层科技人员深入生产一线开展技术指导服务。依靠农技队伍，加大新技术、新品种、新成果的引进、试验和示范推广力度，制定相关技术措施和操作规程，组织解决好设施农业种植中出现的技术难题。同时，积极培养农民技术人员，增强农技服务力量。

②建设好农产品销售队伍。

要加大农村合作经济组织、农民经纪人队伍和农产品市场建设，在设施农业集中区，建立农产品销售协会或中介服务组织，提高设施农业生产的组织化程度，促进产销衔接，多渠道销售农产品，以流通促进生产，以流通提高效益。

2. 增强“三种意识”。

①建立健全科技支撑体系，增强发展设施农业的科技意识。一是要积极加

强与县内外科研院校的交流合作，聘请有经验的专家学者来繁峙县开展讲座，并进行实地指导，重点抓好农业技术人员新知识、新技术的培训和设施农业生产者、管理者的技术知识培训。二是要加大新技术推广力度，严格按照设施农业技术操作规程实施，大力推广节水灌溉、测土配方、立体栽培和生物防治等生产技术，实行规范化、标准化生产。三是要进一步加大农业技术推广的经费投入。

②建立健全市场服务体系，增强发展设施农业的市场意识。一是要牢固树立以市场为导向的思想逻辑和行为准则。在占据本地市场的同时，把眼光放在外地市场的开拓上，及时掌握各地农产品需求信息，引导农民生产适销对路的优质产品，开辟销售渠道，拓展市场空间。二是加强信息网络建设，开展电子商务交易，搞好市场信息服务，做好市场预测和信息发布工作，为农民提供全方位的信息服务，充分发挥其在生产、流通之间的纽带作用。三是大力培育农民经纪人和营销队伍，培育贮藏、保鲜和运销大户，提高设施农业的市场化和组织化程度，真正实现生产环节和市场的对接与连通。

③建立健全质量安全体系，增强发展设施农业的品牌意识。品牌是优质产品的标志，是进入市场的通行证。发展无公害、绿色产品是当今社会潮流，也是市场经济的必然选择和提升经济效益的有效手段。在抓好生产的同时，要切实抓好产品的销售，走“产、加、销”一体化的路子，着力发展无公害产品、绿色产品，提高产品的竞争力和辐射带动能力。一是要针对繁峙县气候特征，积极引进新品种，增加设施农业中的名、优、特、稀蔬菜品种的生产比重，不断丰富产品种类，满足不同层次消费群体的生活需要，增加设施农业中蔬菜产品价值。二是积极推广无害化栽培新技术，加快绿色食品认证认定，提升设施农产品质量和安全水平，以特色、质量占领市场制高点。三是严格按照无公害产品的要求和商品质量标准进行生产、采收、分级、加工、包装、上市，真正做到有品牌、有商标，树形象、创名牌。四是要进一步完善农产品质量监督检测体系，加大监测力度，确保农产品安全生产。

3. 落实“七项措施”。

①强化舆论宣传。设施农业是农业生产方式的重大变革，能否取得成效，取决于群众思想观念的转变和主体作用的发挥。要结合学习十七大会议精神，采取召开会议、举办讲座、组织观摩、入户动员、新闻媒体宣传等灵活多样的方式，广泛宣传设施农业的发展优势，用生动鲜活的事例启发教育群众，在资金、技术上支持帮助群众，从多方面激发和调动群众的主动性、能动性和积极性，使农民能够自觉自愿地投身设施农业建设。

②科学规划布局。县政府要聘请有关农业专家和农技工程师，针对繁峙县不同区域的自然特点和资源条件，结合农业产业发展的空间布局与规划，立足实际，分类指导，强力培育具有竞争优势的专业化、特色化、规模化设施农业

生产区域。2011 年，重点在交通、水利便利的集义庄乡果园村、杏园乡南关村发展温室大棚 1 200 亩，杏园乡南关村及其周边地区发展日光温室、大棚 1 000亩。现在南关村已建成日光温室、大棚 108 栋，并且已投入生产，效益可观。果园村的 1 200 亩日光温室正在建设中，预计秋收后可投入使用。

③加大金融扶持。农村信用社小额贷款应向设施农业倾斜，对于农民建设温室大棚可适当提高最低信贷额度，解决设施农业发展中的资金问题。一方面，农村信用社要抓住产业机遇，适时放贷，对发展设施农业给予必要的信贷支持。另一方面，各级政府也要协助信用社积极清收贷款，用良好的信誉争取金融部门更大的支持，实现“双赢”。今年，该县农户、农村信用社、邮政储蓄银行决定向设施农业园区投放 1 500 万元，用于设施农业建设。目前，县政府正在协调各放贷银行适当提高最低信贷额度，解决设施农业发展中的资金问题。

④健全激励机制。在继续落实县政府扶持设施农业发展优惠政策的同时，按照工业反哺农业的政策要求，在全县范围内拿出一块资金，专门用于奖励设施农业成效显著的农业片区，尤其是对集中连片、规模发展的乡村给予重奖，对在设施农业技术推广中做出较大贡献的技术人员给予重奖，推动设施农业健康快速发展。今年，县财政计划拿出 1 000 万元补贴温室大棚建设，目前 300 万元已拨付园区，计划近期内再拨付 300 万元加快温室大棚建设。

⑤促进土地流转。要按照依法、自愿、有偿的原则，统一规划，合理布局，加快土地流转，提高土地集约化经营水平，切实把推进土地规模化流转作为做大做强设施农业的关键措施来抓，引导群众适度规模经营。为了建设好集义庄设施农业园区，早在 2010 年冬天该县四大班子就深入乡村搞调研，集思广益谋发展。县农业委员会主任亲自驻村指导土地流转工作。县、乡农业技术员逐村逐户做通农民工作，使土地流转工作得到顺利进行。同时，动员各类企业、个体工商户到农村搞设施农业，发挥企业具有成熟的服务体系、销售体系等优势，把先进的经营理念和技术手段及时引入设施农业建设，调动一切积极因素，共同推进设施农业建设。

⑥提高装备水平。提高设施农业的机械化程度，减轻农民劳动强度，改善生产条件，提高劳动生产率，是当前广大农民迫切需求的。要充分发挥国家对农机具购置补贴的引导作用，千方百计为农民引进、示范和推广先进、经济、适用的设施栽培机械。

⑦加快招商引资。要围绕设施农业的发展，着力培育龙头企业，集中力量培植扶持一批有优势、有特色、前景好的骨干龙头企业和生产大户，发挥其对产业的带动作用。鼓励企业投资设施农业，建立“公司＋基地＋农户”的新型产业化组织体系，扩张设施农业规模，在规模化生产和集约化经营中进一步提高效益。

（作者单位：山西繁峙县农业委员会）

着力推广水稻精确定量栽培技术 强化科技支撑稳粮增粮惠及民生

杨从党 邓安凤 李贵勇 夏琼梅 马竹秀

云南省位于中国西南边陲，地处低纬高原，地形、气候十分复杂。稻谷是云南省的主要粮食作物。云南80%以上的人口以稻米为主食，在粮食安全方面水稻担负着稳定大局的重任。因此，水稻生产是全省粮食生产的重中之重，也是发展现代农业的重要任务。云南水稻的整体产量水平不高，地区之间发展极不平衡。山区和半山区的生产水平较低，平均产量仅有300～350kg/亩，而坝区的平均产量为600～700kg/亩。同时，复杂的生态环境也导致了云南水稻品种的多样性，每年种植的品种数有300多个。“十五”以来，云南省水稻良种不断涌现，每年均有一批优质、高产的水稻品种通过审定，但由于栽培技术不配套、新技术开发应用滞后等原因，良种的增产潜力得不到很好发挥，导致单产提高缓慢，种植效益低下，资源浪费严重。

为适应现代稻作发展趋势，深入开展粮食作物高产创建活动，增强云南省粮食综合生产能力，增加农民收入，2005年以杨从党研究员为首的云南省农业科学院水稻栽培与生理科研团队与云南省农技推广总站、南京农业大学合作，引进了我国著名水稻栽培专家凌启鸿教授创立的水稻精确定量栽培技术。该技术以高产定型群体质量的各项优化指标为目标，按群体发展动态的形态生理指标为依据，按叶龄模式精确诊断，对水稻生育进程、器官建成和产量因素形成做出定时、定向、定量调控，实现了云南省水稻“高产、优质、高效、生态、安全”的综合目标。通过扎实推进以“水稻精确定量栽培技术”为核心的高产创建活动，坚持以“专家指导、市县组织、农户实施、整合项目、集成技术、主攻单产、节本增效”的原则，收到了高产、优质、省工、节本（省种、省肥、节水）的综合效果，充分挖掘了云南省水稻生产潜力，进一步提高了全省水稻综合生产水平，实现了科技稳粮增粮，对农民增收、农业增效具有非常重要的意义。

一、水稻精确定量栽培技术取得的主要成效

1. 三年试验示范艰辛路，勇夺3个全国第一。

2005年，本团队与南京农业大学合作把该技术引入云南省试验，获得试

验田块亩产均超过 1 100kg 的高产水平。

2006 年，在水稻栽培与生理科研团队和南京农业大学、丽江市永胜县农业局科技人员的共同努力下，在永胜县涛源乡采用水稻精确定量栽培技术种植的协优 107 高产攻关田，由科技部组织专家组现场验收，获得了亩产 1 287kg 的高产纪录，创造了新的世界纪录。

2008 年 9 月，云南水稻产量再创佳绩。9 月 25 日，由农业部组织国内有关专家组成水稻高产创建验收专家组，对农业部在保山市隆阳区开展的水稻高产创建万亩示范区（总面积 1.141 万亩）进行了实产验收。实收 4 块，即高产攻关田 917.6kg/亩；上等田 860.8kg/亩，占总面积的 15%；中等田 773.1kg/亩，占总面积的 55%；下等田 743.2kg/亩，占总面积的 30%。由此推算，隆阳区水稻高产创建万亩加权平均亩产 777.27kg。与非项目区常规栽培的同一品种理论产量 687kg/亩相比较，项目区产量比非项目区单产提高 90.27kg，增幅达 13.1%。目前，该产量是农业部水稻高产创建活动获得的最高产量。楚雄、宜良等其他生态区运用水稻精确定量栽培也获得了当地的历史最高产量。

就在同一天，水稻栽培与生理科研团队指导的水稻精确定量栽培示范方再次成为关注的焦点。丽江市和大理白族自治州有关水稻专家组成的专家组对永胜县期纳镇的百亩连片“丰优香占”高产田块进行验收（实际完成 102 亩），验收 10 个点，其中 3 个是全田收获，7 个是割方，10 点加权平均亩产 1 003.6kg，实现总产 10.24 万 kg；对照常规栽培实产验收折合亩产 838.2kg，水稻精确定量栽培比常规栽培亩增 165.4kg，增幅达 19.7%，这也是全国首例百亩连片超过吨粮的纪录。

2. 强化科技支撑稳粮增粮，试验示范区续写高产传奇。

2006 年，水稻栽培与生理科研团队尝试在不同生态稻作区试验示范，增产效果显著。在保山市隆阳区、丽江市永胜县、大理白族自治州宾川县、昆明市宜良县、玉溪市红塔区、红河哈尼族彝族自治州弥勒县等 6 个县区试验 84 亩，覆盖 1 100～2 100m 海拔稻作区，其中既有籼稻区，又有温暖粳稻区，还有冷凉粳稻区。试验示范结果证明，水稻精确定量栽培技术适合于云南省籼稻、粳稻区的应用。

2007 年在云南省 900～2 700m 海拔稻作区共 12 个县（区）进行水稻精确定量栽培技术试验示范，隆阳、永胜、宾川、宜良等县（区）建立了百亩以上连片的核心示范区。当年共完成示范面积 7 099 亩，比预计的 6 000 亩增加了 1 099 亩。虽然稻飞虱大面积暴发危害和 8～9 月的低温冷害，对云南省的水稻生产造成很大影响，但是采用精确定量栽培技术种植的水稻整体实现了增产，增幅达 26.4%，每亩节约种子和化肥 40～50 元。

2008 年全省 27 个县（市、区）累计试验、示范面积达 7.4 万亩，覆盖全省 900～2 700m 的稻作区。楚雄市苍岭镇采用精确定量栽培技术种植的楚粳

29，百亩连片亩产达到826kg，每亩增产27%。昆明市宜良县水稻采用精确定量栽培技术种植的楚粳27百亩核心示范区平均亩产824kg，达到了百亩连片亩产800kg的目标。丽江市永胜县永北镇凉水居委会采用水稻精确定量栽培的高产攻关田块，亩产达到799.6kg，与当地常规种植的同一品种亩产650kg相比，增产23%。

3年来，在云南省委、省政府的正确领导下，通过水稻栽培与生理科研团队科技人员引进、吸收、再创新，探索出高原稻作区水稻高产、节本、增效精确定量栽培技术模式6套，建立起云南省特色水稻精确定量栽培技术体系。通过高产创建和云南省水稻产业技术体系等平台，水稻精确定量栽培技术在13个自治州（市）试验示范，水稻精确定量栽培面积230余万亩，共增产稻谷10 468.2kg，按每千克2.2元计算，增加效益23 030.04万元；平均每亩节约成本56元，总共节约成本8 520.9万元，累计增加经济效益31 550.94万元。在全省900～2 700m海拔的生态稻作区实现大面积节本增效，取得了较大的经济效益、社会效益。

二、认识和体会

云南省的示范推广实践表明，水稻精确定量栽培技术是广泛适应于云南复杂生态条件和品种多样性的省工、节本、增产、增效新技术。它绝不是在一个地方针对某个品种产生的经验性技术，而是具有普遍指导意义和广泛适用性的栽培理论与技术体系；也不是一项单项的栽培技术，而是一项综合性的、系统的栽培技术，考虑了从水稻高产的设计到收获的整个过程。与往常的某一项栽培技术相比，水稻精确定量栽培技术是一项系统的、有理论支撑的、综合考虑了各相关因素的栽培技术体系。因此，加大水稻精确定量栽培技术在云南省的推广应用，符合省政府《关于实施百亿斤粮食增产计划的意见》的总体要求，是云南省实现高产创建广覆盖、促进全省粮食平衡增产的重中之重，是做好全省粮食安全的关键环节，是推进云南农村经济持续快速发展的基础。

要做好这一技术的推广运用，必须做好以下三个方面的工作：一是争取领导重视，建立一套行之有效的推广机制。二是抓好一片样板，强化辐射带动。核心样板是技术优势的体现，抓好样板是技术推广的关键，样板的成功能使技术较快地得到领导和专家的认可，也能使农户实实在在地看到好处，起到最好的辐射带动作用。三是培养造就一支技术过硬的推广队伍。培训科技人员掌握技术理论，并由科技人员在关键时期指导农户进行操作，是水稻精确定量栽培技术真正落实到户的技术关键。

（作者单位：云南省农业科学院粮食作物研究所）

大力发展油菜产业　确保云南粮油安全

梁艳丽

中国是食用油消费大国，也是油料生产大国，但食用植物油自给率明显较低。2010 年，我国食用植物油年消费量大约达 2 400 万 t，但自产食用植物油约为 1 000 万 t，自给率仅为 40%，供需矛盾十分突出。我国粮食自给率为 95%，石油自给率为 55%，均高于食用植物油自给率。通常认为，食用植物油自给率超过 60%才算比较安全。否则，国际市场突变可能会给国内食用油市场带来较大影响，进而影响百姓生活。中国工程院院士傅廷栋等专家指出，进一步发展油菜生产是解决我国食用油供需矛盾的重要途径，从而确保我国食用油安全。

油菜是我国第一大油料作物。近年来，我国油菜种植面积保持在 1.08 亿亩以上，居于水稻、玉米、小麦、大豆之后，在各种农作物中排第 5 位。在我国主要油料作物油菜、花生、向日葵、芝麻、胡麻中（大豆统计在粮食内），油菜种植面积最大，约占油料总面积的 50%，油菜总产量达到 1 300 多万 t，占油料总产量的 43%。我国油菜子榨油产量约 470 万 t，占我国自产植物油产量的 44%左右。我国的油菜生产分布比较广泛。目前，除北京、天津、辽宁、海南外，其他省、直辖市、自治区均有种植，其中产量居前五位的是湖北、安徽、四川、湖南和江苏。

云南属油菜子短缺的省份。目前，云南省常年油菜种植面积 280.05 万亩，其中双低油菜种植面积达到 223.95 万亩，占油菜总播种面积的 80%，平均产量达到 108kg/亩，油菜子产量达到 30.25 万 t。目前，云南省油菜子年人均占有量仅有 5.6kg，折油 1.8kg，与全国人均占有菜油量 3.1kg 相比，尚有很大差距，每年需要从省外调入菜油 20 多万 t，因此，在云南发展油菜产业有广阔的市场前景。

云南地处北纬高海拔地区，气候条件十分适宜油菜作物生长，不仅全省大部分地区可以种植秋播油菜，而且在海拔较高的山区，可利用夏季的雨热条件，发展夏播油菜。此外，在云南省油菜生长期间，极少出现长江流域地区常见的低温冻害和对油菜生产影响极大的菌核病危害，加之云南昼夜温差大，有利于干物质积累，油菜产量高，含油率高，目前生产上种植的双低油菜凡采用了丰产栽培技术措施的，一般产量可达 200kg/亩。因此，云南省具有建设两季高产、稳产油菜原料基地的优越条件。另外，与云南省毗邻的东南亚国家，基本无油菜种植，对植物油的需求量很大。所以，云南省大力发展油菜生产，形成深加工品牌油脂产品，对周边出口具有一定的区位优势。

云南省有滇东北和滇西北秋、春播区，滇中和滇西南秋油菜等 4 个优势区。

1. 滇东北秋、春播油菜优势区。该区以昭通、曲靖为主。区内阴湿多雨，一般年平均气温 15.1℃，最低月（1 月）平均气温 6.5℃，≥10℃的年积温 4 538℃，日照时数较少，仅 1 716 小时，年降水量达 1 791mm，该区冬季雨水多，比较适宜种植油菜。优势区主要有罗平、师宗、陆良、泸西、弥勒等 5 个县。

2. 滇西北秋、春播油菜优势区。该区主要有丽江、迪庆、怒江和大理北部，海拔 2 130～2 393m，气候冷凉，年平均温度 12.3～13.6℃，≥10℃的年积温 3 483.6～3 992.1℃，日照时数虽只有 2 298.0～2 439.3 小时，但光质好。由于该区气候冷凉，油菜生育期较长，加上昼夜温差较大，有利于干物质的积累，产量较高。而中甸可种植春播油菜，其夏秋季气候温凉，4～9 月月均温为 5.1～13℃，最热月（7 月）月均温只有 13.2℃，而且雨量充沛，适合于种植春油菜。优势区主要有丽江、香格里拉等 2 个县。

3. 滇中秋油菜优势区。该区是云南省经济较发达区，小区坝子多，耕地集中，人口密度大，交通方便，水利化程度和耕作水平较高，因此，油菜高产地比较多，平均产量达到 150kg/ 亩。该区气候变化不大，冬春光照充足，农田有效灌溉面积占耕地面积的 66%，对油菜生长十分有利。年平均气温 13.8～18.5℃，≥10℃的年积温 3 999.8～6 270.4℃，最冷月（1 月）平均气温 5.8～11.8℃，年日照时数 1 791.0～2 363.9 小时。该区一年两熟，油菜主要分布在海拔 1 350～1 850m 地区，实行烟油配套种植，烤烟施用油饼，有利于烟叶质量提高。该区是云南省油菜面积最大、分布最集中、栽培水平最高的产区。优势区主要有红塔、峨山、江川、澄江、易门、巍山、弥渡、楚雄、牟定、禄丰、姚安、晋宁、安宁等 13 个油菜主产县（市、区）。

4. 滇西南秋油菜优势区。该区以保山、德宏、临沧三地区（自治州）为主，附带滇东南文山壮族苗族自治州的少数大县，属云南油菜快速发展地区。近几年，由于双低油菜的大力推广，使得该区的白菜型小油菜面积逐渐减小。但该区人少地多，土、热、气、水等资源较为丰富，是云南今后油菜发展的又一主产区。优先发展区有腾冲、昌宁、施甸、陇川、梁河、临沧、保山、马关、富宁、广南等 10 个县。

如何发展云南油菜产业，提高油菜产量及质量？可从以下几个方面进行。

1. 油烟配套种植。

在秋油菜区可实行油烟配套种植，扩大油菜种植面积，增加油菜产量。油饼可作为烤烟的优质有机肥，有利于烟叶质量的提高。

2. 发展夏播油菜。

在海拔较高的山区，可利用夏季的雨热条件，发展夏播油菜，增加油菜产量。云南山区较多，这是发展夏播油菜的一大优势。

3. 丰产种植优质、高产、含油率高的品种。

云南油菜平均产量达到108kg/亩，采用丰产栽培技术措施的一般产量可达200kg/亩。通过选育并推广高含油率品种，可使每亩菜子油产量提高2～3.3kg。花油3号、花油5号和H165三个双低油菜品种是云南种植的优质、高产油菜品种，其含油率为43%左右。通过引种试验，从省外优质、高产、含油率高的油菜品种中选育出适合于云南种植的油菜品种，并进行推广。高含油率品种有：中油-0361含油率达54.72%、超油2号含油率达52.82%、华协1号含油率达50.2%、中油杂8号含油率达45.31%、湘杂油631含油率达45.26%。

4. 建立油菜生产基地，进行规范化生产。

长期以来，油菜生产以单个农户为生产单位，由于生产措施不统一，品种混杂严重等原因，导致油菜子品质不稳定，竞争力不高。今后要加大质量建设力度，研究油菜高产、高效、优质生产技术，制定优质油菜生产技术规程。通过建立油菜生产基地，推行油菜标准化生产技术，合理布局，统一品种、统一生产措施、统一收购、统一加工，生产出品质优良稳定的商品油菜子，打造出有一定知名度的菜子油品牌。

云南现代农业油菜产业技术体系作为云南油菜产业的技术支撑，在发展油菜产业中发挥着重要作用。在产业技术体系的指导和支持下，从种子、化肥、农药和技术资料等配套物资的发放到科技推广人员及农民的培训示范等环节，发挥了重要的作用。云南现代农业油菜产业技术体系各岗位专家及站长多次深入田间地头参与组织、指导和培训农业科技人员及农民，现场示范效果明显，并受到好评。

2009年，云南遭遇百年不遇的大旱，云南现代农业油菜产业技术体系累计开展油菜旱情调查和技术服务50余人（次），上报油菜旱灾报告4篇，发布抗旱播种、抗旱保苗、抗旱保产等抗旱技术资料5篇，召开技术培训会10余次，培训基层农技人员和种植骨干1 200余人（次），发放技术资料2 000余份，积极有效地推动了全省油菜生产的发展。

（作者单位：云南农业大学）

大力推广作物间套种技术 促进农业增效和农民增收

胡百生　杨菊琼　张　倩

烤烟、甘蔗是云南元江县的两大传统支柱产业。两大支柱产业的发展、壮大，加大了粮经作物间的争地矛盾，而间套种技术的推广应用，不仅能有效地解决粮经作物间的争地矛盾，而且有利于农业增效、农民增收。元江县通过粮、油、烟、蔗、果多层次间套种技术的推广与应用，在发展集约化种植方面取得了一定成效。

一、作物间套种技术推广基本情况

2010 年，全县共完成烟后套种秋玉米、果园套种玉米、甘蔗间套种玉米为主的 7 个核心区 700 亩，8 个中心示范片 1.7 万亩，带动推广各种粮食作物间套种面积 25.4 万亩，新增粮食产量 626 万 kg，平均每亩增产粮食 24.6kg，为实现粮食平稳增长起到了积极作用。

二、间套种主要类型与技术措施

1. 甘蔗间套种玉米。

甘蔗是元江县的传统支柱产业。近几年来，甘蔗生产取得新突破，全县甘蔗种植面积达 15 万亩，良种覆盖率达 98%，推广实施甘蔗玉米间套种技术，有很大的粮食增产空间。

（1）主要技术措施。

①品种选择。选用早熟、适宜密植、高产、抗逆性强的会单 4 号、云瑞 6 号、云瑞 8 号、珍油玉 9 号等品种。

②新植春蔗和晚春蔗地间种玉米。在新植蔗种好以后 5 天内及时间种玉米。一是蔗地种植规格为宽窄行种植（宽行 1.4m，窄行 0.6m）的，在宽行中间种 2 行玉米，株距 0.5m，每亩 1 200 株。二是蔗地种植规格为行距 1m 以下的，隔 2 行甘蔗间种 1 行玉米，株距 0.5m，每亩 700 株。三是标准化蔗地种植规格行距为 1.2m 的，应在每行行间间种玉米，穴距 0.8m，每穴种植 2 株，每亩 1 300 株。

③宿根蔗地套种模式。在宿根蔗松蔸后及时清理蔗园、整地播种，亩施农家肥 1 000～1 500kg 或复合肥 60～80kg，边开垄边松蔸，在甘蔗行间，每隔 0.3m 单行打塘播种，播种时间在 3～5 月份为宜，往后影响甘蔗生长。

④田间管理。玉米幼苗长至 3 叶 1 心后，要及时查苗补缺，每穴只留 1 株壮苗，补苗后淋足定根水，在玉米 4～5 叶期每亩施尿素 3～4kg，促其壮秆；玉米进入大喇叭口期结合甘蔗中耕培土，每亩施复合肥 10kg 加尿素 2～3kg，促其大穗。玉米主要病虫害有大斑病、小斑病、玉米螟、蚜虫等，大斑病、小斑病每亩用 50%对多菌灵或 70%甲基托布津可湿性粉剂 50kg 对水 50kg 喷雾防治；玉米螟每亩用农地乐或博杀 1：1 500 倍对水喷雾防治；蚜虫用金蚜安或吡虫啉 20～30g 对水 50kg 喷雾防治。玉米大喇叭口期亩追施尿素25～30 kg，结合追肥进行大培土，防止倒伏。

⑤适时收获。在全田 90%以上植株茎叶变黄，果穗苞叶枯白，籽粒变硬，显现该品种籽粒色泽时，选择晴朗天气摘苞收获，茎秆斩成数段还田。

（2）通过样板示范、推广，取得了很好的效益。

在甘蔗主产区红光农场一队菠萝山建示范样板百亩核心区 116 亩，千亩展示区 1 045 亩，辐射带动红光农场甘蔗间套种玉米 5 062 亩、青龙厂镇甘庄村甘蔗间套种玉米 5 036 亩。经元江县相关专家进行自测产验收，验收结果：百亩核心区玉米亩产 208.1kg，可增加粮食产量 2.41 万 kg；千亩展示区玉米亩产 186.6kg，可增加粮食产量 19.5 万 kg；万亩辐射区玉米亩产 157.2kg，可增加粮食产量 158.74 万 kg。

2. 青枣套种玉米。

元江县被誉称为天然温室，四季无霜，一年四季盛产水果。全县水果种植面积 7.78 万亩，总产量 8 224.7 万 kg，总产值达 1.5 亿元，其中青枣种植面积 3 500 亩。

（1）主要技术措施。

①选用良种。选用丰产性好，综合抗性好的会单 4 号、珍油玉 9 号、长城 799 等品种。

②适时、科学种植。青枣采收修剪后在行间套种玉米，玉米单行植，每塘播 2 粒种子，株行距 0.4 m×0.5 m，种植密度为 4 400 株/亩，3 月 10 日前播种结束。

③田间管理：玉米播种后 2～3 天，如果土壤水分过干，达不到种子发芽的水分要求，要进行灌溉，以保证种子出苗。当幼苗长至 3～4 片叶时，结合中耕追施苗肥，亩施尿素 5kg 并进行查塘补缺，每塘留 2 株。拔节孕穗期，进行 2 次施肥，第 1 次施拔节肥每亩用尿素 15kg，第 2 次施孕穗肥，每亩施尿素 15kg，并结合中耕除草大培土。

④适时摘除雄花。玉米雄花散粉以后，全部拔除或削割掉。

⑤适时收获。当玉米黄熟时，选择晴朗天气摘苞收获，茎秆就地还田处理。

（2）通过样板示范、推广，取得了很好的效益。

由县科技局主持，邀请相关专家对项目区玉米产量进行实地现场验收，验收结果：百亩核心区玉米亩产 291.3kg，可增加粮食产量 2.91 万 kg；示范区玉米亩产 256.6kg，可增加粮食产量 87.24 万 kg。

3. 烟后套种秋玉米。

本着集中连片、辐射带动功能强、群众积极性高的原则，2010 年元江县烟后套种秋玉米示范区集中布局在因远镇，涉及农户 7 250 户，实施面积 11 444亩。其中，百亩核心区 105 亩、千亩展示区 1 051 亩，布局在浦贵村；万亩示范区布局在因远镇的 9 个行政村，面积 11 444 亩。

（1）主要技术措施。

①严格区域布局。主要布局在海拔 800～1 650m 湿润、温暖的烟区，保证玉米在 10 月下旬安全抽穗、扬花、结实。

②选择良种。选用适应性广、抗逆性强、稳产性好的会单 4 号为主，适当搭配遵玉 8 号、雅玉 20 等品种。

③适时播种。种旱地趁潮气，烟田秋玉米的套种时间需根据烤烟成熟采收的情况来确定，在不影响烟叶生产的前提下尽量早播。在烤烟下二棚烟叶采完、中部烟叶采烤时播种，即 7 月中旬左右，保证玉米在 10 月下旬安全抽穗、扬花、结实。

④规范化种植。播种前，把烟花烟杈和杂草清除干净，减少病原，提高播种质量。播种时，实行双行种植，每个烟塘种植 2 行玉米（植于塘脚），行距 0.6m、塘距 0.45m，每穴播 2～3 粒种子，每亩烟地可种植玉米 4 500 株左右。注意匀播，避免出现缺苗断垄现象。

⑤加强田间管理。一是间苗定苗。采烟过程中，不要损伤玉米苗。玉米在 3～4 片叶时间苗，5～6 片叶时定苗，适当早间苗、晚定苗，留大苗、壮苗，保证每塘有 2 株苗。二是肥水管理。玉米出苗到烤烟采收完，只需进行间苗、定苗。在烤烟最后一次采烤前，每亩施尿素 10kg 作为拔节肥；烟叶采收完后及时清除烟株，结合中耕培土亩施尿素 20～25kg 作为穗肥。三是病虫害防治。播种时，每亩用 1kg 地虫灵或特丁硫灵防治地下害虫，如地老虎、蛴螬，以保证全苗。玉米 4～6 叶期用毒斯防治小地老虎；在玉米大喇叭口期用 1.5%辛硫磷颗粒剂按 1∶15 配成毒土灌喇叭口防治玉米螟；用井岗霉素等防治灰斑病和大、小斑病；用吡虫啉防治蚜虫。注意防鼠害及雀害，以保证增产增收。四是适时收获。11 月中旬，果穗达九成熟时（外苞叶枯黄）及时收获，抢节令及时栽种小春作物。

（2）通过样板示范、推广，取得了很好的效益。

由玉溪市农业局组成的专家组，对烟后套种秋玉米按百亩核心区、千亩展示区、万亩示范区三个层次，对每个层次随机抽取好、中、差各 1 块共 9 块田进行实收测产。测产结果：百亩核心区 105 亩总产 40 473.1kg，平均亩产 385.46kg；千亩展示区 1 051 亩总产 29.4 万 kg，平均亩产 279.81kg；万亩示范区 11 444 亩总产 264.1 万 kg，平均亩产 230.76kg。

生产实践证明，作物间套种后，充分利用了空间，提高了种植密度，增加了叶面积，提高了光能利用率；合理地利用了土壤养分和水分，扩大了边行优势；增加了抗逆能力，稳产保收；充分利用了生长季节，延长光合时间；提高了复种指数，有效地解决了粮经作物争地矛盾。因此，大力推广作物间套种技术，对促进农业增效、农民增收，保障粮食安全，具有重要历史意义，为粮食增产、资源高效和环境保护提供了新的途径。

（作者单位：云南元江县种子管理站）

傣乡稻田里的那一粒米

杨　虹

有一个美丽的地方
勤劳朴实的傣族同胞祖祖辈辈在这里辛勤耕作
竹楼上的白鹭吟诵着吉祥
轻柔的秋风摇曳着希望
那一把弯弯的镰刀收获了世世代代的幸福
江畔传来的那一串串欢歌笑语
诉说着稻香里传奇的故事
竹林里升起的袅袅炊烟
洋溢着边疆村寨的和谐与安宁
竹筏上的小仆哨抛下竹竿
激荡着
傣乡稻田里的那一粒米

——题记

芒市原名潞西市，是一个以农业为主的云南农业市，水稻是这里的主要粮食作物之一，在农业生产中有着举足轻重的地位。2010 年，全市种植水稻 27.18 万亩，水稻产量达到 11.8 万 t。其中，以遮放贡米为主的优质稻种植面积达 18 万亩，总产量 7.32 万 t，实现总产值 1.9 亿元。2011 年，全市水稻播种面积 27.4 万亩，计划实现总产量 12.06 万 t，总产值将突破 2.77 亿元。

伴随着国家对扩大粮食安全性生产和农业扶持政策的逐年加大，科技增粮已成为目前农业生产中重要的话题。然而，如何运用好农业科学技术，如何推广好增粮措施，如何实现芒市水稻增产、农民增收的目标，如何……这一系列问题，无不时时刻刻考验着我们基层农技推广人员。

就在 2009 年，全省吹响了“水稻高产创建”活动的号角，一场以“增产提质”为主线的战斗开始打响，改革的春风瞬间吹遍了芒市坝区的每个村寨，水稻高产创建活动也在芒市傣乡开了花，结了果。同年，芒市开始实施基层农技推广体系改革与建设示范县项目，历经两年的时间，通过农技推广人员的共同努力，芒市水稻生产状况发生了根本性的转变。种植模式由个体种植向承包大户转变，种植规模由分散种植向连片种植转变，生产方式由原来的粗放式经营向专业化生产转变，销售方式由原来的市场零售向厂家批售转变，组织模式由村民小组向协会及合作社转变。这些转变在某种意义上说，标志着芒市的水稻基地化种植、专业化管理、机械化生产的时代已经悄然来临，集约化、订单化、产销一体化的产业链已经逐步形成。芒市粮食生产能力的大大提高，推动着兴边富民工程的稳步发展，推动着德宏桥头堡黄金口岸经济建设的飞速前行。

2011 年，芒市在省农业厅的关心支持下，继续实施水稻高产创建项目，遮放镇被列为整建制推进粮食高产创建试点。芒市农业技术推广中心所有工作人员以服务“三农”、回报社会，种植一粒米、富裕一方人的工作激情，始终在凝心聚力的道路上集思广益，在总结经验的基础上推陈出新。2011 年，市农业局在全市范围内示范推广两个重要技术：即水稻旱育稀植浅播技术、水稻精确定量栽培技术，并将新技术应用到高产创建活动项目及基层农技推广体系改革与建设示范县项目中。芒市农业技术推广中心接到任务后，迅速成立了项目领导小组，及时召开项目实施研讨会，全面分析了当前的形势和存在的困难，会上统一了工作思路，制订了工作方案。结合芒市地广人稀、少数民族多、农民素质不高、科学意识淡薄、种植管理水平低以及机械化程度不高等因素，在项目分项启动实施后，芒市农业技术推广中心依次按照项目实施步骤，重点做了以下四个方面的工作。

一是强化学习，提高专业素养。首先，组织全体农技指导员参加相关的技术培训，期间还邀请了省农业科学院、云南农业大学的专家和教授到中心进行培训。通过认真学习理论知识，提升了农技指导员的业务技能。其次，积极向省内其他自治州（市）取经，借鉴和引用他们的宝贵经验和成果。再次，注重理论联系实际，开展好技术攻关田各个试验项目的落实工作。

二是明确职责，落实责任。任务目标明确后，就如何抓好技术措施落实和应用推广，确保项目试验、示范取得实效，中心对所有农技指导员实行严格过程考核，包括生产进度、田间长势、示范户培植、培训农户质量、农用物资配送和使用等进行多项指标。对落实进度慢、质量差的相关负责人实行严格惩罚，由此，各项技术措施得以顺利落实。

三是跟踪管理，贴心服务。为了保证良种良法到田，技术要领到人，农技指导员从 5 个方面着手工作：①集中培训，分户指导。现场培训会上，他们自觉扮演着水稻“医生”和农民“老师”的双重角色，手把手、面对面地给种植户讲解栽培技术，针对水稻出现的不同问题进行分户指导。②亲自参与，动手示范。育苗过程（理墒、浇水、施肥、播种、盖土）和栽培过程的所有环节，都有农技指导员亲自进行示范。③培养示范户，带头抓落实。全市共培植水稻种植示范户 8 652 户，现在每个村寨都培植起了水稻种植明白人和科技落实带头人。④配送物资，不误农时。农技指导员及时给种植户发放补助农用物资，100%保证了育苗节令和移栽节令。⑤创新操作方法，提高栽插质量。起初，种植户对 27cm×12cm 的栽插方式非常不习惯，都存在畏难情绪。这时，农技指导员用竹竿为大家设计了一把“标尺”，上面刻好刻度，设计成 5 倍行距的长度，两端绑好细绳，两人一组照行距事先栽好一排，然后对照标杆往两边扩展，这样就极大地提高了栽插质量。

四是注重结果，突出成效。通过测定芒市万亩水稻连片种植示范区水稻产量，平均亩产达 506.21kg，其中 30 575 亩的万亩示范区，总产量达到了 15 477.37t。另外，百亩核心区最高亩产为 774.5kg，最低亩产为 590.4kg。2011 年 9 月 6 日，专家组在芒市百亩核心区选择高产田块，通过对刀波团亮农户种植的“冈优 6366”及开展水稻机械插秧精确定量栽培的廖波孟种植的“两优 61”，用联合收割机进行实收，实收面积分别为 1.02 亩、1.05 亩，总产量分别为 839.3kg、849.8kg，随机抽取 3 袋进行称重、去杂，杂质含量分别为 3.98%、4.01%，空瘪率分别为 0.9%、1.02%，用 PH－888 型谷物水分测定仪测定含水量，10 次测定平均值分别为 14.23%、14.06%，实际亩产分别为 776.54kg、762.53kg。通过推广高产抗病新品种、旱育秧、规范化条栽、精确定量栽培、测土配方施肥、病虫害综合防治等技术，高产示范区水稻产量明显增加，机械插秧精确定量栽培效果显著，有力地促进了芒市水稻生产的发展。

通过大家的共同努力，特别是农技指导员的艰辛付出，水稻增产了，农民增收了，傣乡人笑了。那些卷着裤腿、流着汗水忙碌在田间地头的无数个基层农技推广人员不正如一粒粒珍贵的稻米，点缀着傣乡金色的稻田。

（作者单位：云南芒市农业技术推广中心）

会泽县粮食作物高产创建发展初探

蒋　雄　杨加玉

云南会泽县粮食作物高产创建围绕“建立百亩核心区、举办千亩展示区、创建万亩高产示范区”这一要求，成立领导小组，制订实施方案，建立目标责任制，为高产创建奠定了坚实基础，取得了较好的经济效益和社会效益。笔者通过分析研究高产创建取得的主要成效，查找存在的问题，提出了粮食作物高产创建发展的对策措施。

一、项目背景

会泽县是云南农业大县、人口大县、贫困大县。全县总面积 5 854 平方千米，山区面积占总面积的 95.7%，土地详查耕地面积 215.86 万亩。主要经济作物以烤烟、蔬菜、辣椒、水果为主，粮食作物以马铃薯、玉米、水稻为主。马铃薯常年种植面积 60 万亩，平均亩产 2 000kg，玉米种植面积 30 万亩，平均亩产 600kg，水稻种植面积 7 万亩，平均亩产 500kg。粮食作物产量低、品质差、商品转化率低是粮食生产发展的制约瓶颈。全县辖 23 个乡（镇）、376 个行政村、2 044 个村民小组、4 142 个合作社。2010 年底，全县总人口 100.75 万人，其中农业人口 93.34 万人；国内生产总值 95.02 亿元，其中农业总产值 39.54 亿元；粮食总产 3.7 亿 kg，农民人均占有粮食 396.8kg，农民人均纯收入 2 643 元。目前，仍有 56 万贫困人口，扶贫攻坚任务十分艰巨。

二、指导思想

为配合全国稳粮增粮科技活动，提高科技成果的到位率和贡献率，实现农民增收致富，会泽县粮食作物高产创建以万亩示范片建设为核心，以整建制推进为努力方向，以农业技术推广服务为载体，以推广主导品种、主推技术和实施主体培训为关键措施，以创新机制与优化资源配置为突破口，形成各相关部门和地方政府协调一致的目标支撑体系，构建政策、投入的长效机制，逐步把高产创建示范片建设成为保障主要农产品基本供给的骨干区、发展现代农业的先行区、促进农民持续增收的示范区。

三、执行情况

1. 目标任务完成情况。

2008—2010 年，累计完成万亩高产创建 18 片 18.78 万亩，超计划 0.78 万亩，超计划 4.34%。其中，大春马铃薯完成 9 片 9.87 万亩，百亩核心区平均亩产 3 441.82kg，千亩展示区平均亩产 3 013.86kg，万亩示范区平均亩产 2 538.05kg，亩增产 538.05kg；小春马铃薯高产创建 1 片 1.13 万亩，万亩示范区平均亩产 2 243.55kg，亩增产 243.55kg；玉米高产创建 4 片 4.13 万亩，百亩核心区平均亩产 884.85kg，千亩展示区平均亩产 838.35kg，万亩示范区平均亩产 760.35kg，亩增产 60.35kg；水稻高产创建 2 片 2.03 万亩，百亩核心区平均亩产 853.7kg，千亩展示区平均亩产 740kg，万亩示范区平均亩产 688kg，亩增产 88kg；玉米套种马铃薯高产创建 2 片 1.63 万亩，平均复合亩产 1 517.64kg，其中，马铃薯平均亩产 1 052.6kg，亩增产 252.6kg，玉米平均亩产 465.04kg，亩增产 65.04kg。

2. 经济效益情况。

2008—2010 年，累计完成粮食作物高产创建面积 18.78 万亩，总产量 33.17 万 t，新增总产 11.32 万 t，新增产值 8 888.52 万元，高产创建示范区农民人均增收 236.64 元。其中，大、小春马铃薯完成 11 万亩，总产量达 27.57 万 t，新增总产 10.38 万 t，新增产值 7 265.16 万元；玉米高产创建完成 4.13 万亩，总产量 3.13 万 t，新增总产 0.25 万 t，新增产值 498 万元；水稻高产创建完成 2.03 万亩，总产量 1.4 万 t，新增总产 0.18 万 t，新增产值 625.1 万元；双套高产创建完成 1.6 万亩，总产量 2.47 万 t，新增总产 0.52 万 t，新增产值 500.26 万元。

四、经验启示

1. 组织保障是关键。

会泽县粮食作物高产创建活动得到了农业部、省农业厅及市农业局等农业主管部门的关心、支持和帮助，在高产创建的前期、中期和后期，多次派专家到会泽县进行指导。会泽县切实加强组织领导，逐级成立了领导小组和技术指导小组，分解任务，落实责任，强化考核，保障了粮食作物高产创建工作落实到位。

2. 政策扶持是动力。

各级政府想方设法筹集资金，加大投入，强化政策扶持，在种子、肥料、培训、病虫害防治等方面给予补助，调动了群众投身高产创建的积极性，保障了示范面积，强化了田间管理，确保了高产创建各项指标的全面完成，明显提升了科技应用水平，发挥了良好的增产作用。

3. 技术指导是支撑。

为了确保高产创建技术到位，会泽县分类制订了粮食作物栽培技术方案发放给农户，并组织农技人员开展现场指导，聘请省农业厅专家专题培训高产创建栽培技术。通过强化技术服务，科学指导生产，为高产创建提供了技术支撑。

4. 优良品种是基础。

近年来，会泽县加大了新品种引进试验研究力度，成功筛选出适宜全县种植的主导品种，并在生产实践中不断完善丰产栽培技术措施指导农民生产，取得了较好的经济效益和社会效益，得到了项目区农民的认可，优良新品种覆盖率达 100%，为高产创建奠定了坚实基础。

5. 技术创新是通道。

通过高产创建，统筹协调政府、部门和农民之间的关系，较好地理顺了支撑和引领的关系、立足当前和面向长远的关系、提高产量和增强能力的关系、技术创新和机制创新的关系。在高产创建过程中，完善科技创新产业链，形成了一条科技成果从科技人员手中迅速转移到农民手中、从实验室转移到田间地头的“快捷通道”，充分发挥了各方面的优势，使配套技术发挥最好的效果，达到了预期目的。

五、存在的问题

1. 高产创建项目工作经费投入不足。

近年来，虽然各级加大对“大农业”的投入力度，但对种植业的投入严重不足，高产创建规模大，样板点多、面广，资金投入不足。加之农村青壮年劳动力外出打工的较多，留守家中的都是老人、妇女和儿童，对新的农业科技知识接受慢，工作难度较大。

2. 少数乡（镇）对高产创建认识不足。

会泽县高产创建取得了较好的经济效益和社会效益，但少数乡（镇）、部门领导对高产创建项目的重要性和必要性认识不足。主要体现在：为了多争取项目资金，虚报建设规模，虽然争取了项目资金，重视程度不够，未切实将其项目列入重要议事日程，缺乏相应的对策和措施，加之产前缺乏技术指导，产中缺乏田间管理，产后不注重市场调研和营销工作，存在着说起来重要、干起来次要、忙起来不要，缺乏抓工作的积极性和主动性。

3. 农业科技队伍建设与农业发展要求不相适应。

一方面，乡镇农业科技人员借用、拉用现象严重。一些年轻的、有能力的、工作责任心强的农技骨干被乡（镇）长期借用，从事与职能毫无联系的工作，工作职能出现“错位”。加之农业系列拥有中高级职称职位的比例偏低，部分取得技术职称的农技干部因职位指标限制不能聘用到相应的岗位，严重挫伤了科技人员的工作积极性。另一方面，农业农技人员知识更新缓慢，部分农技人员没有接受过系统的专业教育，加之由于经费缺乏，外出进修和学习的机会相当少，致使科技知识得不到及时更新，造成知识老化、观念陈旧，难以适应新形势下新型农民和农业发展的需要。

4. 农技推广方式与新形势下农业发展不相适应。

缺乏推广经费、投入不足已成为农技推广工作的制约“瓶颈”。大部分乡（镇）推广机构没有交通工具、没有设备、没有自己的试验示范田，农技人员仍基本处于一张嘴、一双眼、一双手、两条腿的状态，不能正常开展新品种、新技术的引进、试验、示范及推广工作。由于农民没有看见新技术、新品种等新科技带来实实在在的利益，心存疑虑，接受新品种、新技术的愿望不强烈，致使农技推广工作进展缓慢。

六、对策措施

1. 强化思想认识，构建粮食作物高产创建的长效机制。

进一步建立完善和落实领导责任制，把高产创建工作纳入各乡（镇）年度目标责任考核的重要指标严格考核奖惩，对高产创建好的乡镇进行表彰奖励，对高产创建工作措施不力、工作打不开局面的要通报批评，促使领导干部充分认识高产创建工作在推动农业结构战略性调整、发展农村经济、增加农民收入中的重要作用，进一步增强做好高产创建工作的责任感和紧迫感，切实抓紧、抓好、抓出成效。

2. 强化科技推广，加快集成技术尽快转化为现实生产力。

继续以高产创建项目为支撑，以科技为手段，着力抓好集成技术的推广应用。一是高产创建样板要达到“五有、四统一、三到位”，即有组织领导、有技术方案、有田间观察记载、有测产验收、有工作总结；统一品种、统一节令、统一规格、统一管理；措施到位、农技人员到位、工作经费到位。二是对农技人员采取定点、定人、定面的“三定”措施，切实抓好高产创建样板工程。三是推行目标管理责任制，层层签订高产创建目标责任制合同，职工收入直接与工作质量挂钩，增强全体职工的责任意识和危机意识，调动职工的工作热情和积极性，形成用制度管人、人人争先的良好氛围，确保高产创建项目如期完成。

3. 强化教育培训，提高广大人民群众科技文化水平。

当前及今后一个时期，县政府将把提高农民科技文化素质作为加快科技兴农的基础性工作来抓，突出搞好三个结合。一是科普宣传与科技示范相结合。充分利用图书、报刊、电台、电视台等大众传播媒介大力宣传科普知识，引导群众学科技、用科技，形成重视科技进步、依靠科技致富的良好风气。二是科技年度活动与农技服务相结合。组织农技人员根据时节和群众需求，进村入户开展科技服务，指导群众生产，加大农业科技的转化运用。三是技术培训与职业教育相结合。发挥好县农业广播电视学校、村“两校”等培训基地的作用，在举办各种技术讲座、培训班的基础上，把提高群众的科技文化素质放在首位，大力加强农村职业技术培训和职业教育。

4. 强化经费投入，提高农业科技人员自主创新能力。

科技推广是一项以社会效益为主的公益性事业，因此，必须广开筹资渠道，强化经费投入，建立健全多元化科技投入机制，努力提高农业科技人员自主创新能力。一是建立以政府投资为导向、金融贷款为后盾、农民投资为主体、引进外资和社会筹资为补充的多元化农业科技投入机制，按照资金随着项目走的办法，集中资金扶持重点，培植骨干，以点带面，整体推进。二是建立高产创建项目专项资金。主要用于新品种展示，百亩示范区品种、农膜、农药、技术资料和技术培训等生产扶持，提高标准化种植水平。三是实行奖励政策，对新品种研发、新品种展示、高产创建、品牌申报等方面有突出贡献的企业和个人给予不同程度的奖励和鼓励，努力提高农业科技人员和企业的自主创新能力。

（作者单位：云南会泽县农业技术推广中心）

加强科技自主创新　支撑高海拔粳稻发展

宋天庆

一、云南高海拔粳稻生产概况

云南高海拔稻区主要分布在海拔 1 950～2 400m 之间，常年水稻种植面积 150 万亩左右，占全省粳稻面积的 1/5。海拔高、气温低，育秧及抽穗扬花期低温冷害频繁，最热月温度不高，且较难与水稻需高温时段同步，7～8 月降水多、湿度大，极利于病害滋生，两季作物茬口矛盾突出，是该区水稻生产的主要障碍因素。由于本区水稻生产在接近其分布的极限地区进行，产量障碍因素众多，是我国乃至世界最特殊的稻区之一。高海拔稻区生产难度大、科技支撑力不强、单产低已成为障碍云南水稻生产发展的瓶颈。为此，大理白族自治州农业科学研究所坚持开展了高海拔优质粳稻新品种选育研究。

二、高海拔粳稻育种的主要成绩

1. 育成品种及表现。

通过 5 年的努力，育成推广了凤稻 19、凤稻 20、凤稻 21、凤稻 22、凤稻 23 五个省级审定品种，凤稻 25、凤稻 26 等后继新品系在区试中表现突出。凤稻系列品种在全省推广 368.78 万亩，较原主栽品种平均每亩增产 60.21kg，累计增产 2.22 亿 kg，经济效益和社会效益显著。这批品种的育成推广，为云南高海拔粳稻生产发展提供了强有力支撑。

①凤稻 19。凤稻 19（99－13）系大理白族自治州农业科学研究所用鹤 16/86－167//合系 35 复合杂交选育而成的高海拔粳稻新品种，2006 年 12 月，通过云南省品种审定。该品种株高 95cm 左右，分蘖力强，耐肥、抗倒，剑叶上举，株型好；每亩有效穗数 38 万～40 万穗，每穗总粒数 95～105 粒，结实率 80%左右，千粒重 25～26g，穗粒重结构合理协调，丰产性好；全生育期 180 天左右，较凤稻 9 号早熟 3～5 天；耐寒性强，高抗稻瘟病，综合抗性好；外观米质 6 级，食味品质好。适于在海拔 1 950～2 250m 稻区推广种植。现已成为云南高海拔稻区主推品种，年推广面积 30 万亩左右，亩产 550～600kg，推广应用成效显著。

②凤稻 20。凤稻 20（01－33）系大理白族自治州农业科学研究所用合系 35/合系 40//鹤 16/鹤 89－24 复合杂交选育而成的高海拔粳稻新品种，2006 年 12 月，通过云南省品种审定。该品种株高 100cm 左右，剑叶直立，株型好；穗粒重结构合理协调，丰产性好；籽粒长卵圆形，颖壳秆黄色，外观米质较好；全生育期 180 天左右，早熟；耐寒性强，综合抗性好，稳产。适于在海拔 1 950～2 250m 稻区推广种植。现已成为云南高海拔稻区主要搭配品种，年推广面积 5 万亩左右，亩产 600～650kg。

③凤稻 21。凤稻 21（02－12）系大理白族自治州农业科学研究所通过凤稻 9 号/合系 34 杂交选育而成的高海拔粳稻新品种，2007 年 11 月，通过云南省品种审定，2010 年品种权申请进入实质审查阶段。该品种株高 90cm 左右，茎秆粗壮，耐肥、抗倒，分蘖力强，剑叶直立，株型好；一般每亩最高茎蘖数 48 万～53 万，每亩有效穗 38 万～40 万穗，每穗总粒数 95～105 粒，结实率 80%左右，千粒重 27～29g，穗粒重结构合理协调，丰产性好；籽粒阔卵圆形，颖壳淡褐色，颖尖紫色，米粒透明有光泽，外观 4 级，食味品质好；全生育期 185 天左右，早熟；耐寒性强，抗稻瘟病，较抗白叶枯病、恶苗病、稻曲病，综合抗性好，稳产。适于在海拔 1 950～2 250m 稻区推广种植。现已成为云南高海拔稻区主推品种，年推广面积 20 万亩左右，亩产 550～650kg，推广应用成效显著。

④凤稻 22。凤稻 22（02－28）系大理白族自治州农业科学研究所通过合系 35/合系 40//鹤 16/鹤 89－24 复合杂交选育而成的高海拔粳稻新品种，2007 年 11 月，通过云南省品种审定。该品种株高 95cm 左右，剑叶宽大直立，株型好；穗粒重结构合理协调，丰产性好；籽粒长卵圆形，颖壳秆黄色，无芒间短顶芒，白米，外观 5 级，食味品质较好；全生育期 180 天左右，早熟；耐寒性强，综合抗性较好。适于在海拔 1 950～2 250m 稻区种植推广。现已成为云南高海拔稻区主要搭配品种，年推广面积 5 万亩左右，亩产 600～650kg。

⑤凤稻 23。凤稻 23（02－34）系大理白族自治州农业科学研究所通过凤稻 14/合系 42 杂交选育而成的高海拔粳稻新品种，2010 年 9 月，通过云南省品种审定，2010 年品种权申请进入实质审查阶段。该品种株高 90cm 左右，茎秆粗壮，耐肥、抗倒，分蘖力强，剑叶直立，株型好；最高茎蘖数 50 万～55 万，每亩有效穗 38 万～40 万穗，群体较大时易出现喜鹊尾，每穗总粒数 95～105 粒，结实率 80%左右，籽粒卵圆型，颖壳秆黄色，千粒重 26～27g，穗粒重结构合理协调，丰产性好；全生育期 185 天左右，早熟；米粒外观品质 5 级，食味好；较抗稻瘟病、白叶枯病、恶苗病及稻曲病，耐寒性强，综合抗性好。适于在海拔 1 950～2 250m 稻区推广种植。现已成为云南高海拔稻区主推品种，年推广面积 15 万亩左右，亩产 600～650kg，推广应用成效显著。

2. 育成的新品系及表现。

①凤稻25。凤稻25（06－14）系大理白族自治州农业科学研究所通过银光//凤稻14/凤稻9号复合杂交选育而成的高海拔糯稻新品系。2009—2010年参加云南省及大理白族自治州中北部水稻良种区域试验，州区试6个试点2年平均亩产740.71kg，居第二位，较对照凤稻17亩增产76.83kg，增产11.57%，达极显著水平；省区试7个试点2年平均亩产686.7kg，居首位，较对照种合系41亩增产35.45kg，增产5.44%，被区试会议推荐为2011年生产试验种。该品系株型好，穗粒重结构协调合理，丰产性好；国标优质糯米；早熟；耐寒及综合抗性好，稳产、适应性较广。适宜在海拔1 950～2 250m稻区示范种植。

②凤稻26。凤稻26（06－16）系大理白族自治州农业科学研究所通过凤稻11///超级稻//凤稻12/鹤16复合杂交选育而成的高海拔粳稻新品系。2009—2010年参加云南省及大理白族自治州中北部水稻良种区域试验，州区试6个试点2年平均亩产698.2kg，居第四位，较对照种凤稻17亩增产34.4kg，增产5.18%，差异达显著水平；省区试7个试点2年平均亩产679.35kg，居第三位，较对照种亩增产28.10kg，增产4.31%，被区试会议推荐为2011年生产试验种。该品系株型好，穗粒重结构协调合理，丰产性好；白米，米粒透明，外观品质好，国标2级优质米；早熟；耐寒及综合抗性好，稳产、适应性广。适宜在海拔1 950～2 250m稻区示范种植。

三、高海拔粳稻育种技术分析

1. 育种目标的确定和正确实施是育种成败的灵魂。

育种目标必须紧密结合生产需求超前确定，紧扣“优质、高产、多抗、广适”这一主题，着力解决生产中的突出问题，同时，还需将良好株型、生态适应性、熟色熟相等作为育种目标的主要因子纳入考虑范围。因地制宜，瞄准需求，找准切入点，重点突破，制定科学可行的具体育种目标并正确实施，是育种成败的灵魂。

2. 种质资源创新和优异种质资源的有效利用是育种取得突破的关键。

种质资源创新和优异种质资源的有效利用是育种能否取得突破性进展的关键。在制定正确育种目标的前提下，只有加快稻种资源的引进评价，加强有利外源基因导入，充分利用外引优质资源，才能扎实解决云南高海拔粳稻稻米垩白大、垩白粒率高、整精米率低、品质较差、稻瘟病抗性弱等突出问题，推动云南高海拔粳稻育种取得新突破。

3. 加强多学科相互联合，运用科学育种途径和方法是育种成败的重要环节。

欲将早熟、耐寒、抗病、高产、优质、稳产、广适等基因组装在一起，实现高海拔粳稻育种目标，就必须加强多学科相互联合，将常规育种技术与高新生物技术有机地结合起来，实现优势互补互促，方能加速育种进程，取得突破性的育种成果。

4. 严格按育种目标要求，强化选择是提升育成品种档次的关键手段。

创造和丰富遗传变异是选择的基础，严格按育种目标要求，强化选择是提升育成品种档次的关键手段。只有通过各世代严格评鉴和连续定向选育，确保丰、抗、优、耐寒等优良性状的综合与集聚，才能实现育成品种综合性状优化、品种档次的提高。

5. 加强协作，扎实做好新品种展示是促进育种成果转化的重要途径。

育种和品种示范推广是一项复杂的系统工程，相互协作才能做强做大，协作网络的建设十分重要。育种单位要与生产、种子繁育、营销等部门建立良好的协作关系，只有通过多方位联合，实现育、繁、推一体化，将试验、示范、推广有机结合，才能有效扩大新品种影响力，积极促进育种成果转化。

（作者单位：云南大理白族自治州农业科学研究所）

坚持就是胜利　科技就是效益

李培兴　林毅先

2011 年 2 月，当人们还沉浸在春节的氛围中，踏着积雪走亲访友的时候，山东烟台市福山区高疃镇义井村口却是一派热闹的景象，这里客流如潮，他们不是来走亲戚的，而是被这里的草莓所吸引，来品尝北方“第一春果”。他们来自北京、上海等大城市，也有的来自大连、青岛等地，每年的这个季节，义井村都是这么热闹。村口不远处 100 多个冬暖大棚整齐地排列在道路两旁。尽管外边雪花飞舞，寒气逼人，但大棚里却春意盎然，绿叶婆娑，红果掩映，不仅吸引着人们的目光，也向人们传达着春天的气息，它带给人们的不仅是味觉的享受，更是精神的愉悦，这正是：二月大地寒意浓，胶东仙果花正红，香飘南国三千里，芳溢客来长城东。

据了解，福山区种植草莓历史悠久，技术成熟，这里的气候及土质为草莓的生长创造了条件。农业新技术的推广应用，让福山草莓锦上添花；政府重视，加大投入，福山草莓才有了生长的沃土。这里有一半的农民从事草莓种植业，草莓专业村数不胜数，尤其是近几年，绿色食品的发展与兴起，更让福山草莓闻名遐迩。

刘建民是高疃镇义井村一位普通农民，他从 1996 年开始种植草莓，至今已有 10 多年。今年，他种植的 4 亩大棚草莓纯收入 14 万元，成为农民致富的带头人。但在整个种植过程中，他却有着一段不平凡的经历。他说：“是党的富民政策，是农技推广人员的辛苦，才有我今天的成就。”

20 世纪 90 年代初，福山区政府为了发展农业，增加农民收入，把种植草莓作为农业发展的主要目标，这让刘建民看到了希望。因为当初在生产队时，他就管理过草莓，一是种植有经验，二是了解草莓的销售情况。于是，他就报名免费领取了半亩地的草莓苗“宝交早生”以及 500 元的扶持资金，自己投资 2 000 元，通过自己繁殖草莓苗，建起了占地 1 亩的草莓大棚，走上了草莓保护地栽培的道路。经过一年的努力，他的草莓终于上市了，当年收入 9 000 元。他更加肯定了自己当初的选择。他看到，人们的生活水平正在提高，消费意识和保健意识也在不断改变，草莓正在受到越来越多的人的喜爱。他坚信，草莓会有一个更大的发展空间。

第二年，草莓还没有移栽，福山区农技推广部门的草莓技术人员来村指导，传授草莓最新的种植技术：增铺黑地膜，铺设滴灌，增加垄高，由原来的

15cm 增加到 22cm。刘建民仔细听，认真记。会后，工作人员与他一起来到田间，整地起垄，30 多位农民现场学习。经过这一次培训和技术改进，草莓果亮泽宜人，商品价值大有提高。尽管 1 亩地投资增加了 1 000 多元，却能带来几倍的回报。

几年后，在一次技术培训中，老刘得知区里成功试种了一种草莓新品种——丰香，比目前栽种的品种果大，口感好，色泽亮，商品价值高，正在推广。凭着几年来对农技部门的了解与信任，他第一个报名，全部更换了新品种。新品种需要新技术，为此，区草莓专业技术人员与老刘没少费工夫，他们不分昼夜地蹲在地里，仔细观察出现的新情况，分析新品种对生长素的敏感程度。功夫不负有心人，艰苦的付出，终于给老刘带来丰厚的回报，他的草莓一上市，就被抢购一空，收入比以往增加了 50%，老刘与技术人员也结下了深厚的友谊。

在老刘的带领下，村里越来越多的人种起了草莓，几年的时间义井村就成了名符其实的草莓专业村。正当老刘与村民们沉浸在丰收的喜悦、准备扩大生产的时候，一场突如其来的自然灾害却在刚刚鼓起干劲的村民心头，浇了一瓢冷水。

那是 2003 年初春，正当草莓快要上市的时候，一场病害正在蔓延，草莓果及叶片上布满了一层白色的霉层，加上连续多日的雨雪，病害正呈扩散加重的趋势。早上，老刘刚走进大棚，眼前的场景让他目瞪口呆，他不知道自己的草莓得了什么病，一年的付出就要化为乌有！他马上打电话咨询，技术人员告诉他：他们已经了解情况了，并到棚里采集了样本送有关部门鉴定了，鉴定结果是草莓白粉病，全区 80%的棚都有不同程度的感染。他们已经与生产厂家取得联系，药品正在运送途中。

尽管采取了一些补救措施，但草莓品质、产量及价格却大打折扣，收入减少，草莓生产陷入谷底。很多人选择了放弃，老刘看在眼里，急在心里，难道自己钟爱的事业就要因此夭折？他不相信，心里更是不服气。

经过深思熟虑，老刘还是选择了坚持，并没有因挫折而放弃草莓种植。长期与技术人员耳濡目染，让他懂得了科学种田的重要性，技术人员的敬业精神也让他对草莓种植充满信心。因为他明白，有专业的技术人员做后盾，没有克服不了的困难。坚定了发展方向，行动也就有了目标，他配合技术人员分析原因，寻找解决问题的办法。经过摸索，他决定通过有关科研机构培植脱毒苗，再通过无毒苗繁殖草莓苗，看能不能解决问题。第二年，脱毒的草莓苗长势良好，但抗病性还是不理想，收效甚微。

经过一段时间的低迷、徘徊，老刘终于迎来了发展草莓的第二个春天。经农技部门广泛的考察、筛选，以甜宝、章姬为代表的第三代草莓新品种应运而生。这一品种不仅拥有丰香的所有优点，而且高抗白粉病，并适合长途运输。对于新品种，老刘是当仁不让，第一年试种，1 亩大棚收入 2 万元。这正印证了一句老话：坚持就是胜利。这句话看似简单，做起来却很难，这里面不仅需要勇气，更需要睿智。

为了扩大生产，老刘一下子把种植面积扩大到4亩，当初放弃种植草莓的人也都回来了，重新种起了草莓，草莓也为他们带来了丰厚的回报。2007年，福山区引进了水肥一体化草莓种植技术，在原滴灌的基础上，加上一套装置，让肥料随浇水而施入，减少了劳动量，节约了成本，更提高了生产效率。土肥部门与技术人员一起，来村授课并免费安装，受到了全村百姓的欢迎。

目前，食品安全问题越来越受到人们的重视，草莓产业要想健康发展，必须改善品质，提高质量。老刘带领百姓建起了沼气池，利用沼气照明，提高棚内温度，利用沼液、沼渣代替化肥，利用硫磺熏蒸发生器代替农药防治草莓多种病害，利用捕虫黄板、频振式杀虫灯代替杀虫剂捕杀害虫。这些措施既提高了质量，又增加了产量，一举两得。2009年，老刘组织120户农民成立了建民草莓专业合作社，走上了合作化、规模化、集约化生产之路。同年，向国家工商部门申请注册了“利民”商标，并取得了绿色食品认证。

为了扩大福山草莓的知名度，区政府抓住有利时机，加大宣传，在各大路口树立巨幅广告牌，举办各种各样的草莓采摘节，到国内多个大城市开展草莓推介会，刘建民作为农民代表，参加了福山草莓上海推介会。良好的宣传、上乘的质量，才让福山草莓有了本文开头的一幕。

2010年，福山区举办新型农民培训班，刘建民义不容辞地成为一名农民辅导员，在自己种好草莓的同时，又辅导其他农民种植，成为名符其实的农民技术员。

刘建民只是福山区成千上万草莓种植户当中的普通一员，其种植过程正是福山草莓业发展的一个缩影。他们在政府宏观农业政策的指引下，得以施展自己的才能。

（作者单位：山东烟台市福山区蔬菜站）

农技推广架起科技惠农的桥梁

李家赛　李德娟

秋风送爽，地处澜沧江畔的云南临沧市临翔区庄稼开始成熟，杂交玉米歪着大穗子，壮实的籽粒突破外壳的"束缚"向人们欢笑；饱满的稻穗把苗秆压弯，向辛勤的耕耘者点头致意。"要不是区、镇农技指导员三天两头到地里来指导我们科学种植，这玉米一季亩产上吨粮到那里去找？这丰收果里有农技员们的大半功劳呢!"博尚镇白家寨村龚武玲看着自家4亩高产创建样板地，深有感触地说。

2010年，临翔区继续被列为全国基层农技推广体系改革与建设示范县，赋予临翔区的根本任务就是通过体制改革和科技创新，把科技优势转化为产业优势，依靠科技示范和产业带动，推动山区农业实现可持续发展，为建设新型农业科技创新体系和农业科技推广新模式，支持边疆地区新农村建设，提供强有力的支撑。项目启动实施以来，在省、市有关部门的帮助下，临翔区政府加强领导，出台了项目实施方案，积极探索建立了"专家—农技人员—科技示范户—辐射带动户"的以基层农技力量为骨干的农业科技推广新模式，核心示范—周边带动—广泛辐射让越来越多的山区各族农民从中受益。

核心示范树典型

"科技入户给我们送来了财富，我家3亩高产攻关田的云油杂2号、德油早1号油菜田，今年实收1 225kg，亩产407.5kg，破了当地油菜高产纪录，平均亩产比上年增收57.5kg。"幕布村科技示范户李正荣谈起油菜高产攻关一脸笑容。

临翔区以项目实施为依托，建立健全考核评价机制，区农业局与100名技术指导员签订了聘任书和工作协议，聘请省、市、区19名专家负责技术指导，省、市专家包区，区级专家包乡，技术指导员包村联户，做到关键环节主动入户、突发事件及时入户、技术咨询随时入户，每个技术指导员进村入户一年不少于150天。按照建在产区、长期坚持、省内一流的原则，依托省、市专家优势，面向区域主导产业，在产业中心地带建立永久性的农业科技示范基地。示范基地集试验、研究、示范、推广为一体，使其成为专家、科研人员的"实验田"，建在农民家门口的"示范田"、农村科技人才的"实践基地"，农业信息的采集源和辐射源。

根据推广模式探索的总体思路与目标，结合临翔山区农业主导产业发展需要，在专家的指导下，该区建立了10个农业科技试验、示范基地，即博尚镇永泉村、幕布村，圈内乡斗阁村3个油菜试验与示范基地；凤翔街道南信桥村无公害蔬菜基地；凤翔街道昔本村、蚂蚁堆乡遮奈村、马台乡平掌村3个玉米试验、示范基地；宏发养殖场、新村王太华、博尚镇张绍国3个生猪养殖科技试验、示范基地，为全区农业产业科学发展树起了示范典型。

周边带动促增收

幕布村科技示范户李进安提起玉米高产创建感慨地说："我们这里往年种玉米，亩产一般250kg，自从开展科技入户、玉米高产创建以来，亩产逐年提高，有的还上了吨粮，示范田就在公路边上，从种到收，赶街的、参观的人总是络绎不绝。海禾14、云瑞6号等玉米高产良种通过高产试验、示范基地高新技术的示范，带动了远近的农户种植高产玉米良种。"

临翔区根据推广模式探索的总体思路与目标，选派了100名技术指导员分成6批（次）到省农业大学、省农业科学院、省农职学院参加油菜、生猪、玉米、蔬菜4个产业培训，2011年1月已全部培训结束。在此基础上，坚持高标准培植了1 000户科技示范户，分布在全区10个乡（镇、街道），按1∶20的要求，辐射带动了2万户农户发展油菜、蔬菜、玉米、生猪4个主导产业，通过开展科技入户指导、专题培训、现场培训、举办科技示范样板，4个主导产业示范推广取得了显著效果。

——油菜产业增产增收。今年，全区共种植油菜54 133亩，比上年52 966亩增加1 167亩，平均亩产202kg，比上年146kg增产56kg，总产量10 938.9t，比上年7 732.3t增产3 206.6t。300个示范户示范推广主导品种德油早1号900亩，完成计划任务100%，辐射带动周边6 000户农户推广种植早熟油菜13 127亩。经国家、省、市有关专家测产验收，示范户种植的油菜平均亩产240.4kg，比全区前3年平均亩产181.9kg增产58.5kg，增产幅度达32.2%。辐射带动户种植的油菜平均亩产221.7kg。科技示范户主导品种、主推技术入户率均达到95%以上。

——蔬菜产业示范见成效。100户示范户种植蔬菜224亩，经测产，示范户种植蔬菜复合亩产4 596.7kg，总产1 121.6t，亩产值9 193.4元，总产值224.32万元。示范户种植蔬菜亩产比辐射户种植蔬菜3 999.7kg增产597kg，增产幅度达15%；比普通户种植蔬菜3 280kg增产1 316.7kg，增产幅度达40.1%。

——玉米产业示范辐射带动广。今年，全区种植玉米11.18万亩，其中杂交玉米6.6万亩，优质玉米3.6万亩。300户玉米科技示范户，示范高产、优质玉米良种云瑞系列及其节本增效集成技术900亩，目前，已进入抽穗长棒阶段，长势喜人。

——生猪产业发展势头好。项目实施一年来，培植了300户示范户，年出栏生猪10～100头的农业科技示范户进行DLY商品猪标准化养殖，辐射带动了全区8 462户农户发展生猪生产。全区生猪存栏达281 637头，比项目建设前249 869头增长31 768头，增长11.3%；出栏生猪187 594头，比项目建设前增长17 861头，增长10.8%。生猪产值达1.76亿元，比项目建设前增加1 795万元，增长11.2%。主导品种DLY商品猪在全区的覆盖率达60%，生猪高效养殖技术、生猪人工授精技术和动物重大疫病综合防治技术应用率达100%。

广泛辐射惠民生

临翔区充分发挥试验示范基地的培训平台作用，根据区域产业发展和市场需要，结合农民的技术需求，采取多种形式，对农村基层干部、基层农技人员、科技示范户和农民进行先进实用技术培训，为区域现代农业发展和新家园建设提供人才保证。全区100名农技人员进村入户，深入田间地头，采取集中培训、分户指导、实地考察、观摩交流等方式，手把手地对1 000户农业科技示范户开展各项产业技术指导、宣传、培训等服务，全年共开展各项农业技术培训及观摩100余场（次），培训7 000多人，编印发放各种技术宣传资料2万份，1 000户示范户共辐射带动了2万户农户，新型农民科技培训面不断扩大，进一步增强了科技示范户科技意识，科技示范户辐射带动作用显著。

为把10个农业科技试验示范基地建设成为新品种、新技术试验示范基地、农业标准化生产基地、农技人员和农民科技培训基地、农情信息采集和传播基地、大中专院校毕业生实习和就业创业基地、现代农业产业技术示范基地，临翔区引进多个新品种进行试验示范，发挥基地的辐射带动作用。油菜基地开展3414肥效试验1组、3414肥效校正试验1组、高产攻关样板（10亩）及百亩核心区建设，开展品种展示1组、展示品种22个；蔬菜试验示范基地开展烤烟地套种蔬菜试验示范10亩，并结合测土配方施肥项目开展烤烟地套种萝卜3414肥效试验1组；引进番茄、黄瓜、白菜、萝卜4类18个新品种进行试验示范。3个生猪标准化养殖基地引进大约克、长白猪纯种猪，洋二元母猪等开展生猪高效养殖示范。玉米试验示范基地开展玉米新品种展示，展示品种有云瑞68、贵单8号、海禾30、罗单6号、雅玉719、海禾17等共23个品种。

临翔区以10个农业科技试验示范基地为“大本营”，正积极构建新型社会化农村科技推广服务体系，带动全区现代农业创业与服务；加快农业科技成果转化，提高产业化示范水平；集聚和吸纳省、市、区农业科技成果和人才，提升科技创新能力，为临翔区农业现代化注入新活力。

探索还在继续。临翔区通过基层农业技术推广体系的改革与建设，实现了农技人员、科技示范户和普通农户的有效连接，构建了科技人员直接到户、良种良法直接到田、技术要领直接到人的快速转化通道，建立起项目资金补贴，人、财、物直接进村入户的推广新机制，从根本上解除了农技推广“最后一公里、一道坎”的障碍。马台乡平掌村科技示范户深有感触地说：“在山区，科技入不入户大不一样，技术员深入农家、地块，送技术、送良种，给我们送来了财富，消灭了贫困。”

（作者单位：云南临沧市临翔区农业局）

弥川涌动科技潮

何　云

农民农闲时学科技，这不是什么新鲜的话题。但在 2010 年 12 月弥渡县农业技术推广中心开展的科技培训活动中，农民学科技的热情，着实让人感动。

学科技，甘愿当“走读生”

每年春节前后，云南弥渡县农业技术推广中心都要搞几次大规模的授课，请各乡镇的农技指导员带着各村的科技示范户和种粮大户来听课，每期 3 天，食宿费用全免。能容纳 130 人的县农业局大会议室做教室，计划培训 120 人。等到开班那天，教室里挤了 160 多人，教室两侧的过道里加了方凳，那也坐不下，有几个农民就在教室门口伸长脖子听，人多的时候，教室外面的走廊都站满了人。多出来的这些人都是听到消息后来听课的，不享受“正规学员”食宿费免费的待遇。他们每天听课要赶五六千米的路程。

上午 10 时，是教师与农民互动时间，一群农民忽地围住了讲台上的老师，七嘴八舌地提着问题。老师是弥渡县农技推广中心从大理白族自治州园艺站请来的高级农艺师赵昆，是全州有名的茶叶专家。教室门口，弥城镇谷芹村村委会副主任孙永高对着手机大声地嚷着什么，一问才知道，他们村 2 个农民知道他来听课，给他打电话让他占个座，他笑着说：“赶紧来吧，晚了连教室都进不来了！”

科学种田老中青

印象中，种地明白人多数是成年男人，可在农技推广中心的培训课堂上，男女老少都有，这个突出的变化，与青年农民外出打工增多有很大关系。

在农技推广中心的洋芋种仓库里，家住寅街镇武邑村的饶会仙领着几个村民来选脱毒洋芋种子。她已经 46 岁了，家里一个女儿、一个儿子在祥云县祥华中学读书，老公在外做建筑工头，家里的田就她一个人种，今年收入近 4 万元。她不但是家里种地明白人，在村里种地也是数得着的，村里很多人买种子的事都是她出头张罗，说起洋芋生产，她满嘴种洋芋的“行话”，改变了人们对农村家庭主妇的印象。

这些种地明白人都是经过多年的培训练出来的。弥渡县农业技术推广中心除了举办这种集中培训班以外，过几天还要派出 8 个科技挂钩小组，奔赴全县 8 个乡镇，结合农时讲课，那时参与的农民面更大、人更多。去年，他们召开集中科技培训会 47 场（次），发放技术资料 6 106 份，培训农民技术骨干2 716 人（次），到乡、村巡回广播培训 1 000 多次，足迹遍布全县各个乡镇，培训农民达 14 万多人（次）。

学习科技为增收

弥渡县新街镇史官厂村鲁文智半辈子都以土地为生，一家 4 口，承包土地 3.8 亩。由于他勤奋好学，多方争取，成为基层农技推广体系改革与建设示范县项目的科技示范户，在农技人员陈金亮的指导下，他于去年大春种植烤烟 2 亩，种植制种包谷 1.8 亩，种烤烟 2 亩投入了翻耕、化肥、农药、燃料、水费等 3 390 元，交售烤烟收入9 400元；种植制种包谷 1.8 亩，共投入各种费用 730 元，销售种子收入 3 960 元。大春两种作物共投入 4 120 元，收益共计 13 360元，扣除直接成本后净收入 9 240 元。小春种了 2 亩大蒜，1.8 亩大麦。2 亩大蒜共投入各种费用 4 110 元，销售蒜薹收入 8 200 元，卖蒜头收入 3 000 元；大麦 1.8 亩共投入直接生产成本 720 元，收获大麦 950kg，每千克以 3.0 元计算，收益为 2 850 元。小春两种作物共投入 4 830 元，收入为 14 050 元，扣除直接成本后净收益 9 220 元。鲁文智一年两季种植 4 种作物，净收入达到 18 460 元。

实施项目，推广科技促增收

走进县农技推广中心土壤实验室，4 个穿着白大褂的工作人员正在紧张地忙碌着。中心潘志华副主任说，弥渡县是 2009 年测土配方项目续建县，今年计划为测土配方项目的“3414”试验检测 800 份土样，明年和后年将再测 2 000个土样，逐年提高免费为农户测定土壤样品数，使弥渡县 22 万亩耕地在施肥上全都符合科学要求，达到节本、增效、促增收的目标。

以服务促推广，以推广促增收，这是弥渡县农业技术推广中心的经验。近年来，他们一直坚持走自我完善、持续发展之路。目前，中心以科技为动力，以培植产业发展为重点，以增加农民收入为核心，大力开展各种科技培训，举办多种高产创建，为弥渡县农业发展提供强大的技术支撑，成效日益显著。

2011 年，推广中心在红岩、新街、弥城、苴力 4 个乡镇的 10 个行政村推广示范了一个春洋芋新品种，共 57 亩，尽管处在洋芋价格下滑时期，但由于商品质量好，受到客商的青睐，依然实现了每亩增收 287 元。2009—2010 年，弥渡县开展水稻高产创建 5.3 万亩，共计增产稻各 370 万 kg 以上，项目区农户增收 1 204 万元，其中 2009 年水稻高产创建百亩示范方经云南省农业厅实收测产，平均亩产达 988.77kg。

改革创新，让弥渡县农技推广中心充满活力。2011 年小春，中心圆满完成了试验、推广、示范项目 27 项。通过实施科技项目，让农民得到了优质良种，得到了技术服务和信息服务，签订了高价销售水稻种的订单合同，实现了农民和科技推广部门双赢的目标，形成了“以科研院所＋农技推广中心＋农户＝基地”的一条龙联合体。

弥渡县农业技术推广中心的科研基地和种子繁育基地共有 2 700 亩，种子由中心统一提供，划定区域，有专人巡回指导生产，对病虫害进行统防联防，后期有科技人员和村组干部组织农户进行去杂去劣，并以高出市场价对水稻和大麦种回收。2010 年 8 月至 2011 年 4 月，共收购水稻种和大麦种 640t，使基地农户增收 20 多万元。

学科技、用科技已成为弥渡县农民的共同理念。日新月异的科学技术，让弥渡农业插上了腾飞的翅膀。

（作者单位：云南弥渡县农业技术推广中心）

实施富民工程　培植支柱产业

严国平

南城县地处江西东中部，武夷山西麓，红壤丘陵地区，气候温和、雨量充沛、空气湿润、光照充足、无霜期长。全境总面积 1 697.97 平方千方，拥有耕地面积 35.7 万亩，其中水田 31.2 万亩，旱地 4.5 万亩，素有“七山半水一分半田，一分道路和庄园”之称，是一个丘陵山区农业县。全县总人口 31.5 万人，其中农业人口 23.3 万人，2010 年农民人均纯收入 6 000 元。

南城县历来是蜜橘的主产区之一。南城蜜橘因悠久的栽培历史、优良的品质、独有的地缘特色，已成为当地的一大地方特色产品。2007 年，江西抚州市委、市政府出台了《关于加快南丰蜜橘产业发展的意见》，在全市启动了南丰蜜橘“双百工程”建设，对加快南城县蜜橘产业化建设进程有着极其重大的推动作用。县委、县政府对“双百工程”的实施高度重视，加强了对蜜橘产业化建设的领导，制定了切实可行的实施措施和扶持政策，蜜橘产业化建设得到快速发展。目前，全县果业面积 32 万亩，2009 年水果总产 26 万 t，其中，蜜橘总面积已达 25 万亩，总产达 23 万 t，蜜橘产值突破 4 亿元，果业总产值占农业种植业总产值 36%，成为农业种植业中仅次于水稻的第二大经济增长点，实现农民人均增收 1 600 元。

一、“双百工程”打造蜜橘飘香的新农村

1. 富民：扶持推动结硕果。

为了打造柑橘强县，南城县结合自身实际，科学规划了南城柑橘产业“225 工程”战略目标，即通过 5～6 年的努力，实现蜜橘产果面积 20 万亩，产量 20 万 t，产值 5 亿元。为此，全县加大了信贷支持、财政投入和吸引外资的力度，每年筹集 500 万元蜜橘发展资金，用于苗木繁育基地建设、苗木补助、橘园基础设施建设及技术推广服务等。

与此同时，南城县加大了蜜橘开发考核力度，从开发面积、开发质量、果园管理、技术推广、资金筹措、果品营销等方面对乡镇进行严格考核。各乡镇形成一把手亲自抓、负总责的工作机制，确定了 1～2 名专职人员负责蜜橘产业建设。县四套班子领导分别挂扶一个 200 亩以上的蜜橘丰产示范点，乡（镇）主要领导和有关部门负责人分别挂扶一个 100 亩以上的蜜橘丰产示范点，

村主要负责人分别挂扶一个 50 亩以上的蜜橘丰产示范点。通过层层抓点示范，带动了全县包括蜜橘在内的柑橘产业发展。

通过政策推动、政府扶持，南城县各地蜜橘栽种都跃上了新台阶。上唐镇上舍村，10 年前人均年收入不到 500 元，是远近闻名的后进村。近年来，该村以蜜橘栽种为致富突破口，现在该村蜜橘栽种面积已达 2 800 余亩，总产量超过 300 万 kg，单项收入占年总收入的 80%以上，人均 6 000 元，变为远近闻名的富裕村。

2. 带动：一花引来百花开。

为了使全县农民投身到蜜橘栽种中去，南城县发挥榜样的作用，推出各种类型的示范带动。

一是商贾大户带动型。南城县房地产开发商贾建宾于 2003 年投资 300 多万元，在株良镇泷油村租赁 600 余亩荒山建立了“白云山庄”，进行蜜橘综合开发，今年他的果园总产量超过 80 万 kg，收入 160 多万元。预计明年总产量可达 100 万 kg，产值近 300 万元。

二是农技人才带动。学农出身的朱博，大学毕业后分到包坊乡政府工作，2000 年“主动下岗”，开发荒山种蜜橘 800 亩。2005 年 5 月，他牵头成立南城县柑橘协会，先后有 100 多个村近 5 000 户果农加入了协会，从而带动了全县蜜橘开发。

一花引来百花开，在种植榜样户的带动下，全县已有千亩连片果园 5 个，面积 2 万亩；500 亩以上果园 30 个，面积 3 万亩；100 亩以上果园 280 多个，面积 5 万亩。全县从事南丰蜜橘产业建设的农户达 1 000 户，占南丰蜜橘产区农户数的 40%。

3. 绿色：打造发展生命线。

南城与南丰毗邻，均属于典型的红壤丘陵地区，全县有宜林（果）荒山面积 47.8 万亩，土壤成熟度高，土层深厚，盱江、黎滩河和芦河三条河流形成较为开阔的冲积土壤，为蜜橘生长提供了得天独厚的自然条件。

在长期的栽培实践中，南城柑橘种植大户还逐渐形成了生态、绿色等无公害柑橘栽培理念，他们用绿色打造了一条柑橘发展的生命线。目前，南城县上唐镇百子亭小流域的 4 000 亩无公害蜜橘标准化生产基地建设在省农业厅的大力指导下，正接受认证、检查、验收。在贾建宾“白云山庄”的“鱼—猪—果”生态立体种植基地，江西农大园艺系原主任邓毓华教授给出了果园选址好、土壤条件好、灌溉水质好、建园质量好、基地管理好的“五好”评价，基本上达到了速生优质丰产的栽培要求，符合绿色食品生产标准。

为确保柑橘品质，南城县正在打造柑橘产业航母——建立和完善万亩无公害标准化蜜橘生产基地，改变品种随意种、农药随意打、果子随意摘、市场随意进的无序状态，并积极申报出口基地、注册商标，争取以自己的品牌早日走进国内大城市的超市，并走出国门。

4. 技术：栽培模式标准化。

强化技术服务是推动南城县蜜橘产业化建设的关键。在技术推广服务方面，我们在蜜橘生产的各个关键环节都及时举办技术培训班，县、乡技术人员下到橘园进行现场指导。全年县、乡共举办培训班200余期，印发培训资料3万余份。为了更好地开展技术服务，我们通过联合开发、租赁、技术指导等形式，引进技术人才，2009年全县共引进南丰县技术人才150余人，从而大大提高了南城县蜜橘的栽培管理水平。在质量方面，南城县大力推广了蜜橘无公害栽培模式，把质量放在蜜橘生产的重要环节来抓，质量意识得到普遍增强。在提升效益方面，南城县主要是通过市场开发，实施优质优价，在借助南丰县现有市场的基础上，开发具有本县特色的蜜橘销售途径，最大限度提高蜜橘的经济效益。

二、直面市场，打造蜜橘发展的新特色

面对当前南丰蜜橘市场疲软的实际，南城县积极应对，采取调优结构、标准化建园、产后加工等措施，2009年出现了新的发展特点。

一是推广种植早熟品种“十月红”，调优品种结构，拉长蜜橘鲜果供应期。全年新栽植“十月红”10万株，栽培面积2 500亩。全县建立了10个品系园，为蜜橘品种改良、品质优化打下良好的发展基础。

二是进行高接换种。在里塔、上唐、新丰街等乡镇进行蜜橘高接换种1万余亩。

三是进行橘园标准化建设。橘园标准化建设要求产量稳定，达到经济产量2～4t/亩；果品品质达到品种特性要求，并符合无公害水果质量标准，商品果率95％以上、优质果率80％以上。南城县启动了蜜橘园标准化建设，在上唐百子亭小流域进行了4 000亩的橘园标准化建设，按照上级要求，树立了一个标准园标牌，搞好了一张标准果园示意图，建立了一个标准园生产档案，建立了一套标准园管理制度，制定了一个标准园验收方法，从而使南城县蜜橘标准园建设得以顺利实施。

四是进行蜜橘深加工。针对目前南丰蜜橘卖难、价格低的现状，南城县江西博君生态农业开发有限公司为探索蜜橘的深加工，正在筹备利用南丰蜜橘生产果醋的项目建设，为南城县以至全市的蜜橘销售带来新的希望。

（作者单位：江西南城县农业局）

农技推广四十载　汗洒沃土终不悔

石永惠　李晓玲

2011年8月2日早6：30，天还在下着蒙蒙细雨，这时，杨士铭的手机和家里电话相继响了起来，打到手机上的是大李村党支部书记马师杰，打到家里电话上的是大李村村民刑德茂。他俩打电话说的是一件事——大李村东打靶场1 000多亩玉米，最近不知为什么不同程度地出现了黄叶现象，尤其是刑德茂等6户村民的玉米发病较严重，他们请求杨站长赶紧去看一看，找找病因，想想办法。

“老头子，你吃了饭再去吧!”老伴喊声未落，杨士铭已经推着摩托车匆匆出了院子。这种情况对他来说，早已是家常便饭。山西侯马市张村乡农技推广站站长杨士铭自1972年从事农业技术推广工作以来，40年如一日，不论数九寒天、酷暑炎夏，哪里需要就去哪里，在张村乡10个村的田间地头、果园菜地、养殖场到处都留下了他的足迹，大家在农业生产上一遇到问题就会想起他。

推广新技术，转化新成果，促进科技兴农

杨士铭在工作中注重结合侯马市当地生产实际。20世纪70年代，他重点推广了棉花高密矮化栽培技术，草蛉、赤眼蜂、以瓢治蚜病虫害生物防治技术和晋麦系列的优良品种推广工作。80年代重点试验示范推广了汾河滩盐碱地棉花地膜覆盖一播保全苗技术、良种良法配套、小麦和棉花叶龄指标模式化栽培、小麦叶面“三喷”、农作物配方施肥技术。90年代，他先后承担了省“双四”、“双五”、“双六”工程的试验推广项目。进入21世纪，他与时俱进，不断充实自己，结合生产实际，大面积推广小麦氮肥后移技术、水地小麦产量与品质同步抗逆栽培技术，宽幅播种、旱地小麦地膜覆盖、小麦玉米秸秆还田、节水灌溉、棉花关键期综合管理技术以及粮、棉、瓜、菜立体种植，温室大棚蔬菜栽培，枣粮间作等技术。为了解决当地农业生产中遇到的一些疑难问题，杨士铭多次跑太原、去山东等科研单位请教相关专家，同时引进了更先进的农作物栽培管理新技术、新品种，积极培育引导科技示范户更新观念，调整种植结构，40年间，他所推广的多种农业科学技术成功率达96.5%。

近年来，山西省委、省政府将“一村一品”定位为全省加快发展特色现代

农业的切入点和总抓手。杨士铭结合当地农业产业发展实际，在新开发的万亩汾河滩发展设施农业，指导农民在小里河滩发展千亩葡萄园，在观庄河滩发展千亩莲菜池，在观庄、西里坡上建立第5代日光温室大棚，依靠适用科技发展现代农业，提高农业生产效益。在他的帮助指导下，2010年小里河滩1 260亩葡萄每亩平均收入8 260元，其中科技示范户每亩收入达12 400余元，销售总收入达780余万元。观庄、西里2个村建成连片占地500余亩第5代有机蔬菜日光温室大棚68个，杨士铭帮助他们引进先进的生物有机肥施用技术，生产绿色有机蔬菜。用他的话说，一个村子将一个有市场潜力的产业做大做强，这便是典型意义上的"一村一品"。这里的地域优势、特色优势、专业优势正在形成产品优势，张村办事处的"一村一品"、"一乡一业"的发展方向越来越清晰。

耐心咨询，热情服务，为农民排忧解难

1990年，杨士铭为加快新技术、新成果的推广步伐，在乡党委、乡政府的全力支持下办起了"张村乡农科技术咨询服务部"，他以咨询服务部为窗口热情接待群众，热心搞好咨询。每天到乡政府办事找杨士铭的农民最多，一天少则五六人，多则七八十人，农忙时经常顾不上吃一顿囫囵饭。群众来时，手里捏着几株病苗，有时揣着几片病叶，还有时手里提着个小瓶瓶，里面装着些小虫虫，他们的问题千奇百怪，无所不包。他总是热情接待，他把抽象深奥的理论知识转化为老百姓的语言，通俗易懂地解答来访群众的问题。但有时遇到拿不准或弄不清的难点，他绝不搪塞应付，总要查查书本，找找资料，或者请教专家教授后，然后再给群众解释清楚，使乡亲们带着希望而来，满意而归。农民高兴地说："咨询服务部，治病又治虫，及时又准确，是咱庄稼的好诊所"。

抓培训，供信息，引导农民学科技用科技

一花独放不是春，百花齐放春满园。杨士铭为普及农业科技知识，提高当地农民的科技文化素质，在他的积极建议下，乡党委、乡政府成立了张村乡科技培训中心，购置了桌椅、教具，制订了培训规划和年度计划，想方设法邀请农业专家来张村乡举办讲座，组织农民参加了小麦、棉花、玉米、大豆、油葵、蔬菜大棚、果树栽培、家禽家畜养殖技术等多个专业培训。

在当今知识经济的时代，信息是继材料和能源之后的第三大资源，杨士铭深知农业信息对农业生产和增加农民收入的重要意义。他现在除了保持一贯"老传统"——按农时节令，利用广播、电视、板报、宣传单、村信息发布栏等形式宣传讲解动植物疫情防控、病虫害防治、作物栽培管理技术外，近几年

他还利用互联网学习传播新科技，利用侯马市张村乡政府网这个平台为农民及时发布实用科技信息。他先后在政府网科技信息专栏发布了许多诸如棉花花铃期施肥有讲究、棉花株高蕾少是何因、棉花红蜘蛛的发生与防治、夏季如何控制棉花疯长、8月蔬菜田间管理要点、秋冬养猪要防急性风湿病等通俗易懂、紧跟农时、及时实用的信息，深受农民好评。

40年间，他培育了160多个科技示范户，38名农技推广带头人。他每天巡回在田间地头为群众进行技术指导，先后骑坏了5辆自行车、3辆摩托车，累计推广实用技术230余项，发布科技信息560余条，帮助建成农民专业合作社13个，其中1个农民合作社荣获山西省级“示范社”，先后扶持6个村作为调整农业产业结构示范村，其中建成3个“一村一品”特色村，为农民直接增收3 200余万元。杨士铭说：“将来我退休了，只要乡亲们需要我，我就不休息!”

（作者单位：山西侯马市农业委员会）

让科技与服务成为效益农业腾飞的双翼

蔡娜丹

金秋十月，田园飘香，三北大地又将迎来一个丰收的季节。作为一名与慈溪农业心脉相连的农业人，在农业技术推广岗位上度过了10余个春秋，慈溪农业日新月异的发展速度，高效农业遍地开花的发展态势，足以让人感到自豪。2010年，浙江慈溪市农业总产值达到55.77亿元，按可比价格计算，比上年增长5.3%，土地流转与规模化建设、现代农业综合示范区建设、创汇蔬菜产业等发展取得了显著成就。

慈溪现代农业的发展成果是农业科技发挥的巨大作用，是一代代农业科技工作者不断开拓创新、服务"三农"、奉献"三农"的心血结晶。在新的历史时期，慈溪农业产业如何摆脱现有格局，开拓崭新的局面，促进农业产业转型升级，构建一个与新时期发展相适应的农业产业结构，需要每一位农业技术推广人员和农业生产者共同奋斗，把新的技术、新的农业科研成果直接在生产中得到转化，将前人创造的业绩作为起点，高瞻远瞩，创新创业，转变模式，为效益农业发展插上腾飞的双翼，促进慈溪农业产业的新崛起。

促进效益农业的发展，科技应用贵在于"新"

科技发展日新月异，农业科技的创新与应用是农业生产者的技术装备，是农业发展的动力，更是一个个农业生产基地、农场得以立足的技术支撑。作为一名农技人员，亲眼目睹科学技术给农业生产带来的高产、高效，更能深切地体会到科学技术的重要性。要实现农业产业的高产、高效，农业生产主体发展壮大，只有依托科技的力量，发挥技术人员的纽带作用，才能实现新的跨越，带来根本性的转变。

慈溪市友谊农场曾是慈溪市众多农场、众多基地中名不见经传的小型农场。农场周场长文化程度不高，向来遵循着原有的种植模式，种植作物品种陈旧、结构单一，种植效益总也得不到明显提高。然而，在全市的现代农业建设大潮中，在市农业技术推广人员开展的联户指导中，周场长逐渐认识到农业科技的重要性，及时转变生产思路，加快以新品种、新技术为主的农业科技应用，扩大种植规模，增加设施大棚的投入，通过上网查询、参观考察、电话联络等方式，与上海惠和等种业公司建立了紧密的合作关系。该农场自2008年至今，共引进试种、示范新品种50余个，主要品种范围涵盖了黄芯大白菜、花椰菜、西兰花、蚕豌豆、观赏南瓜、茄果类等作物，其中超绿豌豆、巨福南瓜、依紫千红花椰菜、世农2号黄芯大白菜等品种试种效果较好，经济效益比常规品种增加1倍以上，成为该农场品种结构调整的优新替代品种。

在三北大地，有许许多多像周场长一样顺应时代发展潮流的农民领头雁，将农业这一原有的弱势产业发展壮大。高新农业技术示范园区、农业加工龙头企业、农业专业合作社、农民购销大户如雨后春笋般涌现。他们的出现，改变了原有种植规模小而分散、生产技术含量低、靠天吃饭的被动局面，极大地提高了农业科技含量和种植业的经济效益，进一步开拓了销售渠道，降低了市场风险，将自产自销、自给自足的小农业彻底打造成熠熠生辉的大农业。

促进效益农业的发展，农技服务贵在用“情”

农技人员与农民群众息息相关，鱼水情深。要真正达到农业科学技术的推广应用效果，只有技术人员真情相对，付出真情与爱心，将心比心，做农民朋友的贴心人，才能为广大农民群众所接受，技术推广与联户指导才能顺利进行。要成为一名被农民群众所喜爱的技术人员应做好以下几个方面的工作。

一是勤下地头，掌握农民群众的生产情况。要将田间地头作为自己的主要办公场所，多走村入户，多到生产田调查，随时了解生产动态，随时帮助农户解决生产难题。尤其是遇到突发灾害时，更要随时开展技术帮扶。

二是要真正将农民朋友当作自己的朋友。不要把农民朋友当作简单的技术推广的接受者，要充分了解农户心中的所忧、所喜、所虑，根据实际情况区分对待。要与种植户多沟通交流，从小处着眼，关心其生活状况，力尽所能给予帮助，才能赢得他们的真心。

三是要创新农技服务模式，借助多媒体、多渠道进行技术推广和信息传递。要充分发挥农业网站、电视专题节目、农技短信、农民信箱、农村信息报等多种传播媒介开展技术指导，宣传支农政策，发布农产品市场信息，提出当前农事指导意见。还可利用各种信息传递途径如实反映农情，真心为农民鼓与呼，达到双向交流的效果。

四是要努力提高自身技术技能，增强为农民服务的能力。积极参加上级科研部门举行的各种培训辅导，更新自身的知识，以更好地履行为农民服务的职责。

（作者单位：浙江慈溪市农业技术推广中心）

让农民群众的笑容更灿烂

马廷福

金秋九月，走进云南大姚县乡村的田间地头，映入眼帘的尽是一片片金灿灿的稻谷和玉米，辛勤耕作了一年的农民，在此刻更加地忙碌。汗水在挥洒，但心中洋溢出的却是收获的喜悦。同样喜悦的，还有农业科技工作者。近3年来，大姚县通过实施测土配方施肥、农业部粮食高产创建与玉米技术体系建设等项目，水稻、玉米等粮食作物实现大面积增产，尤其是玉米产业发展迅速，亩产连创新高，带动农民持续增产增收，大姚县的农业发展正一步步迈上新的台阶。

大姚县是一个典型的山区农业县，全县辖12个乡镇129个行政村，总人口28.9万人，其中农业人口占91.5%；耕地面积25.2万亩，其中水田12.4万亩，占49%，旱地12.8万亩，占51%；农业人口人均耕地0.9亩。全年粮食作物种植面积35.41万亩。大姚县2009—2011年玉米种植面积分别为6.8万亩、7.2万亩和7.28万亩。2009年之前，栽培的主要品种有会单4号、屯玉7号、海禾1号、长城799等。主要栽培方式为塘播或条播，部分地区育苗移栽，土壤瘠薄，施肥水平有较大差异，中耕管理多较为粗放，生产成本投入高而收益小，种植方式为净作或间套作，病虫害较为严重。2009年之前，全县玉米平均亩产仅为400kg以上。一代又一代农业科技人员为了有效提高玉米单产，增加粮食产量和农民收入，辛勤地工作、默默地奉献，付出了巨大的心血和汗水。

2009年，农业部将实施粮食高产创建作为稳定粮食产量、保障国家粮食安全而采取的一个“大动作”，在全国开展实施。同时，云南省开始在全省部署实施现代农业玉米产业技术体系建设。大姚县按照农业部和省、自治州的部署及要求，被列为两个项目的实施县之一，在各级政府和农业主管部门的领导下，克服严重干旱等自然灾害不利因素的影响，科学合理规划布局，将全县12个乡镇的玉米主产区都纳入了示范推广范围，按照百亩核心攻关、千亩集中展示、万亩示范带动的模式要求，集中打造规模连片示范区，并辐射带动周边玉米产区，强化项目建设重点，加强项目管理，集成推广高产品种和配套栽培技术等措施，全力开展项目实施，促进了全县农业技术集成，实现了良种良法配套，辐射带动大面积增产，成为粮食增产、农民增收的强大“助推器”。

1. 科技先行，宣传引路，服务保障，让农民种田无忧。

全县组织玉米技术专家，通过总结全县多年玉米栽培经验，研究制定了《大姚县玉米高产栽培技术规程》，并印发到全县。选用高产、优质、抗病、中熟的玉米良种屯玉7号、北玉16、云瑞88、云瑞8号、潞玉6号等品种示范推广。按照县有专家组、领导组，每个示范片有行政负责人和技术负责人，村有技术人员的要求分片负责，人员全程到位。各乡镇农技服务中心通过举办培训班、技术咨询、发放技术资料、组织户长会、农技人员深入项目区田间地头进行帮扶指导等多种形式，将品种特征特性及配套栽培技术培训到户，组织全县各乡镇农技推广人员、种子经营户和农户现场观摩玉米高产示范区、新品种展示区，邀请省、自治州专家现场指导，让农民群众真正掌握玉米高产栽培技术，确保了良种、良法、良肥配套。同时，全县充分利用电视、广播、报刊、网络等信息媒介对农业科技推广工作进行宣传和报道，在项目核心区树立规范标志牌等，进一步扩大了宣传效应。

2. 学科技、用科技，为全县玉米育种与新品种引进、示范、推广带来催化和提升。

以实施玉米高产创建、玉米体系建设等项目为依托，大姚县投资建设现代农业育种温室，实现玉米育种由一年一熟变一年两熟、一年三熟。提速玉米品种选育鉴定，并将选育出的玉米新品种陆续投入生产试验鉴定，加快了全县玉米新品种选育步伐。同时，通过引进玉米新品种在全县种植，观察、鉴定和筛选出适合大姚县种植，丰产性、抗逆性等性状较好的优良玉米新品种，为今后的推广种植打下坚实的基础。

3. 学科技、用科技，锻炼和展示了农业科技人员队伍。

通过建立考核奖惩机制、定期对农技人员开展技术培训、加强与其他项目县的工作经验交流等方式，调动了农技人员的创造性与积极性。比、学、赶、帮、超的热潮在全县农业科技人员中掀起，一批批的年轻科技人员在参与具体的项目实施工作和科技推广工作中成长起来，多人被省、自治州、县委和县政府及各级农业主管部门表彰奖励，建立起了一支高素质的农业科技队伍。

通过学科技、用科技，大姚县的农业发展实现了六个“结合”：与农民增收相结合，与粮食安全相结合，与产业化经营相结合，与行政推动和技术落实相结合，项目与项目之间互动的有机结合，与提高农民的科技素质和科学种田水平相结合。同时，大姚县的农业发展实现了“八化”，即种植规模化、品种优良化、施肥配方化、灌溉节水化、作业机械化、栽培规模化、生产标准化、管理现代化。

4. 科技措施是否落到实处，产量说了算。

2009—2011年，是大姚县自然灾害频发的3年，尤其是2010年，大姚县遭遇了百年未遇的严重干旱，给农业生产带来了极大的影响。但事实证明，通过各项科技措施的落实，全县的农业生产经受住了考验。2010 年 9 月，由云南省农技推广总站、楚雄彝族自治州农业局、楚雄彝族自治州农业科学研究所领导和相关专家组成的粮食作物高产创建验收组对大姚县玉米高产创建示范区进行了测产验收。在县级自测、自治州级复测的基础上，再实地抽测。测产结果：高产创建 2 片百亩核心区平均亩产达到 777.1kg、2 片千亩展示区平均亩产达到 736.8kg、2 片万亩示范区平均亩产达到 675.4kg，全县最高亩产达到 847.9kg。

5. 农民是否增收，效益说了算。

“双增”让农民品尝了丰收的喜悦。以 2010 年为例，通过实施玉米高产创建与玉米体系建设项目，据统计，全县项目实施的万亩示范区玉米平均亩产比非项目区常规种植玉米田块亩产增 76.9kg，可增产粮食 307.6 万 kg，按同期商品玉米可比价格计算，能增加收益 600 余万元。增产，让农民得到了实实在在的实惠。

6. 整合资金投入，补贴发放到户，实现节本增效。

通过整合玉米高产创建、玉米体系建设、农业部测土配方施肥等项目，建立以农民投入为主、政府扶持为辅的投入机制，充分发挥财政资金的使用效益，保障资金的投入，对项目区农户给予种子、化肥、农药、地膜等物资补贴，平均每年每亩补助折合资金约 100 元，有效地缓减了近年来农资价格上涨给农民群众带来的压力，实现了节本增效。在投入补贴的同时，严格使用与监管投入资金，确保每一分钱都用到农民群众的农业生产之中。农民种地的积极性得到了极大的提高，效益明显提升。

如今，在大姚县学科技、用科技的理念已经深入民心，但作为农业科技工作者，我们肩上的重担却仍未放下。我们要做的就是引领群众向“双增”更高目标迈进，让农民群众脸上的笑容更加灿烂。

（作者单位：云南大姚县农业局种子管理站）

闪耀在田野里的星光

——怀念技术指导员张邦明同志

马 烈

张邦明同志生于1954年4月，1975年高中毕业，1976—1978年在云南文山农校学习农作栽培技术，1978年12月参加工作，1979年在县农科所工作，主抓水稻推广技术。1980—1983年到杨柳井西洋村蹲点，独立完成甘蔗技术推广，协助抓好西洋村的水稻推广。1984—1998年在广南县八宝镇农技站工作，主抓“两杂”良种推广。1999—2000年在县经作站工作，任副站长，主抓蔬菜基地的管理工作。2001—2011年1月在广南县八宝农技站工作。2011年1月9日因病逝世，享年57岁。

张邦明同志离开我们已经半年多了，但他那敦实形态、亲切的话语、和蔼的笑容、谦逊的作风和走在田野上的坚定脚步总是浮现在我的眼前。他像一盏明亮的烛光闪耀在田野里，闪耀在科技推广的道路上。

“加快推广杂交稻，让山区的群众也能吃饱饭”

20世纪80年代中期，杂交稻在八宝镇各个坝区的示范推广应用已经获得成功，并有扩展之势，而山区由于地处边远、自然和交通条件较差、信息闭塞等原因，使杂交稻推广应用滞后，温饱问题相当突出。为了彻底解决山区群众的温饱问题，从开展科技示范样板入手，扩大山区杂交稻推广应用面积，1985年3月，在县农业局的统一部署下，八宝镇农技站领导安排本站职工，两人一组，每个职工带10kg杂交稻种向山区进发，开展杂交稻示范推广工作。当时，张邦明和另外一位同志为一个组，他任组长，负责到甲坝、杨柳树2个村开展工作，这2个村距镇中心分别有15千米、20千米，且全靠步行才能到达。在崎岖的山路上行走，还要背负10kg的种子，困难可想而知。吃过早饭，他们迈着坚定的步伐出发了，走了10千米，到里乍村天渐渐黑了下来，行走半天，又渴又累，只好在此找熟人借宿一晚。一星期后，他们按要求登记造册发完了种子、开了群众会，并进行了技术培训，在汇报评比时，他这个组完成工作进度最快、效果最好。

"搞科技推广要因地制宜，按科学办事，否则就是祸害群众"

张邦明同志勤于思考、爱动脑是出了名的。他常说："干我们这行是为群众增粮增收服务的，要从实际出发，按科学办事，不通过实践盲目开展推广工作，就会好心办坏事，给群众造成难以挽回的损失。"2009 年，八宝镇农技站在平丰村当门坝子开展千亩连片优质稻样板，种植品种为云恢 290，由张邦明同志担任技术负责人。该品种生育期比当地品种长 10～12 天，如不提前播种，就会造成后期温度不够、不能灌浆结实的恶果，那将会给群众带来多么严重的损失啊！张邦明感到自己的压力很大，但他不气馁，而是先找当地的老农了解情况，当查明当地常规品种的育秧时间一般在清明前后、收获时间一般为农历 8 月初以后，他在制订技术方案时，大胆地把样板育秧时间定在 3 月 25—30 日，同时采用薄膜覆盖育秧，以防低温冷害。由于措施得当、管理到位，经县专家组进行验收，千亩连片优质稻样板平均亩产 474kg，比当地常规品种每亩增产 26kg，增产 5.8%，总产值达 87 万元，真正实现了为群众增产增收的目的。

"我们不是官老爷，而是服务员，不卷起裤脚下田，我们的工作如何开展?"

在进行水稻育秧时，张邦明同志带头跳入冰冷刺骨的秧田指导群众开沟理墒；开展水稻条栽时，他带头顶着烈日踩进大田指挥群众拉线栽秧。记得 2010 年 5 月，在开展条栽样板时，一位农户图省事只搞分墒栽插，对几位年轻技术员站在田埂上指手画脚地劝说毫不理会。张邦明见状，快步走来，一边拔起挽绳的木桩，一边耐心做农户的思想工作，同时以长者身份，要求站在田埂上吆喝几位小年轻立即下田，一字排开，帮助农户整理已经乱栽下去的秧苗，并坚持把这块面积不大、但示范作用明显的大田栽完，方才罢休。

2009 年 6 月，距镇中心较远的砂斗村有群众反映，文富 7 号有早抽穗情况，并怀疑种子有问题。站长马上安排张邦明带领 2 名同志前去调查。他先是走访栽种文富 7 号的群众，然后不管路有多远都要走到各家田块实地查看，并与附近田块其他品种进行对比，最后得出的结论是，因为前期干旱，多数农户都栽老秧，而文富 7 号秧龄如果超过 40 天以上才移栽就会提早抽穗。群众得到了科学的答复，打消了疑虑，也就不再去难为销售商了。

2010 年 12 月，由于肝脏有病，张邦明同志经常感到腹部疼痛，吃不下饭。但为了不影响农技推广改革与示范县项目的实施，他强忍疼痛，直到工作告一段落，他才去医院住院治疗。

“作为拿国家俸禄的技术干部，为了开展科技推广工作付出一点又有什么可计较呢”

20 世纪 90 年代，“两杂种子”销售还没有放开，群众需要“两杂种子”只能到当地农技站排队购买。一些认识张邦明同志的农户为图方便，经常把装种子的口袋朝他一扔，叫他回家时顺便将种子捎回来。但结果往往是庄稼已经收了，有的种子款还没有收回来。对此，他总是淡然一笑：“算了，人生一世，为了工作又何必在乎那几个钱?”

有一次，他在自己的承包地里搞几个杂交玉米品种的同田对照品比试验，试验做出来了，并取得了预期效果，为今后推广提供了科学依据，但因新、老站长交替，原本答应帮他报销的试验经费未能及时报销，他却毫无怨言。

2010 年 7 月，在开展示范县项目时，由于稻飞虱发生严重，他看到各示范户已连续打农药多次，造成了一定的经济困难，于是带头捐出 200 元，并动员其他 5 位技术指导员也捐资帮助示范户，共筹得 1 000 元为示范户解决了打药难的问题。

我们怀念张邦明同志，就是要学习他推广为公、服务为民的报国情怀；勤于思考、尊重科学的敬业思想；任劳任怨、扎实稳健的实干作风；不计得失、急民所急的奉献精神；艰苦创业、淡泊处世的人生准则。

（作者单位：云南广南县八宝镇农技站）

四力合一　齐抓共建
再创巴州玉米生产新高

李如平

今年，四川巴中市巴州区把玉米生产再创历史新高作为全区农业增产增收的突破口。元旦刚过，区委、区政府就组织召开了乡镇、村社干部和部分种粮大户、区级有关部门及龙头企业负责人参加的巴州区2011年玉米高产创建活动动员会。明确了各级党政组织、有关部门、龙头企业、科技人员等四股主要力量在玉米创建活动中的职能职责，切实做到“四力”合一，齐抓共建，再创巴州玉米生产新高。区委书记廖伦志带领区项目监督办、农业局、农办负责人亲临一线督导春玉米高产创建工作。区政府成立了以区长张平阳为组长，分管农业的副区长邵瑜为副组长，农业、农办、财政、项目监督办、统计、科技等部门负责人为成员的玉米高产创建领导小组，负责解决玉米高产创建活动的组织领导，协调资金、物资供应、劳力调配等问题。涉农部门在项目安排上、对口帮扶上各尽其责，各计其功。区农业局成立了技术指导小组，主要负责解决高产创建活动实施过程中的技术难题。按照“百亩攻关、千亩展示、万亩示范”要求，通过抓投入、抓服务、抓考核，做到了“三配套”、“三到位”、“三落实”、“三提升”，实现了“三增”（单产增155kg、总产增5.6万t、农民收入增加300元）、“四化”（生产标准化、种植规范化、示范规模化、病虫绿色防控化）、“三个满意”（领导满意、部门满意、农民满意）。

全区建万亩高产示范线（带）10个，千亩展示片20个，百亩攻关田36个，面积达12.3万亩，占玉米总面积的41.2%，涉及17个乡镇、21个行政村、168个农业合作社、9 000户农户。经巴中市和巴州区农业、统计、科技等部门联合现场验收，最高亩产835kg，平均亩产695kg。促进和带动了全区33.5万亩玉米生产发展，平均亩产达555.6kg，总产量18.61万t，比历史最高年份增加4.6万t。

机制“三配套”

在开展玉米高产创建活动中，一是投入机制配套。采取以农民自投为主、小额贷款为辅、龙头企业帮扶、政府以奖代补的多元化投资方式，确保了玉米高产创建投入大幅度增加。区政府在资金非常紧缺的情况下，从产粮大县奖励资金中拿出560万元实施玉米高产创建，有力地推动了该项活动的正常开展。二是保障机制配套。建立以龙头企业、农业合作社、种粮大户为主体的联购联销的保障机制配套。供种企业向农民承诺种子质量和售后服务；粮食收购企业向农民承诺现金收购不打白条，确保了农户种前无顾虑，管理有服务，产品有销路。全区建立了96个玉米产销合作社，与龙头企业、农户按市场行情统一确立保护收购价，统一收购，统一销售，签订2 134份、10.5万t玉米产销合同，占玉米总产量的48.57%。三是激励机制配套。建立以悬奖攻关为主的比、学、赶、帮、超的激励机制。悬奖50万元，对玉米亩产经权威部门组织权威专家现场测收达到700kg以上的乡镇（总面积在3 000亩以上）奖励现金2万元；获全区第一名的乡镇再奖励乡镇1万元、奖励挂包部门5 000元、奖励龙头企业3 000元、奖励技术人员2 000元、奖励挂包领导1 000元。

服务“三到位”

按照玉米高产创建上规模、上档次、上质量、上效益的要求，在服务上，一是企业服务，物资供应到位。全面实行物资统供，全区共发放薄膜502.5t，良种184.5t，肥料8 375t。二是科技服务，技术指导到位。全区高、中级技术人员165人，全力以赴，驻乡进村、到社下田，面对面地开展技术培训、发放技术资料、放映科技影视、指导田间操作。推广集成技术，加大关键技术的组装配套，全面推广测土配方、缩行增株、规范移栽、病虫综合防治、科学精管等一系列高产配套技术，先后培训干部3 000多人、农民15.8万人，办培训班33期，召开现场会6次，印发技术资料20.5万份，张贴和悬挂标语1.5万条。在创建乡镇全面展示新特色、种植新模式，做到一户一册玉米高产创建技术资料，一乡一处高产示范区，一户一块高产攻关农田，致使玉米高产创建达到大面积生产区与核心示范区一个样，旮旯角落与主干公路线一个样，高山与平地一个样。同时，积极鼓励农业科技人员开展科技承包。全区承包面积达5.8万亩，平均亩产达758.4kg，较上年增加158kg，增长26.3%。三是领导服务，组织协调到位。各级党政领导亲临一线指挥。哪里缺资金找信用社贷，财政所借；哪里缺物资联系龙头企业供；哪里缺劳力，组织助耕队帮；在全区上下形成了农民做到哪里，我们的技术就指导到哪里，我们的领导干部就服务到哪里。没有出现一户因没钱买不回物资，没有出现一户因缺技术导致种植质量差，没有出现一户因没劳力种植不上延误农时。

考核“三落实”

按照区建万亩示范线，平均亩产700kg，乡建千亩展示片，平均亩产

800kg，村建百亩攻关田，平均亩产 1 000kg 的标准和要求，一是目标考核，责任落实。区委、区政府把创建活动纳入目标考核，全区组建了春玉米高产创建督查小组 5 个，由区委常委任督查组组长，并与乡镇和区级部门签订了玉米高产创建目标任务书，实行指标硬分、任务硬下；对抓得好的乡镇、部门、企业、技术人员实行表彰奖励；对抓得不好的进行曝光，限期整改，负责人实行诫勉谈话，“黄牌”警告，召开反面现场会等，促进了玉米高产创建活动的积极开展。二是阶段考核，措施落实。从区级领导到村社干部，从部门负责人到乡镇技术人员，全面实行了定人、定点、定责、定时，对创建活动的每一个步骤的各项具体措施，严格检查、考核、验收，定期评比通报。与各级干部、技术人员的评先选优、晋职晋级挂钩。三是绩效考核，奖惩落实。通过市、区组织有关部门的联合验收，结合前期的阶段考核和目标考核，给 10 个获奖乡镇、3 个获奖部门、2 个获奖企业、50 个获奖个人分别兑现了奖金 1 000～20 000元。

农业“三提升”

一是社会效益提升。通过玉米高产创建项目的实施，为全区畜牧业、食品加工业及酿酒业的大发展奠定了坚实的物质基础，为全区农民实现粮食转化增值发挥了重要作用，为全区农民持续增收、财政增税做出了重要贡献。按 150kg 玉米育肥一头猪计算，一年可育肥生猪 138.9 万头，按每头猪增值 500 元，仅玉米一项一年转化增值达 69 450 万元，人均转化增收 510.7 元。二是农民科技素质提升。在玉米高产创建上制作了“菜谱”，技术实行农民“点菜”、专家“下厨”、现场“配方”、实地“操作”、政府“埋单”五步法的技术培训措施，把高产创建示范点作为培训农民的田间课堂、种粮大户的教学基地和农民转岗就业的重要阵地。通过高产创建项目的实施，实现了科技服务质量普遍提高，科学技术在玉米创高产中的贡献率大大提高。科技贡献率达到 50.3%，较实施前提高 15.8%，科技普及率 98.6%，较实施前提高 18.5%，懂现代农业技术的农民占 95.2%，较实施前提高 25.7%。三是农业生产质量提升。推广了降解膜全覆盖、缩行增株、化促化控、洁净生产、绿色防控、辅助授粉等环境保全型农业集成技术，从而解决了农田、作物、土壤、环境、产品长期被肥料、农膜、农药污染的问题，降低了成本，保护了天敌，提高了产品质量，确保了农产品质量安全。

（作者单位：四川巴中市巴州区农技站）

为农民把好种子“安全关”

曾国华

在汝水河畔，在丘陵山冈，在谷地平川，在田间地头，到处都能寻到他的踪迹。只要一提起他，所有的乡镇农技干部和种粮大户没有不认识他的。他，就是江西金溪县种子管理局副局长、江西现代农业水稻新品种示范县项目专家、粮食高产创建专家组成员、金溪县“全国基层农技推广示范县”专家组成员李小敏。

金溪县是典型的农业县。过去，由于农民一直受种子和种植方法的困扰，粮食产量上不去、质量上不去，农民收入也上不去。面对这一实际问题，李小敏暗下决心，一定要打好良种良法的翻身仗，实现农民增产增收。

立足本职　爱岗敬业

1988 年 7 月，李小敏从抚州农校毕业后就把为农业做贡献作为自己毕生的追求。毕业时，他被分配到乡镇工作，由于业务精，工作仅 3 个月就被调到县农业局从事农技推广工作。1989 年 8 月，又调到县种子公司（2007 年更名为种子管理局）从事良种良法推广工作。在乡镇和农业局工作时间虽然不长，但他深知，与农民打交道，没有一套过硬的技术，农民就会看不起你。为了尽快了解各乡镇的地理位置、海拔、气候特征及适应种植的品种，在田间地头，他不耻下问，向种粮大户讨教耕作技术并一一做详细记载；虚心向农业专家和单位有经验的老同志请教各种农作物栽培技术及种子特性等专业知识。

2009 年以来，随着金溪县农技推广体系改革和建设工作的开展，李小敏感到农业科技工作者的又一个春天来了，他积极探索依靠科技振兴全县农业的路子。2009 年，他担任金溪县现代农业水稻品种展示首席专家、全国农技推广示范县金溪县专家组成员，在项目实施中，他带领技术人员跑遍全县 150 多个行政村，深入开展调查研究，了解全县种子推广现状、存在问题、潜力，并理清了今后种子工作的思路。他根据调查研究结果，提出了金溪县农业生产主导品种和主推技术，编制了主导品种、主推技术规划书。

为了把主导品种、主推技术真正推广普及，他又同其他专家组成员、技术指导员一道，推行了技术人员直接入户、技术要领直接到人、良种良法直接到田的农技推广新机制。在推广主导品种、主推技术的过程中，他把提高农民的科技素质作为一项工作重点，同其他专家组成员一道深入到村，组织农民技术培训，把先进技术传授给农民。农时季节，他唯恐农民不按技术规范操作，即使刮风下雨，他也会深入到田间地头手把手地教他们操作，他务实的工作作风，使全县种子工作又上了一个新台阶。2010 年，全县优种普及率由 2005 年的 80%提高到 96%，先进技术推广普及率由 2005 年的 75%提高到 90%，良种良法在农业增产、农民增收的贡献率显著提高。良种良法推广每年使全县增产粮食 1 600 万 kg，使农民增加收入 3 000 多万元，全县粮食总产屡创新高。

科技兴农　种子先行

种子被称为“农业之母”。种子是具有生命的特殊商品，是科学技术在农业生产中发挥重要作用的载体，种子质量的好坏直接关系到农业增效、农民增收。李小敏深知，县种子管理局作为担负全县用种安全和管理的责任单位，只有把良种良法推广好了，农民才会从中得到实惠。为此，李小敏带领全局工作人员，兢兢业业、全心全意服务“三农”，被农民群众称为“种子推广的急先锋，种子安全的保护神”。

良种推广是农民增收的重要一环，而新品种的试验是提升良种推广的关键。李小敏在认真抓好农民熟悉的常规良种运作的基础上，不断拓展良种新品种试验的领域，攀登新品种丰产的高峰，使农民得到更多的实惠。在良种推广中，经常会遇到种子质量问题和农民的技术问题搅和在一起的情况，纠纷不断。怎么办？李小敏始终坚持以《种子法》为评判标准，在认真调查的基础上，运用法律武器，用事实说话，属于种子质量问题，供销商负责；属于技术问题，农民自己负责。依法办事，处理的问题双方心服口服。既确保了农民的利益不受侵害，又保证了商家的利益不无故受损。

务实创新　争先创优

从 2009 年全县农技推广体系改革以来，李小敏每年都在全县建设 3～5 个粮食高产高效示范方，为农民树立起看得见、摸得着、学得会的典型。在水稻万亩高产创建示范方项目中，李小敏还被聘请为水稻高产创建项目技术专家。项目建设之初，有些农技人员和农民认为创建目标根本没法实现，因为水稻高产核心示范片双季亩产达到 980kg，万亩示范区双季亩产达 900kg，比全县平均亩产高了 50～100kg，难度非常大，但他没有丝毫的犹豫。他认真分析了金溪县水稻高产的潜力以及挖掘潜力的途径，制定了《金溪县水稻高产创建工作方案》、《金溪县水稻高产创建技术方案》，编印了金溪县水稻亩产 500kg 以上的栽培技术规程，在万亩示范区推广了“五统一”工作新机制，即统一播种、统一测土配方施肥、统一管理技术标准、统一病虫害综合防治、统一收获，并且带领选派的12名技术员吃住在村，指导农民落实各项技术措施，技术上做到了“环环相扣，一招不失”，使高产创建工作取得了巨大成功。2009年，在不利的气候条件下，圆满完成了国家水稻高产创建目标。验收结果：水稻高产创建方平均双季亩产达到1 012.6kg，其中一个典型地块双季亩产达到1 302 kg，夺得全省高产竞赛二等奖。同时，全县的种子管理工作由于创新了工作方法，使得全县种子市场秩序井然，特别是凭证式管理方法得到了省种子管理局的肯定。

（作者单位：江西金溪县种子管理局）

小蘑菇做成大产业

袁子鸿

今年56岁的权运根是江西永丰县恩江镇的一位普通农民，从1984年开始种植蘑菇，经过20多年的摸爬滚打，探索出集种菇基地、菌种供应、产品回收、加工销售、技术服务“五位一体”的产业经营模式，年收入10多万元。同时，权运根还引领全县蘑菇产业从无到有，形成栽培面积达200万 m^2、辐射到全县21个乡镇1万多农户的产业格局，他被菇农们尊称为永丰的“蘑菇大王”。

小荷才露尖尖角

权运根出生在永丰县潭城乡西坑村，一直以来，祖辈靠着几亩贫瘠的土地艰难维持着生计。由于生活窘迫，权运根上完小学三年级就辍学在家，开始了面朝黄土背朝天的生活。凭着年轻敢为的冲劲，他担任了村团支书。如何摆脱贫困，权运根苦苦思索着。1984年，正值县里搞农业产业结构调整，培育专业户。得到这个消息的权运根跃跃欲试，乡里号召他去搞养殖业，他考虑到自己身处山区，养殖投入大、牲畜疾病不好控制、运输难的现实，放弃了养殖业的想法而是想利用山上丰富的木材资源搞食用菌。主意已定，他便直奔乡里，把自己的想法告诉了乡领导。乡领导为他提供了福建三明市真菌研究所黄年来所长的联系方式，并告诉他，黄所长是国内食用菌方面的知名专家，要搞食用菌你就到那儿去学。他东拼西凑筹到了几百元，直奔福建三明市。经过刻苦学习，他掌握了食用菌栽培的整套技术。没有资金，他请来乡领导到县农行找行长帮助贷款2万元，在西坑村建立了全县第一个香菇基地。在种植过程中，从制作菌种、材料选择、消毒接种到生产管理的每一环节，权运根都认真按照技术要求去做。功夫不负有心人，一年下来，除去成本，几个合伙人每人分了4 000多元的红利，这在当时农村来说是一笔可观的收入。以后几年，他逐年扩大种植面积，不断摸索、总结种植经验，产量和品质进一步提高。口袋渐渐地鼓起来了，也为今后做大做强蘑菇产业奠定了坚实基础。

宏图大展正当时

权运根是一个敢想敢干、勤于学习、善于钻研的人。他清醒地认识到，光靠单一的香菇难于满足人们的消费需求，在市场上也没有竞争力。1990年，他从福建三明市真菌研究所黄年来所长那里引进双孢蘑菇试种。由于对种植双孢蘑菇的片面认识，认为只要按照黄所长提供的技术规程去做，应该没有问题，结果料床上着菇很少，甚至一只菇都没有。经过这次试种，权运根悟出了一个道理，光靠自己仅有的一点种植经验远远不够，必须学好技术，只有这样，才有可能更快致富。经过3年的反复试验，他全面掌握了双孢蘑菇种植技术。1993年，扩大种植规模3 000m²，纯收入达3万元。县里也利用权运根的成功经验，因势利导，在全县推广冬季种植双孢蘑菇，目前全县常年种植双孢蘑菇达100万m²以上，成为冬季农民增收的重要渠道。

20世纪90年代中后期，权运根又引进培植了茶新菇、巴西菇、金针菇、鸡脚菇、杏鲍菇等系列品种，并成功摸索出湿地松森林遮阴地种植巴西菇、甘蔗遮阴地种植百灵菇和金福菇的种植技术。品种增多了，种植技术也日趋成熟，农民仍感到投资大、技术不好掌握。权运根急农民之所急，想农民之所想，2004年引进大球盖菇，用冬闲田露地就可种植，投资小、技术简单、效益高，并吸引福建漳州市客商严跃宗签订销售合同。2010年，大球盖茹在潭城、七都、潭头等乡镇种植165亩，亩产可达1 500kg，每亩纯收入1 000元以上，为农民冬季农业生产又找到了一条很好的增收路子。2005年，权运根投资15万元，租用潭城粮管所的旧仓库7 000m²，把家搬到了基地，种植杏鲍菇、巴西菇1万m²，并加工出口，加上制作菌种10多万袋，年纯收入10多万元。

随着周边地区蘑菇面积的扩大，权运根意识到：一家一户分散经营是制约产业发展的最大瓶颈。1995年，他自筹资金15万元，租借100m²农舍办起了全县第一家食用菌菌种生产作坊，并且与全县3 000多户蘑菇种植户签订了菌种供应合同，结束了该县菌种必须从福建引进的历史，使每袋（瓶）菌种的生产成本从2.5元降低到1.5元，为全县菇农节约成本40多万元。1999年，他下福建、上山东、奔湖南，自费学习蘑菇烘干加工技术，投资20多万元办起了一家烘干厂，与全县6 000多户菇农签订回收合同，解决了蘑菇保鲜、产品回收、加工销售的难题，实现了种植规模、加工出口、经济效益的不断攀升。

倾心指导助农富

种菇致富的权运根如今已拥有三层小楼房，高档家具、时尚电器、摩托车等应有尽有，在银行里还拥有一定的存款，可谓衣食无忧。但他没有坐享清福，他说："我一人富了算不了什么，大家共同致富了我才高兴。"针对那些想种茹又担心投资大、不赚钱、心存疑惑的农民，权运根用自己的成功事例现身说法，打消他们思想认识上的种种顾虑，鼓励他们大胆种植，早日致富。为解决农民不懂种菇技术的问题，权运根积极组织周边村组的8名种菇能手开办技术夜校，举办技术培训班，近年来，共培训菇农2万多人（次）。每到种菇时期，权运根都要进农家、入大棚，精心指导，手把手传授。自从他种植蘑菇取得成功后，附近许多农民前来取经问道，对此，他总是有问必答，有求必应，对示范户他还免费提供菌种。

七都乡舍下村王松虎1999年投资5 000元种植双孢蘑菇，由于不懂技术无从下手，权运根得知后赶到他家，手把手传授建棚、堆料发酵、进料播种、覆土管理等技术，并带来福建客商汪清文与他签订了销售合同，让王松虎吃了定心丸。2003年，八江乡高家村高红波辞去在南昌的高薪工作回家乡，联合8户农户种植蘑菇2万 m^2，5次专程到权运根家拜师取经，权运根毫无保留地将菌种制作、蘑菇栽培、烘干加工等全套技术传授给他，高红波种植蘑菇的产量和效益均达到了较高水平，成为全县蘑菇产业的巨头。2005年，潭头乡为增加农民收入，从权运根处引进大球盖菇种植20亩，二季晚稻收获完，权运根赶紧来到种植农民家，为他们讲课，并留下电话号码，随时解答技术问题，今年春节期间，鲜菇上市，价格在每千克3.4元以上。目前，权运根的种菇技术已经辐射到乐安、峡江、新干等县（市），为农民撑起了致富的一片天。

权运根艰辛的付出得到了丰厚回报，先后获永丰县优秀种植专业户、致富能手、产业带头人等称号。如今，权运根对发展蘑菇产业又有了新的想法：引进加工出口型品种，进一步摸索出成本低、简单实用的种菇技术，生产无公害、无污染的食用菌；把自己摸索出的种菇技术编成一本书，让更多的农民受益；把种菇技术不断向县外周边地区扩展，让更多的农民种菇致富奔小康。

（作者单位：江西永丰县农业局）

为“城中镇”农民探索致富路

朱　亮

辽宁清原满族自治县清原镇地处县城内，是名符其实的城中镇。近些年来，随着工业化、城镇化进程的不断加快，“工业强镇”已不再是一句空洞的口号，走在镇里的大街小巷，看到一片繁荣的景象，让我们很难对这个城市化意味很浓的工业小镇再下一个农业的定义。甚至让我们产生了一个错觉，这还是我们心中那沃野千里、耕种忙碌的乡镇吗？这样一个依靠工业致富的乡镇何以在农业方面取得成绩？但是通过与镇农业站工作人员的接触，使我们心中的疑惑变成一种敬意之情。

在镇农业站宫喜库站长的带领下，我们来到了清原镇前进村。

前进村地处城郊，这些年因城市建设征占土地，使得这个村的人均耕地面积大幅减少，大多数农民不再以务农作为收入的主要来源。面对这种现象，不可能通过在传统农业上下工夫而使百姓达到增产增收的目的。但这里的村民在进城务工的同时，却又不想放下手中的锄头，总想着在自家不多的土地上做文章。在村干部的提议下，大家想尽办法，但最终不是因为项目不对路，就是因为资金不足等原因使得这些项目都成为泡影。镇农业站得知情况后，立即组织村干部和部分村民代表召开座谈会。会后，宫喜库结合前进村实际，通过各种渠道寻找合适的项目，最终从沈阳农业大学的一位教授那里了解到东方百合是经济效益比较高且适合本地种植的经济作物。但是在得到项目信息后，他并没有急于立项向全村推广。他通过调研对东方百合的市场前景进行了科学分析，又组织农业站的相关技术人员与前进村村干部来到沈阳农业大学进行技术培训，使他们尽快掌握东方百合的种植技术。经过大量细致的前期准备工作，最终他们决定向全村进行推广试种。

为了使村民尽快掌握百合种植技术，农业站制订了详细的计划，每名农技人员都要负责包干相应的种植户，严格落实责任制，对于到期还不能完全掌握种植技术的农户，对其帮带人要追究责任。在推广过程中，利用全省开展的设施农业科技培训工程，选送相关人员进行技术培训，为后期规模化种植提供人才和技术保证。联系县农业发展局和农业银行等单位为农户提供资金帮扶。在种植过程中，宫喜库带领全站工作人员齐上阵，从园地选择到定植前积肥、堆肥，再到温度、湿度、光照的管理，他们手把手地对农户进行辅导。采取“走出去”与“请进来”相结合的方式，一方面，他们选送人员到沈阳农业大学和东方百合产业基地进行学习考察；另一方面，定期邀请相关农业专家到棚内进行现场指导，争取使种植户达到户户科学种植，人人技术达标的要求。由于东方百合对温控要求较高，因此，必须要有技术人员每天驻守在村里进行及时指导，农业站针对这种情况，安排人员在村里轮流值守，以免发生意外情况。他们与村民同吃、同住、同劳动，放弃了节假日的休息时间，时刻不敢掉以轻心。就这样，在大家的精心培育下，百合花以它繁盛的花枝向人们报以灿烂的怒放。

收获的季节总是让人喜悦的，可是随之而来的销售问题却成为种植户的心病。俗说话："编筐编篓全在收口"。就算花种得再好，如果不能及时销售，最终也会是竹篮打水一场空。这时，农业站的科技人员扮演的已经不再是农业科技传播者的角色，他们又成了农业产品的推销员。在上级相关部门的帮助下，通过多渠道打探花卉市场的销售信息，终于，与海南的一家大型花卉销售公司达成协议。该公司负责人到村里考察时，他们对百合的品质表示了极大的肯定，也为农业站的技术人员为农民全心全意的服务精神所感动，当即表示除了建立长期的包销合作关系外，还准备以企业加基地的方式对该村的花卉产业进行大力扶持。现在的前进村已经是远近闻名的花卉村，从起初单一种植百合花逐步发展到如今的四五个花卉品种，种植户也从原来的五六十户扩大到了300多户。农民的腰包鼓了，生活水平提高了，他们深深地感到这都是农业科技和这些农业科技工作者为他们带来的。"科学技术真是好，增产增收费力少"等标语在前进村随处可见，每条标语、每句顺口溜都充满着对农业科技的信赖和对农业科技人员的感激之情。

其实，像这样的事迹在清原镇农业站还有很多很多。多年以来，正是这些农业科技人员不忘科技兴农的职责，不断地将致富信息和科学技术带到农民的田间地头，使农业插上科技的翅膀，迅速地将农民带上富裕之路。

（作者单位：辽宁清原县清原镇农业站）

颜希国：勤耕田地的农艺师

叶陈荣

颜希国，云南南涧县农业局南涧农科站的一名聘用制干部，高级农艺师，参加工作后一直从事农技推广和试验示范工作，为推进南涧县现代农业发展做出了突出贡献。25年来，他先后设计并实施了143个试验示范课题，试验示范成果累计超过50万亩，为南涧县山区农民直接增加经济效益6 000多万元。当地群众选种找他，间种找他，施肥找他，测土配方还找他。无量山中的群众都亲切地称呼他“焦书记”。

自学成才“土专家”

30年前，来自山区贫困家庭的颜希国念完初中就回家务农了。1985年，颜希国成为无量乡农科站的一名临时工作人员。让他感到欣慰的是，1989年他正式成为乡镇农科站聘用制干部，并调任无量乡农科站站长。为了弥补自己在农业科技知识方面的不足，他经过多年努力，通过自学考试取得了中专、大专、大学学历，实现了由农技战线普通一员到科技人员再到高级农艺师的蜕变，并被大理白族自治州农业广播电视学校南涧县分校聘为中专、大专班的辅导教师。同事们送给他一个雅号——学习机。

1992年，他牵头实施了无量乡玉米高产试验示范和研究推广项目。白天，他和2名同事带上简单的装束走山路来到离单位10多千米远的示范地，参加玉米高产试验示范田的护理，观察记录作物生长情况，不同技术护理后的作物变化等，掌握第一手资料，完成所有的监测目标后回到单位已是晚上六七点钟。有时为了获得一项数据，常常是吃住在试验点五六天，最多的时候个把月才能回单位。每次做完监测工作回到单位后，他总是认真研读相关农业科技图书，比较书中的经验与实践中的差异，探求适合本乡本土的高产玉米创建种植技术。

经过近4年的努力，颜希国的试验取得了成功，玉米高产种植亩产突破1 000kg，超过当地传统种植产量200kg以上。

农民增收“铺路石”

南涧县由于自然条件的限制，传统的种植业品种单一且产量很低。解决农民种什么、怎么种和效益低的问题，是颜希国最为执著的追求。

1999 年，颜希国调到县农业局农技推广中心，从事农业技术推广工作，为了做好新技术、新品种的推广应用，他经常深入各乡镇农户的田间地头实地调查研究和指导。

2004 年，颜希国在传统间套种模式基础上，开始尝试着试验示范高效增收玉米间套种豆类作物技术，为了达到适宜全面推广的目的，每做一次选种实验，都要从几十个甚至上百个品种中做反复对比，之后将选出的 20 多个品种进行样板培育示范和对比，最多的时候达 50 个品种。为保证成效，在翻土、整墒、配肥、下种、耕播、育苗、监测、收割等环节中，他从来没请过老百姓帮忙，都是亲自带着同事，一小块一小块地实施，再进行分类、入袋，每一个细节都在他的照看和参与下完成。他说："试验示范工作就是在向农民推广之前做数次观测，每一个实验就是一轮耕种，而且比老百姓播种更复杂、更精细。"

那一年，他选了 200 亩玉米、大豆间套种进行试验，由于种植密度、品种规模、结构搭配等因素，颜希国的试验收获甚微，大豆亩产仅为 20kg，玉米 600kg 以上。而对这样的试验结果，颜希国没有放弃，他依然在原地再次实施了自己的试验。经过连续 4 年的探索试验，2008 年，颜希国的山区旱地玉米与大豆 2∶2 标准化间作高效生产技术取得了巨大的收获，大豆亩产突破 110kg（当年全国最高亩产为 170kg），玉米 700kg 以上。在贫瘠的高原山区，颜希国实现了梦想，并得到了省、自治州专家的充分肯定。时至今日，颜希国的山区旱地玉米与大豆"2∶2 标准化间作高效生产技术"仍处于省内领先地位。

农技推广"带头人"

天道酬勤。20 世纪 90 年代初，颜希国实施了山地玉米高产（吨粮攻关）栽培技术，亩产达 1 136kg，并打破了大理白族自治州山区玉米单产纪录。1998 年，针对种粮成本高、效益低、旱地水土流失严重的状况，颜希国结合山区农业生产特点，提出并实施了山区旱地玉米免耕栽培试验，结果亩产 471.9kg，比对照增产 81kg，增产 20.6%，每亩节约了劳动力 5～15 个，增加收入 154 元。1999 年，经过 5 年多 4 个地点的试验，他试验的山区立体种植技术多种作物种植模式获得成功，玉米亩产达 400～600kg，其他作物亩产达 70～1 000kg，增加收入 80～560 元；期间，他带头试验推广的会单 4 号、长城 799、新西兰 2 号、德优 8 号和旱地化除、旱作立体种植等各项栽培技术得到大面积推广。颜希国成为南涧县农业系统试验示范成果最多的科技人员，同事们都称他为"技术库"、"资料库"。

（作者单位：云南南涧县农业局）

一个基层农技干部的“土豆”情结

宋维际

近年来，云南镇雄县广大农民熟悉了一种“特殊”的土豆——脱毒马铃薯，在它们当中，有的名叫“会-2号”，有的名叫“威芋3号”，有的叫不出名儿来。种植脱毒马铃薯产量高、效益好，深受广大农民的青睐，也引起各级政府部门高度关注和重视，积极投入资金，并给予优惠政策。

2010年，镇雄县芒部镇传出一个好消息，在该镇实施的1万亩马铃薯高产创建项目，样板区全部实行优良脱毒种薯配套种植，平均亩产达2 532kg，其中核心区平均亩产达3 200kg，远远超过全县马铃薯平均单产水平。2011年，镇雄县的脱毒马铃薯推广面积已经达到45万亩以上，10万亩马铃薯套种玉米“二套二”高产示范样板平均亩产达1 250kg，同往年“二套一”模式相比，每亩马铃薯增产450kg。

这些骄人成绩的背后，凝结着一大批农业科技工作者多年默默无闻的心血和汗水。在他们当中，有一位长期从事马铃薯技术推广、研究，对全县马铃薯产业发展做出特别贡献的干部，他就是镇雄县农业技术推广中心副主任、高级农艺师、县中青年学术技术带头人李义德。

勇担重任　扎实工作

1999年，由于工作需要，李义德由县农业广播电视学校调到农技中心工作，完成了由在讲台上传授基础理论知识向在田间地头进行具体生产实践的角色转换，这次转换，使他在马铃薯选育、脱毒马铃薯推广工作岗位上一干就是12年。

初到农技中心，他被安排负责全县脱毒马铃薯种薯扩繁基地建设。这项任务当时对于他来讲，还是“重”了点。可是天生不怕困难的他，在此面前没有退缩，不但欣然接受了任务，还额外承担起了更多更重的工作。通过不断的实践与创新，他出色地完成了一项又一项工作。2001—2008年，共繁殖脱毒马铃薯1.2万亩，生产种薯1.8万t，为12万亩大田生产更换了种薯。

由于工作出色，李义德于2006年被任命为农技中心副主任。这个副主任岗位对他来讲，不仅是对工作的认可和肯定，更重要的是还有更多更重要的工作等待他去完成。

近年来，为提高全县马铃薯产业发展水平，镇雄县农业局拟成立马铃薯产业发展技术执行组，而让谁来担任技术执行组组长，让农业局班子成员犯了难，因为这既要懂技术，又要懂管理，还要能吃苦耐劳。最后，局领导班子成员都把目光聚焦到李义德身上。

万事开头难。主持项目一开始就遇到了困难，执行组一缺人员、二缺资金、三缺技术。但他没有气馁，并在领导班子的大力支持下，逐一加以解决。缺少技术人员，打破站、所界限抽调补充；缺乏资金，积极向上级部门争取；缺技术，就采取派出去、请进来的办法，培训本单位科技人员。凭借着与生俱来的一股子拧劲，农技中心组建起了一支能力过硬、业务素质较高、服务全县马铃薯产业发展的队伍。

随后，他多次深入调研，分析产业发展中的瓶颈问题，形成产业发展调研报告，找准产业开发的重点和突破口。经过总结分析，他认为，制约镇雄县马铃薯产业发展的首要问题为缺乏优良品种和因感染病毒而引起的品种退化，并提出了马铃薯产业发展必须要选育新品种和大力推广脱毒种薯，走良种良法相配套的道路。

2008 年冰雪灾害刚刚开始时，特有的职业敏感告诉他，这是一场严重的自然灾害，一定会造成大量的烂种。他第一时间向上级领导报告，并带领一拨人马第一时间赶赴各乡镇调查，在掌握了第一手灾情以后，草拟了马铃薯救灾技术措施和方案，并及时向上汇报。

春节刚结束，县政府决定到外地购进一批马铃薯用于救灾，要完成这项任务困难很大。在重任面前，在压力面前，他坚持把这项工作扛下去。他前往贵州威宁县一个星期，排除各种困难购进了救灾马铃薯种薯 1 430t。

勇于探索　大胆创新

镇雄是云南马铃薯种植第一大县，常年种植面积 60 万亩以上。由于该县为阴雨寡照气候类型地区，种植方式以与玉米间作为主，引进品种在该县大都表现为不适应，难以高产、稳产。多年来，该县的马铃薯生产一直以米拉、会-2号、威芋 3 号等几个品种为主，品种结构单一，难以适应市场需求。2003 年，李义德组织镇雄县农技中心与省农业科学院经济作物研究所开展合作，针对镇雄县的特殊气候和栽培模式，开展马铃薯新品种选育工作。

经过多年的艰苦努力，选育出了 2 个马铃薯新品系 P02 - 86 - 4 和 P02 - 95 - 2，2 个新品系参加了 2009—2010 年昭通市马铃薯新品系区域试验，综合 2 年试验结果，P02 - 86 - 4 在所有 7 个参加试验的品系中排名第一。2011 年 7 月 4 日，他主持选育出的 P02 - 86 - 4 在昭通市马铃薯区试品种现场鉴评会上，一致通过省、市专家的鉴定，暂定名为“镇薯一号”，从此，镇雄县没有马铃薯自选品种的局面被打破。

2011年，他的团队又与省农业科学院经济作物研究所合作，进行新一轮马铃薯新品种选育，选育原始材料共计103个家系，11 433粒实生籽微型薯。他坚信用5～7年的时间，可再选育出一个适合镇雄县种植的加工型马铃薯新品种。

镇雄县马铃薯种植大都是和玉米进行间作，而且一直采用“一套二”的种植模式，即一行马铃薯间作二行玉米，这种种植模式马铃薯产量不高，一般亩产800kg左右，土地利用率不高，经济效益低。针对这个问题，他进行多年的试验，证明“二套二”种植模式最好，即二行马铃薯间作二行玉米，“二套二”种植模式马铃薯产量大幅度提高，亩产可达1 250kg以上，同“一套二”模式相比，每亩可增产鲜薯450kg。此项技术已在镇雄县大面积推广，2011年该县“二套二”推广种植面积达10万亩，共计增产马铃薯4.5万t，增加产值4 500万元。

以身作则　率先垂范

每逢农忙时节，都会在乡、村的田间地头看到李义德的身影，召开培训会，手把手、面对面地教农民操作。在2006年担任中心副主任以后，他在忙于单位日常事务之余，更多的时间还是深入农村一线及选育基地。他不知放弃了多少个双休日和节假日，在他的带动下，马铃薯项目组上下形成了艰苦朴素、吃苦耐劳、纪律严明、勇于奉献的良好风气。

他患有严重的过敏性鼻炎，每遇高温干燥季节，痛苦难忍，但他从未因此请过病假。在项目建设初期，为了减少租车费用，他与项目组的同志一起经常顶烈日、冒酷暑，搭乘农民的农用车往返于各基地及农户家。

作为一名普通的农技干部，李义德也像其他同志一样，在春天里播种、在秋天里收获。有了这样尽心尽力的同志、有了这样扎实苦干的农技干部，镇雄县的马铃薯产业一定会结出丰硕的成果。

（作者单位：云南昭通市农业科学技术推广研究所）

一个少数民族村寨的致富路

王巧萍

在云南耿马县四排山乡班康村是个以佤族、拉祜族、布朗族为主的少数民族村寨，有 7 个村民小组、318 户农户，共 1 398 人，全村耕地面积 5 471 亩，其中水田 1 271 亩，旱地 4 200 亩，共有茶园面积 1.1 万亩，是耿马县有名的茶叶专业村。近年来，在“科技兴乡”政策的指引下，班康村党支部召集村“两委”成员，在县农业技术员的帮助下，立足地方资源优势，深入开展调研，研究制定了夯实农业基础、完善基础设施、巩固提升茶产业、大力发展林果业、培育养殖业的发展思路，积极培育茶叶、泡核桃、养殖等产业，实现了产业兴村。

一个曾经缺乏主导产业、贫困落后的高寒山区少数民族村寨，依靠科技进步，用了 5 年时间，实现人均纯收入增长 3 倍多，部分村民建起了小洋楼，购置了摩托车，村容村貌发生了变化。说起这些变化，村民们说：是农技推广服务工作的新模式把学科技、用科技渗入到群众的生产生活，依靠科技发展农业生产，农民才过上了幸福的小康生活。

充分发挥协会作用，加大科技推广覆盖面

1. 完善茶叶产业发展机制。

村两委在乡政府、县科技部门的帮助下，成立了“绿康”茶叶协会，并以自然村为单位设立协会小组，推选出茶农代表，指导茶农的茶叶生产，帮助解决农户在茶叶生产中遇到的困难和问题，让群众放下负担搞好茶园建设。在出现卖茶难期间，协会积极与加工企业联系，引进企业到班康村考察优质的茶叶原料基地，与企业签订了茶叶鲜叶收购协议，有效地解决了卖茶难的问题。这种“公司＋基地＋农户”、“协会＋服务”的模式，巩固和扩大了班康村茶叶的发展。

2. 加强科技服务指导。

协会根据自身的基础和条件，切实加大科技培训力度，积极为会员提供产前、产中和产后服务，引导会员严格按照要求进行科学化管理、标准化生产。协会积极与县农业科技部门联系，聘请农业技术员深入村社开展科学种茶技术讲座，发放种植资料，召开专题讨论会，不断提高会员的科技文化素质。大力

开展科技入户活动，组织茶叶科技培训班2场、培训270人。举办采茶能手比赛2场，参赛选手有30人，评出一等奖2人、二等奖8人、三等奖9人。在丰富群众科技文化生活的同时，使群众掌握了一定的实用技术，提高了自身的科技素质。

夯实农业基础，完善基础设施

班康村属喀斯特地形地貌，水源缺乏，人畜饮水极度困难，长期以来，基本处于“靠天吃饭、靠天饮水”状况，严重影响了村民的生产生活。为改变这一现状，村党支部书记夏龙海和科技人员四处奔走，向上级部门积极争取人畜饮水项目，发动村民投工投劳，架通了各村组的自来水，解决了人畜饮水问题。大力开展农田水利基础设施建设，用4个月的时间，兴修了15千米长的磨刀河大沟，使102亩水田的灌溉得到恢复，确保了600亩水田的旱涝保收；兴修了19千米的炭窑山大沟，新增灌溉面积200多亩；加高班中山水库坝基，使库容从4万 m^3 提高到14万 m^3，为全村的粮食生产打下了坚实基础。

与此同时，加强干道基础设施建设，夯实产业发展基础。在各级领导的关心支持下，为进一步巩固扩大高产、优质茶园，在保护生态环境的基础上，投资34万元，投工4 500个，完成了茶区主干道13千米、支干道11千米的干道建设。

依靠科技，狠抓粮食生产

班康村山高水冷，农作物生长周期长，农作物主要以水稻、包谷和苦荞为主。村民由于缺乏种植技术，种植管理十分粗放，粮食产量低，有“种植一片坡，只收一箩筐”之说，全村长期解决不了温饱问题。科技人员和村干部通过调研分析，认为要解决粮食问题，首先要改变村民传统的种植观念，通过良种良法配套措施，提高单产水平，才能使群众不仅“口中有粮吃”，而且“兜里有钱花”。为做好示范，村两委在广泛动员的基础上，划出50亩水田进行优良品种试验，在村“两委”和县、乡科技人员的共同努力下，示范取得了成功，在收割实验田时组织各村干部和农户代表，当场过秤核算产量，结果亩产超过800kg，为全村的良种推广奠定了坚实的基础。随后几年，全村粮食生产实现了良种化，产量实现了翻番，让全村人实实在在见证了科学种田的好处。

千方百计培育产业，努力促进群众增收

地方经济的发展，必须有产业的支撑。班康村是个山区村，念好“山”字

经，班康才有希望。下派科技人员与村干部深知这个道理，在广泛调研的基础上，最终提出：班康的出路在山，希望也在山。要充分利用好国家实施退耕还林的历史机遇，发展林果产业，着重发展茶叶产业，培育核桃产业。在县林业局以及市、县茶业办公室和蒸酶茶集团的关心帮助支持下，以“公司＋基地＋农户”的经营模式，在班中山 24 户布朗族农户的山地中建立 200 亩高产、优质茶园试种基地，并取得成功，掀起了全村茶叶种植的热潮。2005 年，共种植高产、优质生态茶 7 500 亩，加上原有老茶园 2 000 余亩，全村茶园面积达 1 万余亩。无性系茶园良种率达 75％以上。为使茶园原料基地建设与加工配套，使茶产业得到持续健康发展，科技人员与村干部主动出击，积极与企业联系，成功争取到云南耿马乾峰茶业有限公司的扶持帮助，投资 150 万元，新建年生产规模达 5 000 担的茶叶加工厂，临沧健身茶叶公司也相继到班康村建厂生产。

在带领全村群众科学种田、提高粮食产量的同时，科技人员与村干部还积极发展经济林果种植和畜牧养殖业，种植木薯、核桃、白木瓜等经济作物 2 400亩，发展养殖重点户 70 户，养殖牲畜 5 395 头（只），形成了产业发展的多元化格局，村民收入途径增多，加快了致富步伐。

科学技术给村里的农业生产插上了腾飞的翅膀，干部群众的思想观念得到进一步解放，各种科技培训方兴未艾，全村每户均掌握了 1～2 门实用技术，形成了一支 310 多人的科技队伍。全村呈现出民族团结、社会安定、经济发展、事业兴旺的良好局面，群众生活发生了日新月异的变化，学科技、用科技成为群众的自觉行动。

（作者单位：云南临沧市耿马县土肥站）

辛勤耕耘的农技人

康惠仙

在云南临沧市临翔区博尚镇的村村寨寨，提起镇农业综合服务中心主任唐亚梅，农家人无不称赞："唐老师是我们的贴心人，她和我们一样，一年到头不是跑田就是跑地……"

唐亚梅1986年毕业于原临沧农校，同年分配到原临沧县邦东乡农科站，1993年调到当时的博尚镇农科站，1999年任博尚镇农业站站长，2005年任博尚镇农业综合服务中心主任。25年来，她一直奋战在农业科技推广第一线，以吃苦耐劳、忠于职守的奉献精神，踏实严谨的工作作风赢得了各级部门和领导以及群众的一致好评，也感动着山区渴求科学致富的各族乡亲。

粮油高产创建创新高

2010年，博尚镇被确定为粮油高产创建项目实施的重点乡镇。唐亚梅带领博尚镇农技人员开展了200户600亩的科技示范工作。面对百年不遇的旱灾，她身先士卒，带领科技人员进村入户，深入田间地头，手把手地教，面对面地示范，讲解玉米良种、地膜覆盖、良种良法栽培、平衡施肥、病虫草鼠综合防治等技术。通过示范户的示范，全镇农户科技种植水平得以提高，农户们基本掌握了每一个技术环节和管理措施。同时，以玉米高产创建项目为契机，在幕布村组织实施了玉米高产创建百亩核心样板708.7亩，经过市、区两级专家组织验收，平均亩产达531.7kg，最高亩产达1 204kg，打破了临沧市玉米亩产最高纪录。通过示范户和示范样板的辐射带动，博尚镇玉米良种覆盖率达100%，地膜覆盖率达94%。2010年，全镇玉米平均亩产达428kg，大旱之年玉米单产创下历史新高，比2009年增产47kg，增产12.3%。

2011年，结合实施油菜高产创建项目，唐亚梅参与主持了由省、市、区共同在博尚镇幕布村开展的百亩连片高产高效集成技术示范样板建设。选用德油早1号，集成应用稀植育苗、草害防控、规范化免耕移栽、轻简化栽培等高产高效技术。4月8日，由云南省农业厅组织并邀请省内外有关专家进行田间验收，实收面积138亩，实收平均亩产353.6kg，最高单产达436.4kg，实现节本增收441.50元/亩，节本增效36.8%。为进一步提高博尚镇油菜单产和实现节本增效探索了成功之路。

大力推广间套种集成技术

博尚镇是临翔区烤烟产业发展的核心示范基地，随着烤烟产业的快速发展，粮经争地矛盾日趋突出。为确保粮经双丰收，唐亚梅作为农业综合服务中心领导，紧紧抓住“粮食高产创建”、“粮食生产科技增粮、粮食作物间套种”等重大项目实施机遇，积极争取上级支持帮助，充分利用当地光、温、肥、水、土地等资源，千方百计扩大推广茶园、核桃等经济林果间套玉米和各种豆类、马铃薯、荞子，推广以甘蔗套种马铃薯和烤烟套种玉米为主的选用良种、抓住节令、规范化种植、地膜覆盖、配方施肥、化学除草、病虫害综合防治等间套种集成技术，通过示范样板辐射带动达到整体推进，实现间套种广覆盖，累计推广间套种6.2万亩，实现亩增粮食30kg以上，新增粮食总产1 860t，增收336万元。

烤烟产业富农家

烤烟是博尚镇的新兴产业，也是博尚镇的主导经济作物。发展烤烟生产，壮大农业经济，是唐亚梅义不容辞的责任。在发展种植烤烟初期，她带着技术员走村串户、早出晚归，深入到农业生产第一线、深入到村组农户家中，做好宣传发动工作。在烤烟面积扩大后，她又把工作重点放在烤烟科技推广上，与烟草部门技术员一起，扎实抓好烤烟漂浮育苗、定位移栽、病虫草鼠害综合防治等技术的研究和推广。从育苗到烘烤、交售，环环相扣，一抓到底。正是她这种执著、敬业、务实、苦干的精神，使得博尚镇烤烟产业迅速发展。2007年，博尚镇共有2 704户农户种植烤烟，面积14 916亩，平均亩产3.04担，总产45 418担，收入实现2 380万元。2010年，博尚镇有4 998户种植烤烟31 200亩，收购烟叶96 100担，烟农实现收入7 024.17万元，户均收入40 767.07元，有328户收入达到5万～15万元。

“烟—油”模式栽培闯新路

博尚镇是临沧市油菜生产基地，也是烤烟主产区，烤烟前茬是油菜。博尚镇所种植的油菜品种生育期较长，一般在5月中旬收获，推迟了大面积烤烟的移栽节令，严重影响了烟叶的质量和产量，作为农技人员的唐亚梅下定决心，从根本上解决油菜和烤烟之间的茬口矛盾，确保烤烟在最佳节令移栽。2007—2008年，唐亚梅在相关部门的支持下，在博尚镇烟区主持举办百亩连片早熟杂交油菜攻关示范样板，实施“烟—油”栽培模式，结果油菜亩产在不低于其他品种的基础上，收获期提早10～15天，确保烤烟在5月10日前移栽结束，有效解决了油菜与烤烟之间的茬口矛盾，实现烟区油菜早熟优质化，最终实现了农民增收、企业增效和财政增长的目的。项目实施效果明显，得到了镇党委、镇政府和各族农户的认可，“烟—油”模式得到了大力推广。近年来，“烟—油”模式的推广使烤烟中上等烟叶提高 20%，每亩增收 180～230 元。

“烟—油”模式的技术储备，不仅仅只解决了茬口矛盾难题，而且探索出了一条优质、高效的农业发展新路。“烟—油”模式除了确保烟苗在最佳节令移栽外，还在于油菜茎叶落花还田，培肥了地力，改善了土壤结构。在全省乃至全国烟叶生产重心大幅度转向优质烟叶的背景下，“烟—油”模式的突破，更彰显出它的价值所在。

（作者单位：云南临沧市临翔区农技推广站）

用“三心”传递最后一公里

裴青菊

很荣幸我被聘任为农业科技入户指导员，技术指导员是专家与农民之间沟通的桥梁，是农技推广接力赛“最后一公里”的传递手。几年来，我与科技示范户、广大农民朋友手挽手、肩并肩，与天争、与地搏，应用了一个个新品种，推广了一项项新技术，示范村粮食连年获得丰收。在收获喜悦之余，我觉得“学科技、用科技、促双增”必须要有“三心”。

推广新技术需要耐心

有位创业者有句富有哲理的话：天下有两大难事，一是把别人的钱装进自己的口袋，二是把自己的思想装进别人的头脑。我觉得后者更难。对一个你不熟悉的老农民说：“你这种种地方法不科学，应该照我说的做。”多数农民会不以为然，甚至不理你。怎么办呢？用比较办法说服他，用实践结果征服他。2007 年秋季，我在所包示范村大洋村，玉米秸秆还田后播种小麦，选择舜麦1718新品种。为了充分发挥该品种分蘖强特性，减少无效蘖数量，从而减少水肥消耗，降低生产成本，推广半精量播种技术，每亩播种 7.5～9kg，每亩节约种子 5～6kg。示范户大多数反对半精量播种，我决定在科技意识较强的示范户朱小师家做对比示范。4 亩小麦地，2 亩采用半精量播种，每亩播种 7.5kg；2 亩仍用常量播种，每亩播种 13kg，其他管理措施相同。同时，在张全理 5 亩小麦地进行氮肥后移高产栽培技术对比示范。3 亩地用常规施肥，即播种时每亩施底肥尿素 17.5kg，占全生育期氮肥量的 70%，在小麦越冬前浇冻水时追施尿素 7.5kg，占全生育期氮肥量的 30%；2 亩地用氮肥后移法，即播种时每亩施底肥尿素 12.5kg，在小麦拔节期结合浇水追施尿素 12.5kg，底肥、追肥各占 50%。磷肥、钾肥用量相同，管理方法也一样。2008 年 6 月 9 日收获时，进行单打单收，当场过称，结果采用半精量播种田块亩产 495kg，比常规播种每亩增产 32.5kg，亩增产 7.2%；采用氮肥后移技术田块亩产 503kg，比常规施肥增产 52kg，增产 11.5%。20 个示范户和许多群众目睹了这 2 项技术增产效果，在 2008 年小麦播种时，大洋村多数农民自觉采用了我们统一制订的技术方案。

科技下乡要有责任心

农业科技入户工程主要任务是稳定粮食增产和农民持续增收。2010 年 10 月小麦播种后至 2011 年 2 月 20 日，连续 110 天，全县没有一场有效降水，小麦生产遇到了严重干旱的威胁。面对旱情和国际粮价上涨形势，国务院出台了促进粮食生产的十项措施，山西省政府也出台了十项配套措施。夏县县委、县政府也十分重视抗旱保丰收工作。作为一名技术指导员，深入抗旱一线更是义不容辞。

2 月 18 日刚过完元宵节，我就来到大洋村示范田调查苗情，由于去年冬天温度偏低，小麦返青推迟，长势较弱。和专家们交流后，应立即采取抗旱促小麦生长，针对不同地块分别采取措施：去冬已浇越冬水的地块，主要进行碾压、耙耱保墒；没浇冬水地块，晴天尽快浇水。我通知生产组组长，但组长反映群众不愿意干，普遍存在错误认识：一是不划算，耙耱费时、费力，不如外出打工挣钱来得快，尤其是小麦浇水成本大，增产的粮食不一定抵上浇水的费用；二是不在乎，连续几年丰收，“屯中有粮，心里不慌”，因而麻痹怠慢；三是不着急，认为去年底墒好，春浇再迟些没关系。面对这种情形，我从动员党员、干部入手，组织成立中老年互助组，在外打工家里没有劳动力的户出些钱，互助组帮他们浇水、中耕，在家的人也能多些收入，互补有无，各取所得。由于人努力，今年示范村在小麦生产中，普遍推广优良品种，采取测土配方、秸秆还田、病虫草害综合防治、后期结合三喷预防干热风等配套措施，在大旱之年，大洋村示范田小麦平均亩产 508kg，比去年每亩增产 46kg，增产 9.9%，显示了科技就是生产力。

技术指导员要有博爱之心

单位的领导总是这样说：我们农业干部是县里的农民，是农民的儿子。作为一名技术指导员，不仅要关心示范户，对每一位农民都要有爱心，不仅要钻研小麦新技术，还要热爱每一种作物、每一项农业技术。大洋村是社会主义新农村建设推进村，现在散养家畜很少，建设的户用沼气池使用率不到 60%，我和沼气技术员交流后，选择秸秆发酵原料，帮助农户重新启动闲置沼气池，目前使用率达 90%。并利用沼液喷施小麦、玉米，防治蚜虫，取得了显著效果，促进了绿色农业、循环农业发展。冬天到村下乡，农民家里多数用蜂窝煤炉做饭、取暖，室内温度很低，我给这些户提供了新式节能“吊炕”资料，又帮忙联系技术员，用这种炕取暖既暖和又干净整洁，很受老百姓喜欢。

几年前，我和示范村农民们还很生疏，现在却像老朋友一样亲密。我认识到，农业需要我们去奉献，农村需要我们去改变，农民需要我们去支援，农业干部是农民的子弟，我们的岗位就在广阔的田野上！

（作者单位：山西夏县农业委员会）

节水农业技术推广势在必行

刘红芝

云南泸西县自去年冬季遭遇百年未遇的特大旱灾后，今年又逢春夏秋三季连旱，导致大春季农作物严重受灾，库塘蓄水同比大幅减少，相当一部分地区人畜饮水困难，目前达特旱等级。截至 9 月 13 日，全县 165 件库塘总蓄水 5 347 万 m^3，占全年蓄水计划的 34.92％，与去年同期相比减少 2 685 万 m^3，为历史最低值。永宁乡城子村等 20 个行政村、75 个村寨 15 330 人、7 610 头大牲畜用水问题需要靠拉运水解决。目前，全县投入抗旱资金 761.59 万元，投入抗旱人数 1.5 万人，出动抗旱机具 2 500 台（套），投入机动拉水车 2 900 辆（次），抗旱用电 76.84 万千瓦时、用油 120.12t，抗旱灌溉面积 3.62 万亩，临时解决了重灾区人畜饮水困难问题。

连续两年旱灾只是一个重要诱因，直接后果体现在缺水对生产生活的各种影响上，旱灾背后暴露出泸西县必须共同面对的现实问题，那就是农田水利设施薄弱、产业结构单一、节水农业技术措施的运用推广普及程度低等问题。在大旱导致水资源供给形势严峻的情况下，认真分析当前节水农业技术措施运用推广现状，以“学科技、用科技、促双增”活动为契机，学会科学抗旱，提出进一步加快节水农业技术推广的对策势在必行。

一、泸西县农业用水及节水农业技术推广现状

1. 农业用水现状。

泸西县属水资源较为贫乏的地区，常年平均降水量 784.5mm，正常年份全县总蓄水量约 1.2 亿 m^3，正常年份用水量为 1.1 亿 m^3。板桥河水库总蓄水量 7 600 万 m^3，属年调节水库，供给农业用水 2 500 万～3 000 万 m^3；除板桥河水库外，其他水库坝塘正常年份年蓄水量近 6 000 万 m^3，正常年份每年还应调节供应近 5 000 万 m^3 的农业用水。从县水利局统计的相关数据看，2005 年人均占有水资源量为 1 481.3 m^3，全县水库、坝塘总供水量 12 259.81 万 m^3，其中提供农业用水 7 775.98 万 m^3，占总供水量的 63.4％，可解决 23.95 万亩农田灌溉问题。2009 年底，全县总人口 40.86 万人，人均占有水资源量减为1 462 m^3。近年来，农业产业结构调整步伐逐年加快，农业用水量已占总供水量的 80％左右。由此看出，农业是泸西县最大的用水户。随着社会经济

建设的迅猛发展和农业产业结构调整的力度加大，泸西县水资源日趋不足的现状逐步凸显出来。

①水源区域性分布不均匀，形成区域性缺水。主要表现在午街、永宁、三塘、向阳的部分山区乡镇村组，大多属山地高原地形，海拔高差较大，河谷、山区水资源分布不均，且年平均气候在 12～16℃，正常年份年降水量在 1 000mm左右，相当一部分地区由于地形、地质因素的影响，土地石漠化严重，不仅持水、保水能力下降，而且蒸发量大于降水量 1 倍以上，形成干旱。

②水源时间分布不均，形成季节性缺水。全县正常年景雨季 6～10 月份降水量占全年降水量 80％以上，造成冬春干旱，夏秋易涝。旱季长达 7～9 个月，一般从当年 11 月至翌年 4 月的 6 个月中，降水量仅占全年降水量的 15％～20％，其中当年 12 月至翌年 2 月的降水量仅占全年降水量的 2％左右，而该时期气候干燥，是泸西县各种农作物尤其是冬季农业开发的大好季节，则苦于水分不足。

③水库蓄水工程设施有限，仅靠自然降水蓄积，蓄水量不多，形成工程性缺水。据统计，截至 2008 年 9 月 22 日，全县有水库、坝塘 165 件，其中：中型水库 4 件，小Ⅰ型水库 8 件、小Ⅱ型 40 件、小坝塘 113 件，总库容达 1.8 亿 m^3，主要河、沟、渠 720 余条，全长 1 400 余千米，现巩固配套率达 36.5％；安装各类水管 1 200 余千米，建有大小水池、水窖 12 000 余个，有提水工程 157 处，机井 1 756 眼，龙潭 81 个。由于县域内河流短小，流域不广，水库库容量不大，且年久失修储水能力有限，有水不能多蓄；遇旱季，河流水库干涸，又无水可蓄，抗灾能力很弱。

④ 输水设施滞后，节水灌溉技术不高，水资源利用率低。目前，绝大多数灌区采用的是传统地面灌溉技术，沟、畦过长，田面不平整，大水漫灌，田间水利用率低。灌水定额大，并且多采用充分灌溉，不但灌水次数多，而且每次灌水量大，致使农田水分生产率很低。

泸西县地势呈东北高、西南低的特征，县域总面积 1 674 平方千米，其中山区占 82.4％，坝区占 17.6％，仅依靠天然蓄水，水面蒸发量大，蓄水、引水、提水、供水工程少，与本县农作物复种指数高、农业用水量大的需求矛盾不相适应。现有的中低产田一半以上是由于缺水干旱造成的，土地的生产潜力不能充分得到发挥。因此，推广节水农业技术显得极为迫切。

2. 节水农业技术推广现状。

①水稻旱育稀植浅插和饭糯混合间套栽及大田“浅、湿、薄、晒”控灌节水技术模式推广。这是本县推广最早且最有成效的节水农业技术，是充分提高灌区水资源有效利用率的主要途径。据统计，2010 年，全县水稻播种面积 5.8 万亩，旱育秧 3 679 亩，旱育秧移栽大田 4.5 万亩，湿润薄膜育秧 3 070 亩，水稻多样性混栽 4 万亩。通过多年实践，采用旱育稀植浅插和饭糯混合间套栽

及“浅、湿、薄、晒”控灌节水技术，比常规栽培灌溉方法节水增产效果非常明显。

②玉米营养坨育苗移栽地膜覆盖及粮豆间混套种植技术。2010 年，全县实施粮食作物间混套种植 38 万亩，实施玉米地膜覆盖种植 6 万亩，投入资金 60 万元，总产 2 922.6 万 kg，比露地玉米平均每亩增产 86.8kg，总增产值 1 067.64 万元。最突出的效应是增温、保墒、节水、节地，弥补温、光、水、土地资源的不足，增产幅度大、经济效益高、适应范围广，是值得推广普及的节本增效措施。

③蔬菜基地节水栽培技术应用。由于受劳动力成本的提升及连续干旱导致部分区域内水资源缺乏、降水季节分布不均匀等因素的影响，常年菜地 10 万亩（次）的生产与供水矛盾越来越突出。近年来，主要应用的节水耐旱品种以辣椒、番茄、西葫芦等为主；节水技术以兴建设施农业大棚、微喷灌、滴灌、地膜覆盖、膜下滴灌、管道输水、膜上灌水、遮阳网围栏、遮阳网覆盖及棚室病虫防治采取烟熏、喷粉等为主；利用烤烟小拱棚闲置育苗、蔬菜站大棚工厂化育苗等技术的推广也逐步开展起来。设施农业棚室节水栽培全县共计应用面积 2 万余亩（次），占总播种面积的 20%左右。这也是泸西县今后研究、发展、推广节水技术的重点。

④烤烟、水果、生物药材等高效经济作物节水栽培模式。全县在立夏节令即 5 月 10 日前完成烤烟移栽 15.1 万亩，水果面积发展到 12.2 万亩，这是泸西县面积较大且又是在降水量最少季节栽种的作物。种植灯盏花 1.3 万亩，种植三七 0.7 万亩。这些作物大多分布在山坡地、台地等旱地，水资源相对较弱，供水条件相对较差。据了解，目前全县烤烟全部采用集中小拱棚漂浮育苗移栽、地膜覆盖，部分明水深栽，少部分进行膜下烟栽培示范；灯盏花、三七全部采用喷灌、滴灌、拱棚遮阳网、薄膜覆盖等节水措施；水果应用节水措施的面积不多，节水技术以管道输水、提水漫灌为主，水源采取以蓄水池、田头井、田间水窖为主。但由于这些作物对各种节水措施集成应用的要求相对较高，节水与节能的矛盾较大，如何采用各种适用的节水技术，节水产品集成应用，做到既节水又节能，既增产又增效益是节水技术推广的关键。

二、存在问题

1. 缺乏节水农业技术的基础数据资料积累和对农业用水状况的有效监测。

农作物需水量、灌溉水利用系数等基础数据的连续、定位观测和积累不够。对不同区域的灌溉水利用率、渠系水利用率、田间水利用率、降水有效利用率、作物水分利用效率等参数还缺少准确的确定方法和多年的基础数据积累。对工程节水与农艺节水问题还缺少建立在科学试验基础上的探索。

2. 缺乏推进节水农业发展的有效政策，新技术引进、示范少。

对如何提高农业用水效率这个重大关键问题重视不够，灌溉用水量和收费方式多与节水的需求不相符合。政策与管理上存在的问题，虽然已超越了农业节水技术的范畴，但对农业节水发展的影响更大，不解决这些问题，即使再有效的节水技术也很难长期推广应用。

3. 节水设备产品功能单一，质量差，不耐用，配套水平较低，节水技术集成度低。

节水农业是一项复杂的系统工程，需要通过工程、农艺、生物、管理等农机具及农艺技术的整合与配套，才能提高水分的利用效率。但目前各个单项技术之间缺乏有机的连接和集成，缺乏适宜于不同区域水土条件的节水农业技术集成体系和应用模式，使节水农业技术体系的整体效益难以发挥。

4. 集雨补灌技术推广程度低。

雨水汇集工程技术低。田边开挖蓄水池、田间水窖、田头井等传统雨水汇集抗旱方法没能充分利用好，且防渗处理技术和集雨区表面处理技术落后。

三、对　　策

1. 同相关科研院所联姻，通力合作建立主要农作物用水长期定位监测点，对农作物用水状况实行有效监测与控制。

借鉴泸西县近年来实施的测土配方施肥定位点经验，重点对不同作物群体在不同水文年份、不同灌水技术条件和不同亏水灌溉水平下的耗水规律及区域变化进行定位观测，积累科学数据。积极探索非充分灌溉制度的有效模式，实现由丰水高产型向节水优产型灌溉方式转变，提高水的利用效率。

2. 推广农艺与生物节水新技术。

主要包括：加大试验示范筛选抗旱节水型和水分高效利用型的作物新品种，调整节水高效型作物种植结构，优化种植模式及配套技术；推广和运用主栽作物水肥高效利用的联合调控技术以及与技术规程相配套的、具有可操作性的智能决策系统等。

3. 运用低成本、高效率的新型农业节水设备与制剂。

在微灌水肥高效利用方面，开展对不同作物的施肥灌溉制度和微灌施肥专用液肥的试验示范，建立蔬菜、水果、新兴生物产业等多种经济作物水肥高效利用的专家管理系统。推广运用高效、低毒的作物蒸腾抑制剂、土壤结构改良剂和抗旱保水剂等化工制剂产品。

4. 推广雨水集蓄与雨水高效利用技术。

随着水资源日趋短缺和农业发展对水资源需求的大幅度增长，雨水集蓄利用越来越受到世界各国的重视。在这方面可借鉴以色列、澳大利亚、新加坡、日本等国家的经验。新加坡的集雨系统有三种：一是中央集水区的蓄水池，专门收集水质好的雨水；二是河流入海口的蓄水池；三是专门用于收集暴雨的系统。日本也致力于雨水的收集利用，一些大城市如东京、大阪、名古屋和福冈等地的体育馆等大型建筑物也都设置了雨水利用装置。

根据泸西县降水量丰富，但蒸发量较大和旱季时间较长的特点，推广使用蓄水池集水和田间水窖集水，推广集雨种植技术的同时，积极推广以少耕覆盖为主的保护性耕作，提高作物对雨水的利用率很有必要。

（作者单位：云南泸西县农业局）

技术集成　机制创新　高产创建促双增

孙福岭

深秋的牙克石大地，金色的麦浪滚滚，饱满的油菜飘香，一派丰收在望的喜人景象。农民开心地笑了。农技人员欣慰地笑了。广大农民由衷地说，是学科技、用科技，是农技人员的精心指导，我们才获得了好收成。

今年的丰产丰收来之不易。春季低温、多雨、寡照，夏季高温、干旱，秋季少雨、多风，加之农资大幅度涨价等多种不利因素交织。然而，年初牙克石市即把高产创建作为粮油生产的主旋律，通过综合技术组装配套，强化农民技术培训，力求粮油生产实现新突破。正是在高产创建活动的带动下，克服了多种不利因素，夺得了近年来最好的全面丰收，小麦、油菜子平均亩产分别比上年增长 8.1%、11.6%。真可谓：专家农民齐努力，学用科技促双增，高产创建托起丰收梦。

牙克石市位于内蒙古自治区东北部，地处北国边陲、大兴安岭中段西北麓，现有耕地 260 余万亩，年播种面积 220 余万亩，主要农作物有小麦、油菜、大麦、马铃薯及各类蔬菜，其中小麦年播种面积约 120 万亩、油菜近 55 万亩。

近年来，牙克石市农业生产技术水平不断提升，学科技、用科技已蔚然成风。尤其是自 2009 年以来，先后实施了国家粮油作物高产创建、基层农技推广体系改革与建设示范县、测土配方施肥等项目，农技人员、广大农民更是掀起了轰轰烈烈的学科技、用科技、促双增活动。市农技中心以高产创建、示范县建设为契机，积极倡导、率先垂范，推进这一活动更广泛深入地开展。

牙克石市每年实施高产创建万亩示范片 3 片，其中小麦 1 片、油菜 2 片，以高产创建万亩示范片为样板，辐射带动全市近 180 万亩小麦、油菜普遍增产增收，取得了显著的工作成效。据初步统计，2011 年小麦、油菜平均亩产分别为 254.3kg、132.4kg，分别比 2008 年增长 15.9%、23.4%；高产创建万亩示范片平均亩产小麦 346.9kg、油菜 169.6kg，分别比全市今年平均亩产增长 36.4%、28.1%；2011 年粮食作物播种面积 164 万亩，预计粮食总产将达到 44 万 t，分别比 2008 年增长 14.7%、25.7%；2011 年农民人均纯收入预计将达 7 930 元，比 2008 年增长 61.8%。

这些数据、这些成绩的取得，是广大农民学科技、用科技、辛勤耕耘的结果，也是农技人员呕心沥血、不断努力的结果。

技术集成，配套提升综合生产能力

在高产创建活动中，牙克石市农技中心及农技人员始终致力于农业新技术的集成组装、综合配套，整体提升农业技术水平。一是与中国农业科学院合作，承担了国家“小麦苗情远程监控与诊断管理关键技术”项目工作，根据监测数据分析，及时发布小麦推荐管理措施，做好苗情、墒情、病虫情“三情”监测与预报，指导农民开展田间管理及各项农事作业，并深入研究当地小麦的生长发育规律，为小麦持续高产奠定技术基础。二是实施测土配方平衡施肥，围绕测土、配方、配肥、供肥和施肥等基本内容，指导农民施肥、用肥，测土配方施肥覆盖率100%。三是加强病虫草害综合防治和专业化服务，积极开展规模化生产经营模式下的农机、植保专业化服务组织建设和统防统治的专业化、社会化服务，示范区病虫草害综合防治率达到100%。四是按照良田良种良法相配套的要求，对先进实用技术进行组装配套，建立小麦、油菜切合当地实际的高产栽培技术体系，示范区小麦、油菜良种应用率为100%。五是加强农机、农艺配套结合措施的研究与推广，促进农机与农艺的有机结合，发挥机械化生产优势，示范区综合机械化作业程度96%以上，同时大力推广机械化免耕、少耕栽培技术和农机标准化作业技术。六是结合示范县项目实施，在全市建立小麦和油菜新品种、新技术、节水灌溉、保护性耕作、病虫害专业化综合防治等试验示范基地7个、4万亩，以更大规模、更大范围发挥示范带动作用。

创新机制，促进科技普及与应用

在高产创建活动中，牙克石市不断探索和创新工作机制，更加有效、更为广泛地推进学科技、用科技、促双增活动，促进新技术的普及与应用。一是探讨形成了政府推动、主管部门组织、农技部门实施、农民积极参与的活动机制，强化了示范带动作用，促进了高产创建的深入广泛开展。二是在全市范围内开展小麦亩产400kg、油菜亩产200kg的高产攻关活动，促进小麦、油菜种植技术再上新台阶，力争3～5年内达到预期目标。三是建立了农技推广服务管理系统，将各农场（户）的生产基本情况、农业推广的技术服务全部纳入电脑服务管理系统，并与各农场建立联网，达到了技术、管理、市场、气象等信息的最快捷传递，提升了农技推广的科学化、规范化、特色化服务水平。四是加大培训宣传力度，创新科技培训方式。几年来，高产创建活动举办各类农民技术培训班48期（次），培训农民6 700人（次）；技术人员深入田间地头，面对面指导服务农民1 640人（次）；2011年开办农民田间学校6所，完成授课 21 期（次），辅导培训农民 524 人（次）。

通过几年来小麦、油菜高产创建活动以及农技推广示范县、测土配方施肥等项目的实施，加之农技人员、广大农民的学科技、用科技、促双增活动的深入开展，牙克石市农业生产的特点和优势得到了进一步地发挥和优化，并取得了极为显著的增产增收效果。这些特点和优势体现在：一是生产经营规模化，全市有 300 余个家庭农场和 3 个国有农场，平均每个家庭农场种植 4 000～6 000亩耕地，年产小麦、油菜子 100 万 kg 左右，产值 250 万～320 万元。二是生产全程机械化，综合机械化程度达 95%以上。三是栽培科学化，农技人员与农场技术员在长期的实践中，总结出一套适宜本地区的模式化生产栽培技术。四是农民队伍知识化。通过多年的农业机械化生产，培养造就了一批既懂农机技术，又有较高种植技能和懂经营会管理的农民队伍。五是农业生产服务社会化，有比较健全的产前、产中、产后服务机构和体系。

（作者单位：内蒙古牙克石市农业技术推广中心）

龙街河畔谷满仓

阮文忠　李　莉

金秋时节，龙街河蜿蜒穿过的坝子飘动着丰收的馨香，稻田里隆隆的打谷机欢唱着丰收的快乐，稻农们挥洒着汗水尽情开镰收割，一担担的稻谷挑向村庄，河畔的农家门前金黄的稻谷堆出一座座。9 月 15 日，省、自治州专家对大姚县龙街乡张保村楚粳 28 百亩高产攻关示范方进行实田验收，实收结果为：百亩示范方平均亩产达 911.5kg，创下云南楚雄彝族自治州水稻百亩示范产量历史纪录，在场的人们脸上露出丰收的喜悦。

龙街乡是大姚县的水稻主产区，平均海拔 1 760m，年平均气温 17～18℃，常年有效积温 5 002.9℃，光热条件好，利于水稻生长，水稻增产有很大的空间。但与县城中心镇金碧镇相比较，水利条件差，农民种植技术水平较低，常年水稻产量在 550kg 左右徘徊。为了在楚雄彝族自治州实现水稻百亩方平均亩产突破 900kg，力争 950kg 的目标，促进农民增产增收，楚雄彝族自治州农业科学研究推广所、大姚县农业技术推广中心共同开展楚粳 28 百亩高产攻关示范。如何选点？大家展开了激烈的争论，多数人建议在群众科技意识强、生产条件好的县城中心镇金碧镇实施。但楚雄彝族自治州农业科学研究推广所所长黄光和力排众议，信心十足地告诉大家："龙街乡光热那么好，这儿不高产哪儿能高产？农民科技意识差是我们的责任。"最后楚粳 28 百亩示范方确定在大姚县龙街乡张保村实施。

天不帮忙，人帮忙

今年当地旱情比较严重，在天不帮忙的情况下，为了达到产量目标，参加实施的农业部门领导、专家和技术人员付出了艰辛的劳动。黄光和所长作为一所之长事务很多，自开春以来，从种子、物资落实，到抗旱保苗等每个环节、每项措施，他都到现场亲历亲为，进行协调。特别是在育秧阶段，那段时间他妻子生病住院，女儿又远在外地，他无暇照管妻子，依然奔忙于现场田间地头。自治州农科所水稻育种专家李开斌研究员 2010 年 6 月刚做了开颅手术，身体还未痊愈，本应该好好休息，然而，他不顾路途颠簸、日晒雨淋，经常往返上百千米，深入田间监察苗情长势，及时制定和解决生产中出现的技术问题。

端午节时，县农技中心彭主任的女儿从外地回来，一家人早就约好一起过端午节，那时正值供应穗肥，为了把肥料准确落实到每一农户、每一块田，他失信于妻子和女儿，一定要到现场才放心。大姚县农技中心农艺师沙育平，几乎是长期蹲守在106亩水稻示范现场，由于干旱影响，科技措施落实就更难，假日、周末都难得回家。到9月初，女儿考上大学，多希望爸爸送她去外地上大学。当时水稻已经成熟，不需要田间管理了，正值测产等待验收，本来可以请假去送女儿，可他却说，大家辛苦了一场，还不知道是什么结果，他要留下来按测产的结果，对照平时记录的管理日记，分析总结技术措施。天不帮忙，人帮忙，正是这些农技人员的无私奉献，才描绘出龙街夏天稻花香、秋后粮满仓的美丽画卷。

扩大秧田面积，普及良种

龙街乡自古以来水源不太丰富，农户传统习惯就是把秧田布置在水源好的地方，秧田面积很窄，秧苗素质差。因此，扣种稀播、培育壮秧是水稻百亩高产攻关的第一步。通过一家一户地做工作，加上青苗费合理补偿，秧田面积得以扩大，秧田和大田比例达到1∶10以上。在育秧中，科技人员到田间手把手指导示范户浸种、播种、盖膜；在秧田期，指导农民按技术规程进行病虫害防治和科学施肥，农民掌握了壮秧培育的技术，秧苗生长健壮，移栽苗平均带蘖率达70%左右。

龙街乡人均占有田地面积大，一般每户水稻用种量约30kg，多的要用50～60kg。过去农民舍不得投入那么多种子钱，稻种很大一部分要么自留，要么跟乡里乡亲串换，群众良种意识落后。针对这种状况，今年示范户的良种统一供应并免费发放，良种普及率从60%上升到95%。百亩攻关示范户张德才，田块面积1.9亩，过去是和亲戚挑种，需要稻种7kg，种子投入56元，今年他用上了统一供应的良种。今年他的田块实产达到890kg，在实产验收得出产量时，张德才彻底信服了良种的好处。如今的龙街乡稻农，真正看到了良种带来的效益，哪怕没有种子补贴，自己都会主动购买水稻良种了。

等行距条栽，科学管水

双龙出海栽插普及了20多年，已被广大农民接受。自治州农科所水稻育种专家李开斌研究员经实地考察，考虑到当地田块是沙壤土，保水保肥较黏壤土差，因地制宜提出等行距条栽、适度增加每丛苗数、尽可能争取主穗的栽培技术措施。技术人员严格按方案实施，示范区亩栽插密度达2.7万～3.3万丛，为夺取高产奠定了基础。

过去的人们怕缺水，只要能灌水，以田满为原则，管水粗放。在项目实施中，技术人员严格把关，指导农民力求做到浅水栽插，寸水活棵，薄水分蘖，苗够晒田。栽插时，要求示范户澄田一天后，浅水栽插，杜绝现耙现栽，从而可充分利用低节位分蘖，使其早生快发。移栽后，技术人员每块田选取3个点，定点监测分蘖情况，茎蘖数达到35万左右，就开始撤水晒田，抑制无效分蘖产生，提高成穗率。幼穗分化期，适当保持深水层，以确保幼穗分化对水分的要求。灌浆期，干湿交替，增加土壤透气性，增强根的活力，延长功能叶持绿时间，以提高结实率和千粒重，达到增产增收。

改变农户常规施肥习惯

当地农民在大田移栽时，怕肥料流失，习惯不施或少施抄耙肥，分蘖肥一般施用尿素。技术人员结合当地的土壤肥力条件，指导示范户合理配方施肥。一是要求每亩施抄耙肥50kg水稻复合肥。二是针对当地田块是沙壤土的情况，分蘖肥改尿素为速效氮肥碳铵，每亩施碳铵60kg、加施硫酸锌2kg，促其分蘖早生快发。三是巧施穗粒肥，在幼穗分化期亩施尿素8～10kg、硫酸钾10kg做穗肥。在初穗期即抽穗达10%时，亩施尿素5～8kg、硫酸钾10kg做粒肥。经过细致的工作，改变了当地农民不科学的施肥习惯。

通过楚粳28百亩高产攻关，农技人员把最新的生产实用技术送到农民手中，使新技术传授到人、应用到田间，改变了一些农户过去不合理的种植方法，提高了农民的种田水平。当地不少农户通过科学种稻尝到了甜头，农民朋友沐浴在“粮满仓”的春风里，迈步在“奔小康”的道路上。

（作者单位：云南楚雄彝族自治州农业科学研究推广所）

新技术新品种在边疆团场的推广运用

程文玲

近年来，新疆生产建设兵团农七师125团不断总结经验，积极探索和引进适宜团场自然环境生长和发展的新品种冀棉958、标杂A1、81－3等优质品种，并在宽膜精量播种和深埋式滴灌高效节水灌溉的应用上下工夫，棉花生产连年增产。一系列农业先进新技术的推广应用，实现了团场农业增效、职工增收的奋斗目标。

依靠新品种调整种植结构

近几年，农七师125团引进新品种冀棉993、冀棉958、81－3以及稀植棉、鲁研杂24，都取得了高产效益。125团19连推广种植冀棉958新品种1 000余亩，扩繁种植，选择地块，技术指导，监督种子去杂。和籽棉统一堆放、交售，保证种子提纯。冀棉958品种当年平均籽棉亩产达345kg，高于其他棉花品种的单产水平。2010年，大面积推广种植冀棉958，种植面积占全连总种植面积的80%。同时，推广缩行增株66＋10播种技术。

2010年，125团为拓宽职工增收渠道，对农作物种植结构进行调整，种植番茄1 600余亩，利用连队广播宣传推广番茄作物的栽培管理技术，并在水肥管理、病虫害防治等一系列技术方面进行指导。在栽苗、滴水、施肥、中耕、开沟、防病虫方面，严格执行落实团里制定的番茄生产技术操作规程。及时召开地头现场会，认真讲解要求、方法和要点，力求不误农时，按计划推进，当年125团19连番茄生产获得了很好的经济效益，为2011年种植番茄打好了基础。

推广高密度膜下滴灌技术

19连棉花是以高密度膜下滴灌栽培技术为主，滴灌技术是一项可以人为调控苗情的水肥调控技术。高密度膜下滴灌棉田主要通过调整施肥量、灌水量和灌水间隔期调控棉田群体。化学调控等调控技术作为调控的辅助手段，可在苗期和打顶后应用。高密度棉田由于种植密度大，群体发展快，对土壤养分、水分消耗量较大，比较容易出现旺长、贪青晚熟和早衰的情况，因此，群体调控的难度比常规棉田大。

高密度栽培技术推广后的实践表明，株高与棉株的结铃性状有密切的关系，“上密度”要“降高度”，否则后期群体过大，不利于棉铃发育。降高度的重要措施是适时偏早打顶。高密度棉田确定打顶期的原则是“枝到不等时”，即只要达到预留果枝数就打顶。一般高密度棉田比常规密度棉田提早5天左右（一般在7月1—5日）打顶，株高控制在55～65cm，确保秋桃盖顶。

棉花系列化学调控技术的推广应用

1. 子叶期化控促苗早发，控制实果节高度。3叶期控制蕾期旺长，通过叶面肥促苗和蕾期弱苗。

2. 通过适当推迟头水，调节施肥量，结合化调控制初花期—盛花期旺苗。通过提早灌水，增施蕾、花肥，促弱苗，搭好丰产架子。

3. 对可能早衰的棉田增施花铃肥，补施盖顶肥，同时，推迟停水期。

4. 滴灌棉田。全生育期根据苗情调整灌水期、灌水量和施肥量，对棉田实行全程调控。

化学调控作为一种重要的调控技术，要求以“早、轻、勤”为原则进行系列化学调控，即1～3叶期，按一水一控的原则，促进棉花增产增效。

（作者单位：新疆生产建设兵团农七师125团19连）

特色种植　强团富民

谭　英

随着新疆生产建设兵团现代化节水技术的推广和团场种植业结构的不断调整，八十四团农业产业化发展和特色作物管理也进入了一个新阶段。

一、八十四团基本情况

农五师八十四团是新疆生产建设兵团 58 个边境团场之一，新疆著名的风景区怪石峪就在其辖区内。年均气温 5.6℃，≥10℃的活动积温 3 106℃，平均无霜期 154 天，年降水量 181.5mm，蒸发量与降水量之比 8.5∶1，属典型的大陆性干旱荒漠气候。冬冷夏热，昼夜温差大，日照时间长，光热资源丰富，地势平坦，土地肥沃，特别适宜菊花、留兰香及其他特色作物的生长。全团总人口 8 650 人，在册职工 2 680 人，其中农业职工 2 468 人。全团有农业连队 11 个，工交建单位 6 个，各类服务实体 4 个，医院、学校各 1 所。

二、2010 年结构调整取得的成绩

按照兵团党委提出的经济结构战略性大调整、发展方式战略性大转变的总体要求，八十四团党委把推进农业产业化、发展新型工业化作为重点工作，按照“减棉、稳粮、增畜、突特”的工作方针，进一步调整产业结构，实现了社会经济的稳步发展。2010 年，完成生产总值 1.41 亿元，较上年增长 26.35%，完成固定资产投资 4 435.31 万元，职工平均收入达 2.23 万元，比上年增长 10.24%，人均收入达到 9 250 元，比上年增长 9.31%，一、二、三产业比例为 54∶24∶22。

八十四团总面积 888.4 平方千米，2011 年全团总播种面积 10.72 万亩，其中：小麦 6.5 万亩，玉米 2.0 万亩，菊花 0.5 万亩，香料 0.7 万亩，退耕还林 0.8 万亩，其他 0.22 万亩，复播（油葵为主，蔬菜为辅）2.5 万亩。种植的小麦、玉米、色素万寿菊、番茄、香料和复播油葵六大作物单产均超计划完成。与 2009 年相比，小麦单产增产 2.30%，玉米单产增产 45.51%，菊花单产增产 40.41%，香料单产增产 13.33%，番茄单产达到 6t 以上。2010 年，全团小麦、玉米、香料、菊花和复播油葵总产较上年分别增长 110.48%、

43.51%、759%、13.33%和66.67%。2010年，全团牲畜存栏头数44 059头(只)，畜牧业产值为1 360万元，占全团总产值9.5%。林果业快速发展，2009年，全团林业总面积15 850亩，退耕还林面积8 000亩，道路条田林7 450亩，蟠桃200亩，树上干杏200亩。2009年，全团新植条田林杨树977.5亩，全部推广滴灌节水技术。

八十四团是一个以农业为主的团场，农业占国民经济的55%。依据团场的自然气候条件存在着小气候多样性的特点，按照科学发展观的要求，科学决策，结合自身发展需要，以市场为导向，以效益为中心，以种植业结构调整为基础，发展以色素菊、香料产业为重要支撑点的特色农业，增加新的经济增长点，推进农业产业化发展，延长产业链，提高农产品附加值。

三、发展特色产业，结构调整实现战略性定位

八十四团把结构调整作为一项重点工作，突出特色作物的种植，经过不断探索，形成了小麦、特色作物、制种、粮草四大产业结构。

1. 以色素菊、香料为主的特色种植迅速发展。

色素菊、香料国际国内市场发展前景看好，又适应团场气候。团场从战略的高度加以认识，加以扶持。2002年开始试种色素菊花和香料作物，2007年开始大面积种植，2010年种植色素菊花5 000亩，单产3 530kg，加工菊花颗粒1 765t。香料种植面积8 000亩，单产油8.2kg，总产油65.6t。目前，色素菊种植面积每年保持在5 000亩以上，年加工菊花颗粒1 800t左右，正在成为团场的支柱产业和出口创汇的特色产业。引进开发了留兰香、椒样薄荷等香料作物近万亩，初步建立了生产、加工、销售产业链，产业规模不断扩大，实现了产品的不断升级改造。

2. 扩大制种产业发展。

经过多年的发展，制种产业规模进一步扩大，效益进一步提高，年生产各种种子6 000t以上，产业化经营模式不断完善，产品全部销往国内国际市场。

3. 以粮食和退耕还林还草为主的粮草基地建设稳步发展。

在确保粮食安全的前提下，带动畜牧业发展。2010年，牲畜存栏4.4万头，退耕还林还草0.8万亩。

稳定的粮草基地建设为团场畜牧业尤其是农区畜牧业的发展提供了物质保障，同时，为下一步绿色循环农业的发展奠定了基础。

4. 扩大复种指数。

通过冬小麦收获后，增加复种指数，实现一年两熟。2010年，复播作物面积2.5万亩。

四、围绕资源转化，加快团场农业循环经济建设步伐

八十四团始终把加快推进新型工业化建设当作一项战略任务，在巩固农业基础地位的前提下，围绕农业产业化发展的需要，发展团场工业。围绕特色农产品加工，引进、开发、培育团场农业产业化龙头企业，加快色素菊花、留兰香等香料、油料粮食、饲草等农作物种植基地建设，通过招商引资，不断引进新技术、新项目，走团场产业化之路。

2003—2006 年，投资 750 万元，建成了年加工能力 1 万 t 的种子烘干加工厂；自筹资金 370 万元，建成日处理鲜花 200t 的菊花颗粒加工厂；招商引资 350 万元，完成菊花色素提炼厂建设任务。2007 年，投资 576 万元新建留兰香加工厂，并于当年投产；2011 年，投入 250 万元扩建，增加生产线，扩大生产规模，形成了日处理鲜草 250t 的留兰香加工厂。与新三乐公司合作开发的绿色循环生态农业建设项目，第一期项目投资 1 000 万元，现已开工，年内可生产腐氨有机肥 2 000t，转化各类秸秆 3 000t。团办企业的相继建成，不仅推进了团场工业发展的进程，并且使全团 70%的农田成了团办企业的原料车间，团场工业逐步实现了产、供、销一条龙，形成了“种、养、加，贸、工、农一体化”的农业产业化经营模式。近年来，团场工业增加值保持在 20%以上的增长速度，尤其是留兰香、色素菊花的产品开发，为团场发展注入了生机和活力。

通过这些项目的实施，八十四团将科学技术转化为生产力的能力得到了提升。3 年来，利用这些农业新技术、新品种，使团场的特色产业从无到有、由小到大、由弱到强。目前，引进种植的色素菊、留兰香已形成了一定的规模，撑起了八十四团特色种植半边天，为团场经济发展起到了显著的促进作用。

五、未来发展思路与发展目标

八十四团以结构调整为主线，加快优势农产品生产能力建设。未来几年重点培育和发展方向：一是大力发展高新节水技术，加快构建新型农业科技创新体系，加强农业重大技术攻关，加大农业技术推广力度，强化作物病虫害防控手段，提高农业生产安全水平。二是在确保粮食生产安全、提高粮食加工转化能力的同时，加大经济作物的种植比例，进一步扩大技术含量高、超千元产值的制种、菊花、留兰香等特色作物种植规模。三是打造无公害、绿色、有机农业发展平台，严格保护和合理利用农业资源，利用区域特点，发展有机农业，

推广温室大棚种植，依托博乐市城郊的地缘优势，在二连发展温室塑料大棚400个，面积300亩，每年为市场提供有机、绿色蔬菜550t，实现产值250万元。四是努力培育目前处于主导、高效位置的农产品的后续及替代产品，培育菊花、留兰香深加工产业，进一步带动特色农产品种植规模的扩大和品质产量的提高。五是大力发展制种业，在现有基础上，扩大规模，提高产量，重点抓好引育种及良繁体系、种子质量监测体系和种子加工体系的建设。六是加快饲草料生产基地和草场改良建设速度，通过项目区的建设，形成专业化、规模化的优质牧草种植区，逐年轮作倒茬，确保优质饲草种植面积不少于2万亩。

2011年，第一产业增加值计划完成8 565万元，年均增长8.5%；全团耕地保有量达到10.02万亩；全团粮食播种面积稳定在5万亩，总产达2.2万t，其中制种面积2万亩，总产达7 500t，菊花和留兰香种植面积达3万亩，加工菊花颗粒1 500t，产香料油200t，饲草料种植面积扩大到2万亩。

由于各项工作、政策、措施落实到位，八十四团农业工作取得了可喜成绩。2011年，八十四团申报了《色素菊花产业化生产关键技术集成与示范技术》项目和秸秆沼气工程项目。目前，八十四团正抓住这一发展的有利时机，积极筹备3 000亩科技示范园，充分依托地缘优势，已完成372个果蔬大棚的建设任务，逐步形成“公司+基地+农户”的经营模式，做大做强特色林果业和食用菌、生态旅游业，提高科技成果转化率，真正实现强团富民的目标。

（作者单位：新疆博乐农五师八十四团）

新疆农村沼气推行十大建设管理模式

刘峰利

“十一五”以来，在中央投资带动和各方面共同努力下，新疆农村沼气实现了跨越式发展，成为新时期最重要的民生工程之一和新农村建设的一大亮点。通过创造性地试验、研究和示范，形成了适合新疆不同生态类型区、不同经济发展条件的十大建设管理模式，整合了农牧业项目，捆绑了建设资金，集成了农牧业生产技术，实现了一举多赢，效益显著，为自治区“十二五”农村能源建设奠定了坚实基础。

一、新农村庭院沼气建设模式

该模式以农户为单元，在农户庭院内建牛羊养殖暖圈，暖圈地下建沼气池，沼气池上建生态厕所，将沼渣、沼液利用与种植业（大田、果园、蔬菜大棚）施肥相结合，带动改厨、改厕、改圈、改院，形成农户庭院微型生态系统。昌吉回族自治州奇台县半截沟镇腰站子村按照庭院沼气模式，整村建设高标准庭院 100 套，使农户的生活用能改柴草为清洁的可再生能源，进一步提高了农民的生活质量，改善了居住环境，促进了乡村文明、村容整洁，加速了社会主义新农村建设进程。村集体经济综合实力连续 6 年全镇第一，已经成为全县新农村建设的样板、全州的新农村建设示范村，州级文明村、州级生态家园示范村。目前，新疆已推广该模式 50 万户。

二、示范村整村推进建设模式

该模式以村为单元，将农村沼气工程与抗震安居工程、牧民定居工程、村容村貌综合整治工程、社会主义新农村建设有机结合起来，按照合理规划、资金捆绑使用、项目集成组合、功能综合配套、集中连片推进的思路统一建设。和田地区洛浦县恰尔巴格乡的 30 个行政村被自治区确定为“国家整村推进集中连片扶贫开发”试点区，该乡按照“一居一路一渠四改（改圈、改厕、改厨、改庭院）”的要求，整村推进农村沼气配套建设。试点区项目覆盖 84 个村民小组 4 868 户近 2 万人，其中在 20 个村中建设沼气池 3 342 口，项目覆盖率达到 86%，沼气入户率达到 100%、沼气使用率达到 94.77%，“一池两改”

达到 87%以上，沼渣、沼液的综合利用率达到 100%。此外，昌吉回族自治州呼图壁县红柳塘村、玛纳斯县兰州湾镇夹河子村、巴音郭楞蒙古自治州和硕县那音克乡乌勒泽特村等也是该种建设模式的典型代表，农民用上清洁能源，生活和生态环境得到有效改善，沼气建设的综合效益显著，起到了良好的辐射带动作用。

三、温室沼气生态建设模式

该模式以 200～600m^2 的日光温室为基本生产单元，在温室内部西侧、东侧或北侧建一座 20m^2 的太阳能畜禽舍和一个 2m^2 的厕所，畜禽舍下部为一个 6～10m^3 的沼气池。利用塑料薄膜的透光和阻散性能及复合保温墙体结构，将日光能转化为热能，阻止热量及水分的散发，达到增温、保温的目的，使冬季日光温室内温度保持在 10℃以上。该模式在新疆山区逆温带设施农业基地较为适用。以乌鲁木齐县板房沟乡水西沟镇为中心的天山北坡逆温带设施农业基地结合农牧民生产实际，大面积推广集温室蔬菜生产、沼气池综合利用、畜禽养殖于一体的棚、圈、池相结合的生态农业，取得明显成效。目前，新疆设施农业、养殖小区基地已大面积推广家庭养殖型温室沼气基地 82 个，规模达到 5 万座，取得了显著的经济效益、社会效益和生态效益。

四、农村小型沼气站集中供气模式

该模式以“一池三建”为建设单元，以养殖大户、村委会或合作社为项目建设主体，在人畜分离、实行小区集中养殖的村，以畜禽粪便污水为原料，建设小型沼气集中工程，向附近农户集中供应沼气。项目建设主体和供气农户之间签订具有约束性的契约协议，明确责权利关系，协商确定各参与方的投入资金、用气费用和运行管理方式，建立长效使用的约束机制。喀什市多来特巴格乡十六村、十八村各建设一座 100m^3 小型沼气工程，村委会为建设主体，统一负责建设、维护、管理，为周边 90 户农村居民集中供气。阿克苏市依干其乡 16 大队沼气站集中供气工程发酵池容积 50m^3，已为 27 户农户供气。吉木萨尔县大有乡泉水地村等小型沼气集中供气工程为设施农业基地集中供气，既可用沼气点灯做饭，又可用沼渣沼液施肥，减少农药、化肥的开支，提高了农产品的品质、产量、价格。目前，新疆已建成该模式农村小型沼气站 168 个。

五、养殖场大中型沼气工程集中供气模式

该模式以养殖场为基本单元，将规模化畜禽养殖场大中型沼气工程与村镇

社区、中心村、设施农业基地建设相结合，为企业和居民、种植业供应清洁燃料、绿色电力和优质肥料，提高了沼气覆盖率、使用率、综合利用率，延长了产业链条，发展循环农业，发挥气、热、电、肥等效应。目前，新疆已竣工4处大型沼气工程与在建的35处大型沼气工程全部采用集中供气模式设计。该模式是“十二五”期间新疆实现“气化农村”总体目标的主导建设模式。

六、县级沼气物业服务站管理模式

该模式主要由县级农村能源主管服务部门牵头建设，负责对辖区内乡（镇）沼气物业服务站进行业务指导和监督管理，提升村级服务网点的服务水平，对沼气物资实行统一供应和调配，为沼气用户提供业务指导、配件销售、维修管护、信息反馈等综合服务。目前，新疆83个项目县都已建立了县级沼气物业服务站。这种服务模式可以借助政府的扶持，确保经济收益；政府也可以通过政策对沼气行业实行宏观调控。今后发展方向是政府逐步退出管理，代之以市场化管理，逐步实现建、管、护分离，在拓展业务的同时，逐步向专业化方向发展，最终成为沼气物业管理企业实体。

七、乡（镇）农业服务中心管理模式

该模式主要由乡镇农业服务中心负责项目乡镇沼气服务工作，以村级服务网点为平台，服务广大沼气用户。物管员必须持有国家颁发的职业资格证书。办公室由乡镇配备，财务上由乡镇统一管理，业务上由县级农村能源办管理。这种模式是新疆主导服务模式。该服务模式发展时间较长，相对比较成熟，适应性强，效果较好。目前，新疆已建成乡、村沼气服务站1 037个，服务面覆盖60%的沼气用户。

八、企业托管模式

该模式由沼气物业服务公司通过村级连锁服务网点为农户提供建池施工、产品安装、进料出料、故障排除、更换配件等服务。服务公司一般与沼气用户签订服务合同，并获取相应的服务报酬。新疆奇台县新疆福音农业生物质能有限公司奇台分公司按照“公司＋农户”管理服务模式，负责县域15个乡镇300个村组3 190户沼气用户的物业化服务，配备抽渣车7辆、技术服务车1辆，购置齐备检测及维修设备、灶具、零配件、办公设备等，专业服务人员12名，联合当地农民，成立了奇台县福音生态农业经济专业合作社，专业提供沼气物业化服务，并研究开发沼肥综合利用。

阿勒泰地区哈巴河县新农沼气商贸有限责任公司主要负责全县 9 个乡村服务网点 4 390 户沼气用户物业服务，配备 2 辆抽渣车和 1 辆技术服务车。由于物业服务公司采用企业化经营、市场化运作、专业化管理，完全摆脱了对政府的依赖和行政干预，符合市场经济的发展要求，是一种值得大力推广的物业化管理服务模式。

九、农村沼气协会管理模式

该模式是由沼气用户、沼气技术员、沼气建设带头人等自愿组成，以自我管理、自我服务、自我发展为宗旨的民间社会团体。塔城地区沙湾县大泉乡银山沼气协会下设 15 个村级服务站，配备 2 台大型换料服务车及小型抽渣设备，每年服务农户达 2 000 户以上。伊犁哈萨克自治州、巴音郭楞蒙古自治州的项目村也在推行农村沼气协会管理服务模式。从实践来看，这种模式的优势在于协会会员主要由沼气用户组成，因此管理更民主，服务更到位，农户更自觉自愿。今后发展趋势是在拓展业务的同时，引导其由单纯服务型向经营型转变，鼓励其成为具有企业（公司）法人资格的沼气物业管理企业。以此，进一步培育一批农村企业。

十、农村经纪人管理模式

该模式多由乡（镇）、村获得沼气工资格证并且经营农资的农民经纪人、村委员主任或致富带头人组织建立，有较好的群众基础，网点服务场所多设在乡、村繁华街巷农资经销店或便民商场超市内，店内配备基本检测设备、维修设备及灶具，能够解决常规性的使用、维修问题，财务上独立核算，业务上受乡镇及县级农村能源部门主管。该模式在新疆北疆区域各乡镇、村推广较多，形式灵活，一店多能。今后发展方向是在扩大服务范围的同时，逐步过渡为沼气专业协会、合作社，并通过政策、资金的支持，最终成为沼气物业管理法人实体。

（作者单位：新疆维吾尔自治区农村能源工作站）

黄土地上巾帼红

纪双明

2010年12月4日，中央人民广播电台二套《经济之声》节目里，一个操着河北吴桥口音的女农艺师对“小麦旺长的原因及防控措施”这一话题侃侃而谈，长达10分钟的录音互动节目引起了极大反响，一时间，她的手机成了热线。一位农民为此骑车20千米到吴桥县农业局，看看是不是确有其人其事。当他听到她熟悉的声音时，敬佩地竖起大拇指：吴桥的农艺师，了不起！

她，就是被誉为盛开在吴桥田野上的科技之花——吴桥县农业局高级农艺师赵风娟。

“编外农民”和她的“金不换”

毕业于沧州农校的赵风娟在农业一线干了20年。她每天的工作时间是从早上的5点钟开始的，带上厚厚的笔记本到地里转一圈，详细地记录下大量第一手资料，有时比下地干活的农民到得还早，朋友们笑称她是“编外农民”。翻开她的笔记本，有气温、降水量、苗情、虫情、棉花初蕾、玉米抽穗、小麦扬花等记录，密密麻麻，零零碎碎。她说，笔记本是她“金不换”的宝贝，很多技术措施的制定，都是从笔记本的记录开始的。

有一年，赵风娟进行例行的观测时，发现玉米叶子有些异常，职业的敏感让她警觉起来，凭经验，她认定玉米得了病害，但一时又做不出确切判断，她马上将采集的病株送市植保站鉴定，被确诊为“玉米褐斑病”。玉米褐斑病是一种近年发现的新型病害，在吴桥为初次发现。由于褐斑病首次在吴桥县发生，当地没有防治经验，赵风娟查阅了大量的资料，请教了省植保总站的专家，制作了《立即查治玉米褐斑病》的电视专题节目，并率领技术人员分片深入田间地头散发资料，指导农民积极防治。因防治及时，玉米褐斑病得到了及时有效的控制。

黄顶菊是近年来新发现的一种外来杂草，素有“霸王花”之称，一旦入侵农田，将严重威胁农业生产及生态环境安全。一天，有人说在县城东一木材经销点发现一株类似黄顶菊的植物，她立即赶到现场查看，经对比，确认为黄顶菊。急性子的她心里着了火，她马上起草并录制了《加强黄顶菊查治刻不容缓》的电视专题节目，呼吁大家行动起来，群策群治，将黄顶菊消灭在初入侵萌芽阶段。就这样，在赵风娟和她的同事们共同努力下，黄顶菊这一有害植物至今没有在吴桥县入侵农田。

盲蝽象虫体小，成虫飞翔能力强，行动敏捷，给防治工作带来一定的难度，成为整个黄河流域棉区普遍反映难治的害虫之一。赵风娟和同事们每天深入棉田进行观察，查阅资料，结合黑光灯诱集掌握了其发生规律、为害特点和生活习性，制定出统防统治的办法，降低了防治成本，防治效果显著，在盲蝽象大发生的2004—2006年，吴桥县的棉花生产没有因此受到损失。她撰写的《盲蝽象发生危害及防治措施对策》一文在《中国棉花》、《河北科技报》、《河北农民报》上刊登，文章的发表对河北省乃至整个黄淮海棉区绿盲蝽象的科学防治具有较好的借鉴作用。

2009年，吴桥县部分棉田中出现了茎秆发红不长，另有部分地块出现了“公棉花”现象，同年8月下旬，十几个村的部分棉田又出现了上部棉铃提早开裂的“怪现象”，书上、网上均没有此类现象的报道，咨询了多位省里专家也没有好的答案。她顶着烈日深入多个村棉田调查，分析后得出结果：是除草剂药害、病虫害防治不利及播种早等多种因素造成的，对此，她提出了预防与补救措施，受到了当地群众的一致好评。

“吴桥模式”和她“最幸福的事儿”

棉花是吴桥县的优势产业，如何把这一优势产业做大做强是广大技术人员潜心钻研的课题。他们把棉花高效立体种植作为课题研究的突破口进行攻关和探索。在推广棉花高效立体种植这一新技术的过程中，针对村中主要男劳力大多外出务工，家中仅剩妇女、老人务农的实际情况，她力推简化配套栽培技术，因地制宜地提出了种植1行棉花2行天鹰椒和种植2行棉花2行天鹰椒的两种新模式，解决了套种田费工多、不利于田间作业的弊端，每亩节省用工3～4个。农民文化底子薄，她就将技术术语转化为通俗易懂的语言，不厌其烦地给农民讲了一遍又一遍，有时一天下来，连嗓子都哑了。当年，她负责技术指导的4万亩间作田棉椒套作为农民增加经济效益3 000多万元。

吴桥县是粮棉生产大县，赵风娟潜心研究旱情、气象、土壤、水利等，提出了“吴桥模式”，这种适合吴桥自身的管理模式得到了省、市专家的认可。2010年，26万亩玉米战胜播期推迟、中后期连阴雨、倒伏等不利因素影响，平均亩产达510kg，万亩高产创建示范方平均亩产超过700kg；26万亩棉花战胜了后期阴雨寡照影响，亩产皮棉83.4kg，万亩高产创建示范方亩产皮棉达101.9kg，高产地块亩产皮棉接近150kg。今年，吴桥小麦万亩高产创建示范方高产地块亩产达704.98kg，再次刷新沧州市小麦亩产最高纪录。30万亩小麦平均亩产453.5kg，总产达1.66亿kg。吴桥县连续2年被农业部评为“全国粮油生产县”称号，2010年获“河北省粮食生产先进县”称号，她本人也因成绩突出获得了省政府授予的“河北省粮食生产先进个人”荣誉称号。

多年来，赵风娟和她的同事们几乎踏遍了吴桥县的每一个村庄。一年中有2/3的时间是在田间地头度过的。由于她常年工作在生产第一线，又经常在电视上搞技术讲座，很多农民都认得她，叫得出她的名字，知道她的电话。赵风娟说，我是农民的女儿，能用自己的本领服务于农民，服务于生我养我的这片黄土地，农民增收了，就是我最幸福的事儿。

108个证书和她的“万宝囊”

赵风娟是个有心人，她的勤奋也是出了名的，对业务的钻研更是孜孜不倦。多年来，她养成了写工作日志的习惯，新品种、新技术、新信息，各种疑难问题随时记录在日志本上，装满了两大纸箱，她自己称这些日志为“万宝囊”。常在一线工作，使她常常有一种书到用时方恨少的紧迫感，有时，农民们提出的问题自己答不好，她就会非常自责。她常说，每天不学点新东西，心里会很惭愧。因此，只要有机会，她就会和前辈们探讨、向专家们请教，与农民们交流，报刊资料的学习更是每天的必修课。

由于成绩突出，赵风娟多次受到省、地、县主管部门的表彰和奖励，优秀共产党员、“三八”红旗手、优秀政协委员、优秀专业技术拔尖人才、粮食生产先进个人等荣誉证书、奖状竟有108个。

赵风娟说，她只是在平凡的工作岗位上做着平凡的小事，她只是在追求一种平凡却不平庸的境界。

（作者单位：河北吴桥县农业局）

农业部科技教育司

农科(推广)函[2011]381号

关于公布"学科技、用科技、促双增"主题征文活动获奖名单的通知

各省、自治区、直辖市及计划单列市农业厅(局、委)科教处,新疆生产建设兵团农业局科技处、黑龙江省农垦总局科技局、广东省农垦总局科技处:

为配合全国稳粮增粮科技大会战活动,展现近年来各地农技推广服务工作新模式、新成效,展示农技推广人员的新风采,在全国营造爱科技、学科技、用科技的良好氛围,全面推进农业科技进村入户,我司于2011年6月-9月联合中国学术期刊电子杂志社、《农民日报》科教周刊等单位在全国范围内开展了主题为"学科技、用科技、促双增"的农业科技推广服务征文活动。此次征文活动共收到来自基层的稿件近5000篇,经组织专家认真评选,评出特等奖1篇,一等奖10篇、二等奖20篇、三等奖100篇、优秀奖600篇以及组织奖30个(具体名单见附件)。

希望获奖者珍惜荣誉,再接再厉,在实际工作中展示农技推广

1

人员的良好风貌。全国基层农技推广人员要向获奖者学习,在实际工作中学科技、用科技,全力支撑粮食增产和农民增收。

附件:1.“学科技、用科技、促双增”主题征文活动获奖名单

2.“学科技、用科技、促双增”主题征文活动组织奖名单

二〇一一年十一月二十四日

—2—

附件1：

"学科技、用科技、促双增"主题征文活动获奖名单

序号	姓名	单　　位	文章标题	获奖类别
1	杨　丽	河南省安阳市滑县农业技术推广中心	滑县农技推广战线的"五虎上将"	特等奖
2	黄晚霞	湖北省咸宁市咸安区贺胜桥镇农技服务中心	我是农技员，我幸福	一等奖
3	郭宏斌	湖北省黄冈市武穴市农业局经作科	瑞雪之日财神到　明年定是丰收年	一等奖
4	胡洪章	湖南省株洲市醴陵市白兔潭农技推广站	我的"出诊式"农技服务	一等奖
5	朱业斌	江西省宜春市万载县农业局	科技示范户农业科技的"播种机"	一等奖
6	张贵铭	江西省吉安市泰和县农业局	浪花里飞出渔农欢乐的歌	一等奖
7	丁　芳	山东省日照市五莲县农广校	学科技　用科技　同致富	一等奖
8	李　旭	山西省长治市武乡县良种推广服务中心	科技春	一等奖
9	许　斌	四川省成都市郫县农村发展局三道堰农业综合服务站	一个农户的转变	一等奖
10	董淑芳	新疆维吾尔自治区塔城市裕民县农业技术推广站	新技术"测"出新希望	一等奖
11	唐灿喜	云南省迪庆州香格里拉县农业和科学技术局	雪域高原上的"夫妻"农科站	一等奖
12	胡方保	安徽省安庆市太湖县徐桥农机站技干	我们喜欢机插秧	二等奖
13	戚士章	安徽省六安市寿县农业技术推广中心	科学种粮的领头雁	二等奖
14	来明德	安徽省阜阳市颍东区口孜镇农业综合服务站	播撒科技富农民	二等奖
15	靳　峰	河北省沧州市吴桥县农业局	农业致富能人蔡士学	二等奖
16	高　正	河北省沧州市吴桥县农业局	"钻计人"孙玉良的"小麦经"	二等奖
17	张立军	河南省南阳市镇平县农技中心	为了大地的丰收他默默的做着无私的奉献	二等奖
18	吴海亚	湖北省黄冈市武穴市大法寺农技站	开辟推广新思路　探索培训新途径	二等奖
19	刘成平	湖北省武汉市江夏区农业局	接力，最后一公里	二等奖
20	易　玲	湖北省黄冈市团风县水产局	长江边的弄潮人	二等奖
21	刘会标	湖北省黄石市大冶市刘仁八镇畜牧兽医服务中心	打工致富不忘本　返乡创业道路宽	二等奖
22	邹明辉	吉林省吉林市磐石市农业技术推广总站	开启农业春天的大门	二等奖
23	谢建根	江苏省泰州市靖江市畜牧兽医技术服务中心	走过34载技术推广路的"老兽医"	二等奖
24	余俊红	江西省上饶市铅山县农业局	服务三农未了情	二等奖
25	刘有发	江西省赣州市会昌县晓龙乡农技站	科技助我增了粮	二等奖

（续）

序号	姓名	单　　位	文章标题	获奖类别
26	陈　前 彭新红	江西省九江市湖口县农业局	三十六载痴心不改	二等奖
27	陈隆添	江西省赣州市宁都县农粮局种子管理站	“三一”铺就推广路　田野绽现丰收景	二等奖
28	屈国良	辽宁省丹东市凤城市蔬菜办公室	田间地头十五载　无怨无悔写春秋	二等奖
29	蒿文勇	山东省聊城市阳谷县农业局	情系农技　执著追求	二等奖
30	徐应全	山西省运城市临猗县农业委员会	农民致富的“金钥匙”	二等奖
31	何昆萍	云南省西双版纳州勐海县水产技术推广站	耕耘在希望的田野上	二等奖
32	虞生根	安徽省安庆市太湖县徐桥镇农技站职工	誓把农田作画卷　行行写下致富歌	三等奖
33	张瑾英	安徽省亳州市涡阳县城东农业综合服务站	希望的田野	三等奖
34	李安玲	安徽省宿州市萧县畜牧水产局	养殖户的笑脸就是对我们的最好回报	三等奖
35	陈学英	安徽省滁州市天长市农业科技推广中心	以项目为平台　创新服务于“三农”	三等奖
36	贺文畅	安徽省淮南市凤台县农业委员会	为了大地的丰收	三等奖
37	李修峰	安徽省六安市裕安区农委综合业务科	行走在田间地头的“庄稼保姆”	三等奖
38	盛宾强	安徽省黄山市黄山区耿城镇农技站	科技引领致富路	三等奖
39	张建群	安徽省六安市寿县农业技术推广中心	科技兴粮排头兵	三等奖
40	朱翠萍	安徽省滁州市南谯区农技推广中心	科技推广带头人　群众致富领头雁	三等奖
41	何举忠	甘肃省临夏州永靖县农业局	甘肃省永靖县马铃薯产业发展刍议	三等奖
42	罗世创 翁振发	广东省阳江市阳春市农业技术推广中心	三步走向安康道，向阳花木早为春	三等奖
43	杨艳芝	广西壮族自治区河池市天峨县农业局	勤学苦练看家本领　提升能力服务“三农”	三等奖
44	吴奇侠	贵州省铜仁地区江口县农业产化化经营办公室	科技之花在梵净山下四处绽放	三等奖
45	姚志娟 寇春会	河北省承德市宽城县农牧局	冀北山地谷子高产栽培技术	三等奖
46	康敏娟	河北省保定市唐县农业局	学科技　用科技　深入基层　惠及三农	三等奖
47	金彦文 史立君	河北省沧州市泊头市科技局农业科	依托科技搭平台　创新载体促双增	三等奖
48	李洪义	河北省沧州市黄骅市农业局	“菜篮子”也能赚“真金”	三等奖
49	王仁如	河北省邯郸市涉县农牧局	涉县农业技术指导员驻村蹲点培育科技示范户取得成果与思考	三等奖

（续）

序号	姓名	单　位	文章标题	获奖类别
50	侯立军	河北省廊坊市三河市农机局	让三河开遍“科技花”	三等奖
51	贾俊美	河北省廊坊市安次区农业局	平凡如歌	三等奖
52	王晓亮	河北省邢台市任县农业局	发展带头人　致富领头雁	三等奖
53	纪双明	河北省沧州市吴桥县农业局	黄土地上巾帼红	三等奖
54	李红信 侯建芳	河南省平顶山市宝丰县植保站	建立绿色防控体系　提高农作物病虫总体防控能力	三等奖
55	孙红竹	黑龙江省绥化市北林区农业技术推广中心	创新体制　强化功能　努力开创农技推广工作新局面	三等奖
56	李有程	湖北省恩施市鹤峰县种子管理局	恩施山区双低油菜免耕稀植栽培技术	三等奖
57	夏关章	湖北省荆州市公安县农技推广中心毛家港工作组	植根农村促发展　科技惠农谱新篇	三等奖
58	王 强	湖北省宜昌市宜都市农业局	农技推广方式改革　推动了宜都农业持续发展	三等奖
59	黄 浩	湖北省黄冈市团风县水产局	渔业科技培训	三等奖
60	田平平	湖北省荆州市公安县章田寺乡农技工作组	扎根农业终不悔，为农增收做贡献	三等奖
61	魏坦雄	湖北省黄冈市武穴市花桥农技站	技术指导员的一天	三等奖
62	黄湘华	湖南省岳阳市汨罗市农业局经济作物站	让农业科技成为农民增产增收的有力推手	三等奖
63	王继民	吉林省白城市通榆县委宣传部	通榆“不耕”是丰年	三等奖
64	邢鸿飞 李 刚	吉林省通化市柳河县农业技术推广总站	走“三结合”之路　构筑柳河现代农业技术推广新优势	三等奖
65	王法娟	吉林省白山市靖宇县农业技术推广中心	科技助力　仙草生辉	三等奖
66	徐东志	吉林省白山市抚松县东岗镇农业技术推广站	她是致富女状元更是好支书	三等奖
67	唐和宝 符云莹	江苏省镇江市丹阳市农民科技教育培训中心	蔬菜技术人员办起“技术超市”	三等奖
68	陈秀红 朱素芹	江苏省东台市三仓农业中心	小土地上做出大文章	三等奖
69	李 群 冯 明 钟 越 徐 伟	江苏省扬州市高邮市农委	扎实工作，勇于创新，积极探索科学高效惠农新经验	三等奖
70	刘长祥	江苏省连云港市东海县农业委员会	“泥腿子”站长	三等奖

（续）

序号	姓名	单　　位	文章标题	获奖类别
71	马德云 张玉庆 费贵华 储彦羚	江苏省农业委员会科技教育处；江苏省农业产业发展研究中心、江苏农村经济杂志社；江苏省农业委员会科技教育处；《农家致富》手机报编辑部	科技入户　信息富民	三等奖
72	宋志春 张玉峰 范学东	江苏省徐州市沛县广播电视台；江苏省徐州市沛县农业技术推广中心；江苏省徐州市沛县农业委员会科教科	农技培训成了沛县农民增收致富的孵化器	三等奖
73	蒋宁鹏	江苏省无锡市宜兴市农林局	让大地盛开科技之花	三等奖
74	丁传贵	江苏省泰州市姜堰市畜牧兽医站	情寄企业　用心服务	三等奖
75	王　军	江苏省南通市海安县农委蚕桑站	吐尽心中丝万缕 奉献蚕农无限爱	三等奖
76	夏书娥 蒋须俊	江苏省镇江市丹阳市农民科技教育培训中心	倾心高产创建的“农博士”	三等奖
77	姚　远	江苏省连云港市灌南县农业委员会	灌南巾帼展风采　奏响时代最强音	三等奖
78	杨正翔	江西省吉安市泰和县农业局	嘉禾献瑞田园香	三等奖
79	方　荣	江西省九江市德安县农业局农业技术推广中心	走好推广“五良”路　守住粮食安全门	三等奖
80	李反根	江西吉安市新干县农业局科教股	抓“三种”推广模式 促进服务能力提升	三等奖
81	龚森红	江西省宜春市靖安县仁首农业技术推广服务站	沼气能源——富我村民，绿我家园	三等奖
82	程快生 周　旋	江西省抚州市黎川县农业局；江西省抚州市黎川县烟草局	江国建——科技创新实现“烟稻双增”	三等奖
83	李晓峰	江西省抚州市金溪县秀谷镇农业技术推广综合站	用服务在实践中闪光	三等奖
84	严国平	江西省抚州市南城县农业局	实施富民工程　培植支柱产业	三等奖
85	袁子鸿	江西省吉安市永丰县农业局	小蘑菇做成大产业	三等奖
86	曾国华	江西省抚州市金溪县种子管理局	为了大地的丰收	三等奖
87	张美良	江西省吉安市新干县畜牧兽医局	情洒大地春秋	三等奖
88	周伍英	江西吉安市吉水县双村镇农技站	不曾忘记	三等奖
89	朱九根	江西省吉安市吉水县农业局水产站	从一个农民与技术员的故事说起	三等奖
90	朱　亮	辽宁省抚顺市清原县清原镇	学科技、用科技、促双增	三等奖
91	赫　勇	辽宁省鞍山市岫岩县农广校	黑土地里的播火者	三等奖
92	孙福岭	内蒙古自治区呼伦贝尔市牙克石市农业技术推广中心	技术集成、机制创新、高产创建促双增	三等奖

（续）

序号	姓名	单　　位	文章标题	获奖类别
93	李渝君	青海省格尔木市农业技术推广站	强化枸杞科技服务　促进农户持续增收	三等奖
94	程世红	山东省东营市利津县农业局	紧扣“双增”服务宗旨　做好项目结合文章	三等奖
95	江　谊	山东省青岛市农业委员会科教处	大黄埠村科技致富的领头雁	三等奖
96	李培兴 林毅先	山东省烟台市福山区蔬菜站	坚持就是胜利　科技就是效益	三等奖
97	王常青	山西省运城市繁峙县农业委员会	繁峙县设施农业发展态势良好	三等奖
98	秦王康 赵亚俊	山西省长治市壶关县农业委员会；山西省壶关县农业委员会农广校	技术嫁接　产销联营　昔日老典型重焕新活力	三等奖
99	裴青菊	山西省运城市夏县农委质监股	用“三心”传递最后一公里	三等奖
100	石永惠 李晓玲	山西省临汾市侯马市农委科技教育科	农技推广四十载　汗洒沃土心不悔	三等奖
101	王东燕	陕西省安康市平利县畜牧中心	“平利模式”农技推广体系提升服务“三农”能力	三等奖
102	张红霞	陕西省榆林市靖边县农技站	黄土地上的一颗明珠	三等奖
103	李如平	四川省巴中市巴州区农技站	四力合一　齐抓共建　再创玉米新高	三等奖
104	谭 英	新疆维吾尔自治区博乐市农五师八十四团农业科	特色种植　强团富民	三等奖
105	刘峰利	新疆维吾尔自治区农村能源工作站	新疆农村沼气推行十大建设管理模式	三等奖
106	王新玲	新疆生产建设兵团农六师芳草湖农场农业技术推广站	科技之花　开遍芳草大地	三等奖
107	程文玲	新疆维吾尔自治区伊犁州奎屯农七师125团19连	农业新技术推广运用显成效	三等奖
108	张东霞	新疆维吾尔自治区库尔勒市焉耆县七个星镇农技推广站	情系百姓　汗洒沃土	三等奖
109	宋天庆	云南省大理州农科所	加强科技自主创新　支撑高海拔粳稻发展	三等奖
110	侯琴慧	云南省大理州鹤庆县植保植检站	鹤庆县“马厂当归”的产业优势及高产栽培技术	三等奖
111	梁艳丽	云南农业大学	大力发展云南油菜产业，确保我省粮油安全	三等奖
112	胡百生 杨菊琼 张　倩	云南省玉溪市元江县种子管理站	大力推广作物间套种技术 促进农业增效农民增收	三等奖
113	阮文忠	云南省楚雄彝族自治州农业科学研究推广所	龙街河畔谷满仓	三等奖
114	马廷福	云南省楚雄彝族自治州大姚县农业局种子管理站	让农民群众的笑容更灿烂	三等奖
115	张丽波	云南省大理市弥渡县种子管理站	让荒山变成“聚宝盆”	三等奖

（续）

序号	姓名	单 位	文章标题	获奖类别
116	邓安凤 李贵勇 夏琼梅 马竹秀 杨从党	云南省农业科学院粮食作物研究所	着力推广水稻精确定量栽培技术 强化科技支撑稳粮增粮惠民生	三等奖
117	何 云	云南省大理市弥渡县农业技术推广中心	弥川涌动科技潮	三等奖
118	黄 剑	云南省临沧市耿马县畜牧技术推广站	耿马县发酵床养殖 为农民增收开辟新途径	三等奖
119	蒋 雄 杨加玉	云南省曲靖市会泽县农业技术推广中心	会泽县粮食作物高产创建发展初探	三等奖
120	康惠仙	云南省临沧市临翔区农技推广站	一个在田野上辛勤耕耘的农技人	三等奖
121	李汉军	云南省西双版纳傣族自治州勐海县农业和科技局	情系“三农” 青春无悔	三等奖
122	李家赛 李德娟	云南省临沧市临翔区农业局种植业管理股	架起科技惠农的桥梁	三等奖
123	刘红芝	云南省红河州泸西县农业局蔬菜站	由旱灾看泸西水利 论节水农业技术推广	三等奖
124	刘天成	云南省玉溪市通海县种子管理站	浅谈基层农技推广对出口农产品基地建设的促进作用	三等奖
125	马 烈	云南省文山市广南县八宝农技站	闪耀在田野里的星光	三等奖
126	宋维际	云南省昭通市农业科学技术推广研究所	一个基层农技干部的“土豆”情结	三等奖
127	王巧萍	云南省临沧市耿马县土肥站	一个少数民族村寨的致富路	三等奖
128	杨 虹	云南省德宏州芒市农业技术推广中心	傣乡稻田里的那一粒米	三等奖
129	叶陈荣	云南省大理市南涧县农业局	颜希国——离不开田地的农艺师	三等奖
130	蔡娜丹	浙江省宁波市慈溪市农业技术推广中心	让科技与服务成为效益农业腾飞的双翼	三等奖
131	徐金德	浙江省绍兴市绍兴县湖塘街道事业综合服务中心	求深求精求准求新，充分发挥责任农技员在农业发展中的作用	三等奖
132	曹 俊	安徽省安庆市太湖县弥陀镇农技站	黄沙滩里葡萄香	优秀奖
133	曹 平	安徽省安庆市望江县漳湖镇农技站	以实施示范县为平台，大力推广新技术，促进农民增收	优秀奖
134	焦丰宝	安徽省安庆市岳西县茶叶局	示范创新引领推广 学用科技促进双增	优秀奖
135	葛严鑫	安徽省蚌埠市农业技术推广中心	强化行政推动 采取有效措施 大旱之年保丰收	优秀奖

（续）

序号	姓名	单　　位	文章标题	获奖类别
136	曹炳宏	安徽省蚌埠市五河县植保站	春风化雨润无声	优秀奖
137	李　甲	安徽省亳州市蒙城县畜牧兽医发展中心	你灿烂的笑容是我最大的心愿	优秀奖
138	季曙春	安徽省巢湖市无为县农委水产办	做一名合格的技术指导员	优秀奖
139	汪宇桢	安徽省池州市贵池区梅街农技区域站	“土”专家的农民情结	优秀奖
140	胡仁健	安徽省池州市贵池区秋江农业技术推广区域站	万亩示范片里竞风流	优秀奖
141	龚德荣	安徽省滁州市定远县农技推广中心	科技唱响粮食生产新乐章	优秀奖
142	张　勇	安徽省滁州市南谯区种子管理站	科技指导出奇兵，抗旱保苗立功劳	优秀奖
143	刘　峰	安徽省阜阳市阜南县农技推广中心	实施测土配方施肥　促进农业增产农民增收	优秀奖
144	卜允超	安徽省阜阳市临泉县城关镇农业综合服务站	我对基层农技推广的一些实践与思考	优秀奖
145	张　利	安徽省阜阳市临泉县农业委	“甜歌”声声唱富裕	优秀奖
146	张玉强	安徽省阜阳市临泉县宋集镇农业综合服务站	甘当农业科技“服务员”	优秀奖
147	纪绍军	安徽省亳州市利辛县纪王场乡农技推广中心站	乘农技改革之风　踏农业致富征程	优秀奖
148	孙惠芳	安徽省亳州市蒙城县动物疫病预防与控制中心	“天梯”边的故事	优秀奖
149	王娥梅	安徽省亳州市蒙城县农技推广中心植保植检站	这一生无悔的付出	优秀奖
150	严太淑	安徽省合肥市长丰县罗塘乡农技站	特色农业之花在罗塘乡盛开	优秀奖
151	吴晓勤	安徽省合肥市庐江县同大镇农技推广服务站	左申松的创业梦	优秀奖
152	刘　民	安徽省界首市农业委员会工作	新时代最可爱的人	优秀奖
153	李绍林	安徽省六安市霍邱县冯井镇农业综合服务站	杂交水稻“扬两优6号”品种性状及高产栽培技术	优秀奖
154	汪　畅	安徽省六安市裕安区韩摆渡镇政府	科技推动农业　知识改变农村	优秀奖
155	殷安国	安徽省六安市裕安区新安镇农管站	在大棚里找寻人生价值	优秀奖
156	李碧云	安徽省六安市裕安区新安镇农业管理服务站	心系“三农”情牵“关工”	优秀奖
157	岳兰菊	安徽省宿州市砀山县植保站	当前农技推广的实践与探索	优秀奖
158	黄　娟	安徽省宿州市萧县农技推广中心	农技员的四季变奏曲	优秀奖
159	黄雄壮	安徽省桐城市畜牧兽医局	时刻牢记一名畜牧兽医管理者的责任	优秀奖
160	王志远	安徽省宣城市旌德县土肥站	憨厚农民徐德洪　科学种粮促增收	优秀奖
161	王云富	北京市农业广播电视学校平谷区分校	推广新技术　科技变财富	优秀奖
162	罗桂华	福建省龙岩市上杭县经济作物技术推广站	用科技铸茶香，以诚心树产业	优秀奖

（续）

序号	姓名	单　　位	文章标题	获奖类别
163	林光源 兰晓琴	福建省龙岩市武平县武东乡农技站	“烟—瓜—豆”一年三熟高效种植模式的推广应用研究	优秀奖
164	苏建华 傅建卿	福建省南安市农办；福建省南安市农业科学研究所	培养农村实用人才，推进农业发展农民增收	优秀奖
165	涂国英	福建省南平市邵武市农业局	山坳里腾起茶叶致富明星	优秀奖
166	张　苇	福建省宁德市农业局	唱响服务主旋律　创建优质马铃薯示范基地	优秀奖
167	傅建卿	福建省泉州市南安市农业科学研究所	我在工作中和农民朋友一起读书	优秀奖
168	吴景栋	福建省三明市建宁县莲籽科学研究所	从农随笔	优秀奖
169	许维乾	甘肃省兰州市榆中县农业技术推广中心	为了这方热土	优秀奖
170	杨海兴	甘肃省兰州市榆中县农业技术推广中心	农业技术推广工作要“感谢三个人”	优秀奖
171	章文江	甘肃省临夏州东乡县农技站	赤心一片为“三农”撒播科技进万家	优秀奖
172	唐希贤 张合聪	甘肃省临夏州临夏县农牧局	科技之花在日光温室中绽放	优秀奖
173	赵璐辉	甘肃省陇南市成县种子管理站	为了这片黄土地的丰收	优秀奖
174	罗志强	甘肃省陇南市徽县农牧局	创新农技推广模式，增强农技推广效果	优秀奖
175	倪　洁	甘肃省陇南市徽县农牧局	浅谈徽县提高小麦生产能力的对策与措施	优秀奖
176	郑　琪	甘肃省平凉市农业科学研究所	汗洒陇原育良种，情系农民建粮仓	优秀奖
177	李高社	甘肃省平凉市庄浪县农技中心	没有经过的大旱，没有见过的高产	优秀奖
178	高应平	甘肃省平凉市庄浪县农业技术推广中心	把爱奉献给大地	优秀奖
179	王雪莲	甘肃省平凉市庄浪县农业技术推广中心	温磬汗滴润春雨　科技服务兴产业	优秀奖
180	杨富安	甘肃省平凉市庄浪县农业技术推广中心	健全体制、完善机制，全力推进农技推广体系建设	优秀奖
181	贾彩霞	甘肃省玉门市农牧局	玉门市新市区农牧业局农村能源办公室	优秀奖
182	宋晓茹	甘肃省玉门市农牧局	农民心目中的“高工”	优秀奖
183	周丽萍	甘肃省张掖市山丹县畜牧兽医局	科技创新　加快畜牧发展	优秀奖
184	陈健章	广东省恩平市农科所	合作社为媒产业化为依　共谱马铃薯产业新篇章	优秀奖
185	李水源	广东省恩平市农科所	农业新技术新产品涨了农民的钱袋子	优秀奖

（续）

序号	姓名	单　　位	文章标题	获奖类别
186	郑佩林	广东省江门市恩平市农技中心	恩平市扎实推进2010年国家万亩马铃薯高产示范建设成效显著	优秀奖
187	杨跃进	广东省乐昌市农业局	为农技推广事业奉献青春	优秀奖
188	钟利萍	广东省梅州市梅县农业局	科技致富的领头雁	优秀奖
189	唐志华	广东省云浮市罗定市农业技术推广中心	做农技指导员的那些事	优秀奖
190	杨成学	广东省湛江市廉江市农业技术推广中心	科技示范改造了老顽固	优秀奖
191	蔡永春	广东省湛江市廉江市农业局	科学，实现了他种田致富的梦想	优秀奖
192	欧洁珍	广东省肇庆市怀集县农业技术推广中心	用科技为这轻霜地区打开一片新天地	优秀奖
193	高志城	广东省肇庆市怀集县农业局	促进怀集农业“双增”的思考	优秀奖
194	莫志欢	广西壮族自治区桂林市平乐县农业局	加强基层农技推广服务体系，促进农业经济又好又快发展	优秀奖
195	罗斌广	广西壮族自治区贺州市八步区农业局	问渠那得清如许　为有源头活水来	优秀奖
196	程江锋 莫照惠	广西壮族自治区贺州市富川瑶族自治县农业局经作站	富川瑶族自治县获得广西首个出口食品　农产品质量安全示范区建设纪实	优秀奖
197	蓝海英	广西壮族自治区来宾市忻城县植保站	学科技　用科技使他走出了一条致富路	优秀奖
198	梁丽梅	广西壮族自治区柳州市柳江县农业局经济作物站	情系农民的水果专家	优秀奖
199	龙万伸	广西壮族自治区钦州市浦北县农业局经济作物站	翁全东的致富经：猪—沼—果—灯—鱼	优秀奖
200	蓝廷芳	广西壮族自治区玉林市兴业县农业技术推广中心	情系农民　科技致富	优秀奖
201	冷远康	贵州省安顺市关岭自治县农业资源区划办公室	学好一门技术　返乡带头致富	优秀奖
202	聂宗顺	贵州省毕节地区农业技术推广站	依靠科技进步　推进茶产业发展　促进农民增收	优秀奖
203	韩仕芬	贵州省都匀市瓮安县农村工作局茶产业发展办公室	浅谈贵州茶产业的建设	优秀奖
204	肖焕祥	贵州省都匀市瓮安县农村工作局农业技术服务中心	大旱之年，玉米丰产之谜	优秀奖
205	何跃江	贵州省贵阳市息烽县温泉镇农业综合服务中心	山区里的科技致富带头人	优秀奖
206	蒋先文	贵州省六盘水盘县农业局科教室	社会主义新农村建设，重在以人为本	优秀奖
207	郑健文	贵州省铜仁市大坪乡农业服务中心	倾听基层农业工作者的感想	优秀奖
208	杨永华	贵州省铜仁市江口县农牧科技局	科技撑起的绚丽人生	优秀奖
209	王丽娜	贵州省铜仁市石阡县农牧科技局	播撒农业科技的使者	优秀奖
210	刘　泉	贵州省铜仁市植保植检站	浅谈科学技术入户与山区农业发展	优秀奖

（续）

序号	姓名	单　　位	文章标题	获奖类别
211	明祖润	贵州省遵义市赤水市长期镇农业服务中心	科技示范户帮户，玉米增产创新高	优秀奖
212	汪大容	贵州省遵义市赤水市农牧局科教科	莫道桑榆晚　为霞尚满天	优秀奖
213	朱　敬	河北省保定市高碑店市方官镇	如何做好农业技术推广工作	优秀奖
214	高秀红	河北省保定市唐县农业局农业信息中心	做农民群众的贴心人	优秀奖
215	蔺志刚	河北省保定市易县农牧局	科技培训助力易县产业发展	优秀奖
216	侯忠芳	河北省沧州市吴桥县农业局	“小知识”解决“大问题”	优秀奖
217	刘献明	河北省沧州市吴桥县农业局	搞好农技推广要有五个必备	优秀奖
218	王占英	河北省承德市承德县农牧局科教站	健全体系　创新机制　全面提升农技推广服务能力	优秀奖
219	王淑君	河北省承德市承德县下板城农业技术综合站	科技示范先锋，农村致富能手	优秀奖
220	石国志	河北省承德市丰宁满族自治县农牧局水产站	基层农技推广战线的好后勤	优秀奖
221	王旭旭	河北省承德市农牧局信息中心	农业语音服务电话实现关键技术	优秀奖
222	赵卫东	河北省承德市围场县农牧局克勒沟区域站	立党为公　爱岗敬业三十载无私奉献　带病工作二十年	优秀奖
223	杨春鹏	河北省承德市兴隆县农牧局	设施菜让大山里的农民鼓起钱袋子	优秀奖
224	王国元 贺献林	河北省邯郸市涉县农牧局	强化基础　科技引领	优秀奖
225	张　贺	河北省衡水市武强县农牧局	亲切的庄稼	优秀奖
226	张云鹏	河北省廊坊市大城县农业局技术站	投身农业终不悔　俯首甘为“引路人”	优秀奖
227	王永江	河北省廊坊市永清县农业局	在农业技术推广中追求人生价值	优秀奖
228	郑建新	河北省廊坊市永清县农业局	为农业科技推广搭建平台	优秀奖
229	何建兴	河北省石家庄市藁城市农科所	藁城市总结出小麦增产八大经验	优秀奖
230	赵国云	河北省石家庄市行唐县农广校	关注农民 由“心”开始	优秀奖
231	王贵英	河北省唐山市遵化市团瓢庄乡政府	探索果蔬立体栽培模式　破解一举两得增收密码	优秀奖
232	刘志坤	河北省邢台市平乡县农业局	示范县建设结硕果，农技推广见成效	优秀奖
233	宋利玲	河北省邢台市平乡县农业局	农业技术推广的心得	优秀奖
234	王剑利	河北省张家口市崇礼县农牧局	依靠科技发展优势产业	优秀奖

（续）

序号	姓名	单　位	文章标题	获奖类别
235	贾志军	河北省张家口市崇礼县农牧局	完善的农技推广服务带动蔬菜基地发展	优秀奖
236	任淑艳	河北省遵化市农业畜牧水产局	遵化市以高产创建为平台　促进粮油均衡增产	优秀奖
237	刘秀红 王建勤	河北省易县农牧局植保植检站	依托科技促发展　搞好服务促双增	优秀奖
238	田秀华	河南省安阳市安阳县农业局	以“三个提升”为载体　深入开展创先争优	优秀奖
239	王　华	河南省安阳市安阳县农业局	巾帼风采在广袤原野上闪光	优秀奖
240	杨社美	河南省安阳市安阳县农业局	呕心沥血搞推广　脚踏实地做贡献	优秀奖
241	赵　光	河南省安阳市安阳县农业局	安阳县农业技术推广服务体系发展情况及对策	优秀奖
242	李改娣	河南省安阳市安阳县农业局	科技是“逆境增粮”的强劲效力	优秀奖
243	马元清	河南省安阳市安阳县农业局农技站	美丽事业　一生倾注	优秀奖
244	李　强	河南省安阳市滑县农业技术推广中心	打造学习型农技推广队伍，不断创新科技兴粮之路	优秀奖
245	张有成	河南省邓州市农技中心	为了大地的丰收	优秀奖
246	王永峰	河南省开封市开封县农业局	开封县农业局技术服务结硕果	优秀奖
247	王丽亚	河南省开封市通许县农林局	改善种植结构　发展特色经济	优秀奖
248	康民杰	河南省洛阳市汝阳县工业区农业服务中心	小沼气改变大环境	优秀奖
249	王胜蝶	河南省洛阳市汝阳县农村能源站	那包花生	优秀奖
250	马建芳	河南省洛阳市汝阳县农业技术推广中心	学科技用科技　科技带来高效益	优秀奖
251	姬相云	河南省洛阳市嵩县农技站	科技示范带动　促进小麦增收	优秀奖
252	韩　飞	河南省洛阳市嵩县农业局	指导员上门培训到田头 示范户科技增收话感激	优秀奖
253	乔翠平	河南省漯河市舞阳县农技总站	关于舞阳县农业技术推广体系的调查与思考	优秀奖
254	刘林红	河南省漯河市舞阳县农林局	科技与农户“零距离”对接，实现粮食夺高产	优秀奖
255	赵莉莉	河南省漯河市舞阳县农林局	推行科技示范服务卡，促农增收致富效果好	优秀奖
256	赵广垒	河南省漯河舞阳县农林局	克服进步农民策略局限　促进农技推广示范县项目顺利实施	优秀奖
257	孙兰明	河南省南阳市方城县农业局农产品质量检测站	方城县基层农技推广体系改革与建设工作五点体会	优秀奖

（续）

序号	姓名	单　　位	文章标题	获奖类别
258	杜学云	河南省南阳市社旗县农业技术推广中心	黄土地上走出的无悔人生	优秀奖
259	王志伟	河南省濮阳市清丰县农业技术推广服务中心	科技入户　助民致富	优秀奖
260	郜小波	河南省沁阳市农业局	精心指导　亲情服务　力促粮食增产粮农增收	优秀奖
261	郭军旗	河南省沁阳市农业局	蓝焰送温暖　沼气谱新篇	优秀奖
262	宋忠献	河南省汝州市植保植检站	汝州市2010年小麦病虫害发生与防治对策	优秀奖
263	张建伟	河南省新密市	爱岗敬业　无私奉献　科教兴农富百姓	优秀奖
264	杨占一	河南省新乡市封丘县农业局种子管理站	基层推广体系建设带来的新变化	优秀奖
265	杨　梅	河南省新乡市凤泉区农业技术推广站	早春马铃薯套种鲜食玉米高产栽培技术	优秀奖
266	张　萍 张文静	河南省新乡市新乡县广播电视局	田间好“医生”刘清瑞	优秀奖
267	赵俊坤	河南省新乡市新乡县区域农业技术服务站	适应现代农业发展要求　狠抓农技推广创新服务	优秀奖
268	侯平军	河南省新乡市延津县农业局榆林区域农业技术服务站	春风沐浴下的榆林区域站	优秀奖
269	李　强	河南省新乡市延津县王楼区域农业技术服务站	情系三农　心系百姓	优秀奖
270	钱运涛	河南省信阳市罗山县植保站	依靠农业科技助推农业增效农民增收	优秀奖
271	张毅升	河南省信阳市新县农科所	农技示范记事	优秀奖
272	杨军建	河南省许昌市许昌县农业技术推广中心	走进史庄村	优秀奖
273	王磊磊	河南省郑州市中牟县农业农村工作委员会	保驾护航为三农	优秀奖
274	牛玉华 陈景梅	河南省周口市扶沟县农业局	政策推动　科技支撑　高产创建显神功	优秀奖
275	胡永辉	河南省驻马店市确山县农业技术推广中心	立足实际发挥优势探索农技推广新模式	优秀奖
276	宋文学	黑龙江省大庆市和平牧场	和平牧场性控冻精技术推广项目	优秀奖
277	潘秀芝	黑龙江省大庆市林甸县三合乡农业站	传播绿色理念　促进高产增收	优秀奖
278	宋　琦	黑龙江省哈尔滨市宾县农业技术推广中心	加快科技成果转化　促进农业增产增收	优秀奖
279	刘景岭	黑龙江省哈尔滨市创业农场科技科	科学是最锋利的锄头	优秀奖
280	臧静淑	黑龙江省黑河市逊克县农业技术推广中心土肥站	解决施肥最后“一公里”　开启配方施肥直通车	优秀奖

（续）

序号	姓名	单 位	文章标题	获奖类别
281	王汝堂 郎宏伟	黑龙江省鸡西市虎林市八五八农场科技科	编外水稻技术员 科技示范水田间	优秀奖
282	王 龙	黑龙江省鸡西市虎林市八五四农场科技研发中心	一生求索，披风沐雨学科技 卅年耕耘，寒地水稻创辉煌	优秀奖
283	魏宇鹏	黑龙江省鸡西市密山市八五七农场科技科	爱岗敬业 踏实做事，为农场推广农业新技术多做贡献	优秀奖
284	李生杰	黑龙江省七台河市勃利县农业技术推广中心	发挥土地集约优势 推广先进栽培技术	优秀奖
285	荀禹东	黑龙江省七台河市勃利县农业技术推广中心	推广人员展风采 科学技术结硕果	优秀奖
286	程守全	黑龙江省齐齐哈尔市甘南县农业技术推广中心	甘南县粮食高产创建的主要做法及建议	优秀奖
287	谭春蓉	湖北省恩施州巴东县官渡口镇农技站	穿梭于田间地头的科技兴农“领路人”	优秀奖
288	黄 咏	湖北省恩施州鹤峰县五里乡农业技术推广中心	深山骄阳	优秀奖
289	单雄兵	湖北省黄冈市黄梅县农业技术推广服务中心柳林分中心	马铃薯、水稻连作栽培技术	优秀奖
290	周 权	湖北省黄冈市团风县畜牧局	扎根奉献在基层 美名流传在乡村	优秀奖
291	郭茂胜	湖北省黄冈市武穴市植保局	观念一转天地宽	优秀奖
292	陈良美	湖北省黄石市大冶市保安镇农技服务中心	中稻高产栽培示范技术总结	优秀奖
293	柯海顺	湖北省黄石市大冶市保安镇农业技术服务中心	科技入户似春风，田园秋熟尽黄金	优秀奖
294	熊正东	湖北省黄石市大冶市陈贵镇畜牧兽医服务中心	探索新模式 服务新三农	优秀奖
295	黄 平	湖北省黄石市大冶市还地桥服务中心	“直把闲地变金田”	优秀奖
296	刘先补	湖北省黄石市大冶市刘仁八镇农业技术服务中心	这边风景独好	优秀奖
297	彭志华	湖北省黄石市大冶市茗山乡农技中心	乐于耕耘 许昌盛科学种田成为名副其实示范户	优秀奖
298	潘熙曙	湖北省黄石市大冶市农业局	山村“土专家”致富带头人	优秀奖
299	曹 君	湖北省黄石市大冶市汪仁镇农业技术服务中心	农业科技示范户典型材料	优秀奖
300	汤京平	湖北省荆门市京山县农业局绿色食品管理办公室	有机稻是怎样生产出来的	优秀奖
301	潘 霞	湖北省荆州市公安县城关水产技术服务中心	水产事业写春秋	优秀奖
302	王中原 张善品	湖北省荆州市荆州区农业局	积极发展超级稻 依靠科技促“双增”	优秀奖
303	李 辉	湖北省农业广播电视学校长阳土家族自治县分校	用阳光工程提升“学科学、用科技、促双增”的活动	优秀奖

（续）

序号	姓名	单　位	文章标题	获奖类别
304	余宗尧	湖北省潜江市农广校	发展远程教育　培育新型农民	优秀奖
305	谢申宇	湖北省潜江市农业局	为农民服务	优秀奖
306	董方琴	湖北省十堰市郧县农业局	昔日“赌徒”转型为科技示范户	优秀奖
307	王平杰	湖北省十堰市郧县农业局	一个村书记的发展理念	优秀奖
308	陈丽娟	湖北省咸宁市咸安区马桥镇农业服务中心	又是一年丰收时	优秀奖
309	易尚华	湖北省襄阳市南漳县农业局	多方推进农科教结合　加快农业新技术转化	优秀奖
310	陈书平	湖北省襄阳市枣阳市环城畜牧站	养牛青贮饲料的配制	优秀奖
311	陈林子	湖北省襄阳市枣阳市农业技术推广中心	创办新型培训学校　提升技术推广效率	优秀奖
312	胡在军	湖北省襄阳市枣阳市农业技术推广中心	健全农技推广体系　加强农业科技支撑	优秀奖
313	李劲松	湖北省宜昌市长阳土家族自治县农业局	深化高产创建　发展山区玉米	优秀奖
314	赵陆万	湖北省宜昌市五峰土家族自治县农业局	扎根基层平凡事　奏响深山茶乐章	优秀奖
315	王楚雪	湖北省宜昌市宜都市农业局	青春染绿桔园	优秀奖
316	罗丕荣	湖南省常德市临澧县农业局	鼓实劲　抓落实　加快推进农业现代化步伐	优秀奖
317	李东波	湖南省常德市石门县农业局	石门县创新阳光工程培训形式的实践与思考	优秀奖
318	刘茂秋 王占伟 贺彭毅 晏华侨 余政军	湖南省常德市桃源县农业局	棉花器官无性繁殖及大田生长发育初探	优秀奖
319	刘彦谷	湖南省郴州市北湖区农业局	科技是增收的希望	优秀奖
320	周启洪	湖南省怀化市麻阳苗族自治县农业局	发展“一村一品”，培养专业农民	优秀奖
321	郑自友	湖南省怀化市麻阳苗族自治县农业局	丰碑，刻在群众心中	优秀奖
322	刘喜桃	湖南省怀化市麻阳苗族自治县农业局锦和执法中队	山村致富领头雁	优秀奖
323	易建平	湖南省醴陵市农业局科教股	要充分发挥农业科技培训在农民增收中的主导性作用	优秀奖
324	胡冬炎	湖南省醴陵市植保植检站	浅谈基层农业新技术试验示范工作	优秀奖
325	刘红立	湖南省涟源市农业局	基层农技人的风采	优秀奖
326	黄清良	湖南省娄底市涟源市农业局	农业科技种植的领路人	优秀奖
327	周　成	湖南省湘潭市湘乡市农业局土肥站	湘乡市秸秆腐熟还田的推广与应用	优秀奖

（续）

序号	姓名	单　　位	文章标题	获奖类别
328	彭松涛 向　烨	湖南省湘西州龙山县农业局	春华秋实硕果满枝	优秀奖
329	罗博文	湖南省湘乡市农业局	优化创业环境　完善创业政策　推动农民自主创业	优秀奖
330	周应来	湖南省益阳市安化县农业局	推广实用技术、促进花生高产	优秀奖
331	冷翠云	湖南省益阳市赫山区兰溪镇黄金村	大学生村官遨游科技农海　用汗水和知识“促丰收”	优秀奖
332	缪立群	湖南省岳阳市华容县农业局	关于加强棉花田间管理的技术意见	优秀奖
333	唐生虎	湖南省岳阳市华容县农业局	建基地　树品牌　做优做强湘米产业	优秀奖
334	杨青山	湖南省岳阳市华容县农业局推广站	实施粮食丰产工程　促进农民增产增收	优秀奖
335	甘延安 张克修	湖南省岳阳市汨罗市农业局	现代作田匠	优秀奖
336	余喜华	湖南省株洲市醴陵市城郊农业技术推广站	当好科技指导员之我见	优秀奖
337	邓立平	湖南省株洲市醴陵市农业技术推广中心	渔家傲	优秀奖
338	张国胜	吉林省白城市洮北区洮河镇农业科学技术推广站	玉米一埯多株栽培效益高	优秀奖
339	张君臣	吉林省白城市通榆县农业和畜牧业局	为有源头活水来	优秀奖
340	林晓娟	吉林省白城市镇赉县水稻生产办公室	盐碱地上稻花香	优秀奖
341	孙计龙 战永君 高玉荣 韩　冬	吉林省白城市镇赉县乡镇企业职业技能鉴定站；吉林省白城市 镇赉县乡镇企业职业技能鉴定站；吉林省白城市镇赉县乡镇企业职业技能鉴定站；吉林省白城市镇赉县农业局信息科	学科技　用科技　育新人	优秀奖
342	黄凤荣	吉林省白山市靖宇县赤松乡农科站	小康家庭标兵——宋丽云	优秀奖
343	郑艳梅 黄淑敏	吉林省白山市靖宇县农业技术推广中心	科技浇灌出绚丽的致富之花	优秀奖
344	郝彦德	吉林省长春市农安县农业技术推广中心	发挥技术推广主渠道作用　全力推广粮食增产技术	优秀奖
345	王柏军	吉林省长春市双阳区鹿乡镇农业站	技术指导员“老倪”二三事	优秀奖
346	肖丽华	吉林省长春市双阳区农业科学技术推广站	设施农业加农业科学技术等于超高产	优秀奖

（续）

序号	姓名	单　　位	文章标题	获奖类别
347	牛忠生	吉林省长春市双阳区太平镇农业站	农技进万家、农村遍开致富花	优秀奖
348	王文辉	吉林省大安市水田开发办公室	学科技用科技促双增　他用科技服务于农民	优秀奖
349	金松爱	吉林省敦化市农业技术推广中心	为了大地的丰收	优秀奖
350	赵洪文	吉林省敦化市农业技术推广中心	用科技撑起生活的希望——孙丛福	优秀奖
351	刘凤丽	吉林省公主岭市范家屯镇农业站	农民的贴心人　我们的楷模	优秀奖
352	刘　彤	吉林省公主岭市农业广播电视学校	玉米倒伏的原因及抗倒伏增产技术	优秀奖
353	史海峰	吉林省桦甸市农广校	如何发挥科技示范户在现代农业技术推广体系中的重要作用	优秀奖
354	孔祥杰	吉林省吉林市永吉县黄榆农业技术推广站	架一座心桥沟通你我	优秀奖
355	高　跃	吉林省吉林市永吉县西阳镇农业技术推广站	棚膜下的春天	优秀奖
356	赵　忠	吉林省辽源市东丰县农业局发展计划	不断发展的东丰农技推广体系	优秀奖
357	袁德军	吉林省磐石市宝山乡农业站	创先争优作表率　贫困山村换新颜	优秀奖
358	王艳芳	吉林省磐石市农业技术推广总站	科技启动　农业腾飞	优秀奖
359	陈 军	吉林省双辽市农业技术推广中心	勇于创新的农民	优秀奖
360	全喜军	吉林省双辽市农业技术推广中心	心系三农，甘愿奉献	优秀奖
361	孙景玉	吉林省双辽市农业技术推广中心	撒播科技进万家	优秀奖
362	赵艳华	吉林省双辽市农业技术推广中心	措施得力　效果显著	优秀奖
363	王秀清	吉林省四平市双辽市双山镇农业站	双增记事	优秀奖
364	韩井林	吉林省松原市扶余县新城局农业技术推广站	农技为农民致富架“桥”增产又增收	优秀奖
365	李彦泉	吉林省通化市柳河县农业技术推广总站	水稻稻瘟病综合防治技术	优秀奖
366	高全保	吉林省延边市安图县亮兵镇农业技术推广站	求知求富促发展　创新创业展风采	优秀奖
367	张　连	江苏省大丰市农业机械技术推广站	科技推动产业升级　技术转化给农业注入新力量	优秀奖
368	苏生平 沐向阳	江苏省东台市东亭南路97号东台市东台镇农业中心	示范户中的“示范户”	优秀奖
369	王长青 张一峰	江苏省东台市农委	现代“鸡司令”	优秀奖
370	唐万敏	江苏省淮安市洪泽县农委科教科	体系建设增实力　创新机制促“双增”	优秀奖

（续）

序号	姓名	单 位	文章标题	获奖类别
371	程 新	江苏省淮安市盱眙县农业委员会科教科	推广农业科技的典范——姚怀莲	优秀奖
372	李仁科 程 新	江苏省淮安市盱眙县农业委员会科教科	《农家致富》手机报——农民学科技用科技的又一平台	优秀奖
373	张礼康	江苏省江都市农业委员会	江都实施基层农技推广体系改革与建设示范县项目的经验与做法	优秀奖
374	李立新	江苏省江都市吴桥镇蔬菜园区管理办公室	万亩蔬菜园育出农技推广之花	优秀奖
375	段 康	江苏省金坛市儒林镇农业综合服务站	以科技促进渔业增收、以赤心带动社员致富	优秀奖
376	张留斌	江苏省金坛市薛埠镇农业综合服务站	誓做山区水稻生产奉献者 重塑基层为农服务新形象	优秀奖
377	孙和平	江苏省金坛市作物栽培技术指导站	把“论文”写在金沙大地上	优秀奖
378	王志兵 李长亮	江苏省溧阳市社渚镇农服中心	把“窗口”建成“三农连心桥”	优秀奖
379	王玉清	江苏省南昌市南昌县农业局科教站	明岗定责，服务“三农”	优秀奖
380	吴福英	江苏省南京市高淳县农业局	抓住关键技术 实现跨越发展	优秀奖
381	陈 艳	江苏省南京市江宁区农业局土肥站	快乐农业土肥推广人	优秀奖
382	方占海	江苏省南通市海安县白甸镇兽医站	走科技发展之路，看生态循环养蛋鸡	优秀奖
383	马 忠	江苏省启东市农业委员会	扎实开展为农服务 全力提升科技水平	优秀奖
384	李明中 张振军	江苏省宿迁市沭阳县农业委员会	学科技 用科技 促双增——农业科技入户让我腾飞	优秀奖
385	郑志军	江苏省宿迁市宿豫区农委	科技服务进万家 根深叶茂硕果累	优秀奖
386	王雪中	江苏省太仓市沙溪镇农业技术服务站	默默地探索 无私地奉献	优秀奖
387	朱晓峰	江苏省太仓市作栽站	真情奉献 情系三农	优秀奖
388	安林海	江苏省泰州市姜堰市农委蔬菜站	农业科技改革战线上的先锋	优秀奖
389	孙晖宇	江苏省泰州市兴化市农业局戴南直属站	风雨三十年 为农作贡献	优秀奖
390	李仕亚	江苏省徐州市睢宁县农委蚕桑站	学科技 用科技 做身边好人	优秀奖
391	唐明星	江苏省盐城市滨海县农业干部学校	大学生村官梦想腾飞的助推器	优秀奖
392	杨俊生	江苏省盐城市亭湖区盐东镇农业技术推广服务中心	学以致用标杆树，以点带面全民富	优秀奖
393	张昌德	江苏省盐城市响水县农委科教科	科技星火正燎原	优秀奖

（续）

序号	姓名	单 位	文章标题	获奖类别
394	张大华	江苏省扬州市宝应县农业干部学校	敬业爱岗的农民园丁	优秀奖
395	陈莉萍	江苏省仪征市土壤肥料站	用测土配方施肥技术　促农业增效农民增收	优秀奖
396	张赛玲	江苏省宜兴市张渚镇农业服务中心	少年人生，在工作中砥砺事业，在奋斗中辉煌	优秀奖
397	马静静	江苏省张家港市蔬菜办公室	科技助推张家港蔬菜产业新发展	优秀奖
398	吴锋仁	江西省抚州市崇仁县石庄乡农业技术推广站	推广新科技 服务新农村	优秀奖
399	万　维	江西省抚州市金溪县合市农技综合站	播撒科技进万家	优秀奖
400	张发如	江西省抚州市金溪县农业局	守望丰收的人	优秀奖
401	蒋念社	江西省抚州市金溪县农业局农技推广中心	传授科技进农家、促进“双增”致富花	优秀奖
402	李萃雄	江西省抚州市南丰县种子管理站	做好良种推广工作的思考	优秀奖
403	廖世亮	江西省赣州市赣县农业和粮食局农业股	我与科技示范户的一次对接	优秀奖
404	王道金	江西省赣州市芦溪县农业局	全力推广畜牧新技术　着力打造现代畜牧业	优秀奖
405	刘　强	江西省赣州市宁都县农业和粮食局水产站	科技示范来引路　“小小鱼苗”助民富	优秀奖
406	赖伍生	江西省赣州市宁都县植保植检站	问诊田野写春秋 促进“双增”竞风流	优秀奖
407	丁显金	江西省赣州市兴国县农业和粮食局	永不褪色的“赤脚”精神	优秀奖
408	赖国芳	江西省赣州市兴国县农业和粮食局	扎根农村　无怨无悔	优秀奖
409	董太福	江西省贵溪市农技推广中心	扎根农技　青春无悔	优秀奖
410	李文明	江西省吉安市吉水县双村镇农技站	寻梦	优秀奖
411	周头保	江西省吉安市吉水县乌江农业技术推广综合站	脚踏实地搞推广　农业科技助民富	优秀奖
412	罗善平	江西省吉安市泰和县农业局	泰和县基层农技推广添活力	优秀奖
413	陈　锐	江西省吉安市泰和县苏溪农业综合服务站	农艺师和他的“粉丝”们	优秀奖
414	童隆祺	江西省吉安市泰和县畜牧兽医局	青春赞歌	优秀奖
415	刘志富	江西省吉安市万安县农业局	春风化雨暖人心	优秀奖
416	童小铃	江西省景德镇市浮梁县农业局	记浮梁县鹅湖镇农村科技带头人李志明同志二三事	优秀奖
417	徐　超 徐鞠晖	江西省景德镇市乐平市农业局	喜看稻菽千重浪　科技促进粮“双增”	优秀奖
418	张梅花	江西省九江市德安县农业局科教站	情系三农　丹心一片	优秀奖
419	沈国钦	江西省九江市湖口县农业局	足迹深深印田野	优秀奖

（续）

序号	姓名	单 位	文章标题	获奖类别
420	熊国权	江西省九江市瑞昌市农业局科教站	为了大地的丰收	优秀奖
421	邓德章	江西省九江市永修县农业局	青春岁月撒田园 百姓忧困存心间	优秀奖
422	熊 军	江西省九江市永修县农业局	种田讲科学、勤劳致富奔小康	优秀奖
423	万仁海	江西省南昌市南昌县武阳镇农业技术推广综合服务站	科技播种希望与明天	优秀奖
424	肖晓冬	江西省萍乡市湘东区农业局	求真务实 服务农村	优秀奖
425	邱翠金	江西省饶市广丰县农业技术推广站	广丰县油菜高产创建的启示	优秀奖
426	郑 伟	江西省上饶市横峰县农业局	痴心农技终不悔	优秀奖
427	姚建华	江西省新余市渝水区农业局	应用发酵床养猪技术，建设生态化环保猪场	优秀奖
428	饶卫华	江西省宜春市奉新县农业局	与时俱进 真抓实干 高产创建显成效	优秀奖
429	刘淑林	江西省宜春市宜丰县棠浦镇农业技术推广服务综合站	站在农技推广战线上永不褪色的“老兵”	优秀奖
430	胡大海	辽宁省鞍山市海城市农村经济局	学技术 引三新 促进合作社整体发展	优秀奖
431	闫 峰	辽宁省鞍山市海城市农村经济局	以科技示范推动社会主义新农村建设	优秀奖
432	艾玉梅	辽宁省朝阳市北票市农业技术推广站	辽宁省北票市培肥地力，沃土工程	优秀奖
433	杜国田	辽宁省朝阳市北票市农业技术推广中心	北票市红干椒产业发展回顾及未来思考	优秀奖
434	宋金荣	辽宁省朝阳市北票市五间房农业技术推广站	科技致富 激情前行	优秀奖
435	迟彩霞	辽宁省朝阳市建平县农业技术推广中心推广站	浅析建平县发展现代农业的对策及措施	优秀奖
436	孙 秀	辽宁省朝阳市建平县沙海镇金黄的村民委员会	关于本地区农业双增农村经济发展问题的策略及思考	优秀奖
437	任立宏	辽宁省朝阳市喀左县农业技术推广中心	情系黑土地 汗水写人生	优秀奖
438	于咏艳	辽宁省丹东市东港市长安镇农业服务中心	汗水播撒大地 数十年如一日	优秀奖
439	黄 伟	辽宁省丹东市宽甸满族自治县农业技术推广中心推广站	大山里绽放的青春	优秀奖
440	徐 焱	辽宁省抚顺市清原县大孤家	创新农业推广方式 不断提升服务档次	优秀奖
441	杨录威	辽宁省抚顺市新宾县农业中心	农业技术推广体系改革惠农千万家	优秀奖
442	杨文海	辽宁省葫芦岛市绥中县农发局	架起科技与农业对接的桥梁	优秀奖
443	孟庆平	辽宁省锦州市黑山县农业技术推广中心	人人都夸的技术指导员	优秀奖
444	金素荣	辽宁省锦州市凌海市农业技术推广中心	做样板示范引路 抓创新科技致富	优秀奖
445	李红梅	辽宁省锦州市凌海市农业技术推广中心	播撒科技种子，带富一方百姓	优秀奖
446	赵 金	辽宁省锦州市凌海市余积镇农业发展服务中心	带头致富好支书	优秀奖

（续）

序号	姓名	单　　位	文章标题	获奖类别
447	刘珊珊	辽宁省沈阳市辽中县满都户区域性农业技术推广站	脚踏实地润沃土　殚精竭虑惠“三农”	优秀奖
448	王铁荣	辽宁省沈阳市新民市农业技术推广站	农技工作心得体会	优秀奖
449	郑　平	辽宁省沈阳市新民市周坨子区域性农业技术推广站	科技助推传统农业向高效设施农业转变	优秀奖
450	张艳龙	内蒙古赤峰市巴林右旗土壤肥料工作站	巴林右旗玉米膜下滴灌项目引领农业生产节源增效	优秀奖
451	刘思泱	内蒙古呼伦贝尔市鄂伦春自治旗农业技术推广中心	蓝莓——鄂伦春旗的新兴产业	优秀奖
452	葛　耀	内蒙古通辽市科尔沁区农业技术推广中心	玉米高产、高效栽培技术	优秀奖
453	齐雪兰	内蒙古兴安盟扎赉特旗农业技术推广中心	情系黑土地　展巾帼风采	优秀奖
454	史生云	内蒙古兴安盟扎赉特旗农业技术推广中心	倾情沃土　服务三农	优秀奖
455	陈玉宝	内蒙古兴安盟扎赉特旗农业局	扎赉特旗农业局“依靠科技、服务三农”	优秀奖
456	张文昊	内蒙呼伦贝尔市根河市农牧业水利局	平凡工作中的非凡追求	优秀奖
457	胡振东	宁夏固原市彭阳县动物疾病预防控制中心	以科技为支撑，以动物防疫为保障，引领草畜产业健康发展，促进农民养殖增收	优秀奖
458	李春燕	宁夏固原市彭阳县农业广播电视学校	强化科技支撑，转变农业发展方式　彭阳县农技推广示范县项目成效显著	优秀奖
459	陈世敏	宁夏固原市彭阳县农业技术推广服务中心	丹心一片献“三农”	优秀奖
460	常建平	宁夏固原市西吉县农技推广中心	激情燃烧青春岁月	优秀奖
461	韩映辉 李志鹏	宁夏固原市原州区畜牧技术推广服务中心	服务在基层　奉献在岗位	优秀奖
462	范慧香	宁夏石嘴山市金凤区农牧水务局	发展渔家乐产业　打造金凤区丰登适水产业品牌	优秀奖
463	徐　海	宁夏石嘴山市金凤区农牧水务局	献身农业　服务农民	优秀奖
464	牛继成	宁夏吴忠市青铜峡市农牧局瞿靖镇农业服务中心	强化服务　力促瞿靖镇农业产业发展农民增收	优秀奖
465	田俊霞	宁夏吴忠市青铜峡市农牧局农业技术推广服务中心	把火热的青春献给古峡大地	优秀奖
466	尹　磊	宁夏银川市永宁县畜牧水产动物疾控中心	科技指导员，行走在田间地头的科技播种机	优秀奖
467	周建峰	青海省格尔木市农业技术推广站	建基地树品牌　学科技促增收	优秀奖
468	裴生存	青海省格尔木市畜牧兽医工作站	科技引领致富路　兴农建设展宏图	优秀奖
469	文　燕	青海省格尔木市畜牧兽医工作站	科技为手段增收为目的　争做养殖户贴心人	优秀奖

（续）

序号	姓名	单 位	文章标题	获奖类别
470	李万虎	青海省海北州刚察县沙柳河镇兽医站	发展现代农牧业的典范"科技示范户"	优秀奖
471	韩玉兰	青海省海北州刚察县畜牧兽医站	"科技入户"亮丽的风景	优秀奖
472	谭智义	青海省西宁市大通县蔬菜技术推广中心	种甘蓝垒起了小二楼	优秀奖
473	马志明	青海省西宁市大通县畜牧兽医站	做好技术指导工作之我见	优秀奖
474	李平业	青海省西宁市大通县种子站	学科技、用科技，加强示范县油菜产业化发展	优秀奖
475	张海晖	青海省西宁市大通县种子站	大通县斜沟乡大业坝村积极推进基农技推广体系改革与建设工作	优秀奖
476	李延世	青海省西宁市互助县农业和科技局	依托基层农技推广示范县项目 促进互助县马铃薯产业发展	优秀奖
477	李得才	青海省西宁市互助县蔬菜技术服务中心	立足基层 服务群众 助农增收	优秀奖
478	本国俊	青海省西宁市互助县畜牧兽医工作站	带领农民养猪致富的"领头雁"	优秀奖
479	费延贵	青海省西宁市乐都县洪水镇畜牧兽医站	技术指导养猪的进展及效果观察	优秀奖
480	邓万香	青海省西宁市乐都县农业技术技术推广中心	加强农技推广体系建设，发挥科技示范户传帮带作用	优秀奖
481	马本霞	青海省西宁市乐都县蔬菜技术推广中心	发挥科技优势、促进农民增收	优秀奖
482	马国业	青海省西宁市乐都县蔬菜技术推广中心	服务到农户 增收靠技术	优秀奖
483	张秀梅	青海省西宁市平安县种子站	深入基层 服务三农	优秀奖
484	罗 凯	山东省德州市乐陵市蔬菜局	做好小土豆的大文章	优秀奖
485	宋 宁	山东省德州市平原县农业局	创新服务 基层农技推广助民致富	优秀奖
486	孙荣跃	山东省德州市平原县农业局科教科	科技教育助推农业双增	优秀奖
487	赵 萍	山东省德州市齐河县农业局	强化科技兴农意识，勇攀农业双增峰	优秀奖
488	赵留锁	山东省菏泽市成武县农技推广中心	科技使小房庙走上富裕路	优秀奖
489	油朝相	山东省菏泽市东明县农业局	我当技术指导员的那些日子	优秀奖
490	李青菊	山东省菏泽市东明县农业局科教股	创新农技推广体系促进农业增效	优秀奖
491	贾 德 王 颖	山东省济南市长清区农业局	科技示范 惠民政策推动长清区花生产业快速发展	优秀奖
492	李维腾	山东省济南市章丘市农业局	大力发展农村沼气 加快推进新农村建设	优秀奖

（续）

序号	姓名	单 位	文章标题	获奖类别
493	石希锋	山东省济南市章丘市农业局	洒下汗珠化春雨，润我章丘万倾田	优秀奖
494	夏玉兰	山东省济南市章丘市农业局	加大培训力度 推广实用技术 实现小麦丰收	优秀奖
495	陈冬梅	山东省济南市章丘市农业局农技站	借得春风扶农桑	优秀奖
496	范继强	山东省济南市章丘市农业局植保站	情系热土献青春	优秀奖
497	徐 琳	山东省聊城市东阿县农广校	洒一片热血 繁荣一方农业	优秀奖
498	杜正旺	山东省聊城市东昌府区于集镇农技站	加快科技成果转化 大力推广测土配方施肥技术	优秀奖
499	张良军	山东省聊城市农业广播电视学校阳谷分校	发挥农民教育培训职能 大力培养农村实用人才	优秀奖
500	岳学龙	山东省聊城市莘县河店镇技术站	扎根基层 放飞青春	优秀奖
501	李建仁	山东省青岛市即墨市农业局农广校	我和农科书籍真有“缘”	优秀奖
502	李海峰	山东省日照市东港区农业局	做好农科教结合工作——促进农业农村经济发展方式转变	优秀奖
503	裴振凯 刘建峰 董西芳	山东省日照市东港区农业局	东港区农民培训纪实（专题片）	优秀奖
504	王均健	山东省日照市东港区农业局	今夜，农技专家下村来	优秀奖
505	蔡玉金	山东省日照市莒县农业局	浅谈对基层农技推广工作的几点认识	优秀奖
506	安佰果	山东省日照市岚山区农业局	躬耕在农业一线上的孺子牛	优秀奖
507	郭常青	山东省日照市农业局科教科	农民增收致富的引路人	优秀奖
508	李国华	山东省日照市五莲县农业局农村能源办公室	蓝蓝的火苗——新能源沼气的应用	优秀奖
509	杨怀亮	山东省日照市五莲县蔬菜站	生命的绿色如此靓丽	优秀奖
510	张 宇	山东省日照市五莲县蔬菜站	靳伟然——现代农业领跑者	优秀奖
511	王继臣	山东省泰安市岱岳区农业局科教站	泰安市岱岳区农技推广示范县项目实施成效与对策	优秀奖
512	梁兆玲	山东省泰安市东平县接山镇农技站	科技兴农带头人 农民致富领头雁	优秀奖
513	李 亮	山东省泰安市东平县农业技术推广站	艰难无所惧 田间谱华篇	优秀奖
514	梁 锋	山东省泰安市东平县农业局	风雨农技推广路 累累硕果在田野	优秀奖
515	陈 镁	山东省泰安市东平县农业局财务科	科技的传播者 农民的好帮手	优秀奖
516	刘秀芝	山东省泰安市东平县农业局科教站	庄稼地里的科技拓荒人	优秀奖

（续）

序号	姓名	单　　位	文章标题	获奖类别
517	牛之全	山东省泰安市东平县农业局政策研究室	立足示范　突出创新　扎实做好农技推广工作	优秀奖
518	张洪霞	山东省烟台市福山区农业局	农民科技培训使福山大樱桃别样甜	优秀奖
519	胡小然	山东省烟台市福山区畜牧兽医站	依科学知识养殖　靠新型科技致富	优秀奖
520	陈桂玉	山东省烟台市莱州市农业局果树站	运用现代科技，壮大莱州果业	优秀奖
521	孙竹生	山东省烟台市莱州市农业局农业技术推广中心	从“农业科技110”到“科技直通车”，莱州市农技推广大路畅通	优秀奖
522	刘升基 林艺庆	山东省烟台市龙口市农技中心	为了十月金秋美，衣带渐宽也不悔	优秀奖
523	颜　红	山东省烟台市龙口市农业技术推广中心	农技专家李延奇	优秀奖
524	史桂萍 韩爱群	山东省烟台市龙口市农业技术推广中心；山东省烟台市龙口市农业执法大队	一分热爱　一分收获	优秀奖
525	范崇慧	山东省烟台市龙口市蔬菜技术推广站	科技送地头，服务暖人心	优秀奖
526	郑重光	山东省烟台市龙口市畜牧兽医工作站	风雨兼程二十载，潜心钻研推广畜牧兽医新技术	优秀奖
527	邹翠卿	山东省烟台市牟平区农技站	科技种田开新花　示范带动千万家	优秀奖
528	王梓模	山东省烟台市牟平区土肥站	建科技示范基地　架农业双增金桥	优秀奖
529	尹立成	山东省淄博市博山区农业局农业技术推广中心	小小猕猴桃　科技含量高　农民致富宝	优秀奖
530	申记平	山西省长治市平顺县农业委员会	让科技与农民零距离	优秀奖
531	王步奇	山西省长治市武乡县监漳农业技术服务站	增产又增收　农民乐呵呵	优秀奖
532	王奋青	山西省大同市阳高县农业技术推广站	发挥科技优势　带动一方产业	优秀奖
533	董晓琼	山西省大同市阳高县农业委员会	农委主任的科技情怀	优秀奖
534	韦金虎	山西省晋城市沁水县畜牧兽医局	沁水县依靠科技支撑推进养羊产业化	优秀奖
535	师冬莲	山西省晋中市介休市农业局	介休市张兰镇张村设施蔬菜发展调研报告	优秀奖
536	武　元	山西省晋中市祁县农业技术推广中心土肥站	替广大农民着想　为配方施肥给力	优秀奖
537	弓秀琴	山西省晋中市寿阳县蔬菜中心	科技唤醒农业　农民持续增收	优秀奖
538	王咏华	山西省晋中市寿阳县蔬菜中心	星星之火　可以燎原	优秀奖
539	刘俊峰	山西省晋中市榆社县农业技术推广中心	农技推广的领头雁	优秀奖
540	王小泰	山西省临汾市洪洞县农业委员会	“六员大将”阴东娟	优秀奖

（续）

序号	姓名	单位	文章标题	获奖类别
541	赵兰枝 孟红菊	山西省临汾市侯马市农委农业技术推广站	立足科技服务　促农增产增收	优秀奖
542	梁海兰 赵振宇	山西省临汾市侯马市农委农业综合执法大队	新时期现代农业发展的带头人	优秀奖
543	路　玲	山西省临汾市吉县农委	山西省农村能源建设现场交流会在我县召开	优秀奖
544	郑　芳	山西省临汾市农业技术推广站	汗水浇铸黄土地　执著奉献结硕果	优秀奖
545	王秋萍	山西省临汾市农业委员会	浅谈果园技术培训新特点	优秀奖
546	张建国	山西省临汾市尧都区东下庄村	上校军官当村官　服务家乡促增收	优秀奖
547	柴杏芳	山西省临汾市尧都区农业委员会	致富思源调结构　转型发展促增收	优秀奖
548	亢志勇	山西省临汾市尧都区农业委员会	依靠科技推动，加快园区建设　实现农民收入快速增长	优秀奖
549	刘　玮	山西省临汾市尧都区农业委员会	用智慧耕耘大地　洒汗水创业致富	优秀奖
550	乔晓明	山西省临汾市尧都区农业委员会	血脉	优秀奖
551	陈华民	山西省临汾市尧都区农业委员会	果树飘香上阳村	优秀奖
552	李崇德	山西省临汾市翼城县农业技术推广中心	日光温室蔬菜宽垄单行密株栽培技术	优秀奖
553	苏永贵	山西省临汾市翼城县农业技术推广中心	突出“五改”抓“两喷”小麦亩产突破600公斤	优秀奖
554	许　华	山西省临汾市翼城县农业技术推广中心	新建温室黄瓜霜霉病，发生早重的原因与治理措施	优秀奖
555	何昌鹏	山西省朔州市朔城区贾庄乡高升庄村	学科技、用科技、促双增——贾庄乡大学生村官积极引导农民依靠科技致富纪实	优秀奖
556	王润英	山西省朔州市朔城区农技推广站	塞外沃野显身手	优秀奖
557	郝丽艳	山西省朔州市朔城区农技推广中心	农业推广展新颜　三项举措促双增	优秀奖
558	李志明	山西省朔州市朔城区上沙塄河村	科技能使“土”变“金”	优秀奖
559	万小瑞	山西省太原市清徐县东湖街道办事处	汗水浇出科技之花	优秀奖
560	常巧玉	山西省太原市清徐县集义乡政府农科站	科技——现代农业前进的动力	优秀奖
561	董转青	山西省太原市清徐县孟封镇农技站	基层农技展风采、科技双增效益高	优秀奖
562	韩晓爱	山西省太原市清徐县西谷乡农技站	默默无闻　辛勤耕耘	优秀奖

（续）

序号	姓名	单 位	文章标题	获奖类别
563	郭 飞	山西省太原市清徐县徐沟镇农技站	汗水铺就致富路　农科扣响双增门	优秀奖
564	张宪宏	山西省太原市小店区农委	在土地上做文章　从科技上要效益	优秀奖
565	武俊杰	山西省太原市小店区西温庄兽医站	畜禽养殖业的出路之我见	优秀奖
566	赵展军	山西省忻州市定襄县农业技术推广站	智村万亩玉米高产创建部级示范片　创全省玉米万亩集中连片高产纪录	优秀奖
567	张志平	山西省忻州市定襄县农业技术推广中心	利用先进通讯方式　实现农技服务快速反应	优秀奖
568	王利伟	山西省运城市稷山县农业委员会	为了脚下这方土——稷山县农委“学科技、用科技、促双增”工作纪实	优秀奖
569	杨英杰 卫安全 段黎杰	山西省运城市新绛县农业委员会	设施农业奠基人　百姓致富好财神	优秀奖
570	屈玉玲	山西省运城市永济市农业委员会	精心推广土肥技术　全力带动农民增收	优秀奖
571	杨登武	陕西省安康市白河县农业局畜牧中心	传播知识　服务群众　当好畜牧兽医技术推广的践行者	优秀奖
572	任莅莅	陕西省安康市汉滨区畜牧中心	为了汉滨畜牧业的崛起	优秀奖
573	王 雪 陈德模	陕西省安康市汉滨区畜牧中心	当好科技特派员　促进企业大发展	优秀奖
574	袁壮丽 任莅莅	陕西省安康市汉滨区畜牧中心	当好畜牧科技工作的带头人	优秀奖
575	张忠民	陕西省安康市农业技术推广站	以打造学习型单位促进农技推广工作	优秀奖
576	柯 斧	陕西省安康市农业科学研究所	小魔芋“魔力大”　全村人乐开花	优秀奖
577	杜韦慰	陕西省安康市镇坪县农机管理站	现代化农机圆了村民致富梦	优秀奖
578	何文波	陕西省宝鸡市千阳县农业广播电视学校千阳县分校	农民培训道路上的领头雁	优秀奖
579	吴洪玉	陕西省汉中市略阳县农业技术推广中心	我为我的坚守自豪	优秀奖
580	刘 黎	陕西省汉中市农技中心	轻松起步　赢在起点	优秀奖
581	王 涛	陕西省商洛市洛南县农产品质量安全检验检测站	浅谈洛南县无公害蔬菜施肥存在问题及解决对策	优秀奖
582	马 红	陕西省商洛市镇安县动物疫控中心	是金子放在哪都发光	优秀奖
583	刘国权	陕西省商洛市镇安县农技中心站	马齿苋无公害栽培技术	优秀奖

（续）

序号	姓名	单　　位	文章标题	获奖类别
584	赵秋芳	陕西省商洛市镇安县蔬菜生产办公室	科技结硕果　特派显神威	优秀奖
585	姜家礼	陕西省商洛市镇安县植保植检站	加强农药监管　确保农产品质量安全	优秀奖
586	卢　彬	陕西省商洛市镇安县植保植检站	镇安县菜青虫重发原因及综合治理措施	优秀奖
587	史双院	陕西省西安市果业技术推广中心	促成西安鲜食桃优质高效栽培的技术建议	优秀奖
588	王国栋	陕西省西安市蓝田县农业技术推广中心	心系一方热土，情牵万户群众	优秀奖
589	张　绒 李　浩 黄经营	陕西省西安市周至县发展一村一品指导中心	中国西部苗木花卉第一村——裕盛	优秀奖
590	王普强	陕西省西安市周至县农业机械化学校	为了产业的崛起——有突出贡献专家段眉会典型事迹	优秀奖
591	刘红艳	陕西省榆林市清涧县农技站	在平凡的岗位上做不平凡的事	优秀奖
592	孙晓计	上海市虹桥区域站	给农民插上科技致富的翅膀	优秀奖
593	袁　娟	上海市浦东新区农业技术推广中心	在我身边的优秀党员——严秀琴的先进事迹 她把论文写在大地上	优秀奖
594	汪　洁	上海市浦东新区农业技术推广中心	齐齐上阵努力　推进菜农增效	优秀奖
595	周超英	上海市浦东新区农业技术推广中心	为了那一片土地	优秀奖
596	向　佳	四川省巴中市巴州区经作站	为农服务见真情	优秀奖
597	骆永亮	四川省成都市郫县农村发展局	浅析郫县农业科技推广现状	优秀奖
598	谢剑昭	四川省成都市郫县农村发展局	依靠科技夺高产　真抓实干促增收	优秀奖
599	陈久秀	四川省达州市达县农业局茶果站	凸显水果发展优势　壮大产业富民强村	优秀奖
600	李正林	四川省广安市广安区农能办	广安区“猪（禽）+沼+果（菜、桑）”生态循环农业助推农业增效农民增收	优秀奖
601	王安全 魏嗣山	四川省广安市广安区农业局	依托项目支撑　大力推广科技　实现农民增收	优秀奖
602	曾令然	四川省泸州市合江县农业局农技科教推广站	创新思路谋发展　依靠科技促双增	优秀奖
603	黄开树 刘圣英 先　伟 温向东	四川省泸州市合江县农业局农艺师	钟情荔枝　谋福合江	优秀奖
604	李庚静	四川省眉山市洪雅县汉王乡农业服务中心	科技作指导，茶农致富快	优秀奖

（续）

序号	姓名	单　　位	文章标题	获奖类别
605	李昌林	四川省绵阳市三台县农业局	农业颂	优秀奖
606	黄体元	四川省内江市隆昌县农业局	隆昌县以全新理念推进现代农业蔬菜园区建设	优秀奖
607	魏　杰	四川省内江市资中县农业局	资中县发轮镇水稻示范基地科学运用地膜水稻栽培技术增产	优秀奖
608	余庆铭 曹爱珍	四川省南充市仪陇县农牧业局	健全“六大体系”　创建基地促增收	优秀奖
609	唐自然	四川省遂宁市蓬溪县农业局农技站	推广油菜套种秋洋芋　实现粮油双丰收	优秀奖
610	江　川	四川省宜宾市宜宾县农业局	农技人员	优秀奖
611	李俊平	四川省宜宾市宜宾县农业局	庄稼情愫	优秀奖
612	袁　勇	四川省资阳市简阳市东溪镇农业服务中心	如何实现传统农技推广向现代农业推广的转变	优秀奖
613	鄢振财	四川省资阳市简阳市江源镇农业服务中心	丘陵地区两季田油菜免耕摆栽稻草　全量还田高产栽培技术初探	优秀奖
614	朱维高	四川省资阳市简阳市农业局农技站	高产创建万亩片　开创“双增”新局面	优秀奖
615	徐建根	四川省资阳市简阳市三岔镇农业服务中心	简阳市水稻机械化插秧的现状与思考	优秀奖
616	杨　杰	西藏拉萨市日喀则地区农业技术推广服务中心	俯首甘为孺子牛	优秀奖
617	何光盛	西藏自治区林芝市江达县农牧局	依托基地，加大培训促进蔬菜产业的发展	优秀奖
618	刘海兴	西藏自治区林芝市江达县农牧局	江达县种植业发展的制约因素	优秀奖
619	孙军源	西藏自治区林芝市江达县农牧局	扎西达吉的烦恼	优秀奖
620	刘贵林	新疆博尔塔拉州博乐市农业局	做党和人民满意的“粮吏”	优秀奖
621	陶慧芳	新疆博州温泉县农业技术推广站	支撑温泉县粮食稳产高产的主要措施	优秀奖
622	邢东升	新疆库尔勒市和静县农业技术推广站	科技助推农业快速发展	优秀奖
623	李红梅	新疆库尔勒市焉耆县农业技术推广中心	勤勤恳恳　开展农业技术推广服务在基层	优秀奖
624	王桂荣	新疆生产建设兵团第八师149团农业科	依靠科技进步　壮大团场经济	优秀奖
625	张玉荣	新疆生产建设兵团农六师102团农业技术推广站	播种一份清廉　收获璀璨人生	优秀奖
626	马世刚	新疆生产建设兵团农六师共青团农场农业科	无私奉献三十余载	优秀奖
627	王　鹏	新疆生产建设兵团农六师共青团农场农业科	为农场做点事	优秀奖
628	邓丽华	新疆生产建设兵团农六师一0五团	王实良：有机西瓜带给我甜美生活	优秀奖
629	杜学锋	新疆生产建设兵团农五师九十团园艺一连	痴迷科技永不悔　奋斗路上无止境	优秀奖

（续）

序号	姓名	单　　位	文章标题	获奖类别
630	张建江	新疆生产建设兵团新疆兵团农六师一0二团广电站	新疆兵团农六师一〇二团6万亩高效节水滴灌引领团场农业现代化腾飞	优秀奖
631	许　蓓	新疆石河子地区142团农业科	项目聚力　科技给力　一四二团全力促发展	优秀奖
632	魏建军	新疆石河子市农垦科学院作物所	科技为犁，耕耘基层团场种植业二十余载	优秀奖
633	张　磊	新疆石河子市一四七团农业科	团场是我家，我们离不开他	优秀奖
634	李万萍	新疆乌苏市农技站	乌苏市西湖镇农业技术推广的十年	优秀奖
635	徐建业	新疆乌苏市农业技术推广站	科技进农家，巾帼展英姿	优秀奖
636	张小明	新疆伊犁州新源县七十一团农业技术推广站	科技带头促增收	优秀奖
637	张朝钟	云南省保山市隆阳区农科所	隆阳区20万亩一季中稻高产集成技术推广	优秀奖
638	陆顺生	云南省保山市隆阳区农业技术推广所	玉米高产创建暨玉米产业体系建设　促进玉米生产持续发展　确保粮食安全	优秀奖
639	杨祖美	云南省保山市隆阳区农业局蒲缥农业技术推广站	技术推广显成效　科学发展促增收　争当科技宣传服务工作排头兵	优秀奖
640	郑家文	云南省保山市农科所	云南省保山市农科所麦类室啤饲大麦育种推广二三事	优秀奖
641	王　艳	云南省楚雄州禄丰县农业局经济作物工作站	情系三农　争做贡献	优秀奖
642	赵映福	云南省大理白族自治州洱源县农业环境保护监测站	云南省洱源县基层农技推广服务新模式	优秀奖
643	段新	云南省大理白族自治州洱源县植保植检站	关于农民田间学校的实践与成效	优秀奖
644	张映钧	云南省大理白族自治州剑川县农业局	耕读尚农、博发惠民	优秀奖
645	曹建武	云南省大理白族自治州弥渡县农业技术推广中心	三五措施真给力　高产示范创奇迹	优秀奖
646	吴丽红	云南省大理白族自治州弥渡县农业技术推广中心	楷模率先，爱洒弥川	优秀奖
647	李　林	云南省大理白族自治州区宾川县农业机械管理服务站	滴灌显威力　抗旱夺丰收——记科技入户指导员杜季宾同志先进事迹	优秀奖
648	杨品高	云南省大理州洱源县农业局	洱源县农业科技推广工作成绩斐然	优秀奖
649	王　军 杨凤刚 李少峰 董新玉 黄恩海 陈　曦	云南省大理州经济作物科学研究所	大理州扶贫示范园区2万亩中药材种植示范推广效益显著	优秀奖

（续）

序号	姓名	单 位	文章标题	获奖类别
650	自文波	云南省大理州弥渡县苴力镇农业综合服务站	弥渡县苴力镇农技推广体系建设存在的问题及对策	优秀奖
651	白应周	云南省大理州弥渡县种子管理站	赵书记	优秀奖
652	杨丕林	云南省大理州漾濞县农业局	生物循环铸“三赢” 科技普及促“双增”	优秀奖
653	侯 跃	云南省德宏州芒市农业技术推广中心	芒市推广水稻精确定量栽培技术存在的问题及对策	优秀奖
654	熊世海 施学忠 罗国权 杨天喜 向华荣	云南省德宏州镇康县农业技术推广站	镇康县玉米灰斑病发生原因分析及防治建议	优秀奖
655	陈际英	云南省迪庆州维西县农牧和科学技术局农技推广中心	杂交油菜获丰收，受益农户乐开花	优秀奖
656	李海谦	云南省红河州红河综合试验站	杂交玉米新品种“红单11号”的标准化高产制种技术	优秀奖
657	纳雪曼	云南省红河州开远市农业局农广校	小村官也能干大事	优秀奖
658	宋建荣	云南省红河州开远市水稻区域站	科技撑起稻农增收的一片蓝天	优秀奖
659	李琪彬 熊菊慧 金祺祥 张家敏	云南省昆明市禄劝县农业技术推广总站	禄劝县马铃薯高产创建活动的实践与思考	优秀奖
660	番兴明	云南省昆明市农业科学院粮食作物研究所	学科技 用科技 促双增——云南玉米产业体系建设，促双增新途径	优秀奖
661	毕志有	云南省昆明市石林县长湖镇农林水综合服务中心	加强基层农技推广体系建设 稳粮促发展	优秀奖
662	张红芬	云南省昆明市石林县长湖镇农林水综合服务中心	科技在发展 农业在增收 彝乡在变化	优秀奖
663	黄志华	云南省昆明市石林县鹿阜镇农林水综合服务中心	学科技、用科技，促双增的带头人	优秀奖
664	金宏光	云南省昆明市石林县种子管理站	成功选育云南领先小麦新品种“石麦001”实现小麦品种自主创新	优秀奖
665	高 新	云南省昆明市畜牧兽医科学院	音像制品开启云南农村科学养猪之窗	优秀奖
666	袁外忠	云南省昆明市寻甸县农业局推广站	新时期农业技术推广模式——科技入户	优秀奖
667	和立宣	云南省丽江市农业科学研究所	稻花香自苦寒来	优秀奖

（续）

序号	姓名	单　　位	文章标题	获奖类别
668	何清兰	云南省丽江市永胜县水稻区域推广站	扎根故土　服务三农	优秀奖
669	杨任松	云南省丽江市永胜县羊坪乡农技推广站	践行农业科技　推动彝乡发展	优秀奖
670	李芬秋	云南省临沧市凤庆县农业局农广校	凤庆县开展农民教育培训工作实践与思考	优秀奖
671	李智菊	云南省临沧市耿马县贺派乡农业综合服务中心	村民致富的领头鹰	优秀奖
672	何荣华	云南省临沧市耿马县勐永镇农业技术推广站	抓实科技培训　提高农业单产　促进群众增收	优秀奖
673	朱朝发	云南省临沧市耿马县畜牧技术推广站	耿马县“蔗＋畜＋沼”循环经济成效明显	优秀奖
674	周正康	云南省临沧市临翔区凤翔街道农业综合服务中心	要在实践中学会学习和进一步提高	优秀奖
675	贺　斌	云南省临沧市农业技术推广站	借助油菜产业体系平台　促进临沧油菜持续发展	优秀奖
676	戚自光	云南省怒江州泸水县称杆乡农技站	基层农技推广体系改革、群众多产增收	优秀奖
677	刘定樯	云南省怒江州泸水县土肥站	浅论泸水玉米生产的潜力	优秀奖
678	普秀南	云南省怒江州泸水县土肥站	泸水县测土配方施肥工作现状与对策	优秀奖
679	肖开应	云南省普洱市景谷县农业和科学技术局民乐镇农业站	“愚人”节出生的“愚”人	优秀奖
680	周开弘	云南省普洱市景谷县农业和科学技术局水产站	二十年悠悠鱼水情	优秀奖
681	黄文杰	云南省普洱市景谷县农业和科学技术局威远甘蔗站	甘蔗产业促进社会主义新农村建设	优秀奖
682	周明祥	云南省普洱市景谷县农业和科学技术局威远甘蔗站	景谷旱地甘蔗生产存在问题及对策	优秀奖
683	闻　禄	云南省普洱市农业科学研究所	以现代农业玉米产业技术体系引领普洱玉米产业发展	优秀奖
684	王朝武	云南省曲靖市农科所	高原玉米硕果累累	优秀奖
685	窦　智	云南省曲靖市师宗县农业局办公室	将农业科技推广进行到底	优秀奖
686	赵定乔	云南省曲靖市师宗县农业局办公室	业精于勤推科技　千方百计促增收	优秀奖
687	唐占元	云南省曲靖市师宗县农业局蔬菜站	师宗县10万亩辣椒标准化种植成效显著	优秀奖
688	张　鑫	云南省曲靖市师宗县农业局蔬菜站	农业科技信息推广的障碍与对策	优秀奖
689	应希宏	云南省曲靖市宣威市农业技术推广中心	玉米“五配套”集成栽培技术的推广应用	优秀奖
690	展　康	云南省曲靖市宣威市农业技术推广中心	玉米土豆手牵手增粮增收显身手	优秀奖
691	陈树国	云南省曲靖市宣威市农业局	宣威辣椒分外红	优秀奖
692	殷兆书	云南省曲靖市宣威市热水镇农业技术服务中心	建设现代农业示范基地	优秀奖
693	陈庆顺	云南省曲靖市宣威市双河乡农技服务中心	困难背后有坦途	优秀奖

（续）

序号	姓名	单　　位	文章标题	获奖类别
694	王乔明	云南省曲靖市沾益县区域推广站	沾益县大坡乡创新工作思路　助推蚕桑产业发展	优秀奖
695	刘袭赟	云南省文山市广南县董堡乡农业技术推广站	山旮旯里的基地　撑起了抗旱促春耕的典型	优秀奖
696	王定开 蔡世昆	云南省文山州农科所	为了秋天的收获——记云南省现代农业水稻产业技术体系文山综合试验站站长李云	优秀奖
697	许灿国	云南省文山壮族苗族自治州经济作物工作站	浅析文山州花生低产原因及发展对策	优秀奖
698	谭光荣	云南省西双版纳傣族自治州勐海县茶叶技术服务中心	科技推广铸造勐海茶叶发展	优秀奖
699	付建明	云南省西双版纳州景洪市经济作物工作站	小糯玉米推动农业合作社大发展	优秀奖
700	甲　飘	云南省西双版纳州景洪市勐龙农业综合服务中心	立足本职　爱岗敬业　服务三农	优秀奖
701	潘建华	云南省西双版纳州景洪市勐龙畜牧兽医站	平凡的岗位　不平凡的人生	优秀奖
702	黄崇卫	云南省西双版纳州景洪市农业技术推广中心	爱岗敬业的标兵　农民的贴心人	优秀奖
703	王安秀	云南省西双版纳州景洪市水产技术推广站	景洪市“学科技、用科技、促双增”积极推进罗非鱼产业发展	优秀奖
704	范金芬	云南省西双版纳州景洪市畜牧兽医站	学科技　用科技　哈尼族示范户科学养殖小耳猪促增收	优秀奖
705	黄晓老	云南省西双版纳州景洪市畜牧兽医站	呕心沥血求发展，甘当科技推广的排头兵	优秀奖
706	张劲松	云南省西双版纳州景洪市畜牧兽医站	景洪市养殖业农技推广服务体系建设项目的体会及建议	优秀奖
707	陈红明	云南省玉溪市红塔区北城镇农业技术农机工作站	浅析蔬菜产业科技示范户发展存在问题及对策	优秀奖
708	杨会玲	云南省玉溪市红塔区动物卫生监督所	依靠科技　增加投入　确保畜牧业生产健康持续发展	优秀奖
709	梁学明	云南省玉溪市红塔区高仓镇农业技术农机工作站	农业机械基层管理体系的现状及发展建议	优秀奖
710	郭凤鸣	云南省玉溪市红塔区洛河乡农业技术农机工作站	科技入户　助农增收——全国基层农技推广体系改革与建设示范县项目惠山乡	优秀奖
711	胡新洲	云南省玉溪市农业科学院	推广生物降解膜，促农民增收生态增效	优秀奖
712	代　刚 艾　瑛 沐卫东	云南省玉溪市通海县	通海县十字花科蔬菜小菜蛾发生危害现状及防治对策	优秀奖

（续）

序号	姓名	单　　位	文章标题	获奖类别
713	吴进明 符明联 李根泽 杨天沛	云南省云南农业大学经济管理学院；云南省农业科学院经济作物研究所	大平模式对云南油菜产业发展的启示	优秀奖
714	洪　庆	云南省昭通市大关县农业局	赶走山坡建良田	优秀奖
715	何　勇	云南省昭通市巧家县热区产业开发办公室	扶持发展龙头企业　做大做强巧家蚕桑产业	优秀奖
716	徐　茂	云南省昭通市彝良县植保站	科技种养鼓了钱袋美了生态	优秀奖
717	陈永燕	云南省昭通市植保植检站	一位“老植保”的坚守	优秀奖
718	邵　洁	浙江省嘉兴市平湖市农业经济局	服务三农的“红娘”	优秀奖
719	李　民	浙江省嘉兴市秀州区蚕桑技术推广站	农技推广与宣传“三农”政策相结合效果更好	优秀奖
720	楼庆庆	浙江省嘉兴市秀洲区农机管理站	大力推广粮食机械化烘干技术 促进农民增效增收	优秀奖
721	夏甫松	浙江省嘉兴市秀洲区王店镇农技服务中心	学用结合前中后　双增显现新奇特	优秀奖
722	杨爱花	浙江省丽水市莲都区高溪乡农技站	农民的贴心人	优秀奖
723	陈德松	浙江省丽水市莲都区黄村乡农技站	我自豪，我是农技员	优秀奖
724	王立如	浙江省宁波市慈溪市农业局	科技引领示范促双增	优秀奖
725	许亚儿	浙江省绍兴市绍兴县兰亭镇人民政府	科技结对放光芒　照亮蔬果“世博园”	优秀奖
726	李彦瑜 胡才荣	重庆市大足县农业委员会	绽放的科普之花	优秀奖
727	张立中	重庆市垫江县果品蔬菜管理站	果蔬技术推广的排头兵	优秀奖
728	尹叶华	重庆市彭水县鞍子乡政府	创新服务三农工作方法　增强农技体系服务功能	优秀奖
729	白庆武	重庆市彭水县农委	昔日空闲嫂　今天带头人	优秀奖
730	李红旭	重庆市彭水县普子镇	怀揣梦想走进农村，用科技促增收致富	优秀奖
731	王 玮	重庆市彭水县石盘乡人民政府农服中心	石新村“村官”变“羊倌”	优秀奖

附件2：

“学科技、用科技、促双增”主题征文活动组织奖名单

省份	单　位
云南省	云南省农业厅、玉龙县、景洪县、永胜县
河北省	河北省农业厅、高碑店市
江西省	江西省农业厅、都昌县
河南省	河南省农业厅、安阳县、汝阳县
吉林省	吉林省农业委员会、双辽市、磐石市
江苏省	江苏省农业委员会、海安县
安徽省	安徽省农业委员会、临泉县
湖北省	湖北省农业厅、武穴市
山东省	山东省农业厅、章丘市
山西省	山西省农业厅、定襄县
湖南省	醴陵市
四川省	资中县
新疆生产建设兵团	农五师
青海省	大通县
陕西省	镇安县
贵州省	息烽县

图书在版编目（CIP）数据

热血丹心："学科技、用科技、促双增"获奖征文选编/农业部科技教育司，农业部人事劳动司，农业部机关党委组编. —北京：中国农业出版社，2011.12
ISBN 978-7-109-16426-0

Ⅰ. ①热… Ⅱ. ①农… ②农… ③农… Ⅲ. ①农业科技推广-中国-文集 Ⅳ. ①S3-33

中国版本图书馆 CIP 数据核字（2011）第 266693 号

中国农业出版社出版
（北京市朝阳区农展馆北路 2 号）
（邮政编码 100125）
责任编辑 程秀芬

中国农业出版社印刷厂印刷 新华书店北京发行所发行
2011 年 12 月第 1 版 2011 年 12 月北京第 1 次印刷

开本：700mm×1000mm 1/16 印张：27.5
字数：520 千字 印数：1～3 000 册
定价：50.00 元